中等职业教育国家规划教材

全国中等职业教育教材审定委员会审定

机械基础

(机电设备安装与维修专业)

第2版

主　编　周大勇　浦如强　孙日升

副主编　李　虎　范鲁春　范　真

参　编　蔡　妍　唐晓东　陈永梅

　　　　方海燕　黄　娟　陈邦兵

主　审　许　松

机械工业出版社

本书是根据教育部审定的中等职业教育机电设备安装与维修专业《机械基础教学大纲》编写的。

机械基础是将机械原理与机械零件、公差配合与技术测量课程统筹安排、有机结合而成的一门主干专业课程。本书主要介绍了常用机构和通用零件的组成、特点、选用及简单的设计计算方法，以及相关的极限配合及技术测量方面的基本知识。

本书是中等职业教育国家规划教材，具有综合性强、体系新颖、内容精、国家标准新、习题单独成册以及教学资源丰富等一系列特点。凡选用本书作为授课教材的教师，均可登录 www.cmpedu.com 以教师身份注册下载教学资源。

本书可作为中等职业学校机电设备安装与维修专业教材，也适合其他机械类专业使用。

图书在版编目（CIP）数据

机械基础：机电设备安装与维修专业/周大勇，浦如强，孙日升主编. —2版. —北京：机械工业出版社，2019.3（2023.8重印）
中等职业教育国家规划教材　全国中等职业教育教材审定委员会审定
ISBN 978-7-111-62066-2

Ⅰ.①机…　Ⅱ.①周…②浦…③孙…　Ⅲ.①机械学-中等专业学校-教材　Ⅳ.①TH11

中国版本图书馆CIP数据核字（2019）第031719号

机械工业出版社（北京市百万庄大街22号　邮政编码100037）
策划编辑：汪光灿　责任编辑：汪光灿　黎　艳
责任校对：刘雅娜　封面设计：张　静
责任印制：张　博
北京建宏印刷有限公司印刷
2023年8月第2版第3次印刷
184mm×260mm · 20.75印张 · 513千字
标准书号：ISBN 978-7-111-62066-2
定价：55.00元

凡购本书，如有缺页、倒页、脱页，由本社发行部调换

电话服务
服务咨询热线：010-88379833
读者购书热线：010-68326294

网络服务
机 工 官 网：www.cmpbook.com
机 工 官 博：weibo.com/cmp1952
教育服务网：www.cmpedu.com
金 书 网：www.golden-book.com

中等职业教育国家规划教材出版说明

为了贯彻《中共中央国务院关于深化教育改革全面推进素质教育的决定》精神，落实《面向21世纪教育振兴行动计划》中提出的职业教育课程改革和教材建设规划，根据教育部关于《中等职业教育国家规划教材申报、立项及管理意见》（教职成［2001］1号）的精神，我们组织力量对实现中等职业教育培养目标和保证基本教学规格起保障作用的德育课程、文化基础课程、专业技术基础课程和80个重点建设专业主干课程的教材进行了规划和编写，从2001年秋季开学起，国家规划教材将陆续提供给各类中等职业学校选用。

国家规划教材是根据教育部最新颁布的德育课程、文化基础课程、专业技术基础课程和80个重点建设专业主干课程的教学大纲（课程教学基本要求）编写的，并经全国中等职业教育教材审定委员会审定。新教材全面贯彻素质教育思想，从社会发展对高素质劳动者和中初级专门人才需要的实际出发，注重对学生的创新精神和实践能力的培养。新教材在理论体系、组织结构和阐述方法等方面均作了一些新的尝试。新教材实行一纲多本，努力为教材选用提供比较和选择，满足不同学制、不同专业和不同办学条件的教学需要。

希望各地、各部门积极推广和选用国家规划教材，并在使用过程中，注意总结经验，及时提出修改意见和建议，使之不断完善和提高。

教育部职业教育与成人教育司

第2版前言

随着科技进步和机械行业的飞速发展，机械基础课程的教学内容也发生了变化。为了更好地满足职业教育教学的需求，根据教育部审定的中等职业学校机电设备安装与维修专业《机械基础教学大纲》，编写了本书。

面对无限发展的技术和无所不能的智能时代，本书秉承聚焦学生的发展能力的原则，编写遵循技能人才成长规律，融入先进的教学理念和教学方法，重点强调对学生工匠精神、专业能力、综合职业素养和可持续发展能力的培养。

本书主要有以下的特点：

一是执行新标准。依据最新专业教学标准和课程教学大纲要求，对全书的结构内容进行了重组，全面更新了教材内容涉及的相关国家标准，同时严格贯彻安全生产和环保方面的要求。

二是融入新内容。编写中注意吸收本行业的最新科技成果，合理选择教材内容，尽可能多地在教材中充实新知识、新技术、新设备、新材料和新工艺等方面的内容，如直线轴承与直线导轨、工业机器人中的相关机构及其他新的机械产品，力求使教材具有较鲜明的时代特征，更能吸引学生，从而激发学生的学习兴趣。

三是运用新媒体。书中使用了大量图片、表格等形式，使抽象的知识生动化、形象化，并整理了大量数字化资源制作成配套二维码微课、电子教案、课件等立体化教学资源包，供免费使用，满足学生碎片化和系统化学习的需要。

本书由周大勇、浦如强、孙日升担任主编，李虎、范鲁春、范真担任副主编，蔡妍、唐晓东、陈永梅、方海燕、黄娟、陈邦兵参编。全书由许松主审。

在本书编写和教学资源制作过程中，参阅了部分已出版教材、视频和图片等资料，得到了部分企业工程师的大力支持和帮助，在此对相关人员致以深切的谢意。

由于编者水平有限，书中不妥之处在所难免，恳请同行和广大读者对本书提出宝贵意见，以便不断改进提高。

编　者

第1版前言

本书是根据教育部审定的中等职业学校机电设备安装与维修专业《机械基础教学大纲》组织编写的。

“机械基础”课程是将机械原理与机械零件、公差配合与技术测量课程统筹安排、有机结合而成的一门主干专业课程。本书注重教学内容的综合化，按照职业教育的特点，以常用机构和机械零件为主线，融合公差配合与技术测量的相关内容，具有综合性、实用性强，内容少而精以及国家标准新等一系列特点。

参加本书编写的有浦如强（第一、八章）、贺建明（第四、七章）、居耀成（第二、三、十章）、姚宏（第五、六、九章）、黄国雄（第十一、十二、十三章）。本书由浦如强担任主编。

本书由机械设备维修与管理专业指导委员会曹根基主任担任主审。参加本书审稿的专家有江苏理工大学李锦飞，常州机械学校吉梅、陈泰兴、段来根，张家界航空工业学校刘坚、夏罗生，镇江职教中心徐冬元，他们对教材提出了不少宝贵意见，在定稿过程中已经采纳，在此致以深切的谢意。

最后真诚希望同行和广大读者对本书提出宝贵意见，以便不断改进提高。

编　者

2001年8月

目　　录

单元一　机械设计概论

内容构架

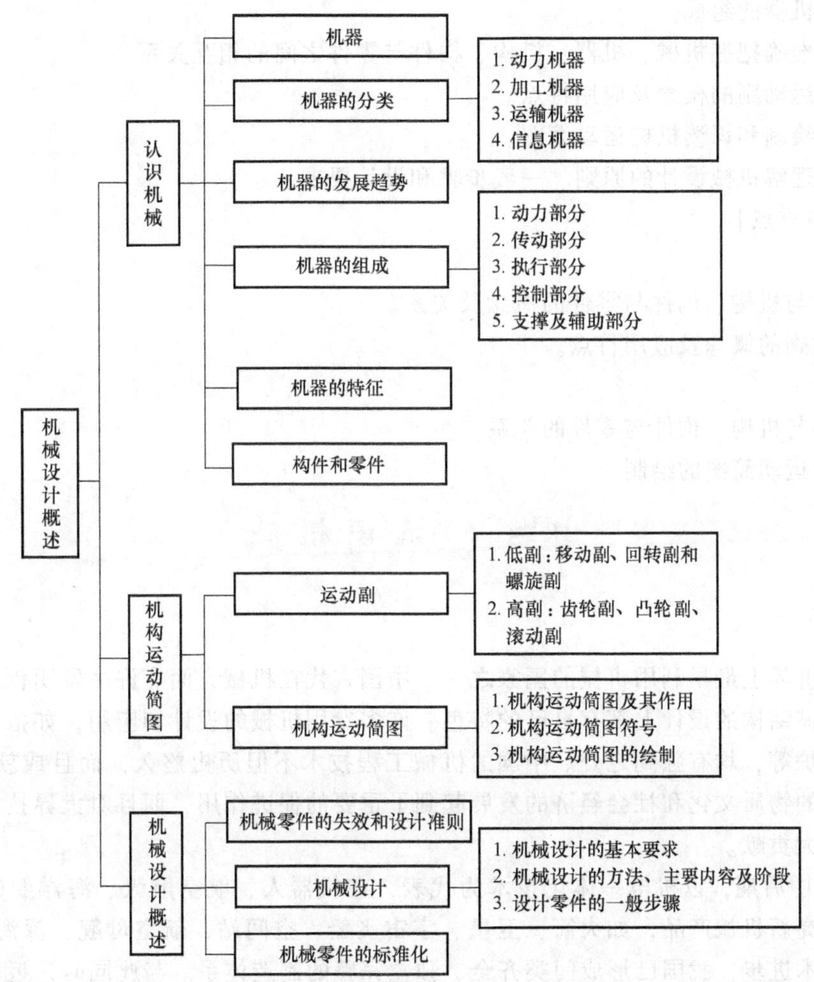

学习引导

从金字塔到迪拜塔，从蒸汽火车到高速铁路，从莱特兄弟的第一次人类起飞到国产大型客机 C919 首飞成功。世界发生了翻天覆地的变化，这一切都与机械发展密切相关。

机械是人类在长期的生产实践中创造出来的重要生产工具，它在人类的生产活动中一直都担负着十分重要的角色，它可以减轻人们的劳动强度，提高产品质量，提高劳动生产率，改善人们的生活质量，从而在人们日常生活和生产中被广泛地使用。

随着科学技术的进步，特别是新一代信息技术产业、高档数控机床和机器人、航空航天装备、海洋工程装备及高技术船舶、先进轨道交通装备、节能与新能源汽车等技术的发展，机械产品智能化程度的提升，人们对机械的需求越来越高、越来越广泛。作为新一代高素质技术技能型人才，学习并掌握机械基础知识和基本技能，显然十分必要。

本单元主要介绍机械、机构、机器、零件、构件、部件等基本概念及其相互联系与区别，运动副的概念及应用特点，机构运动简图以及机械设计的原则、一般步骤和设计要求等内容。

【目标与要求】

➢ 了解机器的组成。

➢ 学会准确把握机械、机器、机构、构件与零件之间的相互关系。

➢ 了解运动副的概念及应用特点。

➢ 学会绘制和识读机构运动简图。

➢ 初步理解机械设计的原则、一般步骤和设计要求。

【重点与难点】

重点：

- 机器与机构、构件与零件的概念及关系。
- 运动副的概念及应用特点。

难点：

- 机器与机构、构件与零件的关系。
- 机构运动简图的绘制。

课题一　认识机械

课题导入

中国是世界上最早利用机械的国家之一。中国古代在机械方面有许多发明创造，在动力的利用和机械结构的设计上都有自己的特色。许多专用机械的设计和应用，如指南车、地动仪和被中香炉等，均有独到之处。中国的机械工程技术不但历史悠久，而且成就十分辉煌，不仅对中国的物质文化和社会经济的发展起到了重要的促进作用，而且对世界技术文明的进步做出了重大贡献。

20世纪中后期，以机电一体化技术为代表，在机器人、航空航天、海洋舰船等领域开发出了众多高新机械产品，如火箭、卫星、宇宙飞船、空间站、航空母舰、深海探测器等。随着科学技术进步，我国已形成门类齐全、独立完整的制造体系。与此同时，近年来我国重大科技装备也取得突破：载人航天、载人深潜、大型飞机、北斗卫星导航、超级计算机、高铁装备、百万千瓦级发电装备、万米深海石油钻探设备等不断刷新着我们认知世界的高度、广度和速度。图1-1所示为我国近年来的部分重大科技装备。展望未来，智能机械、微型机构、仿生机械的蓬勃发展，将促进材料、信息、计算机技术、自动化等领域的交叉与融合，进一步丰富和发展机械学科知识。

万丈高楼平地起，尽管这些高端装备是多学科、多门类技术的复杂集成。但总体而言，它们都可以归类为机械制造业，其结构、原理和日常生活和生产中广泛使用着的各种机器有着相同、相似之处。我们知道，不同机器的外形、用途不尽相同，但从机器的组成分析，又

a) 神舟十一号载人航天飞船

b)“海斗”号万米级自主遥控潜水器

c) 百万千瓦级火力发电装备

d)“复兴号”动车组

图 1-1　部分重大科技装备

有共同点。什么是机器，如何定义？为什么说家用洗衣机是机器？它有哪些基本组成部分？每部分的作用是什么？本课题将一一解答这些问题。

知识学习

一、机器

机器是人们根据使用要求而设计的一种执行机械运动的装置，用来变换或传递能量、物料与信息，从而代替或减轻人类的体力劳动和脑力劳动，如洗衣机、各类机床、运输车辆、农用机器、起重机等。图 1-2 所示为电火花线切割机、数控加工中心、无人机、3D 打印机等机器的实物图。

二、机器的分类

根据用途的不同，机器可分为动力机器、加工机器、运输机器、信息机器，其功能及应用举例见表 1-1。

三、机器的发展趋势

目前，机器正向着主动控制、信息化和智能化方向发展，特别是随着计算机和伺服电动机的出现，机器人作为现代机器的代表登上了历史舞台。机器人从应用范围上一般可分为工业机器人、服务机器人和特种机器人等。工业机器人在工业生产中越来越广泛地应用于搬运、装配、焊接、喷漆等工作，图 1-3 所示为焊接机器人。服务机器人应用于娱乐、家庭生活、酒店售货和餐厅服务等，图 1-4 所示为应用于酒店、商场、汽车等行业的促销导购机器人。特种机器人应用于潜水、管道修理、外科手术、生物工程、军事、星际探索等领域，承担着许多人类无法直接操作完成的工作，图 1-5 所示分别是爬壁机器人、水下机器人、军用昆虫机器人等特种机器人。

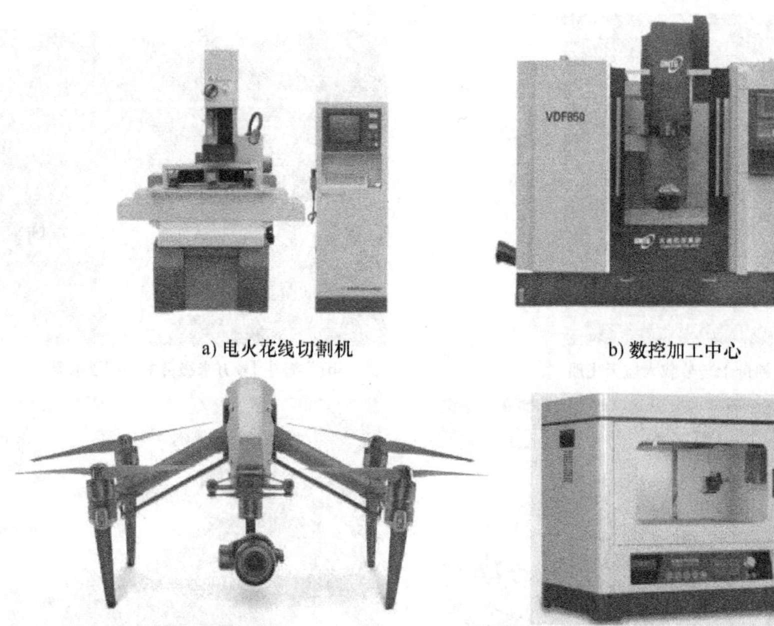

a) 电火花线切割机　b) 数控加工中心

c) 无人机　d) 3D打印机

图 1-2　部分机器实物图

表 1-1　机器的分类

类型		功能	举例
动力机器		转换能量	蒸汽机、内燃机、电动机、空气压缩机等
工作机器	加工机器	改变被加工对象的尺寸、形状、性质、状态	数控机床、轧钢机、纺织机、包装机械等
	运输机器	搬运物品和人	无人机、汽车、飞机、起重机、运输机等
信息机器		处理信息	3D 打印机、计算机、手机、绘图仪等

图 1-3　焊接机器人

图 1-4　促销导购机器人

四、机器的组成

一个完整的机器主要有以下几部分组成：

（1）动力部分　这是机械的动力来源，其作用是把其他形式的能量转换为机械能，以驱动机器各部分运动并做功，如电动机、内燃机、空气压缩机等。

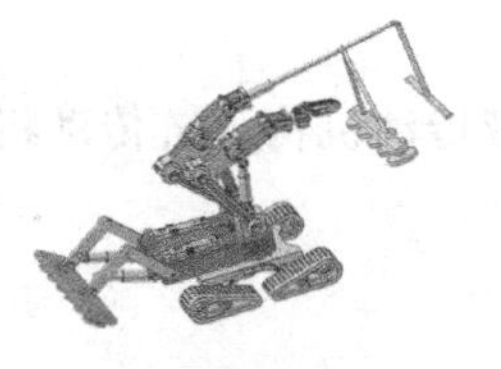

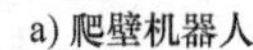

a) 爬壁机器人

b) 水下机器人

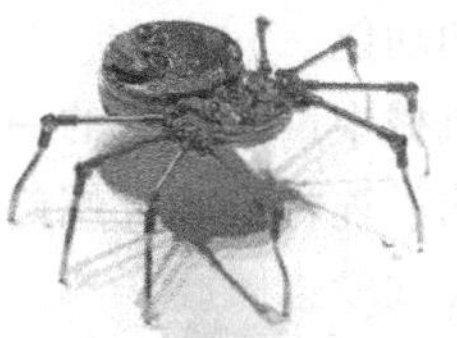

c) 军用昆虫机器人

图 1-5　特种机器人

(2) 传动部分　这是将动力部分的运动和动力传递给执行部分的中间环节，它可以改变运动速度、转换运动形式，以满足工作部分的各种要求，如机器中的带传动、齿轮传动、螺旋传动等。

(3) 执行部分　这是直接完成机械预定功能的部分，处于整个传动装置的终端，其结构形式取决于机器的用途，如机床的主轴和刀架、起重机的吊钩等。

(4) 控制部分　这是用来控制机器正常运行和工作的部分，显示和反映机器的运行状态和位置，使操作者能随时实现和停止各项功能，如数控机床的控制显示面板、汽车的方向盘、油门等。

机器的组成不是一成不变的，对于较复杂的机器，除了具有上述四部分，还有机箱、润滑、照明等支撑及辅助部分。随着机械技术的进步，机器的组成越来越复杂，如工业机器人系统由三大部分六个子系统组成，三大部分是：机械部分、传感部分、控制部分；六个子系统是：驱动系统、机械结构系统、感受系统、机器人—环境交互系统、人—机交互系统、控制系统。

机器的动力部分、传动部分、执行部分、控制部分和支撑及辅助部分之间的关系如图 1-6 所示。

控制部分

动力部分　传动部分　执行部分

支撑及辅助部分

图 1-6　机器的组成

五、机器的特征

机器的种类繁多，其结构、性能和用途等各不相同，但都具有以下共同的基本特征。

1) 任何机器都是人为的实物（构件）组合体。

2) 任何机器的各实物（构件）之间具有确定的相对运动；一般情况下，当其中某构件的运动一定时，其余构件的运动也就随之确定。

3) 机器能代替或减轻人们的劳动，能实现能量的转换或完成有用的机械功。

从结构上来看，机器的传动部分和执行部分都是由各种机构组成的。一部机器可以包含一个或若干个机构。任何复杂的机器都是由若干组机构按一定规律组合而成的。

机构仅具有机器的前两个特征，它被用来传递运动或变换运动形式。如果不考虑做功或实现能量转换，只从结构和运动的观点来看，机构和机器之间没有区别的。为了简化叙述，通常也用“机械”一词作为机构和机器的总称。“机械基础”就是“机构和机器的基础”。

机构是具有确定相对运动的构件的组合，是用来传递动力和力的构件系统。机构与机器的区别主要体现在以下两个方面：

1) 机构只是一个构件系统，而机器除构件系统外，还包含电气、液压等其他系统。

2) 机构只是用来传递运动和力，而机器除传递运动和力外，还具有变换或传递能量、物料和信息的功能。

在各种机械中广泛使用的一些机构称为常用机构，有带传动机构、链传动机构、齿轮机构、凸轮机构、连杆机构、螺旋机构等。

六、构件和零件

1. 构件

组成机构的各个相对运动部分称为构件。构件是机构中的最小运动单元。构件可以是一个零件，也可以是由一个以上的零件组成。

2. 零件

从加工制造角度来看，任何机器（或机构）都是由许多独立制造单元体组合而成，这些独立制造单元体称为零件。零件是加工制造的最小单元，是机器中不可拆的单元体。

零件分为通用零件和专用零件。各种机械中广泛使用的零件称为通用零件，如螺栓、轴、齿轮、弹簧等。只在某一类机械中使用的零件称为专用零件，如内燃机中的活塞、曲轴等。

日常生活和工业生产中广泛应用的各种机械设备，都是人们按需要将各种机构或零件组合在一起，完成各式各样的任务以满足人们生活和生产的需要。机械、机器、机构、构件、零件之间的关系，如图 1-7 所示。

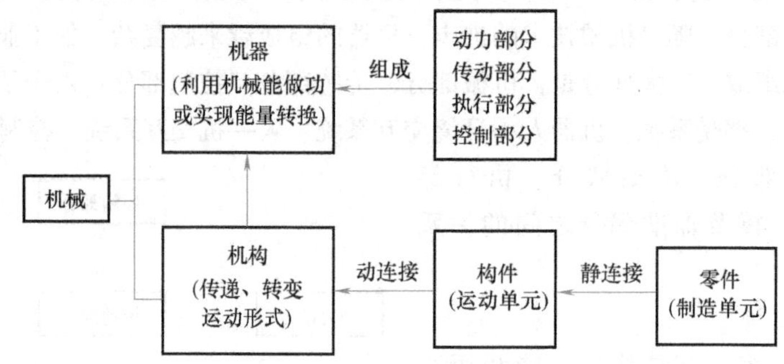

图 1-7　机械、机器、机构、构件、零件之间的关系图

技能实践

观察家用洗衣机，分析其结构组成。如图 1-8 所示，家用洗衣机由电动机、带传动机构、减速器、波轮、控制面板以及壳体等组成，人们通过控制面板上按钮发出的指令控制整个洗衣过程，洗衣时电动机产生的动力经带传动和减速器传动后，带动波轮旋转。

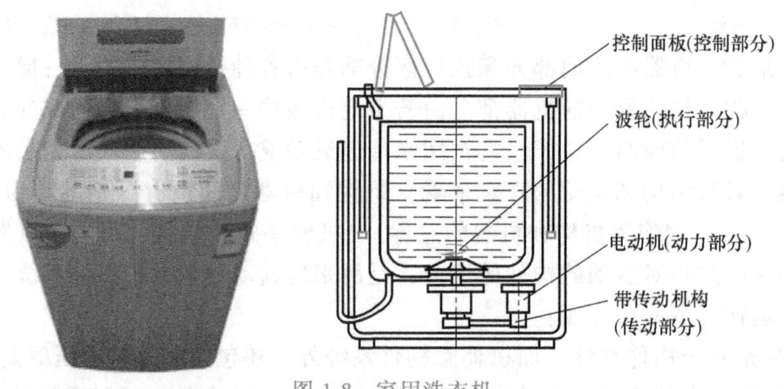

图 1-8　家用洗衣机

课题小结

本课题对机械发展、应用以及未来趋势做了概述，同时也对机械（机器）的组成、特征进行了介绍，最后对相关术语及其之间的相互关系做了讲解。学习本课题，应注意准确把握机械、机器、机构、构件、零件等术语的定义，辨析它们之间的区别和联系。

课题二　机构运动简图

课题导入

机构是构件的组合，组成机构的目的是为了使机构按照预定的要求进行有规律地动作，完成准确的运动。为了便于分析研究机构的运动情况，在机械工程中通常用简单线条和符号绘制的运动简图来表示具有复杂外形和结构的实际机械。工程技术人员通过机构运动简图来分析研究机构的运动情况。

知识学习

一、运动副

构件和运动副是机构最基本的组成部分，其运动性质和结构形式会直接影响机构的运动。构件与构件之间相互连接，又存在一定的相对运动。

运动副是指两构件直接接触并能产生一定形式运动的连接。运动副中，两构件之间直接接触可分为点接触、线接触、面接触。根据组成运动副两构件之间的接触特性，运动副可分为低副和高副两大类。

1. 低副

两构件之间以面接触构成的运动副称为低副。根据两构件之间的相对运动形式，低副可分为移动副（棱柱副）、回转副和螺旋副，见表1-2。

表1-2　低副的分类

类型	概念	示意图	应用实例
移动副（棱柱副）	组成运动副的两构件只能做相对直线移动的运动副称为移动副		打气筒的活塞与气缸体所构成的运动副就是移动副
回转副	组成运动副的两构件之间只能绕某一轴线做相对转动的运动副称为转动副，又称铰链		用于门、窗等上的合页，其页板与轴所构成的运动副就是转动副

（续）

类型	概念	示意图	应用实例
螺旋副	两构件只能沿轴线做相对螺旋运动的运动副称为螺旋副，在接触处两构件做一定关系的既转动又移动的复合运动	2 1	转动活动扳手上的螺杆做螺旋运动可改变钳口的大小

低副的特点：面接触，承受载荷的受力面积大，故单位面积压力较小，承载能力大，较为耐用；传力性能好，容易制造和维修，但低副构件相对运动为滑动摩擦，摩擦损失大，因而效率低。此外，低副受面接触的限制不能传递较复杂的运动。

机构中所有运动副均为低副的机构称为低副机构。

2. 高副

两构件以点或线接触的运动副称为高副。按接触形式不同，高副通常分为齿轮副、凸轮副、滚动副（以滚珠丝杠副为例），如图 1-9 所示。

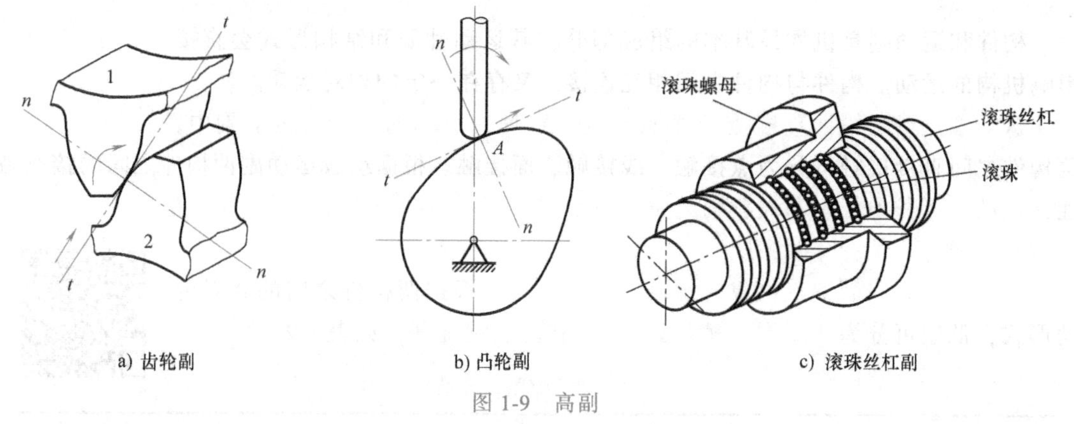

a) 齿轮副　　b) 凸轮副　　c) 滚珠丝杠副

图 1-9　高副

高副的特点：点或线接触，承受载荷时的单位面积压力较大，两构件接触处容易磨损，寿命低，制造和维护困难，但高副能传递较复杂的运动。

机构中至少有一个运动副是高副的机构称为高副机构。

二、机构运动简图及其作用

在对机构进行运动分析或做运动设计时，实际构件的外形和结构往往很复杂，为简化问题，在工程中通常不考虑那些与运动无关的构件外形、截面尺寸和运动副以及具体构造，用简单的线条和符号来表示机构中的构件和运动副，并按一定的比例画出各运动副的相对位置及它们的相对运动关系，这种用来说明机构各构件间相对运动关系的简单图形，称为机构运动简图。

机构运动简图保持了其实际机构的运动特征，它简明地表达了实际机构的运动情况。利用机构运动简图可以表达一台复杂机器的传动原理，可以进行机构的运动和动力分析。

三、机构运动简图符号

在表达构件和运动副时，只需将构件上的所有运动副按它们在构件上的位置用规定符号表示出来，再用简单的线条连成一体。机械构件与零件表示方法可参看 GB/T 4460—2013《机械制图 机构运动简图用图形符号》。

例如：机架的表示方法如图 1-10 所示；轴、杆常用一根直线表示，如图 1-11 所示。

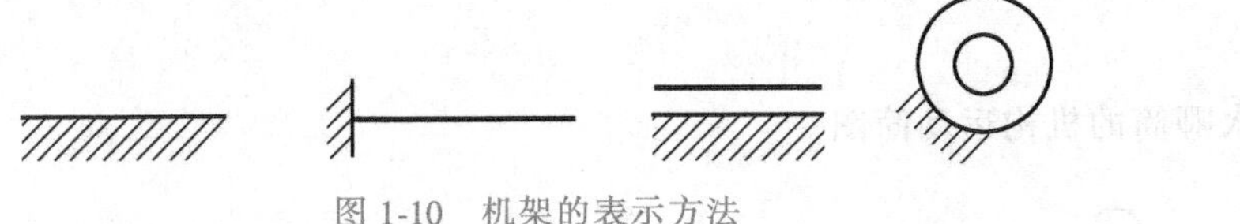

图 1-10　机架的表示方法

图 1-11　轴、杆的表示方法

回转副、移动副（棱柱副）、螺旋副的表示方法见表 1-3。

表 1-3　低副的简图图形符号

名称	基本符号	可用符号
回转副 a) 平面机构 b) 空间机构	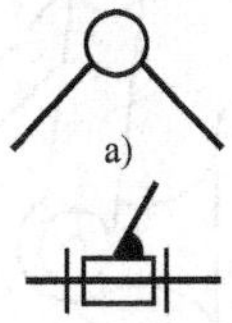 a) b)	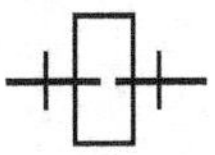
移动副 （棱柱副）		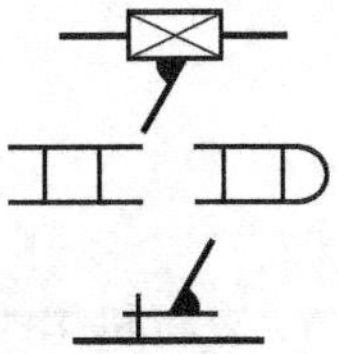
螺旋副		

四、机构运动简图的绘制

机构运动简图必须与原机构具有完全相同的运动特性，它不仅可以用来表示机构的运动情况，而且还可以用来对机构进行运动分析和受力分析。

机构运动简图的绘制步骤如下：

1）分析机构的结构及其运动情况。观察机构的运动情况，找出固定件、主动件和从动件。

2）确定构件的数目、运动副类型和数目。沿着运动传递路线，分析两构件间相对运动的性质，确定构件的数目、运动副类型和数目。

3）测量有关尺寸。测量出运动副间的相对位置，如两转动副间的中心距、回转副的回转中心、移动副导路中心间的距离、两移动副导路间的夹角或距离等。

4）选择运动简图的视图平面。为了能够清楚地表明各构件间的相对运动关系，对于平面机构，通常选择平行于构件运动的平面作为视图平面。

5）选定适当的比例尺，绘制机构运动简图。根据机构实际尺寸和图纸大小确定适当的长度比例尺 μ_1 [μ_1=实际尺寸（m）/图示尺寸（mm）]，按照各运动副间的距离和相对位置，并以规定的符号和线条将各运动副连起来，即为所要画的机构运动简图。

6）从运动件开始，按传动顺序标出各构件的编号和运动副的代号，在主动件上标出箭头以表示其运动方向。

技能实践

绘制图 1-12 所示抽水唧筒的机构运动简图。

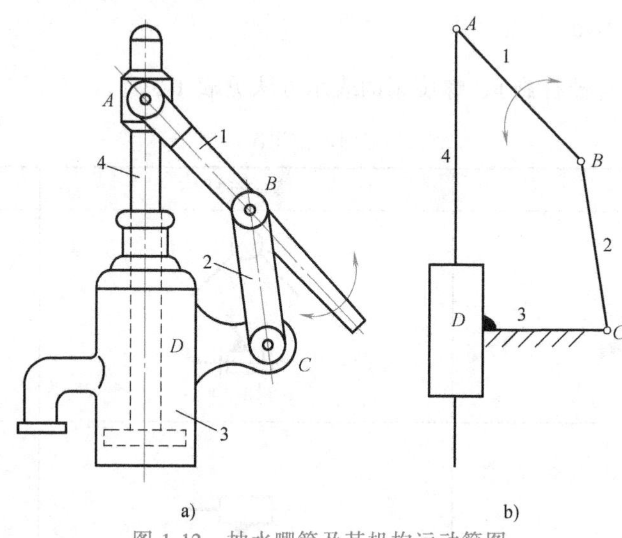

图 1-12　抽水唧筒及其机构运动简图

1. 分析机构的结构及其运动情况

图示抽水唧筒由手柄、杆件、抽水筒、活塞杆等构件组成，其中抽水筒是固定件（机架），手柄是主动件，其余为从动件。

2. 分析运动副类型和数目

手柄 1 与活塞杆、杆件 2 分别在 A、B 点转动形成回转副，杆件 2 与固定件在 C 点转动形成回转副，活塞与抽水筒形成移动副。

3. 测量有关尺寸

4. 选择运动简图的视图平面

图 1-12a 所示的位置已清楚地表达出各构件的运动关系，即以该平面作为视图平面。

5. 按比例绘制机构运动简图

选择适当的比例，从固定件抽水筒开始，依次确定回转副 A、B、C 和移动副 D 的位置，按照机构运动简图所用图形符号，绘制出机构运动简图。

6. 标注

标出各构件的编号和回转副 A、B、C、移动副 D 的代号以及主动件的运动方向。

课题小结

机构运动简图是从纸面上研究机构运动的主要工具。绘制结构运动简图时，要求符合国家标准，并能清晰、直观、简洁地表达机构的结构和运动特性。有时根据需要，还应对照实物按一定比例绘制。运动副是理解机构运动的基础，在学习时也应重点把握。

课题三　机械设计概述

课题导入

机械设计的任务是从社会需求出发，设计出具有特定功能的新机械或改进原有机械的性能，以满足生活和生产需要。设计是机械产品研发的第一步，是影响产品技术与经济指标的关键。机械设计就是从使用要求出发，对机械的工作原理、结构、运动形式、力和能量的传递方式，以至各个零件的材料、尺寸和形状，以及使用维护等问题进行构思、分析和做出决策的创造性过程。

知识学习

一、机械零件的失效和设计准则

机械设备中各种零件或构件都具有一定的功能，如传递运动、力或能量，实现规定的动作，保持一定的几何形状等。当机械零件不能正常工作或达不到设计要求时，称该零件失效。机械零件与构件的失效最终必将导致机械设备的故障。关键机件的失效会造成设备事故、伤亡事故甚至大范围内灾难性后果。在生产线上一个小小零件的失效，可以使整个生产线瘫痪。因此，有效地预防、控制、监测零件的失效是一项意义重大的工作。

一般机械零件的失效形式是按失效件的外部形态特征来分类的，大体包括：磨损失效、断裂失效、变形失效和腐蚀与气蚀失效。在生产实践中，最主要的失效形式是零件工作表面的磨损失效；最危险的失效形式是瞬间出现裂纹和零件破断，统称为断裂失效。

同一种零件虽然有多种可能失效的形式，究竟哪种是主要的失效形式，取决于零件的材料、受载情况、结构特点和工作条件。例如：对于轴，它可能发生疲劳断裂，也可能发生过大的弹性变形，也可能发生共振等；一般情况下，载荷稳定的转轴，疲劳断裂是其主要的失效形式；精密主轴，过量的弹性变形是其主要的失效形式；高速转轴，发生共振、失去稳定性是其主要的失效形式。

机械零件虽然有多种可能的失效形式，但归纳起来主要是强度、刚度、寿命、振动稳定性、耐磨性等方面的问题。在设计零件时，保证零件不发生失效所依据的基本准则，称为设计准则。主要有：强度准则、刚度准则、寿命准则、振动稳定性准则和可靠性准则。

（1）强度准则　为保证零件工作时有足够的强度，应使其危险截面或工作表面上的最大应力 R 不超过零件的许用应力 $[R]$。也可以表达为，危险截面或工作表面上的安全系数 n 大于或等于其许用安全系数 $[n]$。

（2）刚度准则　零件在载荷作用下所产生的弹性变形量 y 小于或等于其许用变形量 $[y]$。

（3）寿命准则　影响零件寿命的重要因素是腐蚀、磨损和疲劳。迄今为止，尚无通用的腐蚀和磨损寿命的定量方法，通常是控制表面的压强。疲劳寿命一般是求出使用寿命时的疲劳极限来作为依据。

（4）振动稳定性准则　零件发生周期性弹性变形的现象称为振动。当机器或零件的固有频率和周期性外力的变化频率相等或相接近时就要发生共振。这时振幅将剧烈增大，此种现象称为失稳，即丧失振动稳定性。振动稳定性准是指设计时使受激振作用零件的固有频率

f 与激振源的频率 f_P 错开，即 $f_P < 0.85f$ 或 $f_P > 1.15f$。

二、机械设计的基本要求

为使所设计的机械产品满足社会需要，被用户所接受，并在市场上具有竞争力，设计时应满足以下基本要求：

(1) 功能性要求　设计的机械零件应在规定条件和寿命期限内，有效地实现预期的全部功能，满足使用要求；同时力求使机械产品性能好、效率高，操作容易，保养简单，维修方便。这是机械设计最基本的出发点。

(2) 安全性要求　安全可靠是机械产品的必备条件。许多重大事故出自机械故障，如密封不严出现泄露导致"挑战者号"航天飞机失事；起落架故障引发空难；刹车失灵酿成车祸；频繁出现的汽车"召回"更暴露机械设计不良造成的安全隐患。机械设计必须把安全性放在重要位置，如暴露的运动构件要配以防护网；易造成人身伤害的部位必须有安全连锁装置或实施远距离操纵；电气元件、导线的规格和安装必须符合安全标准；为了保护设备，还应设置保险销、安全阀等过载保护装置以及红灯、警铃等警示装置。

(3) 经济性要求　设计中应尽可能多选用标准件和成套组件，它们不仅可靠、廉价，而且能大大节省设计工作量。设计中要重视节约贵重原材料，降低成本。零件设计要保证良好的工艺性，减少制造费用。良好的经济性不仅体现在制造成本低廉，更应体现在机器使用中的高效率、高性能。

(4) 其他方面的要求　符合国家环保要求，机器噪声不超标，确保机械使用过程中不会泄漏水、油、粉尘和烟雾，生产中的废水、废气必须经过治理，达标排放。此外，还应考虑产品的造型、颜色等。

三、机械设计的方法

机械设计是一项复杂、细致和科学性很强的工作。随着科学的发展，对设计的理解在不断深化，设计方法也在不断改进。常规设计方法有理论设计、经验设计和模型实验设计等。现代设计方法有优化设计、可靠性设计、有限元设计、模块设计、计算机辅助设计等。

计算机的普及应用极大地推动了机械分析与设计方法的革新，用计算机计算代替了手工计算法和图解方法。计算机不仅大大地提高了计算速度，而且已成为机械分析与设计前所未有的强大手段，使得整个机械设计的理论和方法焕然一新。计算机辅助设计简称 CAD (Computer Aided Design)，它是利用计算机软件、硬件系统辅助设计人员进行工程和产品设计，以实现最佳设计效果的一门涉及图形处理、工程分析、数据管理与数据交换、图文档案处理及软件设计为基础的多学科高度集合的新技术。

四、机械设计的主要内容

机械设计的主要内容包括：一是明确任务要求，即确定设计对象的预定功能、有关指标和限制条件；二是按功能要求确定机械产品的工作原理，选择合适的机构或机构组合，拟定最优设计方案；三是进行运动和动力分析计算以及零件的工作计算；四是技术设计，即总体结构设计、零件结构设计等。

五、机械设计的过程

机械设计的过程通常可分为以下几个阶段：

1. 产品规划

产品规划的主要工作是提出设计任务和明确设计要求，这是机械产品设计首先需要解决的问题。通常，人们根据市场需求提出设计任务，通过可行性分析后才能进行产品规划。

2. 方案设计

在满足设计任务书中设计具体要求的前提下，由设计人员构思出多种可行方案并进行分析比较，从中优选出一种满足功能要求、工作性能可靠、结构设计具有可行性以及成本低廉的方案。

3. 技术设计

在既定设计方案的基础上，完成机械产品的总体设计、部件设计、零件设计等，设计结果以工程图及计算说明书的形式表达出来。

4. 试验及制造

经过加工、安装及调试制造出样机，对样机进行试运行或生产现场试用，将试验过程中发现的问题反馈给设计人员，经过修改完善方案，最后通过鉴定。

六、设计零件的一般步骤

机械设计没有一成不变的固定程序，常因具体条件不同而异，但设计零件的一般步骤如下：

1）根据零件在机械中的地位和作用，选择零件的类型和结构。

2）根据零件的工作条件及对零件的特殊要求，选择合适的材料和热处理方法。

3）根据零件的工作情况，分析零件的载荷性质，拟订零件的计算简图，计算作用在零件上的载荷。

4）根据零件可能出现的失效形式，确定其计算准则，并计算和确定出零件的公称尺寸。

5）根据工艺和标准化等要求进行零件的结构设计。

6）绘制零件工作图，制订技术要求，编写计算说明书及相关技术文件。

在一般机械中，只有部分主要零件是通过计算确定其尺寸，许多零件则根据结构工艺的要求，采用经验数据或参照规范进行设计，或使用标准件。

七、机械零件的标准化

零件的标准化、通用化和系列化通称为“三化”，是我国一项基本国策。所谓零件的标准化，就是通过零件的尺寸、结构要素、材料性能、检验方法、设计方法、制图要求等，制订出企业共同遵守的标准。按规定标准生产的零件称为标准件。

标准化带来的优越性表现为：

1）能以先进的方法在专业化工厂中对用途广泛的零件进行大量、集中的制造，以提高质量，降低成本。

2）统一材料和零件的性能指标，能够进行比较，并提高性能的可靠性。

3）简化设计工作，缩短设计周期，有利于设计者集中精力用于关键零部件设计，从而提高设计质量。

4）零部件的标准化增强了互换性，便于用户使用和维修。

我国现行标准有国家标准（GB）、行业标准和企业标准。出口产品应采用国际标准（ISO），国家标准越来越多地靠近国际标准。

技能实践

上网查询相关资料或视频，了解常规设计方法都有哪些？现代设计方法包含哪几个方面的内容？了解其具体含义。

课题小结

机械设计是理论性和实践性都非常强的一个课题。本课题主要对机械设计的准则、要求、方法、内容以及一般步骤做了概述性说明。学习本课题，在了解机械设计术语、流程的基础上，查询机械设计手册等资料，感性认识机械设计的具体要求。

单元二　平面连杆机构

内容构架

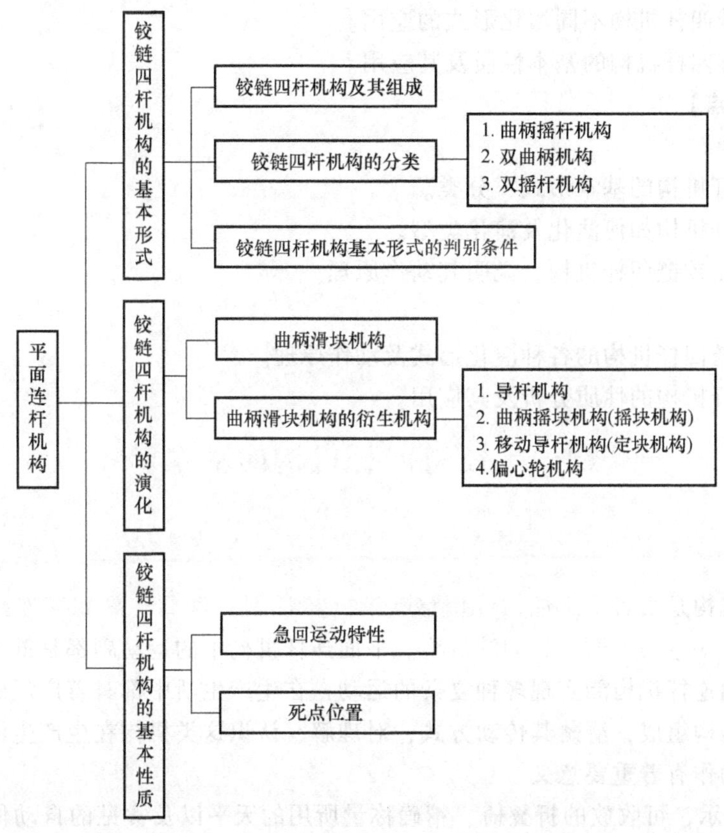

学习引导

平面连杆机构是机械传动机构的重要组成部分。在日常生产生活中，有一些机构采用的是平面连杆机构的基本形式，比较好识别；而更多的机构，采用的是平面连杆机构的各种演化形式，区分、鉴别就比较困难。本单元将对平面连杆机构的基本形式和演化形式做系统讲解，并介绍其主要特征和基本性质，使学生对平面连杆机构相关知识获得全面理解。

平面连杆机构的一般形式为铰链四杆机构，它可以分为双曲柄机构、曲柄摇杆机构、双摇杆机构。同时，曲柄摇杆机构又可演化出曲柄滑块机构，进而再衍生出导杆机构、摇块机构、定块机构等不同机构形式。这些机构都具有基本形式的性质特点，又因其自身结构不同而具有不同的功能。正是这些各异的功能，为平面连杆机构实现多形式、多用途应用奠定了基础。

本单元主要介绍平面连杆机构的组成、基本形式、演化形式以及特点和应用，要求掌握平面连杆机构的基本形式和主要演化形式，能正确分析其动作特点并根据特点合理应用。同时，能正确分析生活生产中常见的一些平面连杆机构及其演化形式，说明工作过程及原理。

【目标与要求】

➢ 认识平面连杆机构。

➢ 了解铰链四杆机构的组成和基本形式，准确判断其形式。

➢ 掌握铰链四杆机构的主要演化形式。

➢ 了解铰链四杆机构不同演化形式的应用。

➢ 掌握铰链四杆机构的基本性质及其应用。

【重点与难点】

重点：

- 铰链四杆机构的基本形式、分类。
- 铰链四杆机构如何演化及演化类型。
- 辨别常见铰链四杆机构，说明其动作原理。

难点：

- 分析铰链四杆机构的各种演化形式及动作原理。
- 铰链四杆机构的性质分析及其应用。

课题一　铰链四杆机构的基本形式

课题导入

平面连杆机构是由若干刚性构件用移动副（棱柱副）和回转副相互连接而组成的，在同一平面或相互平行的平面内运动的机构。平面连杆机构中的运动副都是低副，故又称平面低副机构。平面连杆机构能实现多种复杂的运动，在生产生活中都有着广泛的应用，掌握平面连杆机构的结构组成，清楚其传动方式，对理解、认识这类机构在生产生活中实现特定功能、完成设定动作有着重要意义。

如图 2-1 所示，可收放的折叠椅、精确称量所用的天平以及常见的自动伸缩门都是平面连杆机构在日常生活中的应用例子；推土机的推铲、港口鹤式起重机的起吊系统则是平面连杆机构在生产中的典型应用例子。

平面连杆机构在生产中的应用极其广泛，机构形式也根据应用场合的需要演变出了多种多样的外在形式，不少结构形式从外形看很难发现其和平面连杆有哪些具体联系。为此，学习平面连杆机构，首先应从最基本的铰链四杆机构开始，认识其结构组成和运动规律，并分析它是如何演变为生产中的其他一些结构形式的。

知识学习

一、铰链四杆机构及其组成

构件间相连的四个运动副均为回转副的平面连杆机构称为铰链四杆机构。它是四杆机构的基本形式，也是其他多杆机构的基础。如图 2-2 所示，铰链四杆机构由机架、连杆和连架杆三部分组成。

a) 折叠椅　b) 天平　c) 自动伸缩门　d) 推土机　e) 鹤式起重机

图 2-1　平面连杆机构的应用

1）机架：固定不动的构件，又称静件。即图 2-2 中构件 4。

2）连杆：不与机架直接相连的构件，图 2-2 中构件 2。

3）连架杆：与机架直接相连的构件，图 2-2 中构件 1、3。连架杆按其运动特征可分为曲柄和摇杆两种。其中，曲柄为可绕转动副轴线整圈旋转的构件；摇杆是只能绕转动副轴线摆动的构件。

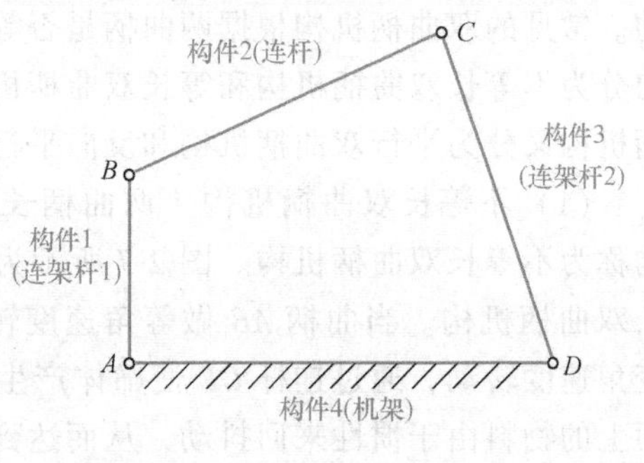

图 2-2　铰链四杆机构

二、铰链四杆机构的分类

在铰链四杆机构中，根据连架杆运动形式的不同，铰链四杆机构又可分为曲柄摇杆机构、双曲柄机构和双摇杆机构三种基本形式。

1. 曲柄摇杆机构

两连架杆中，一个为曲柄、另一个为摇杆的铰链四杆机构，称为曲柄摇杆机构。图2-3所示为以 *AB* 为曲柄、*CD* 为摇杆的曲柄摇杆机构示意图。

曲柄摇杆机构的应用十分广泛，如剪板机、搅拌机等。图 2-4 所示为小型剪板机示意图，曲柄 *AB* 旋转，通过连杆 *BC* 带动摇杆 *CD* 做往复摆动，从而实现连接在 *CD* 杆上的刀片剪切物料；图 2-5 所示为建筑工地使用的水泥与细砂的搅拌机，*AB* 为曲柄，*CD* 为摇杆，其动作原理和剪板机相同，通过 *CD* 杆的伸出曲轴实现沙石的搅拌。

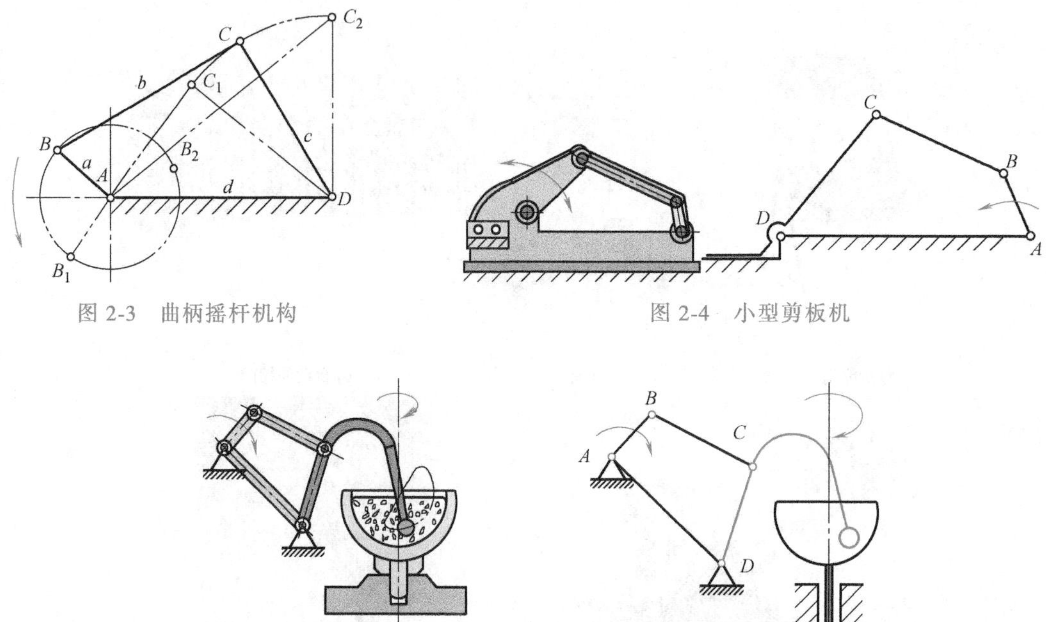

图 2-3　曲柄摇杆机构

图 2-4　小型剪板机

图 2-5　搅拌机

2. 双曲柄机构

两连架杆均为曲柄的铰链四杆机构称为双曲柄机构，如图 2-6 所示。其中 *AB*、*CD* 两连架杆都能做整圈的圆周运动。常见的双曲柄机构根据两曲柄是否等长以及曲柄运动方向分为不等长双曲柄机构和等长双曲柄机构。其中等长双曲柄机构又分为平行双曲柄机构和反向平行双曲柄机构。

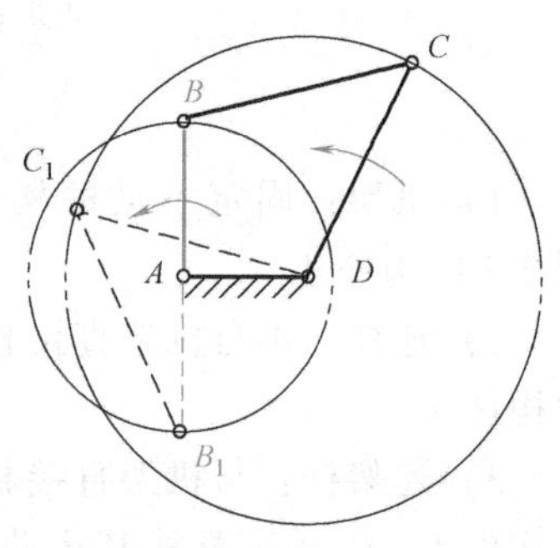

图 2-6　双曲柄机构

（1）不等长双曲柄机构　两曲柄长度不等的双曲柄机构称为不等长双曲柄机构。图 2-7 所示为惯性筛，即是不等长双曲柄机构。当曲柄 *AB* 做等角速度转动时，曲柄 *CD* 做变角速度转动，通过连杆 *CE* 使筛体产生变速直线运动，筛面上的物料由于惯性来回抖动，从而达到筛分物料的目的。

（2）平行双曲柄机构　连杆与机架的长度相等、两曲柄长度相等且曲柄转向相同的双曲柄机构称为平行双曲柄机构，如图 2-8 所示。四个构件在任何位置均形成平行四边形，两

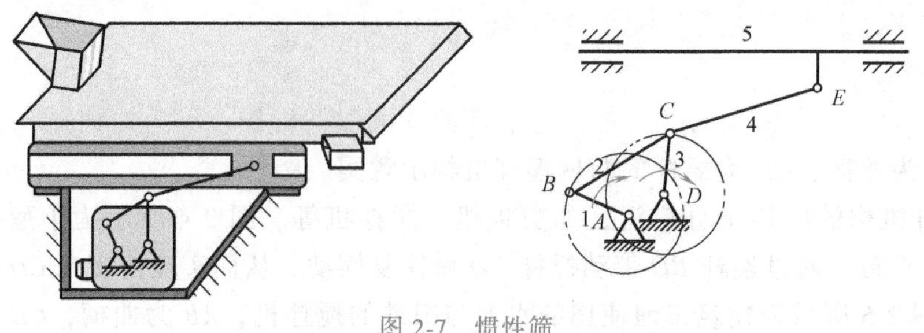

图 2-7　惯性筛

1、3—曲柄　2、4—连杆　5—筛子

曲柄的旋转方向和角速度恒相等。

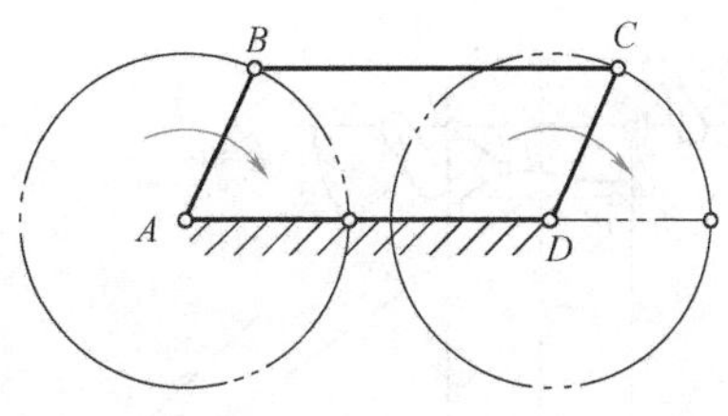

图 2-8　平行双曲柄机构

图 2-9 所示为机车车轮联动机构，即为平行双曲柄机构。它利用平行四边形机构两曲柄回转方向相同、角速度相等的特点，使从动车轮与主动车轮具有完全相同的运动。需要指出的是，为了防止这种机构在运动过程中变为反向平行双曲柄机构，在机构中增设了一个辅助曲柄 *EF*。

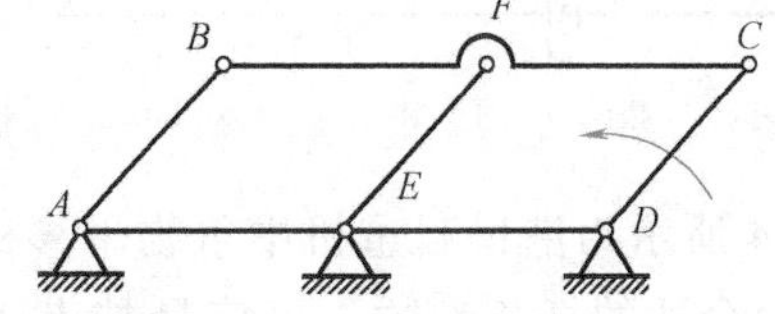

图 2-9　机车车轮联动机构

(3) 反向平行双曲柄机构　连杆与机架的长度相等、两曲柄长度相等但曲柄转向不同的双曲柄机构称为反向平行双曲柄机构，如图 2-10 所示。

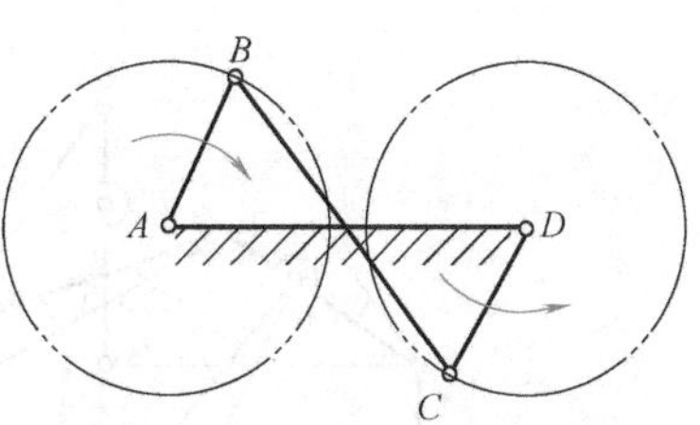

图 2-10　反向平行双曲柄机构

图 2-11 所示为自动门启闭机构，即为反向平行双曲柄机构应用实例。当主动曲柄 *AB* 转动时，通过连杆 *BC* 使从动曲柄 *CD* 反向转动，从而保证了两扇门的同时开启和关闭至各自的预定位置。

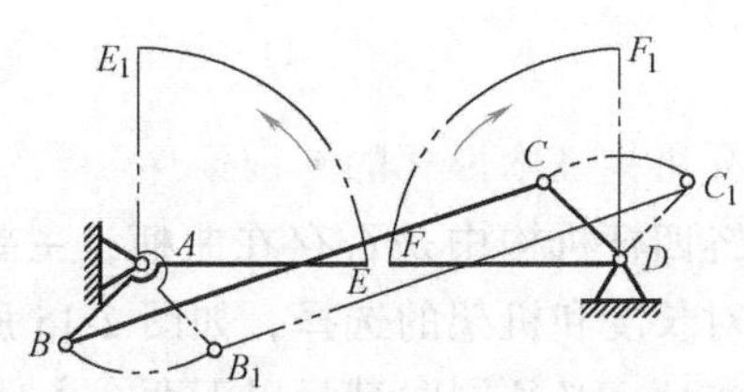

图 2-11　自动门启闭机构

3. 双摇杆机构

在铰链四杆机构中，若两连架杆均为摇杆，则此四杆机构称为双摇杆机构。

图 2-12 所示轮式车辆的前轮转向机构即为双摇杆机构，该机构两摇杆长度相等，也称为等腰梯形双摇杆机构。车辆转弯时，与前轮轴固连的两个摇杆的摆角 α 和 β 在任意位置都能使两前轮轴线的交点 *P* 落在后轴线的延长线上，则当整个车身绕 *P* 点转动时，四个车轮都能在地面上纯滚动，避免轮胎因滑动而损伤。等腰梯形双摇杆机构正好近似地满足这一要求。

图 2-13 所示为飞机起落架机构，当飞机将要着陆时，其着落轮 1 需要从机翼 4 中推放出来；起飞后又需要收入机翼中，这些动作是由主动摇杆 3 通过连杆 2，带动从动摇杆 5 实现的。

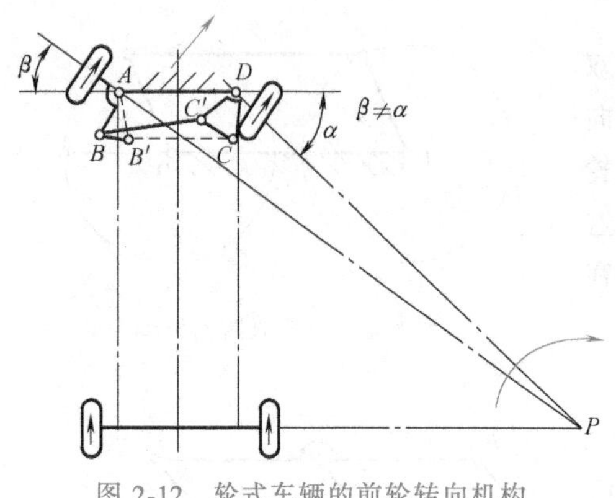

图 2-12　轮式车辆的前轮转向机构

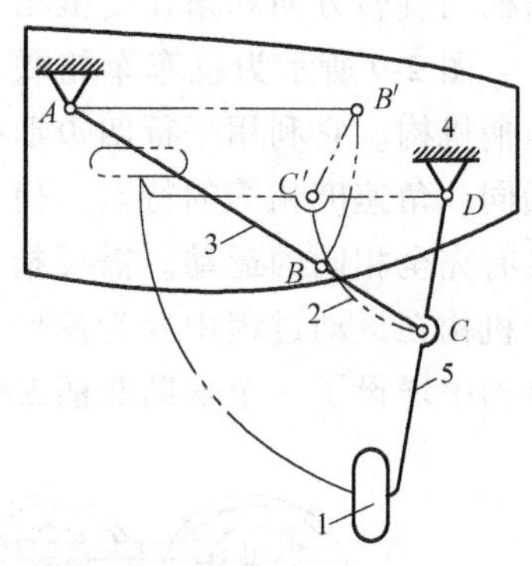

图 2-13　飞机起落架机构

图 2-14 所示为港口起重机中重物平移机构，当主动摇杆 AB 摆动时，另一摇杆 CD 随之摆动，选用合适的杆长参数，可使悬挂点 E 货物的轨迹近似为水平直线，以免被吊货物做不必要的上下运动而造成功耗。

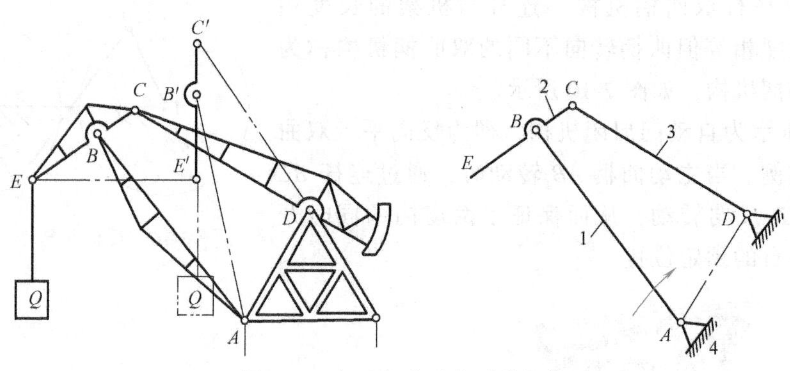

图 2-14　起重机中重物平移机构

三、铰链四杆机构基本形式的判别条件

事实上，铰链四杆机构中是否存在曲柄，主要取决于机构中各杆的相对长度和机架的选择，如图 2-15 所示。铰链四杆机构存在曲柄，必须同时满足以下两个条件：

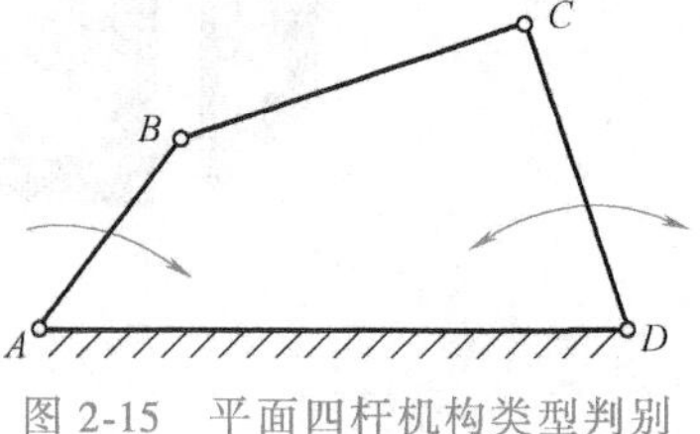

图 2-15　平面四杆机构类型判别

1）最短杆与最长杆的长度之和小于或等于其他两杆长度之和。

2）连架杆和机架中必有一杆是最短杆。

根据曲柄存在的条件，可知铰链四杆机构三种基本形式的判别方法，见表 2-1。

表 2-1　铰链四杆机构三种基本形式的判别方法

类别	基本形式	曲柄存在条件
曲柄摇杆机构	C B A D　　C B A D	以最短杆的邻杆为机架

（续）

类别	基本形式	曲柄存在条件
双曲柄机构		以最短杆为机架
双摇杆机构		以最短杆对杆为机架

例 2-1　如图 2-16 所示的铰链四杆机构，各杆长度如图所示。判断各铰链四杆机构的类型。

解：在图 2-16a 中，∵ 40+90<70+110，即 $L_{AD}+L_{BC}\leqslant L_{AB}+L_{CD}$

又∵ *AD* 为机架，且为最短杆，

根据铰链四杆机构类型的判断方法可知：该机构为双曲柄机构。

在图 2-16b 中，∵ 50+100<90+70，即 $L_{BC}+L_{CD}\leqslant L_{AB}+L_{AD}$

又∵ *AD* 杆为机架，

根据铰链四杆机构类型的判断方法可知：该机构为双摇杆机构。

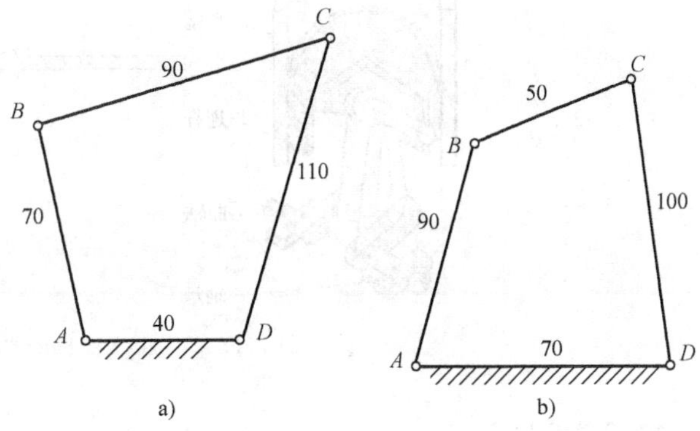

图 2-16　铰链四杆机构类型的判断

技能实践

选取一块薄木板，制作成若干连杆，再在各个连杆的两端钻孔，用细铁丝将各个连杆进行铰接，然后模拟平面连杆机构的各种不同类型，观察、总结铰链四杆机构的运动规律。

课题小结

平面连杆机构的基本形式为铰链四杆机构，它有曲柄摇杆机构、双曲柄机构和双摇杆机构三种基本形式。铰链四杆机构的基本形式取决于组成四杆机构的各杆的长度关系和对机架的选择。铰链四杆机构是平面四杆机构中应用非常广泛、最能反映平面四杆机构运动特性的结构形式。学习本课题时，可以从实际案例中找出哪些运动应用了平面四杆机构，再对相应案例提炼、绘制运动简图，分析其运动特性和规律。

同时，为深入理解不同类型铰链四杆机构运动特性，可以手工制作四杆机构，通过亲自动手制作，增强对平面四杆机构不同结构形式对应运动规律的感性认识，加深对铰链四杆机构三种基本形式的理解。

课题二　铰链四杆机构的演化

课题导入

除了课题一中所介绍的曲柄摇杆机构、双曲柄机构、双摇杆机构外，在生产实践中，还广泛地采用其他形式的四杆机构，它们一般都可以认为是通过改变铰链四杆机构的形状、相对长度，或选择不同构件作为机架等方式演化而来的。

如图 2-17 所示的单缸内燃机曲柄滑块机构，就是曲柄摇杆机构的一种演化形式。本课题将介绍它是如何由曲柄摇杆机构演化而来的。同时，还将对其他常见的演化形式做系统讲解。

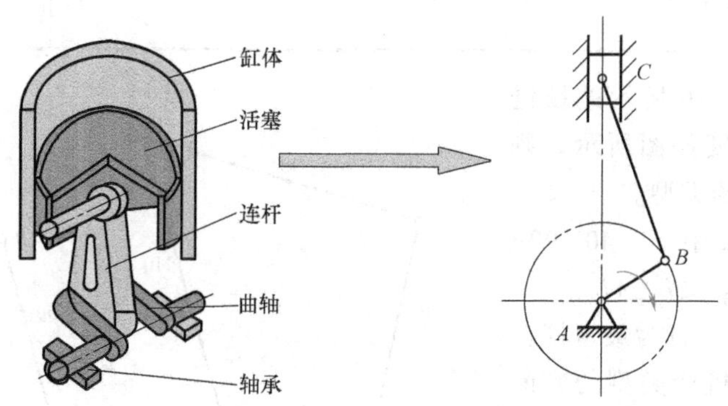

图 2-17　单缸内燃机曲柄滑块机构

知识学习

一、曲柄滑块机构

1. 演化过程

曲柄滑块机构是具有一个曲柄和一个滑块的平面四杆机构，它是由曲柄摇杆机构演化而来的。图 2-18 给出了曲柄滑块机构由曲柄摇杆机构演化的路径图。图 2-18a 为典型曲柄摇杆机构；图 2-18b 将摇杆 CD 去除，利用滑块 C 完成来回摆动；图 2-18c 进一步将圆弧滑道演化为直线滑道；最后一步，图 2-18d 将滑块 C 的高度移至和铰接点 A 到同一水平高度，即得到典型的曲柄滑块机构。

2. 运动特性

曲柄滑块机构的运动特点是将曲柄的连续转动转化为滑块的往复运动，或将滑块的往复运动转化为曲柄的连续转动。

3. 类型

由图 2-18 所示曲柄滑块机构演化过程可知，曲柄滑块机构分为两种类型，一种是滑块上转动副中心的移动轨迹线不通过曲柄回转中心，而是有一定距离 e，称为偏心曲柄滑块机构，如图 2-18c 所示；另一种是滑块上转动副中心的移动轨迹线通过曲柄的回转中心，称为对心曲柄滑块机构，简称曲柄滑块机构，如图 2-18d 所示。

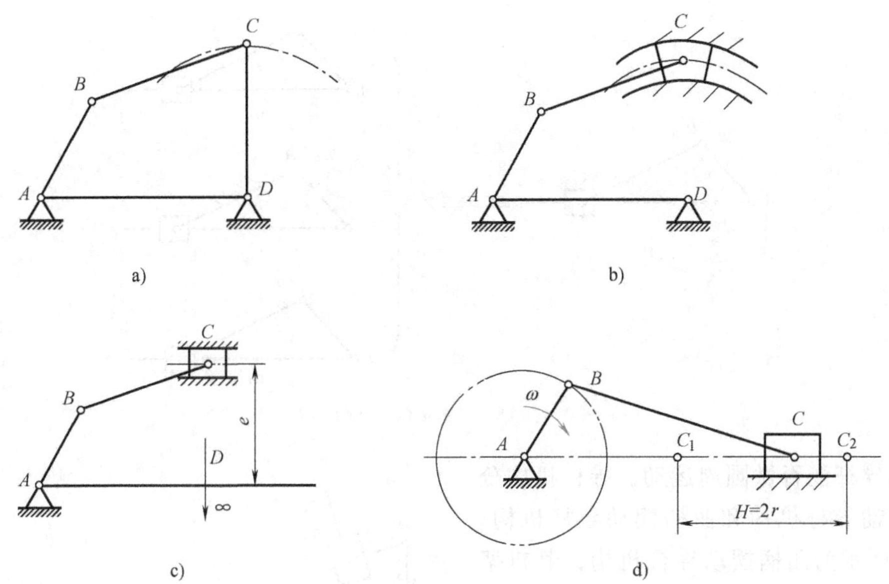

图 2-18　曲柄摇杆机构演化为曲柄滑块机构

4. 应用

曲柄滑块机构是从曲柄摇杆机构演化而来，它广泛应用于活塞式内燃机、空气压缩机、压力机及其他机械中。图 2-19 所示为曲柄滑块机构在压力机中的应用（曲柄为主动件）；图 2-20 所示为曲柄滑块机构在内燃机中的应用（滑块为主动件）。

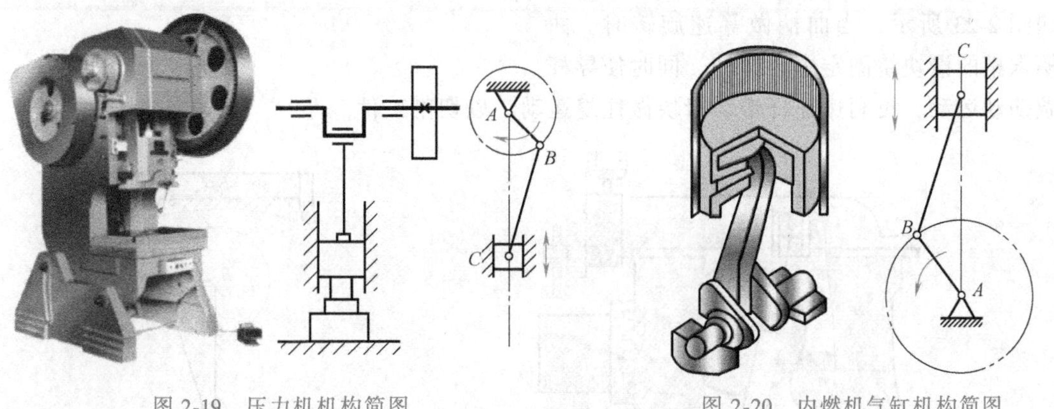

图 2-19　压力机机构简图　　　　图 2-20　内燃机气缸机构简图

二、曲柄滑块机构的衍生机构

如图 2-21 所示，其中图 a 所示为典型对心曲柄滑块机构，可以对其进一步演化：图 b 所示以构件 *AB* 为机架，滑块 *C* 不但可以在 *AC* 杆上滑动，还可以做往复摆动或者转动，此机构称为导杆机构；图 c 所示以构件 *BC* 为机架，滑块 *C* 可随杆 *AC* 摇动，故称为摇块机构；图 d 所示将滑块 *C* 固定，可以实现杆 *AC* 的往复直线运动，称为定块机构。

1. 导杆机构

导杆是机构中与另一运动构件组成移动副（棱柱副）的构件。连架杆中至少有一个构件为导杆的平面四杆机构称为导杆机构。

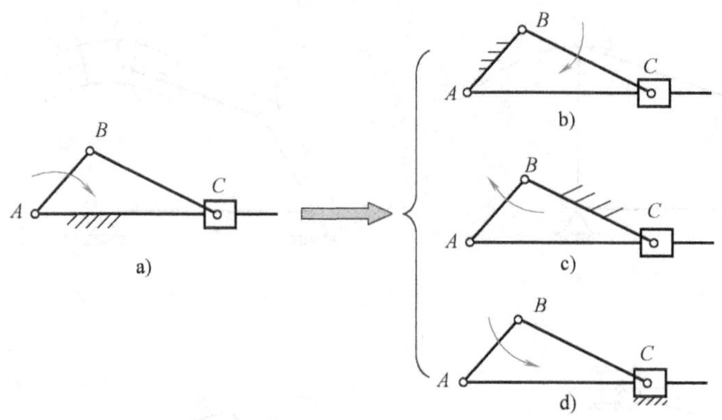

图 2-21　导杆机构的演化过程

依据导杆能否做圆周运动，导杆机构分为曲柄转动导杆机构和曲柄摆动导杆机构。图 2-22a 所示为曲柄摆动导杆机构，其机架 1 的长度大于杆 2 的长度，主动杆 2 做圆周运动时，导杆 4 只能做往复摆动；图 2-22b 所示为曲柄转动导杆机构，其机架 1 的长度小于杆 2 的长度，主动杆 2 做圆周运动时，从动导杆也能做整周回转运动。

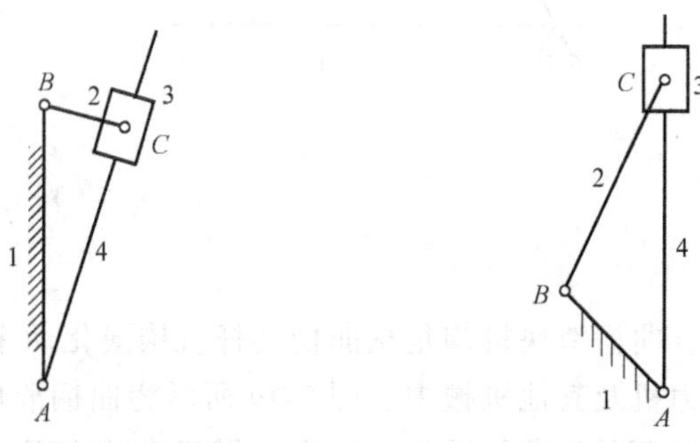

图 2-22　导杆机构

曲柄摆动导杆机构常应用于牛头刨床，如图 2-23 所示，当曲柄做等速旋转时，曲柄末梢的滑块绕固定中心旋转，同时使导杆做摆动运动，再利用连杆带动滑块做往复运动，以切割工件。

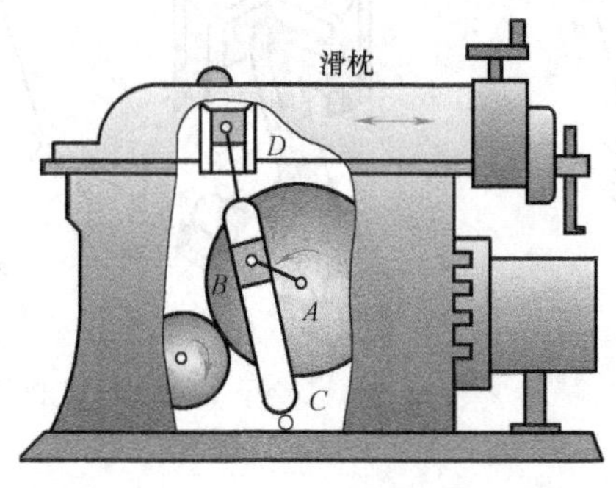

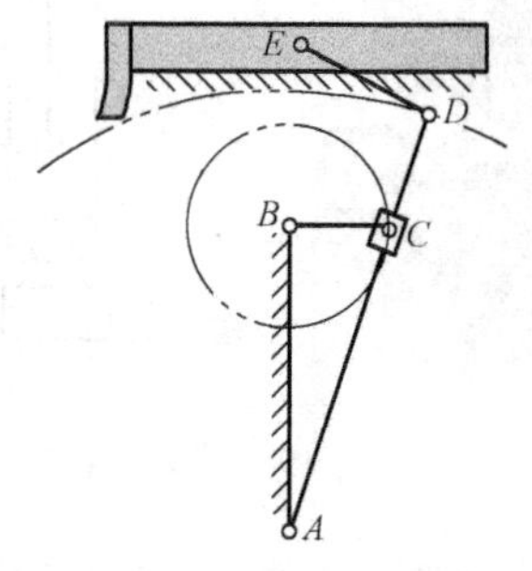

图 2-23　牛头刨床工作机构简图

【观察与思考】

1. 分析曲柄摆动导杆机构和曲柄转动导杆机构运动特点，找出其差异。
2. 牛头刨床的工作行程和空行程运动速度一样吗？如果不一样，分析其原因。

2. 曲柄摇块机构（摇块机构）

图 2-21c 所示为曲柄摇块机构，曲柄 AB 做圆周运动时，带动 AC 杆摆动，进而使滑块 C 绕铰接点摆动。

图 2-24 所示为曲柄摇块机构在货车车厢自动翻转卸料中的应用。此时，主动件为活塞，它推动车厢 1 翻转卸料，同时液压缸在轴承支持的筒耳上绕固定轴 *C* 摆动。

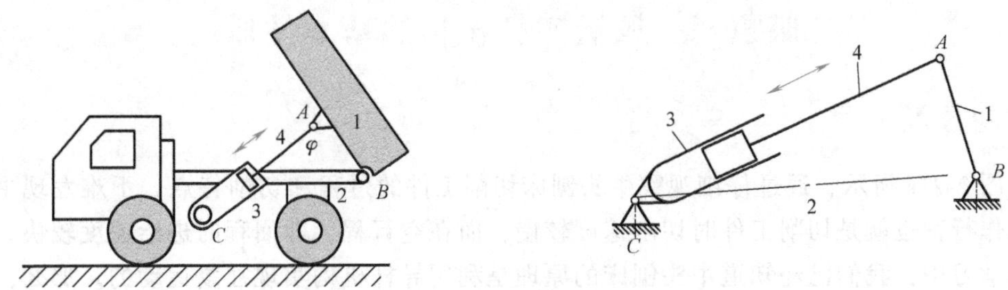

图 2-24　货车车厢自动翻转卸料机构简图

3. 移动导杆机构（定块机构）

如图 2-21d 所示，当以滑块为机架时，就演化为移动导杆机构。手压抽水机就是这一机构的典型应用实例。如图 2-25 所示，在手压抽水机中，杆 2 为绕固定轴摆动的摇杆，杆 1 绕 *A* 点转动，使杆 3 做上下往复运动，从而完成抽水动作。

4. 偏心轮机构

在曲柄滑块机构或其他含有曲柄的四杆机构中，当要求滑块的行程 *H* 很小时，曲柄长度必须很小。此时出于结构的需要，常将曲柄做成偏心轮，用偏心轮的偏心距 *e* 来替代曲柄的长度，曲柄滑块机构演化成偏心轮结构，如图 2-26 所示。在偏心轮机构中，滑块的行程等于偏心距的两倍，即 $H=2e$。在偏心轮机构中，只能以偏心轮为主动件。

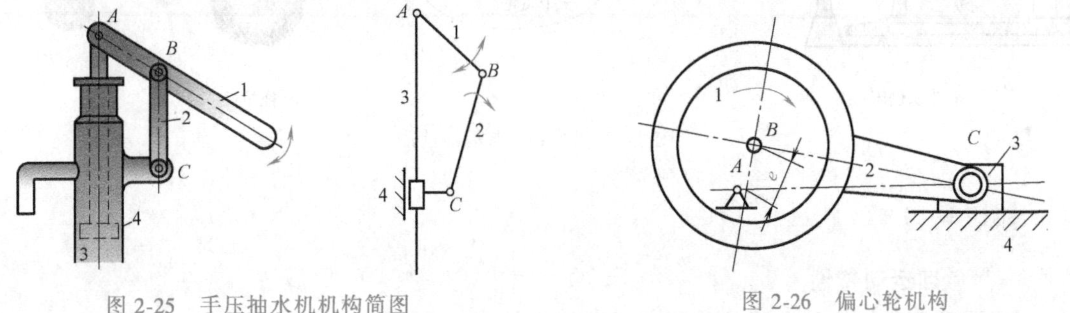

图 2-25　手压抽水机机构简图

图 2-26　偏心轮机构

技能实践

上网查找连杆机构的应用实例，绘制运动机构简图。将相关视频和制作的简图进行播放、演示，并讲解其机构组成、动作原理、演化过程以及运动特点等，提升对理论知识理解的广度和深度。

课题小结

实际生产中应用的平面四杆机构尽管它们的外形结构千变万化，但很多都是基本形式经过演化而来的。将平面铰链四杆机构中的一个或两个转动副演化为移动副，就演变出新型的平面连杆机构：曲柄滑块机构、导杆机构、摆块机构和定块机构等。在分析这些机构的运动路径、传动形式时，首先要从实际的机器零件中抽象出其机构简图；再分析机构简图中各构件的具体功能以及如何实现规定动作；最后把这些机构和课本介绍的各种机构进行比较，判断它属于哪一类型的平面四杆机构。

课题三　铰链四杆机构的基本性质

课题导入

如图 2-27a 所示，通过仔细观察牛头刨床切削工件的过程和切削特点，不难发现牛头刨床在工作行程也就是切削工件时切削速度较慢，而在空行程，即回程时进给速度较快。在课题二的学习中，我们已经知道牛头刨床的原理是利用导杆机构实现往复运动的。那么，它是如何实现往复行程变速运动呢？

如图 2-27b 所示为生活中常见的拖拉机，其传动形式是利用单缸内燃机提供动力，其结构形式为曲柄滑块机构。那么，为什么必须在内燃机外面附加一个大质量的飞轮呢？同样是内燃机驱动，小汽车则不需要增加飞轮，这又是为什么？

这些问题将在本课题铰链四杆机构的基本性质中进行讲解。

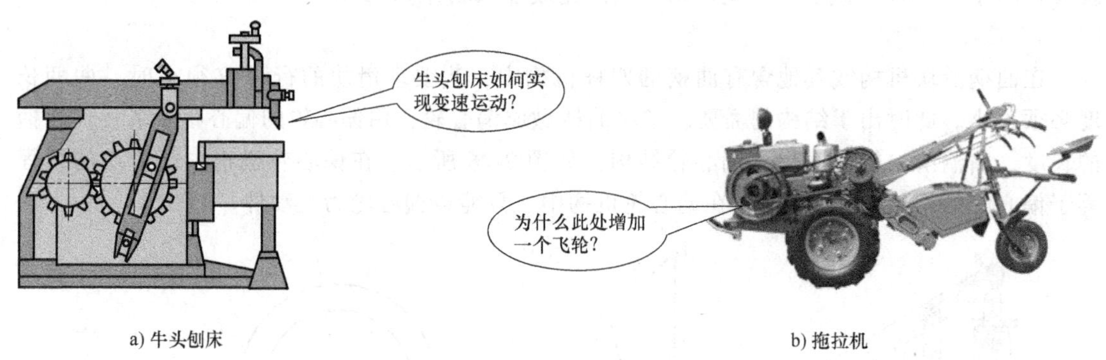

图 2-27　四杆机构基本性质

知识学习

一、急回运动特性

1. 铰链四杆机构的急回特性和行程速比系数

（1）模型引入　图 2-28 所示为曲柄摇杆机构，当曲柄 AB 沿顺时针方向以等角速度 ω 从与 BC 共线位置 AB_1 转到另一共线位置 AB_2 时，转过的角度为 φ_1（$180°+\theta$）；摇杆 CD 从左极限位置 C_1D 摆到右极限位置 C_2D，设所需时间为 t_1，C 点平均速度为 v_1；当曲柄 AB 再继续转过角度 φ_2（$180°-\theta$），即从 AB_2 到 AB_1，摇杆 CD 自 C_2D 摆回到 C_1D，设所需时间为 t_2，C 点的平均速度为 v_2。由于 $\varphi_1>\varphi_2$，则 $t_1>t_2$。又因摇杆 CD 往返的摆角都是相同的，而所用的时间却不同，往返的

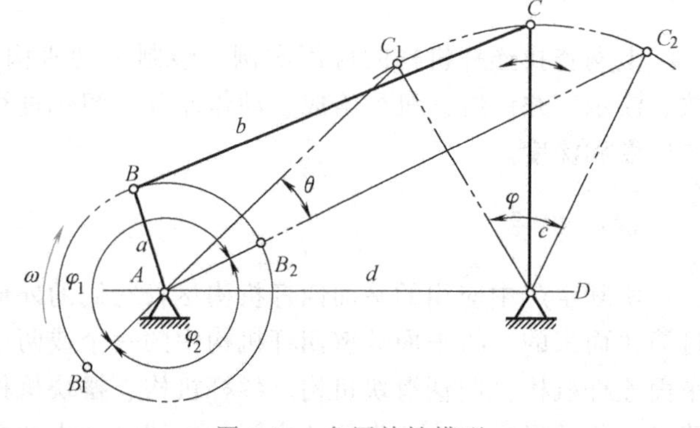

图 2-28　急回特性模型

平均速度也不相同，即 $v_1<v_2$。由此可见，当曲柄等速转动时，摇杆来回摆动的平均速度是不同的，摇杆的这种运动特性称为急回运动特性。

（2）基本概念

1）极位夹角 θ：当从动件处于两极限位置时，对应的连杆与主动件两次共线位置之间的夹角，如图 2-28 所示。

2）摆角 φ：从动件两极限位置间的夹角，如图 2-28 所示。

3）急回特性：在铰链四杆机构中，当主动件做等速运动时，摇杆由 C_1D 摆到 C_2D 的过程被用作机构中从动件的工作行程，摇杆由 C_2D 摆到 C_1D 的过程被用作机构中从动件的空回行程。从动件空回行程时的平均速度大于工作行程的平均速度的性质称为急回特性。

4）行程速比系数 K：从动件回程的平均速度与从动件工作行程的平均速度的比值，即

$$K=\frac{v_2}{v_1}=\frac{\dfrac{C_2C_1}{t_2}}{\dfrac{C_1C_2}{t_1}}=\frac{t_1}{t_2}=\frac{\varphi_1}{\varphi_2}=\frac{180°+\theta}{180°-\theta}$$

2. 急回特性在生产中的应用意义

机构有无急回特性，取决于行程速比系数 K。当 $K>1$ 时，机构具有急回运动特性，K 值越大，急回特性就越显著。通常，可以将工作行程设定为 φ_2，空回行程设定为 φ_1，以获得工作行程的平稳切削、空回行程的高速返回，提高生产率。当 $K=1$ 时，机构无急回特性，其往复行程平均速度相同。牛头刨床往复行程的不等速运动正是利用了曲柄摇杆机构的急回特性。

【观察与思考】

1. 建立牛头刨床摆动导杆机构运动模型，分析它是怎样利用急回特性实现工作行程低速切削，空回行程高速返回的？

2. 分析还有哪些机构具有急回特性？急回特性对实现特定功能具有什么实际意义？

二、死点位置

图 2-29 所示为缝纫机踏板机构简图。同学们见过踏板式缝纫机吗？如果家里有，可以体验一下。若初次使用缝纫机或者操作不当，缝纫机飞轮会出现倒转或卡死的现象。那么为什么会产生这种现象？

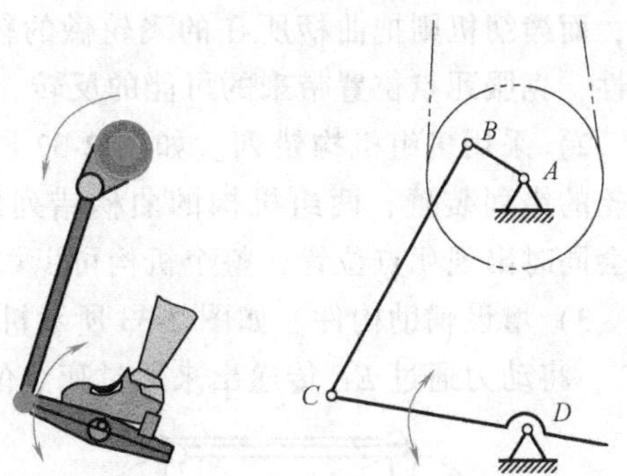

图 2-29　缝纫机踏板机构简图

上述现象产生的原因，是由于缝纫机踏板工作利用的曲柄摇杆机构工作时存在死点位置，当机构运动到死点位置时，机构会卡死或产生运动方向的不确定性。下面引入模型来具体解释这个问题。

1. 铰链四杆机构死点位置的成因

（1）模型引入　如图 2-30a 所示为曲柄摇杆机构处于死点位置时的模型。若以摇杆 CD 为主动件，则当 CD 处于两极限位置 C_1D 或 C_2D 时，连杆与曲柄出现两次共线，如图 2-30b

和 c 所示，可以看出，由于驱动力和曲柄 AB 共线，此时无论施加多大的外力 F，都无法使从动件曲柄转动。

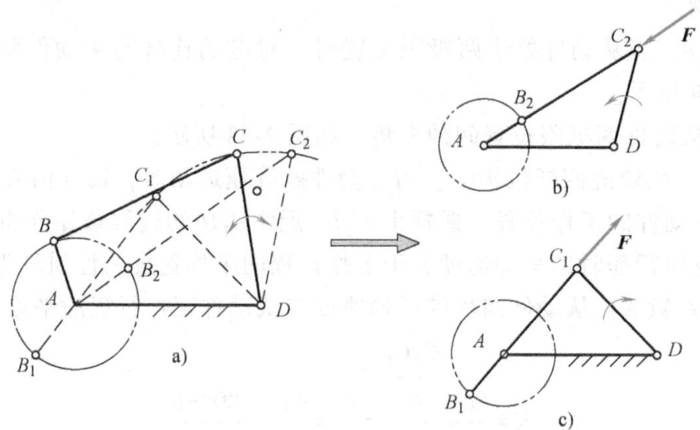

图 2-30　曲柄摇杆机构的死点位置

（2）死点位置概念、产生原因及其伴随现象　当主动件处于两极限位置时，连杆与从动件两次处于共线位置，机构的这个位置称为死点位置。如图 2-30b 和 c 所示位置即为机构死点位置。此时，驱动力通过从动件铰链的中心，对从动件的回转力矩为零，因而无法推动从动件转动。

当机构处于死点位置时，从动件将出现运动方向不确定或被卡死现象。例如，缝纫机踏板机构中，当出现死点位置时，将会出现踏板踩不动或飞轮倒转现象。

2. 死点位置的克服

为了使机构能够顺利地通过死点位置，继续正常运转，常采用以下方法：

1）利用从动曲柄本身的质量或附加一个转动惯量大的飞轮。如图 2-31 所示，拖拉机就是增加一个大质量的飞轮，依靠其惯性作用来通过死点位置；而缝纫机则把曲柄所在的飞轮做的较大来增大惯性，克服死点位置带来的可能的反转。

图 2-31　拖拉机增加飞轮

2）采用多组机构错列。如图 2-32 所示的两组车轮的错列装置，两组机构的曲柄错列成 90°，则不会同时出现死点位置，整个机构可以可靠转动。

3）增设辅助构件。如图 2-33 所示机车车轮联动装置，它在机构中增设了一个辅助曲柄 EF，将动力通过 EF 传递出来通过死点位置。

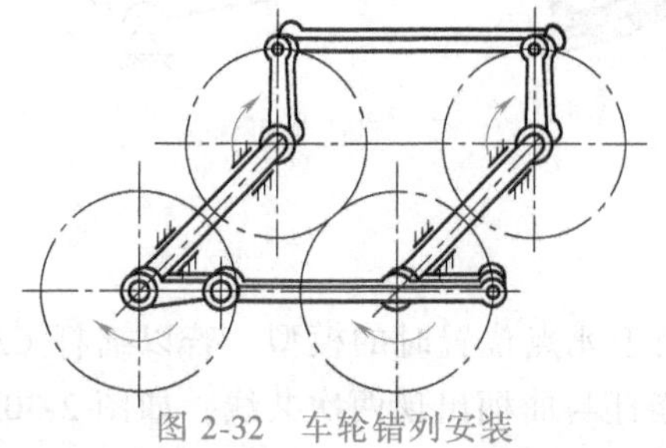

图 2-32　车轮错列安装

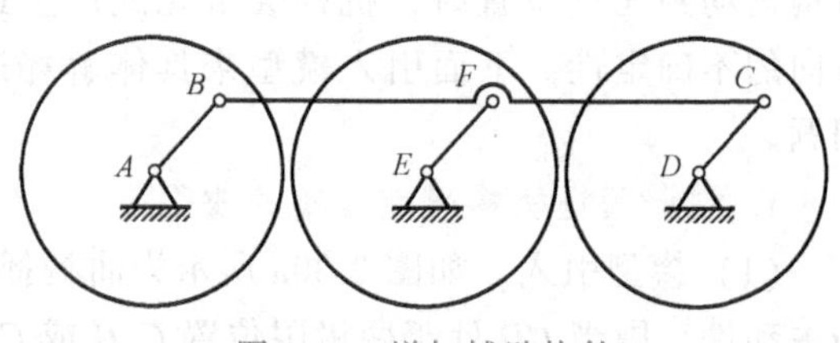

图 2-33　增加辅助构件

3. 死点位置在实践中的应用意义

一般来说，机构运动中出现死点位置，会使从动机构处于静止或运动不确定状态，必然会影响效率、甚至出现故障，因此需设法加以克服。然而，死点位置也有其有利的一面，工程上常用机构的死点位置的性质来实现某些特殊要求。

如图 2-34 所示的夹具机构就是应用死点位置的性质来夹紧工件的。当夹具通过手柄施加外力 F 使铰链的中心 B、C、D 处于同一直线上时，使机构处于死点位置来保证工件夹紧可靠；此时如将外力 F 去掉，也能保持可靠地夹紧工件；当需要松开工件时，则必须向上扳动手柄，才能松开夹紧的工件。

如图 2-35 所示为飞机起落架机构。当起跑轮放下时，BC 杆与 CD 杆共线，机构处于死点位置，地面对轮子的反作用力不会使 CD 杆转动，从而保证飞机起降安全。

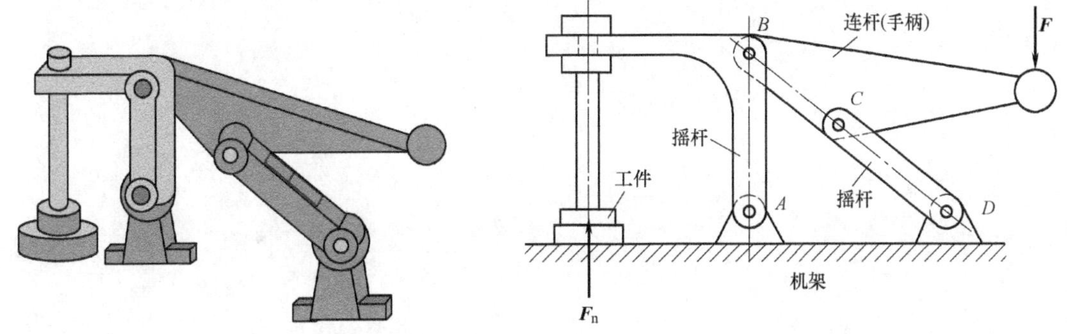

图 2-34 夹具机构

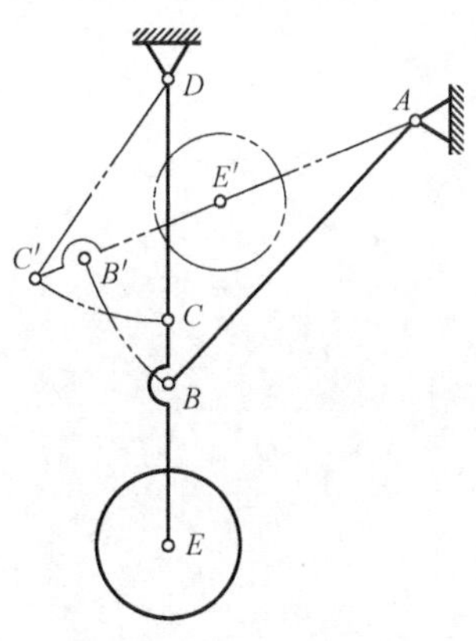

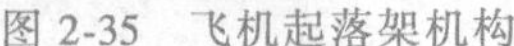

图 2-35 飞机起落架机构

技能实践

1）自制曲柄摇杆机构，以曲柄为主动件，观察摇杆往复摆动行程时速度的差异；然后改变曲柄、摇杆长度组合，观察往复行程时速度有何变化？

2）在上述自制曲柄摇杆机构中，以摇杆为主动件，将摇杆摆动到极限位置，观察机构出现死点位置的情形，并说明产生死点位置的原因。

3）列举生活和生产中，利用连杆机构急回特性和死点位置性质的例子；然后绘制机构运动简图，说明其工作原理。

课题小结

急回特性和死点位置是铰链四杆机构的重要性质，掌握铰链四杆机构的这些特性是分析和设计铰链四杆机构的基础。很多运动机构利用了急回特性和死点位置的性质，有效提高了生产率，增加了机构运动的稳定性、安全性。实际生产中的机构形式一般比较复杂，在学习本课题时，要注重培养学生抽象建模的能力，一方面，可以根据机构的外在功能，推理其结构组成；另一方面，又可以由其机构形式，分析其应该具备的特点和功能。只有这样，才能对铰链四杆机构相关特性的原理和特点有更深入的理解。

单元三　凸轮机构与间歇运动机构

内容构架

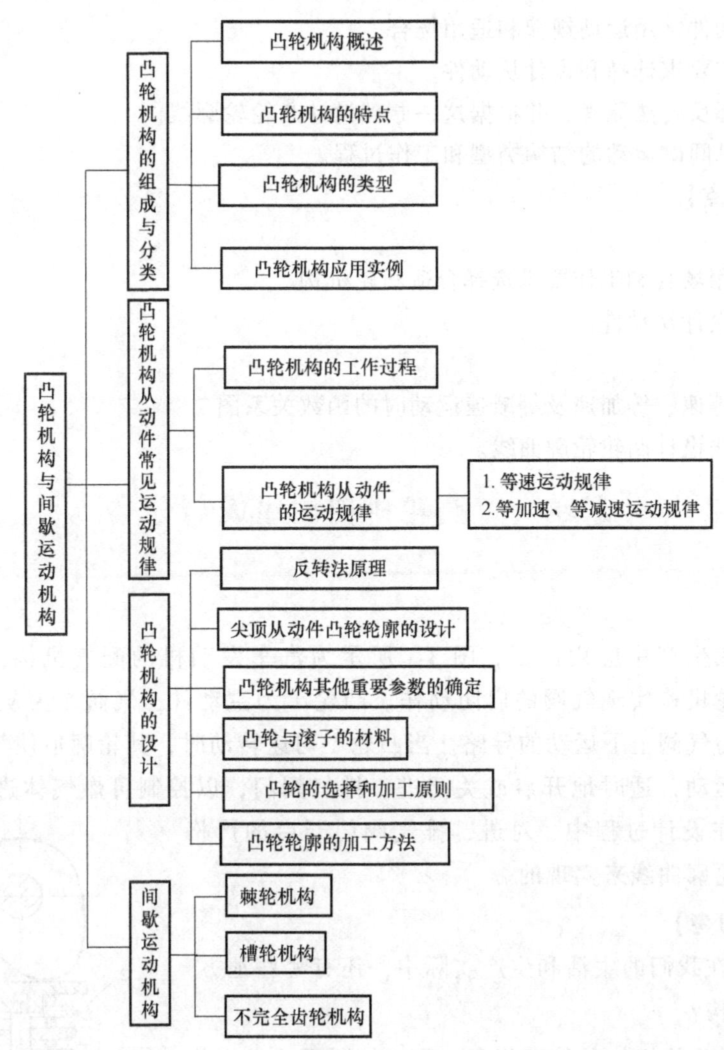

学习引导

本单元将介绍生产中常见的一种高副机构——凸轮机构。机械设计时，常要求某些从动件按预定规律运动。这种要求虽可用连杆机构实现，但结构设计复杂，且难以精确满足运动要求，因此当要求从动件按复杂规律运动时，多采用凸轮机构。凸轮机构是高副机构，凸轮和从动件之间是线接触或点接触，因而它能实现相较平面连杆机构更复杂的运动形式。

本单元先对凸轮机构的组成和分类进行介绍，讲解典型凸轮机构；再对从动件运动规律进行研究，进而根据从动件运动的函数关系图，通过图解法反向设计凸轮。

凸轮机构在凸轮轮廓为圆弧曲线时，从动件处于停歇状态。因此，凸轮机构也可看成是一类特殊的间歇运动机构。本书把凸轮机构和间歇运动机构归为一个单元。

【目标与要求】

➢ 了解凸轮机构的组成、类型及特点和适用场合。

➢ 根据工作要求和使用场合合理选择凸轮机构的类型。

➢ 掌握从动件常用运动规律和适用场合。

➢ 根据工作要求选择和设计从动件。

➢ 熟练掌握反转法原理，并根据这一原理设计凸轮轮廓线。

➢ 掌握常见间歇运动的结构类型和工作过程。

【重点与难点】

重点：

- 根据使用场合和工作要求选择合适凸轮机构。
- 选择并设计从动件。

难点：

- 从动件等速、等加速及等减速运动时的函数关系图。
- 用反转法设计凸轮轮廓曲线。

课题一　凸轮机构的组成与分类

课题导入

凸轮机构在生产中应用广泛，图 3-1 所示为汽车发动机的配气机构，它利用盘形凸轮机构实现气阀的启闭动作。凸轮 1 为主动件，气阀 2 为从动件，机架 3 为气阀上下运动的导路。当凸轮 1 匀速转动时，其轮廓迫使气阀 2 按照预期运动规律往复运动，适时地开启或关闭进、排气阀门，以控制可燃气体进入气缸或使废弃排出气缸。在设计过程中，对进、排气阀门开启的严格控制是靠凸轮轮廓曲线来实现的。

【观察与思考】

想一想，在我们的生活和生产实际中，还有哪些地方用到了凸轮机构？

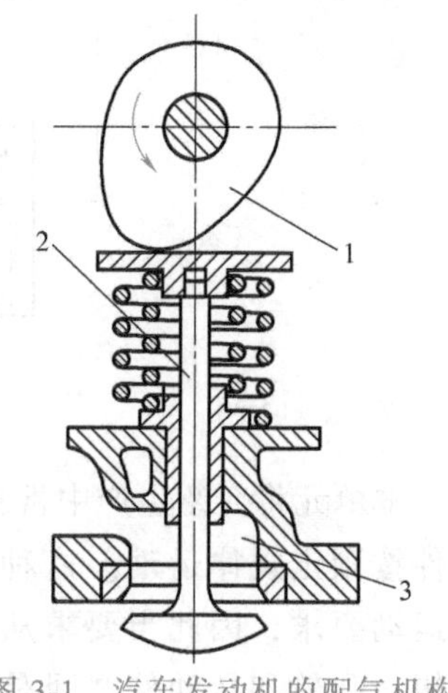

图 3-1　汽车发动机的配气机构

1—凸轮　2—气阀　3—机架

凸轮是整个凸轮机构的核心组件。图 3-2 所示为工业生产中常见的一些凸轮，形状都较为复杂，有圆盘形凸轮，也有圆柱形凸轮，还有锥面形凸轮。凸轮机构的复杂性为实现从动件的复杂运动奠定了基础。

凸轮传动的工作过程如图 3-3 所示，当原动机驱动凸轮转动时，通过高副连接（线接触或点接触）将凸轮的转动转变为从动件的直线往复运动或摆动。

图 3-2　凸轮

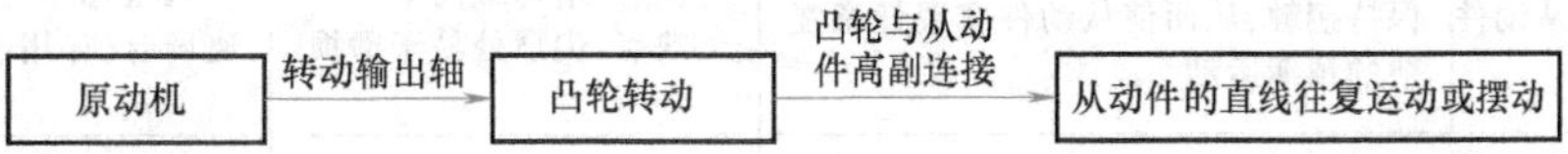

原动机 —转动输出轴→ 凸轮转动 —凸轮与从动件高副连接→ 从动件的直线往复运动或摆动

图 3-3　凸轮传动的工作过程

知识学习

一、凸轮机构概述

依靠凸轮轮廓直接与从动件接触，迫使从动件做有规律的直线往复运动或摆动的运动构件称为凸轮。**凸轮机构是由凸轮、从动轮以及机架三个基本构件组成的，是使从动件产生某种特定运动的高副机构。**

图 3-4 所示为凸轮机构工作简图。工作时，凸轮以角速度 ω 匀速旋转，推动从动件做上下变速往复运动（凸轮曲率半径渐变），借助重力、弹簧力等方法始终保持凸轮轮廓与从动件之间良好的接触。在凸轮机构中，凸轮为主动件，绕定点做等速转动；从动件按预定的运动规律做间歇（或连续）往复直线移动（或摆动）。

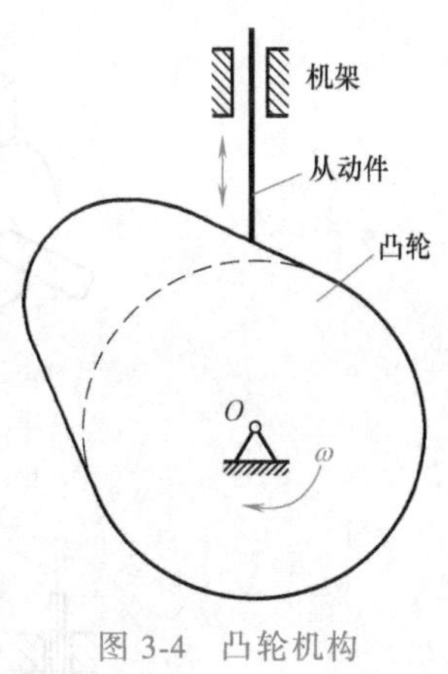

图 3-4　凸轮机构

二、凸轮机构的特点

优点：设计方便，只需改变凸轮的轮廓形状，就可改变从动件的运动规律，容易实现复杂运动；结构简单、紧凑；可高速启动，动作准确可靠。

缺点：凸轮轮廓与从动件是点接触或线接触，不便于润滑，易磨损，所以通常用于传力不大的场合，如自动机械、仪表、控制机构和调节机构中。

三、凸轮机构的类型

凸轮机构的类型很多，根据凸轮、从动件的不同形状和特点，常见的分类方法见表 3-1。

图 3-5 所示分别为盘形凸轮、移动凸轮、圆柱凸轮的模型图。

图 3-6 所示为凸轮从动件端部分别为尖顶、滚子、平底的三种结构形式。

表 3-1　凸轮机构的类型

类型		说明	特点	使用场合
按凸轮形状分	盘形凸轮	它是凸轮最基本的形式，这种凸轮是一个绕固定轴转动并且具有变化半径的盘形零件	从动件在垂直于凸轮旋转轴线的平面内运动，结构简单	应用最广
	移动凸轮	当盘形凸轮的转轴位于无穷远处时，就演化成了移动凸轮	凸轮呈板状，它相对于机架做直线移动	适用于主动凸轮做往复移动的场合
	圆柱凸轮	凸轮轮廓位于圆柱体表面上，这种凸轮可以认为将移动凸轮卷成圆柱体而演化的	优点：比盘形凸轮机构尺寸更为紧凑 缺点：结构较盘形凸轮复杂	适用于从动件的运动平面与凸轮轴线平行的场合，不宜用在从动件摆角过大的场合
按从动件端部形状和运动形式分	尖顶从动件	尖端能够与任意形状的凸轮轮廓保持接触，从而使从动件实现任意复杂的预期运动	优点：结构最简单 缺点：尖顶处易于磨损	只适用于传动力不大的低速场合（如用于仪表机构中）
	滚子从动件	为减小摩擦和磨损，在从动件端部安装一个滚轮，把从动件与凸轮之间的滑动摩擦变成滚动摩擦	优点：磨损较少，可用来传递较大的动力 缺点：加上滚子后结构变得复杂	应用较广
	平底从动件	从动件底面与凸轮轮廓之间为线接触，接触处易形成油膜，凸轮对从动件的作用力始终垂直于从动件的平底	优点：润滑状况好，受力平稳，传动效率较高 缺点：与之配合的凸轮轮廓必须全部为外凸形状	常用于高速凸轮机构中，但它不能用于内凹轮廓的凸轮机构中

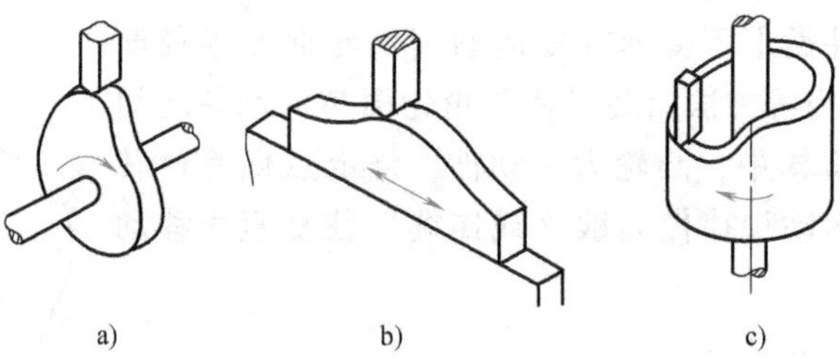

图 3-5　凸轮机构的类型（按凸轮形状分）

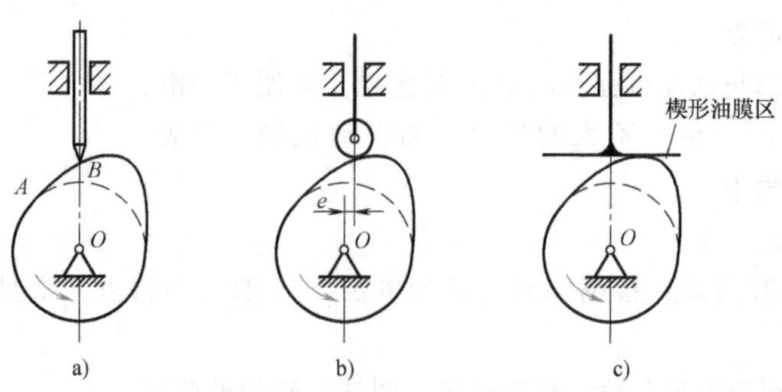

图 3-6　从动件端部的结构形式

四、凸轮机构应用实例

凸轮机构是一种常用机构，在许多自动化或半自动化机械中应用广泛，如数控车床、压力机、纺织机、印刷机、打字机、缝纫机等需要自动控制的部分，都应用了凸轮机构。下面分别通过三个实例说明凸轮的应用情况。

图 3-7 所示为凸轮机构在车床加工中的应用。车床的刀架安装在从动件上，下层的模板充当凸轮。当刀架自左向右车削时，在弹簧力作用下，刀架紧贴底层模板运动，通过车刀切削，将模板轮廓形状“复制”到工件上。这种方法在机械加工中称为“靠模法车削”。在此机构中，从动件（刀架所在从动杆）滚轮和凸轮之间是线接触，为高副机构，因而能实现零件较复杂轮廓的靠模加工。

图 3-8 所示为移动凸轮机构在压力机送料机构的应用。

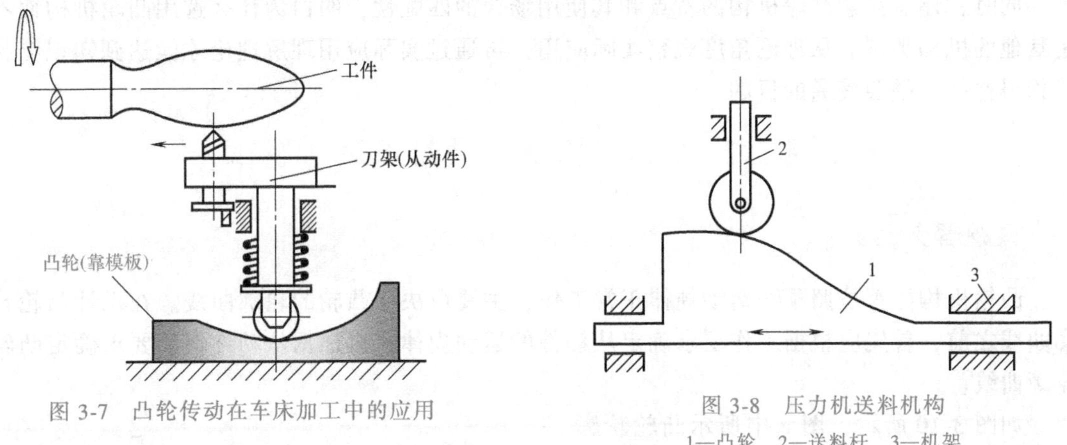

图 3-7　凸轮传动在车床加工中的应用

图 3-8　压力机送料机构

1—凸轮　2—送料杆　3—机架

图 3-9 所示为机床上自动控制刀架运动的圆柱凸轮机构。该机构的主动件为圆柱凸轮，其轮廓曲线位于圆柱面上并绕其轴线旋转，实现有特定运动规律要求的工作行程。从动件为扇形齿轮，通过柄部嵌入凸轮凹槽内，当凸轮回转时，从动件沿轴线方向做往复摆动，再通过齿轮、齿条啮合，将齿轮的往复摆动转换为齿条带动刀架的往复直线运动。凹槽的形状将决定刀架的运动规律。

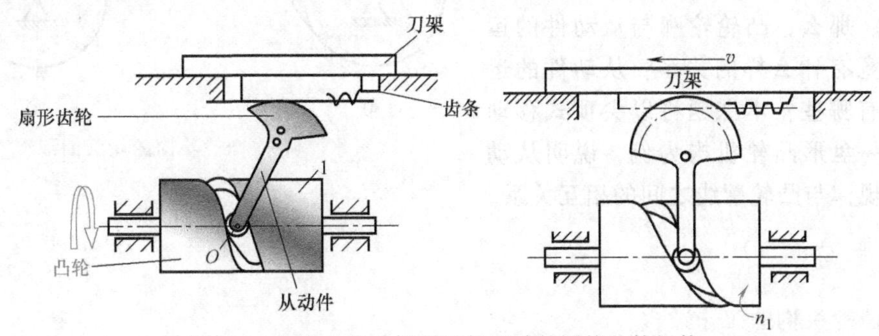

图 3-9　机床上自动控制刀架运动的圆柱凸轮机构

技能实践

到学校实习工厂参观，在老师指导下观察哪些机器、机床用到了凸轮机构；或者利用互联网，查找凸轮机构应用实例的相关教学视频。并对这些凸轮机构进行简单分类，分析其传动原因。

课题小结

在各种机器尤其是自动化机器中，为实现各种复杂的运动要求，常采用凸轮机构。凸轮机构是机械中常用的一种传动形式，学习时可以与平面四杆机构对比进行学习。例如，凸轮机构和平面四杆机构相同之处在于，主动件都是通过原动机驱动做等速旋转运动；不同之处在于，平面四杆机构为移动或转动连接是面接触，为低副机构，从动件能实现的运动相对较简单，而凸轮机构是点接触或线接触，为高副机构，从动件易于实现较复杂的运动。当然，高副机构接触面小，压强大，也会给凸轮机构带来冲击大、易磨损的弊端。

同时，还应注意凸轮机构的特点和其使用场合的匹配性，明白为什么选用凸轮机构而不是其他的机构类型。从理论角度观察实际应用，再通过实际应用理解理论才能达到知识与技能相得益彰、融会贯通的目的。

课题二　凸轮机构从动件常见运动规律

课题导入

凸轮机构能否按照预期运动规律正常工作，主要取决于凸轮的轮廓曲线。在设计凸轮轮廓曲线之前，首先应根据工作要求确定从动件的运动规律，再根据从动件运动要求确定凸轮轮廓曲线。

如图 3-10 所示，图 a 中所示凸轮轮廓由圆弧曲线和非圆弧曲线两段组成，两段曲线之间光滑过渡；而图 b 中，凸轮轮廓曲线包含了 4 段曲线（两段半径不等的圆弧和两段非圆弧曲线），并且凸轮轮廓上存在尖点。很明显，当图 3-10a、b 中的凸轮都做等速旋转时，其从动杆的运动规律是不一样的。那么，凸轮轮廓与从动件的运动轨迹究竟有什么样的关系？从动件的运动规律又有哪些？本课题将以尖顶式移动从动件——盘形凸轮机构为例，说明从动件的运动规律与凸轮廓线之间的相互关系。

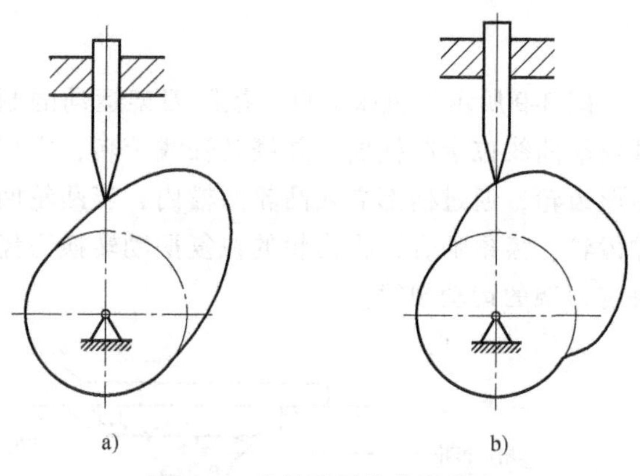

图 3-10　凸轮不同的轮廓曲线

知识学习

一、凸轮机构的工作过程

图 3-11 所示的凸轮机构中主动件是由曲线 AB、CD 及圆弧 BC、DA 围成的盘形凸轮，它以角速度 ω 做逆时针方向转动；从动件为尖顶式从动件，沿着导路做上下往复移动。假设主动件从 A 点位置开始做逆时针方向转动，从动件的运动规律具体描述如下：

AB——上升：当凸轮轮廓 AB 部分与从动件接触时，由于凸轮轮廓径向半径逐渐增大，从动件将逐渐上升。当从动件与 *B* 点接触时，从动件上升到最高位置，此过程称为推程。

BC——远休止：当凸轮轮廓 *BC* 部分与从动件接触时，此时凸轮轮廓为圆弧段，半径不变，因此从动件处于最高位置不动，此过程称为远休止。

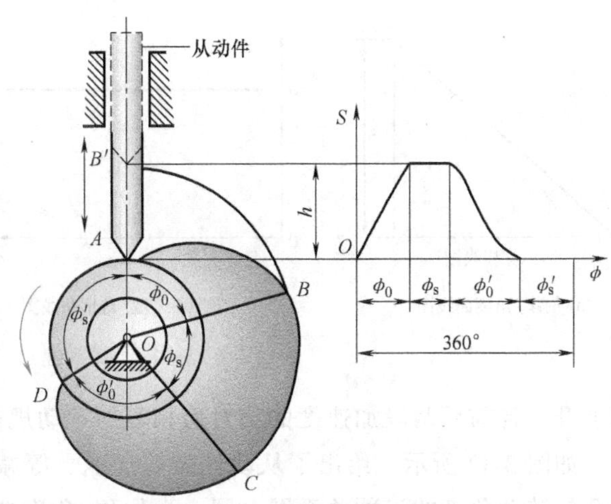

图 3-11　凸轮机构的工作过程

CD——下降：当凸轮轮廓 *CD* 部分与从动件接触时，凸轮轮廓径向半径逐渐减小，因此从动件将逐渐下降。当从动件与 *D* 点接触时，从动件下降到最低位置，此过程称为回程。

DA——近休止：当凸轮轮廓 *DA* 部分与从动件接触时，此时凸轮轮廓也处于圆弧段，半径不变，因此从动件处于最低位置不动，此过程称为近休止。

凸轮继续回转，从动件将重复“上升→远休止→下降→近休止”的运动过程。

凸轮机构的主动件——凸轮做等速定点转动，而其从动件——从动杆的运动规律随着凸轮外形轮廓的不同，会呈现较复杂的运动形态。

二、凸轮机构从动件的运动规律

从动件的运动规律取决于主动件即凸轮外形轮廓形状。不同的凸轮外形轮廓可使从动件得到不同的运动规律。从动件的运动规律指从动件的位移、速度、加速度及加速度的变化率随时间和凸轮转角变化的规律。为便于了解各种运动规律的位移、速度及加速度对时间（或转动角度）的变化关系，常绘制位移曲线、速度曲线及加速度曲线予以分析。

从动件的运动规律很多，常见的运动规律有等速运动规律、等加速、等减速运动规律、简谐运动规律等。目前应用最多的是等速运动规律和等加速、等减速运动规律。

1. 等速运动规律

当凸轮做等速回转时，从动件在上升或下降时的速度为一常数的运动规律称为等速运动规律。由于其位移曲线为一条斜率为常数的斜直线，故又称直线运动规律。

如图 3-12 所示，给出了从动件做等速上下往复运动时从动件的位移、速度、加速度对凸轮转动角度的函数关系图。图 a 为位移/角度曲线图，其图像为一条斜直线，可以看出当凸轮旋转角度从 0 旋转到 ϕ 时，从动件从最低点匀速上升到最高位置 h；图 b 为速度/角度曲线图，其图像为水平直线，即在凸轮旋转时速度保持不变；图 c 为加速度/角度曲线图，加速度在起始两端趋向无穷大，其他位置为 0。反映了在起始位置存在刚性冲击。

从动件等速运动时凸轮机构的工作特点：从动件运动的起始和终止位置速度有突变，使加速度达到无穷大，会产生很大的刚性冲击，对机构工作造成不利。因此，从动件等速运动适用于低速轻载的场合，即凸轮做低速回转、从动件质量小的场合。

2. 等加速、等减速运动规律

当凸轮做等速回转时，将从动件的行程分为两段，前半段做等加速上升，后半段做等减

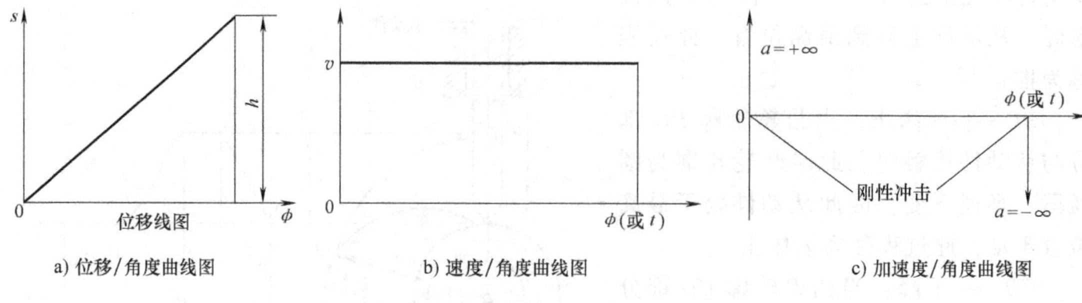

图 3-12　从动件等速运动函数关系图

速上升，且前后两段加速度的绝对值相等的运动规律称为等加速、等减速运动规律。

如图 3-13 所示，给出了从动件做等加速、等减速运动时从动件的位移、速度、加速度对凸轮转动角度的函数关系图。图 a 为位移/角度曲线图，其图像为两段抛物线；图 b 为速度/角度曲线图，其图像为两条斜直线，即在旋转前半段时，速度由 0 加速到 v；在旋转后半段时，速度再由 v 减速到 0；图 c 为加速度/角度曲线图，加速度为两段分离的直线。前半段加速度为正，保持不变；后半段加速度为负，也保持不变，反映从动件前半程做等加速运动，后半程做等减速运动，中间存在柔性冲击的运动规律。

从动件做等加速、等减速运动时凸轮机构的工作特点：速度曲线连续，避免了刚性冲击。加速度曲线在运动的起始、中点和终止位置发生有限突变，产生柔性冲击，因此适用于中速轻载的场合，即凸轮做中速回转、从动件质量不大的场合。

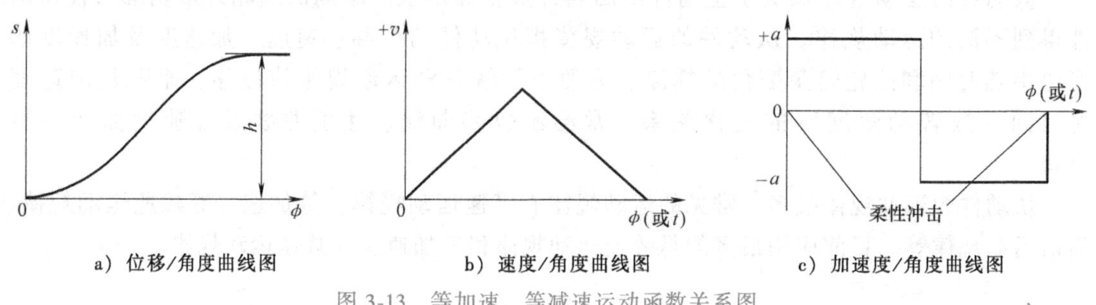

图 3-13　等加速、等减速运动函数关系图

技能实践

利用数控铣床制作简易凸轮，使其轮廓呈现不同的曲线形式，组装成凸轮机构并观察运动规律。

课题小结

本课题介绍了凸轮机构从动件的常见运动规律。从动件是执行机构，其运动规律会直接反映到与之相连的工作部件上。需要指出的是，研究从动件的运动规律，还是为了更好地弄清楚满足这些运动规律时凸轮的特点，特别是凸轮的外形轮廓应该达到的要求。对凸轮机构而言，其设计思路为：执行机构运动要求→从动件运动规律→凸轮外形轮廓。所以，研究从动件运动规律的目的是为了设计、加工、选择合适的凸轮。

课题三　凸轮机构的设计

课题导入

根据使用场合和工作要求选定了凸轮机构的类型和从动件的运动规律后，即可根据选定的基圆半径进行凸轮轮廓曲线的设计。凸轮的外形轮廓是凸轮机构设计的重点和难点。凸轮机构常用的设计方法有解析法和图解法两种，解析法精度高，主要用于运动精度要求高的凸轮机构。图解法作图误差大，但直观简便，对于一般机械的凸轮机构能满足使用要求，故应用普通，是设计凸轮的一个重要方法。采用图解法设计凸轮外形轮廓利用的是“反转法”原理，即假设凸轮不动，从动件相对凸轮反向转动，找出从动件位置点对应的凸轮径向半径及旋转角度构成的坐标，再连点成线。

本课题重点学习采用反转法设计凸轮轮廓，并对设计中应注意的要点和常见的加工制造方法进行系统讲解。

知识学习

一、反转法原理

凸轮机构工作时凸轮是运动的，为了便于设计凸轮轮廓，需要使凸轮相对固定，所以采用反转法原理。根据相对运动原理，若给整个凸轮机构加一绕凸轮轴心 O 点的公共角速度 $-\omega$，此时凸轮与从动件的相对运动关系并未改变，不影响各构件之间的相对运动，但凸轮将静止。此时，从动件连同机架以角速度 $-\omega$ 绕 O 点转动，同时又相对机架按给定的预期规律运动。根据此关系，可得到一系列从动件尖顶的位置。由于尖顶始终与凸轮轮廓接触，所以从动件尖顶的运动轨迹即凸轮的轮廓曲线。

凸轮机构的形式多种多样，反转法原理适用于各种凸轮轮廓曲线的设计。下面以最直观的对心尖顶盘形凸轮机构为例介绍设计方法和步骤。

二、尖顶从动件凸轮轮廓的设计

已知一尖顶对心凸轮机构从动件的运动规律，如图 3-14 所示。凸轮基圆半径 r_b，凸轮以等角速度 ω_1 顺时针方向转动，设计该凸轮的轮廓。

依据反转法原理，具体设计步骤如下：

1）选取适当的比例尺，为作图方便，应尽量选取与位移曲线相同的比例尺，按给定的从动件的运动规律绘出位移图，如图 3-14 所示。将位移图分成若干等分，得横坐标轴上各点 1、2、3、…。过等分点做垂线得从动件在各对应位置时的位移 11′、22′、33′、…。

2）取与位移图相同的比例尺，以任一点 O 为圆心、r_b 为半径画基圆。自 OA_0 开始，将基圆圆周沿（$-\omega_1$）方向做与图对应的转角等分，得点 A'_1、A'_2、A'_3、…。连接 OA'_1、OA'_2、OA'_3、…，它们就是反转后从动件在基圆上对应的各个位置。

3）自基圆开始，沿径向线 OA'_1、OA'_2、OA'_3、…分别向外量取从动件的相应位移，即 $A_1A'_1=11'$、$A_2A'_2=22'$、$A_3A'_3=33'$、…，得点 A_1、A_2、A_3、…。

4）用光滑曲线依次连接 A_0、A_1、A_2、A_3、…各点，即得所求的凸轮轮廓曲线。

对于滚子从动件盘形凸轮机构，设计方法与上相同，只是要把从动件的滚子中心看作尖顶从动件凸轮的顶尖。首先也是按尖顶对心凸轮作图法相同的步骤绘制轮廓曲线（该轮廓曲线称为理论轮廓曲线)，然后以该轮廓曲线为圆心、滚子半径 r_T 为半径画一系列圆，再画这些圆的包络曲线，即为所设计的凸轮实际轮廓曲线。

对于平底从动件盘形凸轮机构，凸轮轮廓曲线的设计思路与滚子从动件盘形凸轮机构相似，不同的是取从动件平底表面与凸轮接触线的中点作为假想的尖端。

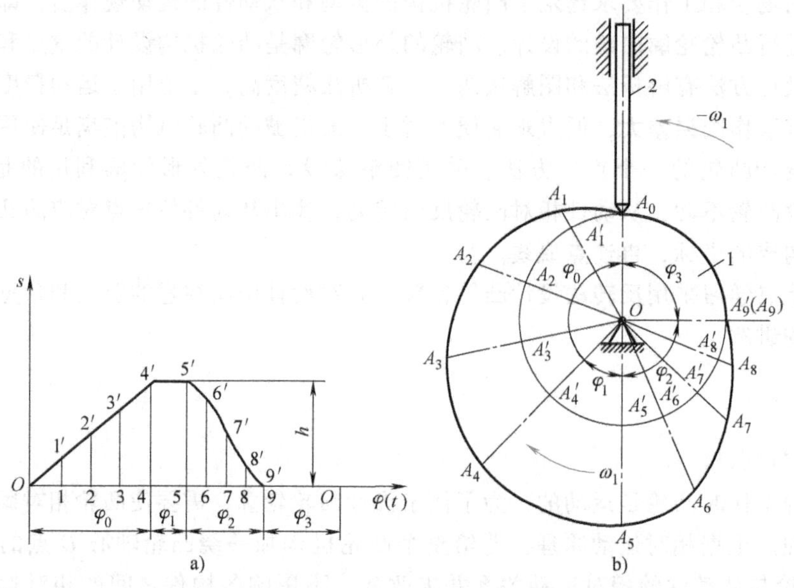

图 3-14　采用反转法作图绘制凸轮轮廓曲线

【想一想】

何谓凸轮的理论轮廓线？何谓凸轮的实际轮廓线？两者有何区别与联系？

三、凸轮机构其他重要参数的确定

凸轮机构的设计不仅要保证从动件实现预定的运动规律，而且要求具有良好的传力性能和结构紧凑性。为此，在设计中需要注意压力角、基圆半径、滚子半径等参数的确定。

1. 凸轮机构的压力角

如图 3-15 所示，若不考虑摩擦，凸轮机构从动件的速度方向与该点受力方向所夹的锐角 α 称为压力角。从动件所受的力 $\boldsymbol{F}$ 分别沿着垂直于从动件运动方向和从动件运动方向分解为 $\boldsymbol{F}_1$ 和 $\boldsymbol{F}_2$，则 $\boldsymbol{F}_1 = F\sin\alpha$，$\boldsymbol{F}_2 = F\cos\alpha$。其中 $\boldsymbol{F}_1$ 对从动件的运动是有害的，称为有害分力；$\boldsymbol{F}_2$ 对从动件的运动是有利的，称为有效分力。α 越大，$\boldsymbol{F}_2$ 越小，对传动越不利。当 α 增大到一定数值时，有害分力所产生的摩擦力大于有效分力时，从动件将会发生自锁（或卡死）现象，因此，对压力角 α 有一个范围要求。

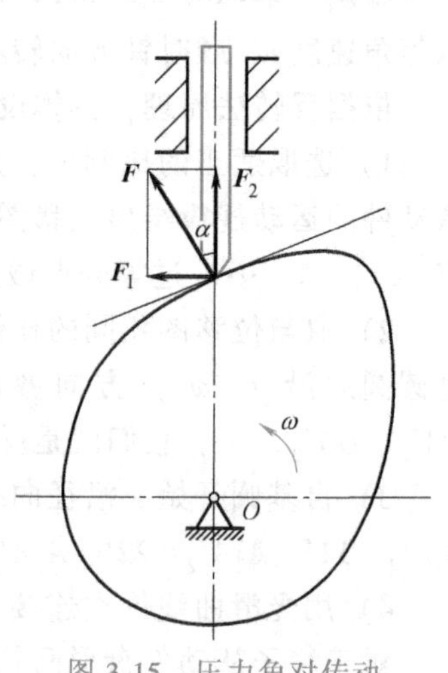

图 3-15　压力角对传动性能的影响

为保证凸轮机构工作顺利、可靠，设计时通常使最大压力角 α 不超过许用压力角 $[\alpha]$，即 $\alpha_{max} \leqslant [\alpha]$。根据实践经验，推程时许用压力角 $[\alpha]$ 推荐值为，对于移动从动件，

$[\alpha]=30°\sim40°$；对于摆动从动件，$[\alpha]=40°\sim50°$。回程时，从动件经常是在重力或弹簧力作用下返回，一般不会自锁，所以取 $[\alpha]=70°\sim80°$。

2. 基圆半径的确定

设计中凸轮机构除了要有良好的受力特性，还希望尽量紧凑，一般而言，希望基圆半径值越小越好。然而在从动件行程一定的条件下，基圆半径的大小与凸轮压力角的大小成反比，即当基圆半径过小时，可能会带来较大的压力角，此时又对传动不利。因此，基圆半径值应在保证合理压力角的前提下，尽可能取较小的值。

3. 滚子半径的选择

采用滚子从动件时，滚子半径的选择要全面考虑。从满足安装和强度要求考虑，滚子半径大一点为好。但滚子半径过大，从动件有可能实现不了预定的运动规律或产生其他一些对凸轮机构工作不利的情况。因此，滚子半径不能太小，又不能太大。

滚子从动件凸轮的实际轮廓曲线，是以理论轮廓上各点为圆心做一系列滚子圆的包络线而形成的，若滚子选择不当，则无法满足运动规律。如图 3-16 所示，滚子半径为 r_T，凸轮理论轮廓线某点的曲率半径为 ρ，凸轮实际轮廓线某点的曲率半径为 ρ'，凸轮理论轮廓外凸部分的最小曲率半径为 ρ_{min}。

当理论轮廓线内凹时，如图 3-16a 所示，则相应位置凸轮实际轮廓的曲率半径 $\rho'=\rho_{min}+r_T$，实际轮廓的曲率半径总是大于理论轮廓的曲率半径。因此，无论 r_T 大小如何，凸轮实际工作轮廓总是光滑曲线。

当理论轮廓线外凸时，凸轮实际轮廓的曲率半径 $\rho'=\rho_{min}-r_T$，分为三种情况：

1）若 $\rho_{min}>r_T$ 时，$\rho'>0$，如图 3-16b 所示，实际轮廓线为一平滑曲线，工作情况正常。

2）若 $\rho_{min}=r_T$ 时，$\rho'=0$，如图 3-16c 所示，此处实际轮廓线变尖，凸轮容易磨损，磨损后即改变原来的运动规律，这是工作过程中所不允许的。

3）若 $\rho<r_T$ 时，$\rho'<0$，如图 3-16d 所示，图中阴影部分表示此处实际轮廓线相交，在加工时将被切去，使从动件不能与这部分轮廓线接触，因此从动件将不能实现预期的运动规律，这种现象称为运动失真。

为了避免凸轮工作轮廓线变尖或运动失真，一般要求 $r_T\leqslant0.8\rho_{min}$，凸轮工作轮廓线的最小曲率半径一般不小于 5mm。

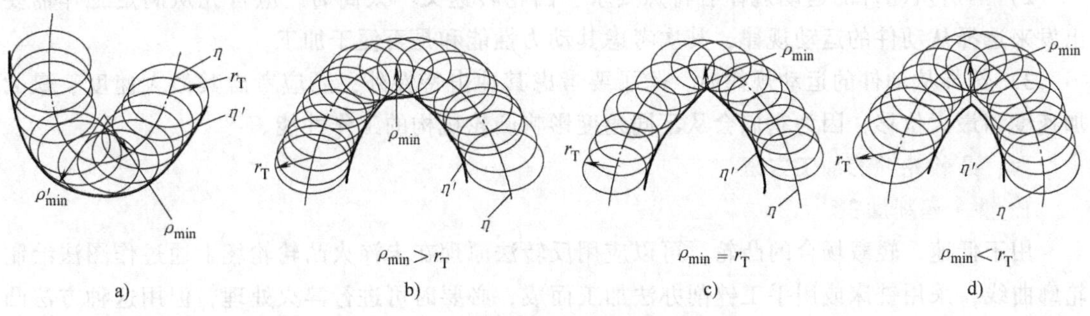

图 3-16　滚子半径对凸轮曲线的影响

四、凸轮与滚子的材料

凸轮机构在工作过程中，凸轮工作面与从动件之间为点接触或线接触，容易磨损，且往往有冲击，为保证凸轮机构工作的可靠性，凸轮和滚子的材料要求具有足够的硬度和良好的冲击韧度。表 3-2 列出了凸轮机构常用材料和热处理要求。

表 3-2　凸轮机构常用材料和热处理要求

工作条件	凸轮		从动件接触端	
	材料	热处理	材料	热处理
低速、轻载	40、45、50	调质 220~260HBW	45	淬火至 40~50HRC
	HT200、HT250、HT300	170~250HBW		
	QT500-1.5、QT600-2	190~270HBW	尼龙	
中速、中载	45	淬火至 40~50HRC	尼龙	经表面淬火,低碳合金钢
	45、40Cr	高频淬火至 40~50HRC	尼龙	
	15、20、20Cr、20CrMn	渗碳淬火,渗碳层深 0.8~1.5mm,硬度达 56~62HRC	20Cr	渗碳淬火,渗碳层深 0.8~1mm,硬度达 56~62HRC
高速、重载	40Cr	表面高频淬火至 56~60HRC	T8	淬火处理,58~62HRC
	38CrMoAl、35CrAl	氮化,表面硬度 700~900HV (60~67HRC)	T10、T12	

五、凸轮的选择和加工原则

凸轮机构的选择和加工的关键是在凸轮。总的原则是在满足凸轮机构使用性，并使从动件按指定规律运动的前提下，尽可能选用标准凸轮或易于加工的凸轮，即满足经济性。根据从动件不同运动规律时速度、加速度、冲击等的不同表现，归纳凸轮的选择和加工应满足如下要求：

1）当机械的工作过程只要求从动件实现一定的工作行程，而对其运动规律无特殊要求时，所选择的运动规律应使凸轮机构具有较好的动力性能和易加工性，并尽可能减小冲击。

2）当对从动件的运动规律有特殊要求，凸轮转速又不太高时，应首先从满足工作需要出发来选择从动件的运动规律，其次考虑其动力性能和是否便于加工。

3）选择从动件的运动规律时，除了要考虑其冲击特性外，还应考虑其最大速度、最大加速度和最大位移，因为它们会从不同角度影响凸轮机构的工作性能。

六、凸轮轮廓的加工方法

1. 铣、锉削加工

用于低速、轻载场合的凸轮，可以应用反转法原理在未淬火凸轮轮坯上通过作图法绘制轮廓曲线，采用铣床或用手工锉削办法加工而成，必要时可进行淬火处理，但用这种方法凸轮的变形难以得到修正。

2. 数控加工

用于高速、重载场合的凸轮，采用数控线切割机床对淬火凸轮进行加工，这是目前最常用的一种凸轮加工方法，加工精度高。

技能实践

采用反转法作图绘制一尖顶对心盘形凸轮轮廓曲线。图 3-17 所示为从动件的位移/角度曲线，其升程 $h=10\text{mm}$，升程角 $\delta_1=135°$，远休止角 $\delta_2=75°$，回程角 $\delta_3=60°$，近休止角 $\delta_4=90°$，且凸轮以匀角速度逆时针方向转动，凸轮基圆半径 $r_0=20\text{mm}$。

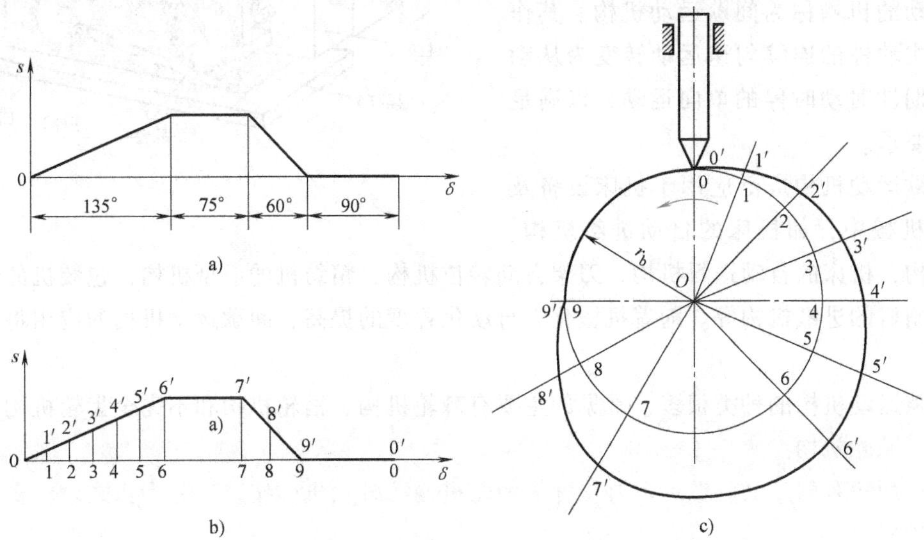

图 3-17　从动件的位移/角度曲线

课题小结

采用反转法设计凸轮轮廓是实践中经常采用的一种方法。首先应对其原理有深入的学习和透彻理解，在具体的作图环节，利用 AutoCAD 软件来进行绘图，提高绘图的精准性。

除了绘制凸轮轮廓，对压力角、基圆半径和从动件滚子半径也应有基本掌握。这些参数虽然不直接决定从动件的运动规律，但对整个凸轮机构能否正常、高效运转也有着重要影响。

课题四　间歇运动机构

课题导入

单元二中介绍了牛头刨床的纵向进给往复直线运动是由摆动导杆机构实现的。那么牛头刨床工作台的横向周期性间歇运动又是如何实现的呢？

图 3-18 所示为牛头刨床工作简图。刨床工作台的横向进给运动经过曲柄 1、连杆 2 带动摇杆 5 做往复摆动。摇杆 5 上装有双向棘轮机构的棘爪 3，棘轮 4 与丝杠 6 固定连接，刨床滑枕每往复运动一次（刨削一次），棘爪带动棘轮做单方向间歇转动一次，从而使螺母（即工作台）实现横向进给。因此，牛头刨床的横向周期性间歇运动就是通过棘轮机构实现的。

什么是棘轮机构？它为什么能使工作台间歇单向运动？通过本课题系统介绍间歇运动机

构的组成、分类、运动特点等相关知识，将找到问题的答案。

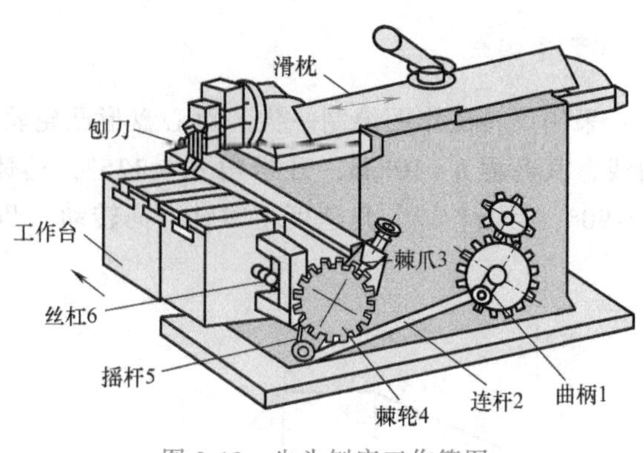

图 3-18　牛头刨床工作简图

知识学习

主动件做连续运动而从动件做周期性停歇运动的机构称为间歇运动机构。其作用是将主动件的连续匀速运动转变为从动件的周期性时动时停的单向运动，以满足生产的要求。

间歇运动机构广泛应用于机床设备及自动化机械中，如机床的自动进给机构、分度机构，机床的自动送料机构、刀架自动转位机构，精纺机的成型机构，包装机的送料机构，印刷机的进纸机构等。随着机械化、自动化程度的提高，间歇运动机构的应用将越来越广泛。

间隙运动机构的种类很多，常见的主要有棘轮机构、槽轮机构和不完全齿轮机构。

一、棘轮机构

含有棘轮和棘爪的间歇运动机构称为棘轮机构。棘轮机构按结构分为齿式棘轮机构和摩擦式棘轮机构。

1. 齿式棘轮机构

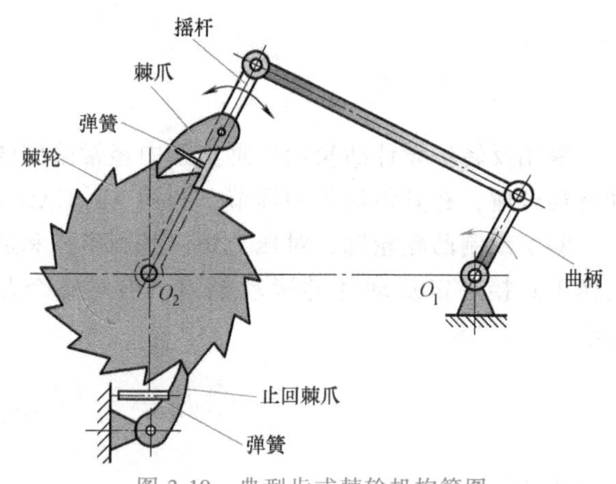

图 3-19　典型齿式棘轮机构简图

齿式棘轮机构是靠棘爪和棘轮轮齿之间的啮合来传递运动的。图 3-19 所示为典型齿式棘轮机构简图，其工作原理为：当曲柄按图示方向连续回转时，摇杆（空套在棘轮轴上）做往复摆动。当摇杆向左摆动时，装在摇杆上的棘爪嵌入棘轮的齿槽内，并推动棘轮按逆时针方向转过一个角度；当摇杆向右摆动时，棘爪在棘轮的齿背上滑过并回到原来的位置，此时棘轮静止不动。为了保证棘轮的可靠静止，该机构还装有止回棘爪。这样，当曲柄做连续回转时，摇杆带动棘爪推动棘轮做周期性停歇间隔的单向运动——步进运动。

齿式棘轮机构的结构简单、制造方便、转角准确、运动可靠，但棘轮转角只能有级调节，且棘爪在齿背上滑行易产生噪声、冲击和磨损，所以不宜用于高速场合。

齿式棘轮机构按啮合方式不同分为内啮合式和外啮合式两种形式。

（1）内啮合式棘轮机构　内啮合式棘轮机构的棘爪或楔块安装在棘轮的内部，其特点为结构紧凑，外形尺寸小。如图 3-20 所示，自行车后轴上使用的“飞轮”属于内啮合式棘轮机构，外圆周为大链轮，内圆周为小链轮即棘轮，棘爪由弹簧片压紧，紧贴齿面。当链条带动链轮转动时，链轮内圈的棘齿通过棘爪带动后轴转动，驱动自行车向前行驶。此时，当

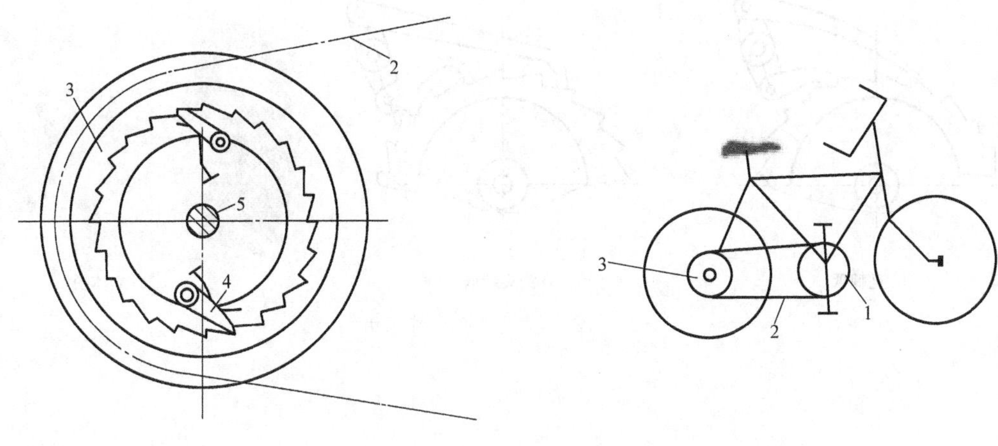

图 3-20　自行车的棘轮机构

1—大链轮　2—链条　3—小链轮　4—棘爪　5—后轮轴

自行车下坡或脚不蹬踏板时，链轮不动，但后轴由于惯性的作用仍按原方向飞速转动，此时棘爪在棘齿背上滑过，车轮继续转动，这种从动件超过主动件而运动的性质称为棘轮机构的超越性。

（2）外啮合式棘轮机构　外啮合式棘轮机构的棘爪或楔块安装在棘轮的外部，应用较广，其缺点是占用空间较大。常见的外啮合式棘轮机构有：单动式、双动式、可变向式棘轮机构。

1）单动式棘轮机构，其特点是摇杆往复摆动一次，棘轮转过一个角度。图 3-21 所示的手动扳手就是单动式棘轮机构，使用时将棘轮上的六方孔套在六角螺母上，扳手手柄做往复摆动，则棘爪推动棘轮单向转动，带动螺母松开或拧紧。

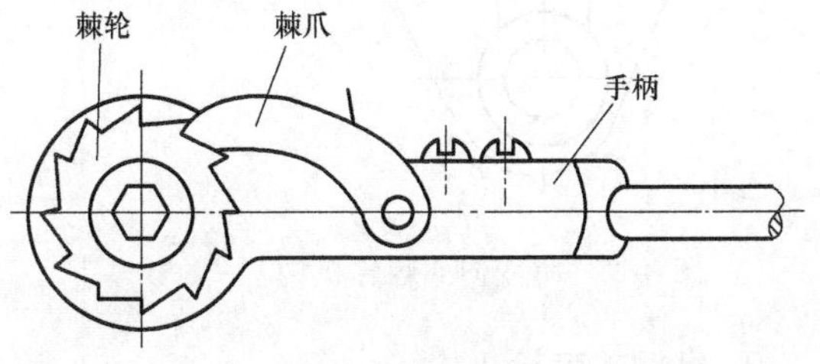

图 3-21　手动扳手

2）双动式棘轮机构，在摇杆两端铰接一长一短的两个棘爪，图 3-22a、b 所示分别为直棘爪和钩头棘爪的双动式棘轮机构运动简图，图 c 为其立体图。棘爪与齿面相接触，摇杆无论向左或向右摆动，均有一个棘爪可使棘轮朝同一个方向做间隙回转。因此，摇杆摆动的每个周期内，从动件动作两次，动作周期短。双动式棘轮机构与单动式棘轮机构相比，结构紧凑，承载较大。

3）可变向式棘轮机构，又称双向式棘轮机构。棘爪具有回动的功能，棘轮根据工作需要可做正、反向回转。如图 3-23 所示，棘轮轮齿制成方形，若棘爪在图示的实线位置，当摇杆摆动时，棘轮逆时针方向旋转做间歇运动；若棘爪转到虚线位置，当摇杆摆动时，棘轮顺时针方向旋转做间歇运动。如图 3-24 所示，牛头刨床工作台横向自动进给机构就是采用的这种棘轮机构形式，使得工作台做周期性横向往复运动。

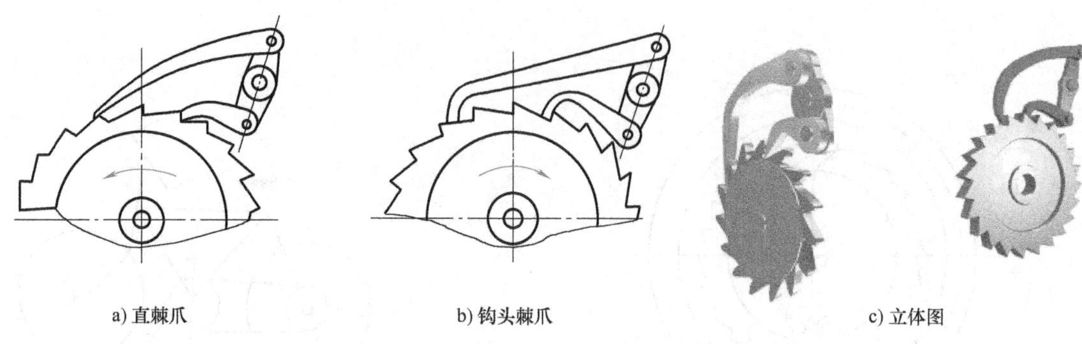

图 3-22　双动式棘轮机构

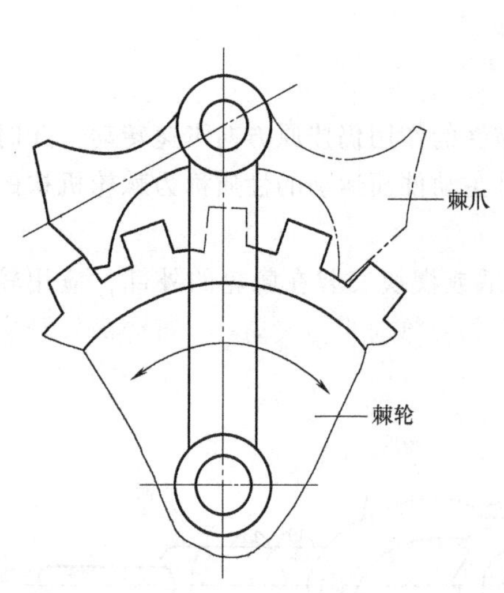

图 3-23　可变向式棘轮机构

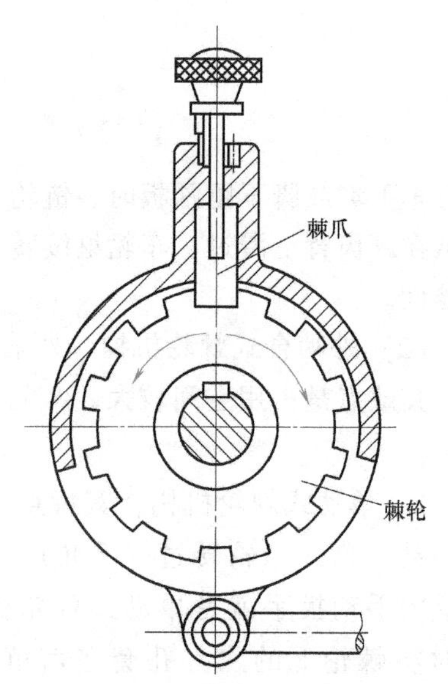

图 3-24　牛头刨床工作台进给动作的棘轮机构

2. 摩擦式棘轮机构

除了齿式棘轮机构，还有一种常见的棘轮机构——摩擦式棘轮机构，如图 3-25 所示。其传动过程与齿式棘轮机构相似，也是将摆杆 1 的往复摆动转换为棘轮 2 的步进运动。不同的是，主动件由“棘爪”变成一个偏心楔块，“棘轮”变成一个无齿的摩擦轮，“止回棘爪”则变成一个止回楔块。

其工作过程如下：当摆杆 1 做逆时针方向运动时，楔块 4 与摩擦轮 3 之间产生摩擦自锁，从而带动摩擦轮 3 和摆杆一起转动；当摆杆 1 做顺时针方向运动时，楔块 4 与摩擦轮 3 之间产生滑动，这时由于楔块 4 的自锁作用能阻止摩擦轮反转。这样，在摆杆不断做往复运动时，摩擦轮 3 便做单向的间歇运动。

摩擦式棘轮机构的特点是转角大小的变化不受轮齿的限制，而齿式棘轮机构的转角变化是以棘轮的轮齿为单位。因此，摩擦式棘轮机构要在一定范围内可任意调节转角，传动平稳，噪声小，可起到过载保护作用，一般适用于低速轻载的场合。

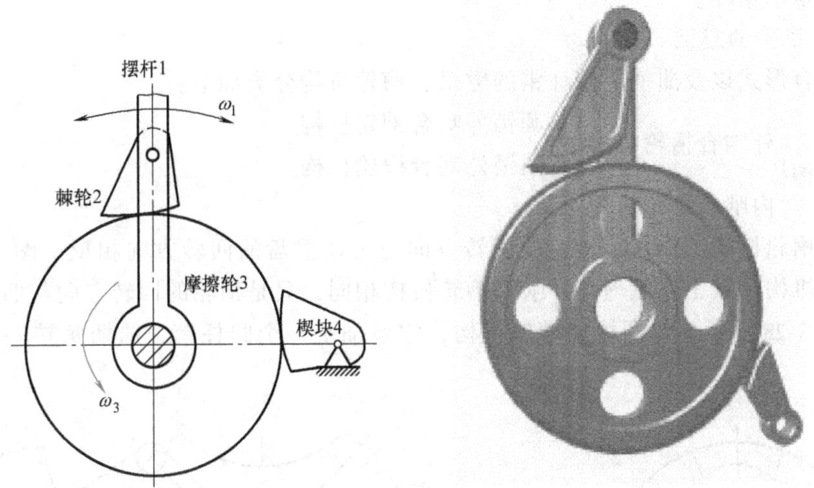

图 3-25　摩擦式棘轮机构

【观察与思考】

想一想，各种不同类型的棘轮机构中，棘爪及棘轮轮齿形状分别有何特点？

二、槽轮机构

1. 槽轮机构的工作原理

槽轮机构是常用的间歇机构之一，主要由带圆销的曲柄（拨盘）、具有径向槽的槽轮以及机架组成。当主动拨盘做等速连续转动时，驱动从动件槽轮做时动时停的间歇运动。

图 3-26 所示为单圆销外啮合槽轮机构，其工作原理为：当拨盘上的圆销 A 未进入槽轮的径向槽时，槽轮内凹弧 efg 被拨盘的外凸弧 abc 卡住，主、从动件的锁止凸弧与锁止凹弧处于锁止状态，此时槽轮静止不动。当圆销 A 开始进入槽轮中的径向槽时，锁止弧被松开，圆销 A 驱动槽轮沿相反方向运转。当圆销 A 即将脱离径向槽的瞬间，槽轮的另一个内凹弧又被拨盘的外凸弧锁住，使槽轮又静止。直到圆销 A 再一次进入槽轮的另一个径向槽时，

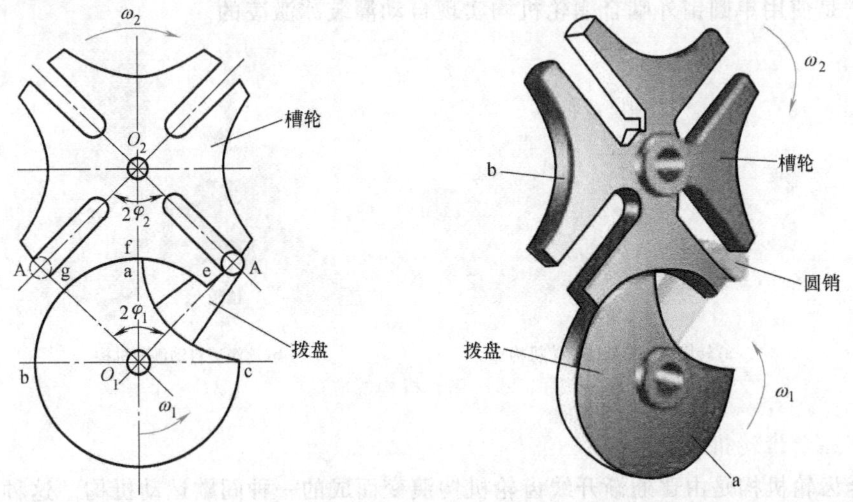

图 3-26　槽轮机构运动简图

又重复上述运动循环。

2. 槽轮机构的类型

根据啮合形式以及曲柄上圆柱销的数量，槽轮机构分类如下：

槽轮机构
- 外啮合槽轮机构
  - 单圆销外啮合槽轮机构
  - 双圆销外啮合槽轮机构
- 内啮合槽轮机构

外啮合槽轮机构工作时，槽轮的回转方向与主动拨盘的回转方向相反。图 3-27 所示为内啮合槽轮机构，其工作原理与外啮合槽轮机构相同，只是槽轮的回转方向与曲柄的回转方向相同。图 3-28 所示为双圆柱销槽轮机构，它增加了一个圆柱销，曲柄每转一周，槽轮转动两次。

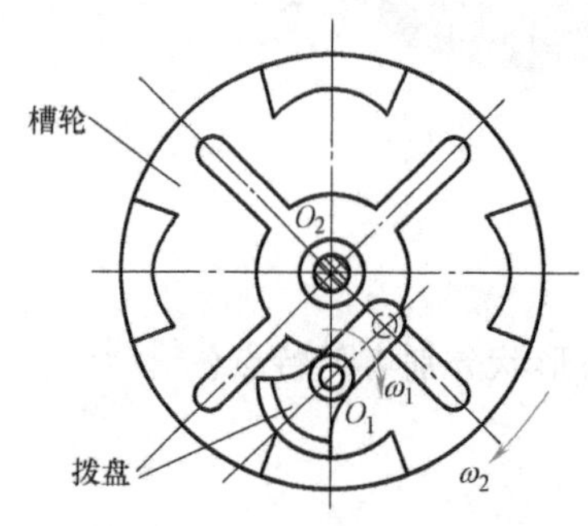

图 3-27　内啮合槽轮机构

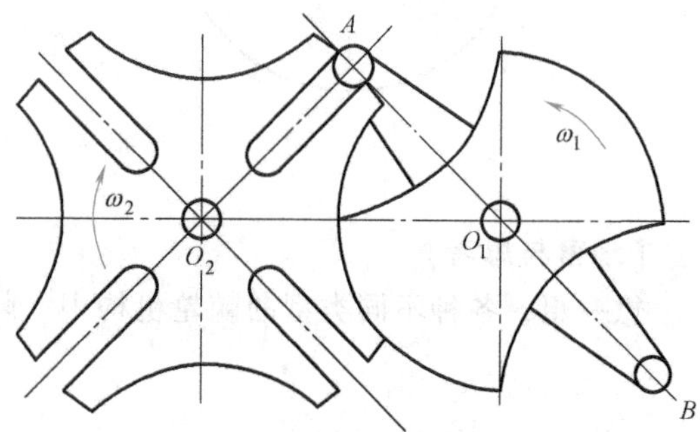

图 3-28　双圆柱销槽轮机构

3. 槽轮机构的特点与应用

槽轮机构的特点：结构简单，工作可靠，转位方便，传动平稳，能准确控制槽轮转角；但转角不可调节，在槽轮转动的始末位置存在冲击现象，常用于转速不高的场合。

槽轮机构广泛应用于自动化机械中。图 3-29a 所示为转塔车床刀架的转位机构，刀架上装有 6 把刀具，槽轮上有 6 个径向槽；当拨盘转动一周时，圆柱销带动槽轮转过 60°，刀架也随之转过 60°，将下一道工序所需的刀具转换到工作位置。图 3-29b 所示为冰激凌自动灌装机构，它是使用单圆销外啮合槽轮机构实现自动灌装冰激凌的。

a) 转塔车床刀架的转位机构

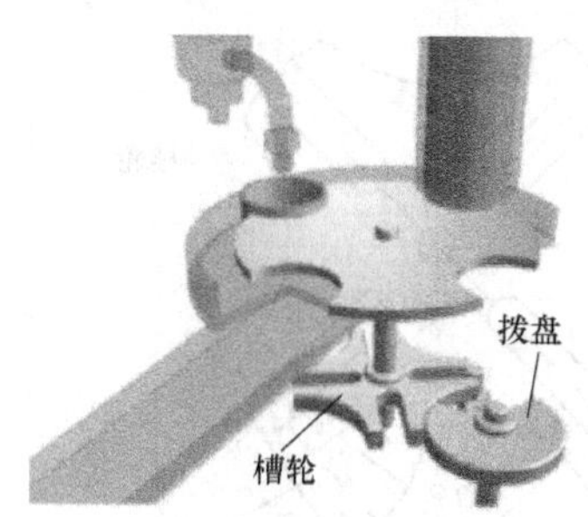

b) 冰激凌自动灌装机构

图 3-29　槽轮机构的应用

三、不完全齿轮机构

不完全齿轮机构是由普通渐开线齿轮机构演变而成的一种间歇运动机构。这种机构的主动轮上只做出一个齿或几个齿，并根据运动时间和间歇时间的要求，在从动轮上做出与主动轮轮齿相啮合的轮齿的数目。这种主动齿轮做连续转动，从动齿轮做间歇运动的齿轮传动机构称为不完全齿轮机构，如图 3-30 所示，图 a 为外啮合不完全齿轮机构，其主动齿轮 1 齿数减少，只保留 3 个齿，从动齿轮 2 上制有与主动齿轮 1 轮齿相啮合的齿间，主动齿轮转 1 周，从动齿轮转 1/6 周，即从动齿轮转一周停歇 6 次。当主动齿轮上的锁止弧 S_1 与从动齿轮上的锁止弧 S_2 相配合时，从动齿轮便停歇。图 b 为内啮合不完全齿轮机构，图 c 为不完全齿轮齿条机构。

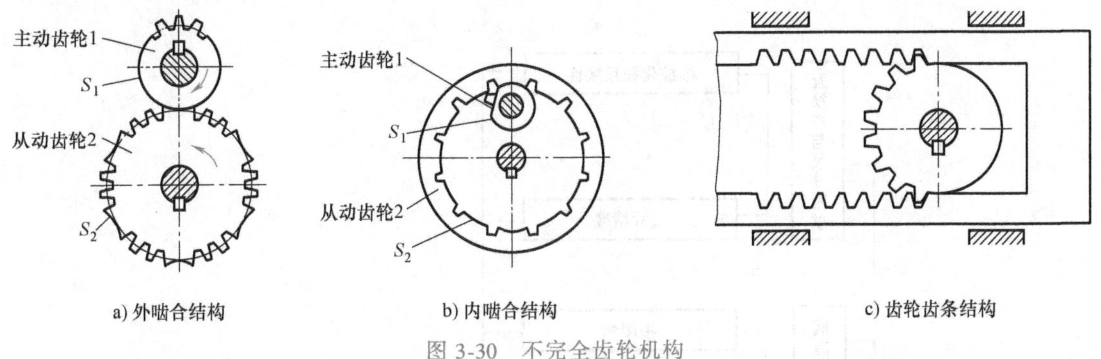

图 3-30　不完全齿轮机构

不完全齿轮机构的特点是结构简单、工作可靠、传递力大，从动轮运动时间和静止时间可在较大范围内变化。但是其加工复杂，从动轮在开始进入啮合与脱离啮合时有较大冲击，不宜用于高速转动，故一般只用于低速轻载场合。

不完全齿轮机构常用于多工位、多工序的自动机械或生产线上，实现工作台的间歇转位和进给运动。如肥皂生产自动线中通过不完全齿轮机构实现间歇送进功能。

技能实践

参观生产实习车间或走访相关工厂，观察生产中使用的机械设备，查找间歇运动机构的实例。根据运动实例，绘制其运动简图，并说明它们是如何实现控制部件间歇运动的。

课题小结

棘轮机构和槽轮机构是典型的间歇运动机构，实际生产中还有很多不同机构类型，也能实现控制部件的步进运动。在学习本课题时，首先要能判断机构是否为典型间歇运动机构；其次对间歇运动机构，要把其结构组成分清楚；最后分析其运动规律，描述控制方法。

单元四　极限配合与技术测量基础

内容构架

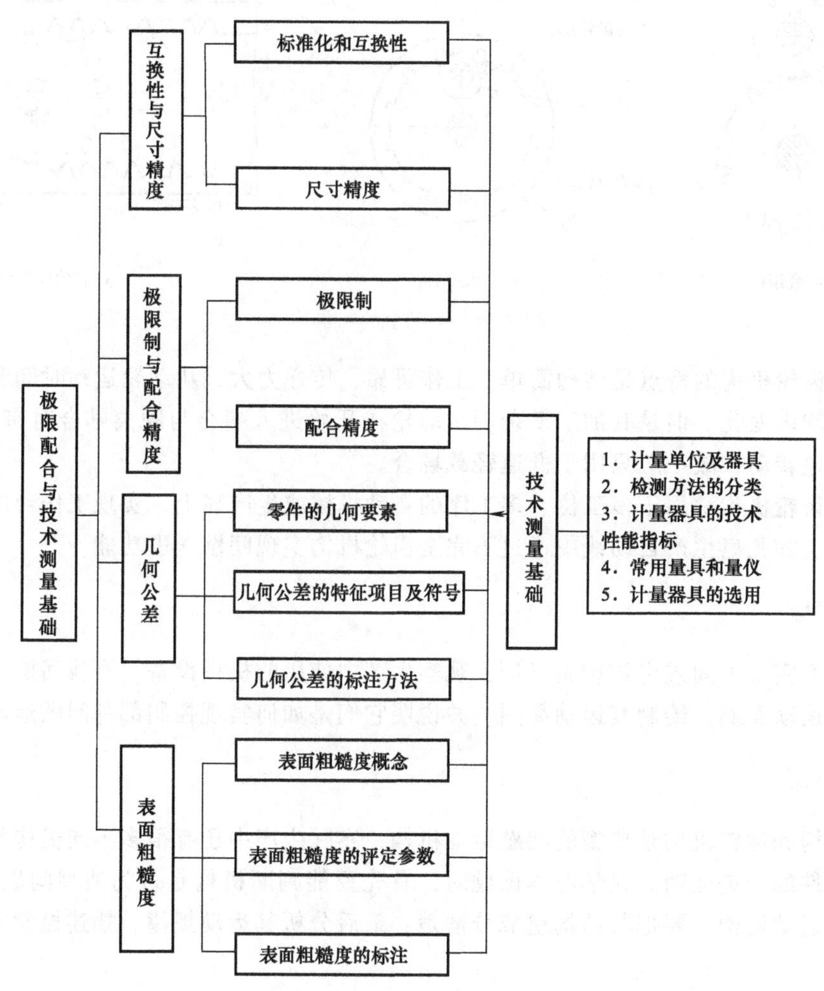

学习引导

生活中同学们一定都有这样的经验：家里的灯泡坏了，买一个相同型号的灯泡就可以换上继续使用；螺栓折断了，可以更换相同规格的……为什么会如此方便进行替换呢？因为这些产品（零件）已经标准化，即它们都是按照一定技术标准生产的，所有它们具有互换性。同一规格的机械零部件按规定的技术要求制造，能够彼此相互替换使用而性能效果相同的性质称为机械零部件的互换性。

最早的互换性应用起源于古代兵器制造。我国战国时期生产的兵器便能满足互换性要求。西安秦始皇陵兵马俑出土的弩机的大量组成零件就具有互换性。互换性的应用，使得快速制造、修复兵器成为可能。

近现代以来，互换性更多的是指机械零部件制造的标准化。20 世纪，特别是汽车工业的迅速发展，促进了多种生产方式的形成，如零件互换性生产、专业分工和协作、流水加工线和流水装配线等。零件的生产、加工如何才能满足互换性要求并标准化生产呢？制订统一的标准并使零件满足规定的加工质量要求是前提。因此，还需要对零件加工质量的内容予以具体规定。在机械加工中，加工质量包含加工精度和表面质量两个方面的要求，而加工精度分为尺寸精度和几何精度；表面质量则多指表面粗糙度。本单元将对互换性、尺寸精度、极限值与配合精度、几何精度、表面粗糙度等概念和术语进行讲解。

【目标与要求】

➢ 理解互换性的概念，了解互换性在机械制造中的重要作用。

➢ 理解和掌握尺寸、公差、偏差等有关术语的概念及其相互关系。

➢ 理解和掌握尺寸公差的计算方法以及公差带图的画法。

➢ 掌握公差带的组成与选用。

➢ 会查阅标准公差数值表、基本偏差表和极限偏差数值表。

➢ 掌握几何公差的各种类型、特点和应用。

➢ 掌握表面粗糙度概念、评定参数、标注及其含义。

➢ 了解计量器具的分类。

➢ 掌握检测方法的分类。

➢ 理解计量器具的技术性能指标。

➢ 掌握常用量具和量仪的结构及选用方法。

【重点与难点】

重点：

- 互换性、极限制、配合制等术语的识记与理解。
- 偏差、公差的含义及其计算。
- 公差带的组成与选用。
- 几何精度的含义及几何公差类型、标记及含义。
- 表面粗糙度的类型、标准与应用。

难点：

- 互换性、极限制、配合制等术语的定义及理解。
- 各种配合概念的理解和应用。
- 几何公差各种类型具体含义的理解。
- 表面粗糙度评定参数的理解。

课题一　互换性与尺寸精度

课题导入

同学们一定见过带有“ISO”“GB”等标识的符号，图 4-1 所示为 ISO 22000 的标识和国家标准（GB）相关文件，你知道它们的具体含义吗？

a) b)

图 4-1 “标准”的标识

ISO 是国际标准化组织的英文缩写；而 GB 是“国标”两字汉语拼音的声母，即国家标准。这两者构成了我国现行产品和工程的主要技术标准。

知识学习

一、标准化和互换性

1. 标准化

在实际生产加工过程中，受设备、操作者等诸多因素的影响，加工得到的零件的几何参数不可避免地会偏离设计时的尺寸等技术要求，从而产生误差。这种误差是客观存在、不可避免的。虽然零件的误差可能影响零件的使用性能，但只要将这些误差控制在一定的范围内，仍能满足使用功能的要求，即保证零件的互换性要求。不同企业生产的同一规格的产品能保证互换性最根本的原因是大家都遵守同一标准，即国家标准（包括被采用的国际标准）。

技术标准是指为产品和工程的技术质量、规格及其检验方法等方面所做的技术规定，它以特定的形式发布，作为共同遵守的准则和依据。技术标准按适用范围分为国际标准化组织标准（ISO）、国家标准（GB）、行业标准（JB、HG、YB、TB 等）、地方标准和公司（企业）标准等级别。

标准化是指制订和贯彻技术标准，进而完善标准，对标准的实施进行监督，以促进经济发展的整个过程。标准化是实现互换性生产的前提。

2. 完全互换和不完全互换

按互换性的程度不同，分为完全互换和不完全互换。

完全互换是指机械零件在装配或更换时不需要挑选或修配，就可以直接使用，适用于成批大量生产的标准零部件，如螺纹连接件、紧固件、滚动轴承等。

不完全互换是指机械零件在装配时允许有附加的选择或调整，可采用分组装配法、调整法等工艺措施来实现。

完全互换和不完全互换在生产中都有广泛应用。完全互换快捷方便，尤其适合批量大，且总体精度不是特别高的零件；不完全互换的优点是在保证装配、配合精度要求的前提下，适当放宽制造要求，以便于加工，降低制造成本，其缺点是降低了互换性范围，不利于零部件的维修。

总之，互换性有利于简化设计，缩短设计周期；有利于组织优质、高效的专业化生产；有利于迅速更换报废的零件，保证机械的连续运转，延长机械的使用寿命。互换性在保证产品质量和可靠性、提高经济效益等方面均具有重要意义。

二、尺寸精度

为保证零部件的几何精度具有互换性，首先必须对尺寸规定精度要求。在机械制造中，圆柱形孔、轴的应用范围最广，因此，国家发布了一系列有关孔、轴的《产品几何技术规范　极限与配合》标准。

（一）孔和轴

1. 孔

孔是工件的圆柱形内表面，也包括非圆柱形内表面，加工过程中孔的尺寸由小变大。通常孔的参数用大写字母表示。

2. 轴

轴是工件的圆柱形外表面，也包括非圆柱形外表面，加工过程中孔的尺寸由大变小。通常孔的参数用小写字母表示。

图 4-2 所示给出了孔、轴示意图。

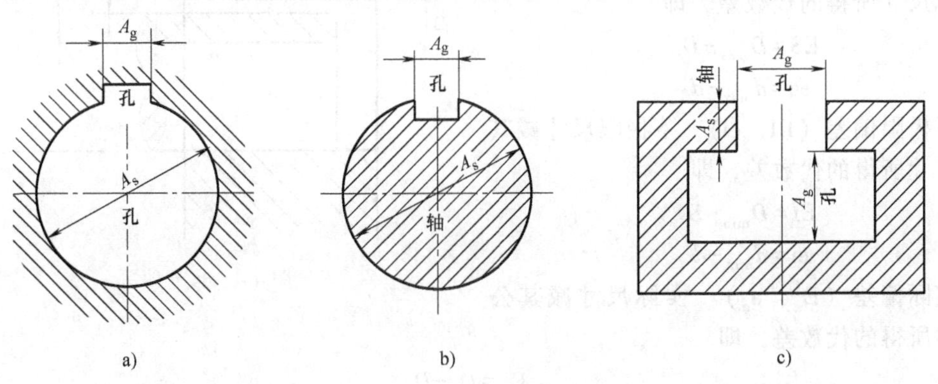

图 4-2　孔、轴示意图

（二）尺寸

尺寸是以特定单位表示线性长度值的数值。在零件图中，图样上的单位一般是毫米（mm），标注时省略不写。长度值包括直径、半径、宽度、深度、长度、中心距，但不包括角度。

1. 公称尺寸（D、d）

公称尺寸是标准中规定的名义尺寸，是满足强度、刚度结构和工艺方面要求所希望得到的理想尺寸。公称尺寸的数值可以是整数或小数，例如 45，18，6.25，0.6……

2. 实际尺寸（D_a、d_a）

实际尺寸是通过实际测量获得的某一孔、轴的尺寸。由于零件加工后存在形状误差，测量时又存在测量误差，因此测得的实际尺寸并非尺寸的真值，而是一个接近真值的尺寸。

3. 极限尺寸

极限尺寸是一个孔或轴允许尺寸的两个极端，如图 4-3 所示。孔或轴允许达到的最大尺寸称为上极限尺寸（D_{max}、d_{max}）；孔或轴允许达到的最小尺寸称为下极限尺寸（D_{min}、d_{min}）。实际尺寸应位于上、下极限尺寸中间，也可达到上、下极限尺寸，即对于孔有 $D_{min} \leqslant D_a \leqslant D_{max}$，轴有 $d_{min} \leqslant d_a \leqslant d_{max}$。

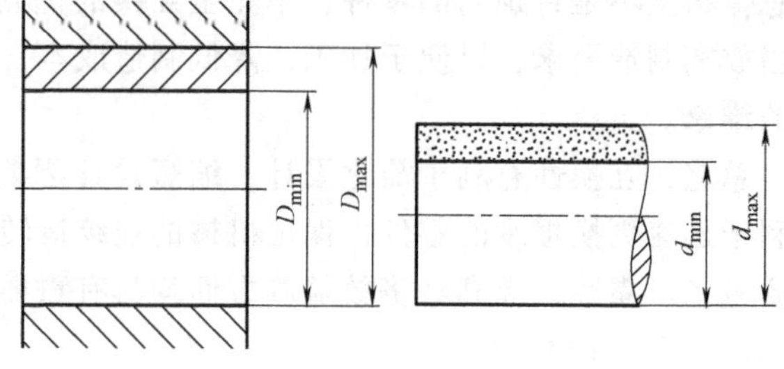

图 4-3　极限尺寸

（三）偏差、公差和公差带

1. 尺寸偏差

尺寸偏差（简称偏差）是指某一尺寸（实际尺寸、极限尺寸等）减其公称尺寸所得的代数差。它分为极限偏差和实际偏差，如图 4-4 所示。极限偏差包括上极限偏差和下极限偏差。

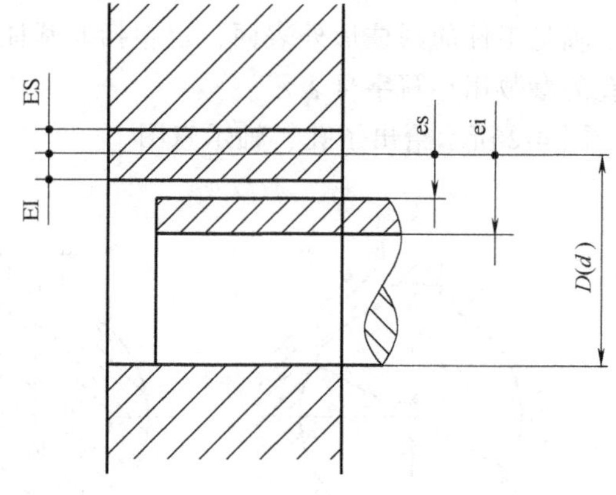

图 4-4　尺寸偏差

上极限偏差（ES、es）　上极限尺寸减其公称尺寸所得的代数差，即

$$ES = D_{max} - D$$
$$es = d_{max} - d$$

下极限偏差（EI、ei）　下极限尺寸减其公称尺寸所得的代数差，即

$$EI = D_{min} - D$$
$$ei = d_{min} - d$$

实际偏差（E_a、e_a）　实际尺寸减其公称尺寸所得的代数差，即

$$E_a = D_a - D$$
$$e_a = d_a - d$$

极限偏差用于控制实际偏差，也就是说实际偏差必须介于上、下极限偏差之间，该尺寸才算合格，即 $EI \leqslant E_a \leqslant ES$，$ei \leqslant e_a \leqslant es$。

各种偏差可以为正、负或零值。偏差值除零外，前面必须冠以正、负号。

2. 尺寸公差（T_h、T_s）

尺寸公差（简称公差）是允许尺寸的变动量，是上极限尺寸减下极限尺寸之差，或上极限偏差减下极限偏差之差，即

孔的公差：　$T_D = |D_{max} - D_{min}| = |ES - EI|$

轴的公差：　$T_d = |d_{max} - d_{min}| = |es - ei|$

公差与偏差是两个不同的概念，应注意区分。公差不能为负和零值，而偏差可以为正、负、零值；公差值的大小反映零件精度的高低和加工的难易程度，而偏差仅表示偏离公称尺寸的多少；仅用公差不能判断尺寸是否合格，但可用以限制尺寸误差，而两个极限偏差是判断孔和轴尺寸合格与否的依据。

3. 公差带、公差带图及基本偏差

公差带是由代表两极限偏差或两极限尺寸的两条平行直线所限定的一个区域，它反映公称尺寸、极限偏差和公差三者之间的关系，如图 4-5 所示。零线为表示公称尺寸的一条直线，是确定偏差正、负的一条基准线。零线以上为正偏差，在数值前冠以“+”号；零线以下为负偏差，在数值前冠以“-”号；与零线重合的偏差为零，不必标出。

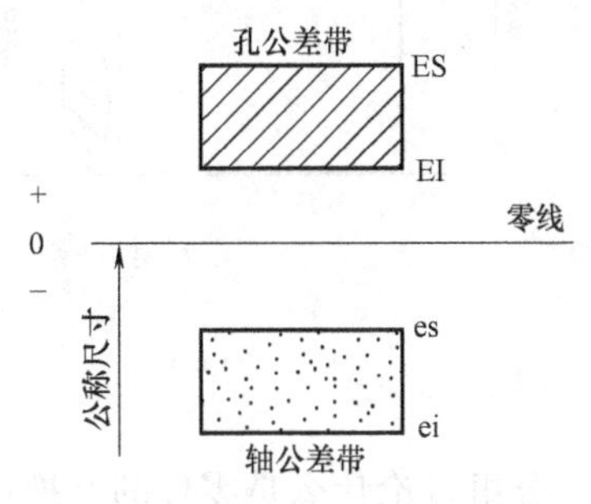

图 4-5 公差带图

公差带包括两个要素：一是“公差带大小（即在垂直于零线方向的宽度）”，它由标准公差确定；二是“公差带相对零线位置”，它由基本偏差确定。

基本偏差是确定公差带相对零线位置的极限偏差，它可以是上极限偏差或下极限偏差，一般指靠近零线的那个偏差。若公差带在零线上方，则基本偏差为下极限偏差；若公差带在零线下方，则基本偏差为上极限偏差。图 4-5 中 EI 和 es 分别为孔和轴的基本偏差，EI 和 es 的绝对值越大，孔、轴公差带离零线就越远；绝对值越小，则孔、轴公差带离零线就越近。

例 4-1 如图 4-6 所示，已知孔的公称尺寸为 ϕ50mm，孔的上、下极限尺寸分别为 ϕ50.048mm 和 ϕ50.009mm，计算孔的极限偏差与公差，画出公差带图。

解：孔的上极限偏差：$ES=D_{max}-D=50.048\text{mm}-50\text{mm}=+0.048\text{mm}$

孔的下极限偏差：$EI=D_{min}-D=50.009\text{mm}-50\text{mm}=+0.009\text{mm}$

孔的公差 $T_D=(50.048-50.009)\text{mm}=0.039\text{mm}$

公差带图如图 4-7 所示。

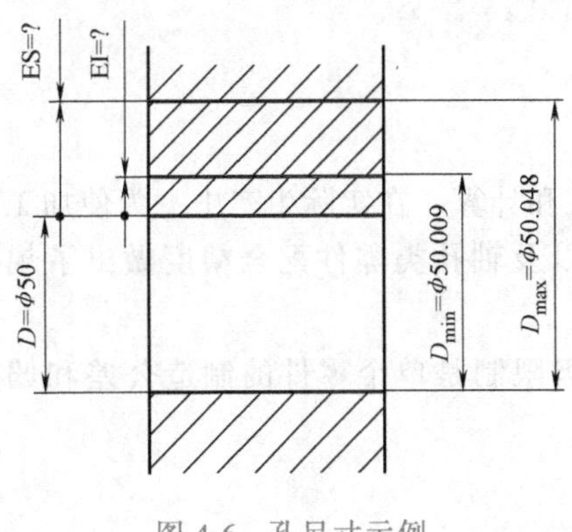

图 4-6 孔尺寸示例

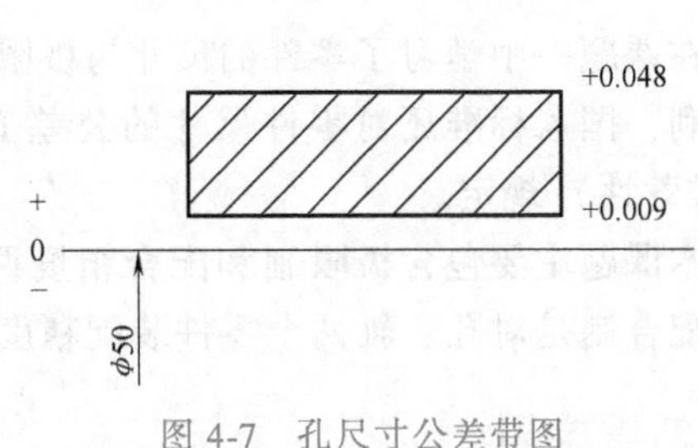

图 4-7 孔尺寸公差带图

例 4-2 如图 4-8 所示，已知轴的公称尺寸为 ϕ60mm，孔的上、下极限尺寸分别为 ϕ60.018mm 和 ϕ59.988mm，计算轴的极限偏差与公差，画出公差带图。

解：轴的上极限偏差：$es=d_{max}-d=60.018mm-60mm=+0.018mm$

轴的下极限偏差：$ei=d_{min}-d=59.988mm-60mm=-0.012mm$

轴的公差 $T_d=(60.018-59.988)mm=0.030mm$

公差带图如图 4-9 所示。

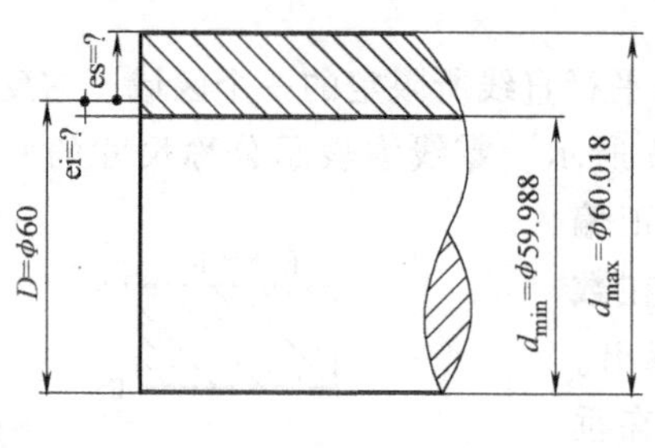

图 4-8　轴尺寸示例

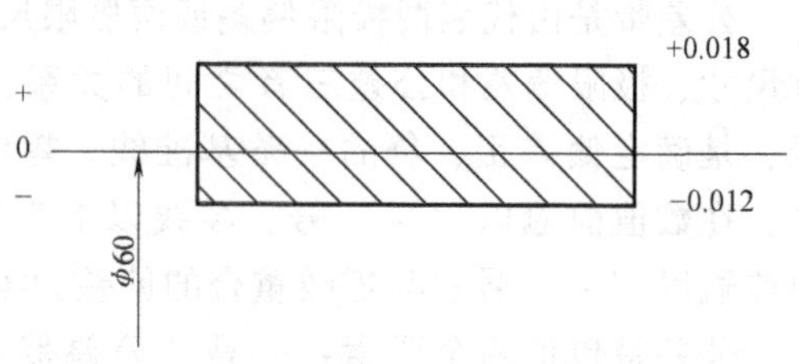

图 4-9　轴尺寸公差带图

技能实践

分组讨论什么是零件的互换性，思考零件的互换性是通过何种途径实现的；列举生活、生产中利用零件互换性，或使用标准化生产零部件的例子。

查阅零件图样，观察零件各部位的尺寸精度要求，分析计算相应尺寸的极限偏差、基本偏差及公差。并在教师指导下，生产简单尺寸精度要求的轴或孔类零件。

课题小结

互换性与尺寸精度是机械制造重要的基础概念。互换性要求零件失效后，能用同规格的零件直接替换，它是通过加工、制造的标准化实现的；零件尺寸精度又是零件标准化生产的基础和前提，只有规定了合理的尺寸精度，一批零件才具有互换性的可能。

学习本课题时，应注意对相关术语及定义的理解，并结合加工实践深入思考，力求准确掌握。

课题二　极限制与配合精度

课题导入

在课题一中学习了零件的尺寸与极限尺寸的定义和计算。在实际生产中，为使加工、装配便利，国家标准还对零件尺寸的公差值、偏差值以及轴孔类零件配合精度做出了规范性（或推荐性）规定。

本课题主要包含极限制和配合精度两个内容。极限制是单个零件的制造公差和偏差规范；配合制是对孔、轴两个零件装配精度的描述。

知识学习

一、极限制

国家标准《产品几何技术规范　极限与配合》分别规定了“标准公差系列”和“基本偏差系列”。这种经标准化的公差与偏差制度称为极限制，两种制度的结合可构成不同的孔、轴公差带。

1. 标准公差系列

标准公差系列是由不同标准公差等级和不同公称尺寸构成的，符合国家标准规定的公差系列。标准公差是指在标准的极限与配合制中所规定的任一公差，用符号“IT”表示。而标准公差等级是指同一公差等级对所有公称尺寸的一组公差被认为具有同等的精确程度。标准公差等级代号由标准公差符号“IT”和等级数字组成，例如：IT7。

国家标准《产品几何技术规范　极限与配合》在公称尺寸由 0~500mm 内由高到低规定了 IT01，IT0，IT1，IT2，…，IT18 共 20 个标准公差等级。IT01 和 IT0 在工业中很少用到。从 IT1 到 IT18 公差数值依次增大，而公差等级却依次降低，尺寸精度也依次降低。属于同一公差等级的标准公差数值，对数值不同的所有公称尺寸具有同等的精确程度。例如：公差等级为 IT6，公称尺寸为 ϕ30mm 孔的标准公差值为 13μm，公称尺寸为 ϕ120mm 孔的标准公差值为 25μm，虽然两孔的标准公差值不相等，但却具有相同的精确程度。

使用标准公差的数值时，一般直接从标准公差数值表（表 4-1）中查取。从表中可以看出：同一公差等级、同一尺寸段内各公称尺寸的标准公差值相同，而且同一公差等级、同一公称尺寸的孔和轴具有相同的标准公差值。例如公称尺寸为 ϕ90mm，公差等级为 IT5 的孔和轴，其标准公差值都为 15μm。

表 4-1　标准公差数值（摘自 GB/T 1800.1—2009）

公称尺寸		公差值														
		IT4	IT5	IT6	IT7	IT8	IT9	IT10	IT11	IT12	IT13	IT14	IT15	IT16	IT17	IT18
大于	到	μm								mm						
—	3	3	4	6	10	14	25	40	60	0.10	0.14	0.25	0.40	0.60	1.0	1.4
3	6	4	5	8	12	18	30	48	75	0.12	0.18	0.30	0.48	0.75	1.2	1.8
6	10	4	6	9	15	22	36	58	90	0.15	0.22	0.36	0.58	0.90	1.5	2.2
10	18	5	8	11	18	27	43	70	110	0.18	0.27	0.43	0.70	1.10	1.8	2.7
18	30	6	9	13	21	33	52	84	130	0.21	0.33	0.52	0.84	1.30	2.1	3.3
30	50	7	11	16	25	39	62	100	160	0.25	0.39	0.62	1.00	1.60	2.5	3.9
50	80	8	13	19	30	46	74	120	190	0.30	0.46	0.74	1.20	1.90	3.0	4.6
80	120	10	15	22	35	54	87	140	220	0.35	0.54	0.87	1.40	2.20	3.5	5.4
120	180	12	18	25	40	63	100	160	250	0.40	0.63	1.00	1.60	2.50	4.0	6.3
180	250	14	20	29	46	72	115	185	290	0.46	0.72	1.15	1.85	2.90	4.6	7.2
250	315	16	23	32	52	81	130	210	320	0.52	0.81	1.30	2.10	3.20	5.2	8.1
315	400	18	25	36	57	89	140	230	360	0.57	0.89	1.40	2.30	3.60	5.7	8.9
400	500	20	27	40	63	97	155	250	400	0.63	0.97	1.55	2.50	4.00	6.3	9.7

2. 基本偏差系列

基本偏差是极限与配合制中用以确定公差带相对于零线位置的极限偏差，一般为靠近零线的偏差。显然，当公差带在零线以上时，基本偏差为下极限偏差 EI（ei）；当公差带在零线以下时，基本偏差为上极限偏差 ES（es）。

设置基本偏差的目的是对公差带的位置标准化，即对配合的松紧程度标准化。

国家标准设置孔和轴的基本偏差共有 28 种，其代号用一个或两个字母表示，孔的基本偏差用大写字母表示，轴的基本偏差用小写字母表示。在 26 个字母中，除去 5 个易混淆的字母 I、L、O、Q、W（i、l、o、q、w），加上 7 个双写字母 CD、EF、FG、ZA、ZB、ZC（cd、ef、fg、za、zb、zc）及 JS（js）构成 28 种基本偏差代号，分别反映 28 种公差带位置，构成基本偏差系列，如图 4-10 所示。

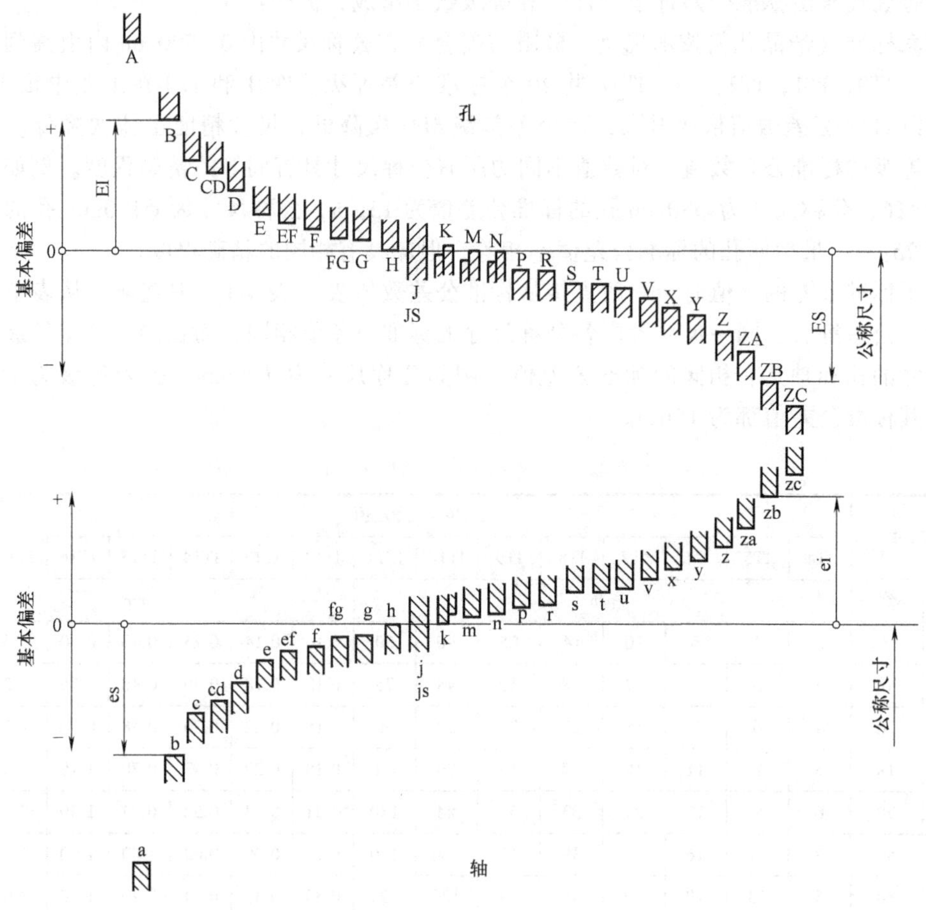

图 4-10　基本偏差系列图

由图 4-10 分析可知：

1）孔 A~H 的基本偏差为下极限偏差 EI，其绝对值依次减小，其上极限偏差 ES=EI+IT；J~ZC 的基本偏差为上极限偏差 ES，其绝对值逐渐增大，其下极限偏差 EI=ES−IT。

2）轴 a~h 的基本偏差为上极限偏差 es，其绝对值依次减小，其下极限偏差 ei=es−IT；j~zc 的基本偏差为下极限偏差 ei，其绝对值逐渐增大，其上极限偏差 es=ei+IT。

3）H 和 h 的基本偏差为零。JS（js）完全对称零线分布，其基本偏差为±IT/2。基本偏差系列图只表示公差带的位置，并不表示公差带的大小，故只画出一端，另一端开口。

国家标准中列出了轴和孔的基本偏差数值表。轴的基本偏差数值列于附表 A 中，孔的基本偏差数值列于附表 B 中。在计算轴或孔的极限尺寸时，先查标准公差数值表确定公差值；再根据轴或孔，查附表查找上极限偏差或下极限偏差；最后根据公差计算另一个极限偏差。下面举例说明具体应用方法。

例 4-3 确定轴 $\phi 30f7$ 的极限偏差和极限尺寸。

解 查表 4-1 得：标准公差 IT7 = 21μm

查附表 A 得：基本偏差（上极限偏差） es = −20μm

下极限偏差 ei = es − IT7 = (−20−21) μm = −41μm

极限尺寸：上极限尺寸 30+(−0.020) mm = 29.980mm

下极限尺寸 30+(−0.041) mm = 29.959mm

3. 公差带代号及标注

公差带代号由基本偏差代号（字母）和标准公差等级代号（数字）构成。例如 H8 表示基本偏差代号为 H、标准公差等级为 8 级的孔公差带代号。f7 表示基本偏差代号为 f、标准公差等级为 7 级的轴公差带代号。

如图 4-11 所示，公差带在图样上的标注有三种方法。如孔 $\phi 20H8$，采用的是公差带代号标注；也可以标注为极限偏差形式，即 $\phi 20^{+0.033}_{0}$ mm；还可以采用公差带代号和极限偏差结合的形式，即 $\phi 20H8$ ($^{+0.033}_{0}$) mm。各种标注之间，在使用场合上也有细微区别。

1）在公称尺寸后面标注上、下极限偏差值，例如 $\phi 20^{+0.033}_{0}$ mm。这种注法适用于单件小批量生产，方便检测。

2）在公称尺寸后面标注公差带代号，例如 $\phi 20H8$。这种注法适用于大批量生产和便于表达装配关系。

3）在公称尺寸后面同时标注公差带代号和对应的上、下极限偏差值，例如 $\phi 20H8$ ($^{+0.033}_{0}$) mm。这种注法在生产目标不明确时采用。

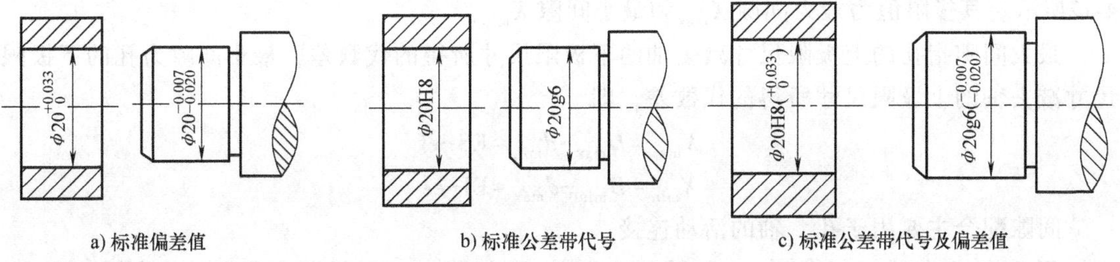

a) 标准偏差值 b) 标准公差带代号 c) 标准公差带代号及偏差值

图 4-11 公差带的三种标注方法

4. 线性尺寸的未注公差

图样中没有标注公差的尺寸并不是没有公差，只不过是在图样中未标注而已。在工程图样的尺寸标注中，该尺寸后面不标注极限偏差，工厂中常称为“自由尺寸”“一般公差”，它主要用于较低精度的非配合尺寸。在正常情况下一般可不检验。

国家标准对线性尺寸的一般公差规定了 4 个等级，即 f（精密级）、m（中等级）、c（粗糙级）及 v（最粗级），其中 f 级最高，v 级最低，见表 4-2。使用此标准时，应根据产品的技术要求和工厂的加工条件，在规定的公差等级中选取，并在生产部门的技术文件中表示出来。例如，选用中等 m 等级时，则表示为：GB/T 1184—m，这表明图样上凡是未注公差的尺寸均按照中等精度 m 等级加工和检验。

表 4-2　线性尺寸的极限偏差数值　（单位：mm）

公差等级	尺寸分段							
	0.5~3	>3~6	>6~30	>30~120	>120~400	>400~1000	>1000~2000	>2000~4000
f(精密级)	±0.05	±0.05	±0.1	±0.15	±0.2	±0.3	±0.5	—
m(中等级)	±0.1	±0.1	±0.2	±0.3	±0.5	±0.8	±1.2	±2
c(粗糙级)	±0.2	±0.3	±0.5	±0.8	±1.2	±2	±3	±4
v(最粗级)	—	±0.5	±1	±1.5	±2.5	±4	±6	±8

二、配合精度

机械零件应具有足够的尺寸精度，相互之间具有装配关系的机械零件还应具有一定的配合精度。

（一）配合及其种类

配合是指公称尺寸相同、相互结合的孔和轴公差带之间的关系。孔的尺寸减去相配合的轴的尺寸之差为正值时称为间隙，用 X 表示；尺寸之差为负值时称为过盈，用 Y 表示。当孔与轴公差带相对位置不同时，将有三种不同的配合：间隙配合、过渡配合和过盈配合。它们反映不同的配合性质，表示不同的松紧程度。配合公差是组成配合的孔、轴公差之和，它是允许间隙或过盈的变动量，配合公差反映配合精度。

1. 间隙配合

间隙配合是指具有间隙（包括最小间隙等于零）的配合。此时，孔的公差带完全位于轴的公差带之上，如图 4-12所示。其极限值为最大间隙 X_{max} 和最小间隙 X_{min}。

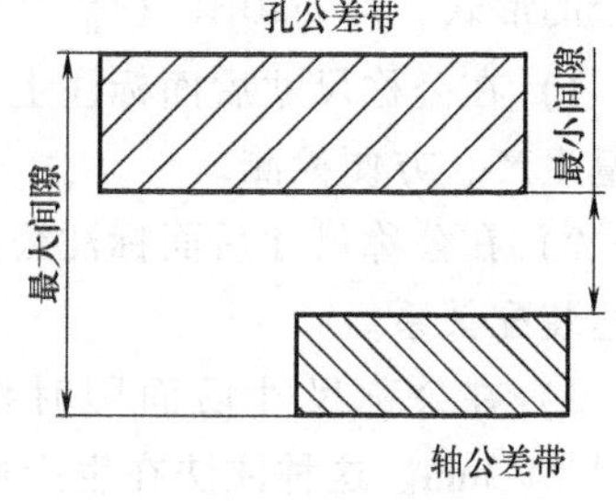

图 4-12　间隙配合

最大间隙指孔的上极限尺寸减去轴的下极限尺寸所得的代数差，最小间隙为孔的下极限尺寸减去轴的上极限尺寸所得的代数差，即

$$X_{max}=D_{max}-d_{min}=\mathrm{ES}-\mathrm{ei}$$
$$X_{min}=D_{min}-d_{max}=\mathrm{EI}-\mathrm{es}$$

间隙配合主要用于孔、轴的活动连接。

例 4-4　已知孔 $\phi25^{+0.021}_{0}$mm 与轴 $\phi25^{+0.020}_{-0.033}$mm 相配合，判断配合类型；若为间隙配合，计算其极限间隙。

解　孔的下极限尺寸 $D_{min}=25$mm，轴的上极限尺寸 $d_{max}=24.980$mm。

显然，$D_{min}>d_{max}$，所以该孔、轴配合为间隙配合。

其极限间隙为

$$X_{max}=D_{max}-d_{min}=25.021\text{mm}-24.967\text{mm}=+0.054\text{mm}$$
$$X_{min}=D_{min}-d_{max}=25\text{mm}-24.980\text{mm}=+0.020\text{mm}$$

2. 过盈配合

过盈配合是指具有过盈（包括最小过盈等于零）的配合。此时，孔的公差带完全位于轴的公差带之下，如图 4-13 所示。其极限值为最大过盈 Y_{max} 和最小过盈 Y_{min}。最大过盈为孔的下极限尺寸与轴的上极限尺寸之差；最小过盈为孔的上极限尺寸与轴的下极限尺寸之差，即在过盈配合中，配合公差为过盈公差，它是允许过盈的变动量，其值等于最小过盈与最大过盈之代数差，也等于相互配合的孔公差与轴公差之和，即

$$Y_{max}=D_{min}-d_{max}=EI-es$$

$$Y_{min}=D_{max}-d_{min}=ES-ei$$

过盈配合主要用于孔、轴的紧固连接，不允许两者有相对运动。

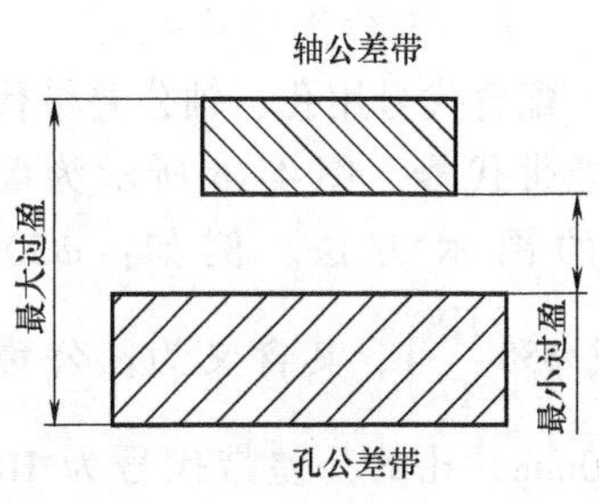

图 4-13　过盈配合

例 4-5　已知孔 $\phi32^{+0.025}_{0}$mm 和轴 $\phi32^{+0.042}_{+0.026}$mm 相配合，判断配合类型，并计算其极限间隙或极限过盈。

解　孔的上极限尺寸 $D_{max}=32.025$mm，轴的下极限尺寸 $d_{min}=32.026$mm。显然，$d_{min}>D_{max}$，所以该孔、轴配合为过盈配合。

其极限过盈为

$$Y_{max}=D_{min}-d_{max}=32\text{mm}-32.042\text{mm}=-0.042\text{mm}$$

$$Y_{min}=D_{max}-d_{min}=32.025\text{mm}-32.026\text{mm}=-0.001\text{mm}$$

3. 过渡配合

过渡配合是指可能具有间隙或过盈的配合。此时，孔的公差带与轴的公差带相互交叠，如图 4-14 所示。

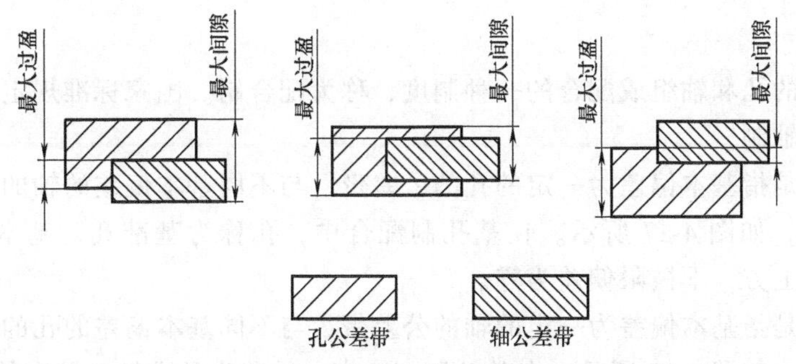

图 4-14　过渡配合

在过渡配合中，其极限值为最大间隙 X_{max}和最大过盈 Y_{max}。其计算公式为

$$X_{max}=D_{max}-d_{min}=ES-ei$$

$$Y_{max}=D_{min}-d_{max}=EI-es$$

过渡配合主要用于孔、轴的定位连接。

例 4-6　已知孔 $\phi50^{+0.025}_{0}$mm 和轴 $\phi50^{+0.018}_{0.002}$mm 相配合，判断配合类型，并计算极限间隙或极限过盈。

解　做孔、轴公差带图，如图 4-15 所示。由图可知，该组孔轴为过渡配合。其最大间隙和最大过盈分别为

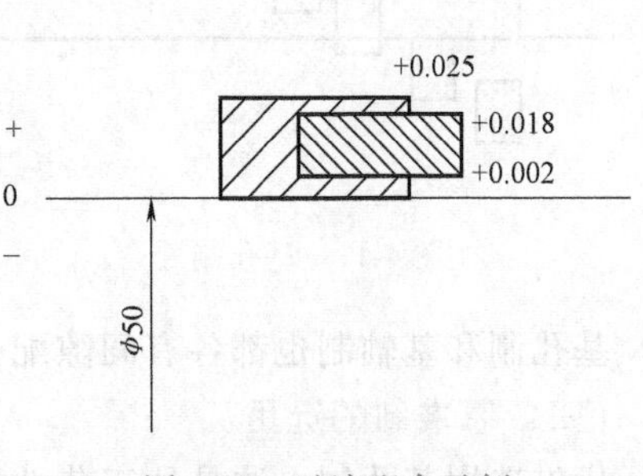

图 4-15　过渡配合示例

$$X_{max}=D_{max}-d_{min}=50.025\text{mm}-50.002\text{mm}=+0.023\text{mm}$$

$$Y_{max}=D_{min}-d_{max}=50\text{mm}-50.018\text{mm}=-0.018\text{mm}$$

（二）配合代号及标注

配合代号用孔、轴公差带代号组成的分数式形式，分子为孔的公差带代号，分母为轴的公差带代号。图 4-16 所示为配合代号的图示方法。例如：$\phi50H8/f7$ $\left(或\ \phi50\ \dfrac{H8}{f7}\right)$，其含义为：公称尺寸 $\phi50mm$，孔的公差带代号为 H8，轴的公差带代号为 f7，为基孔制间隙配合。

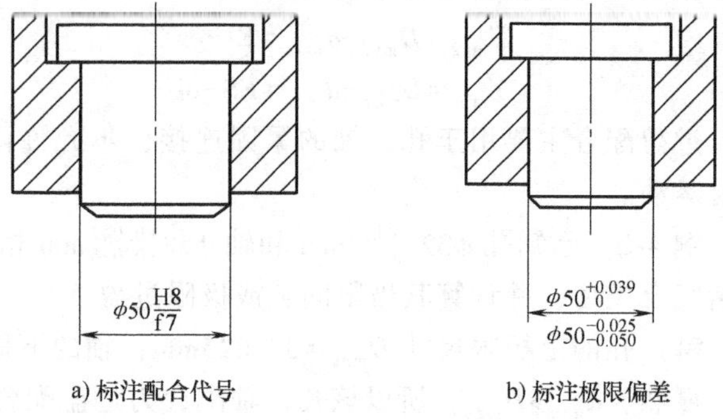

图 4-16　配合代号的标注方法

配合代号中有“H”，说明孔为基准孔，为基孔制配合；有“h”，说明轴为基准轴，为基轴制配合。既有“H”，又有“h”时，有三种解释：①基孔制，②基轴制，③基准件配合。既没有“H”，又没有“h”时，则为无基准件配合。

在装配图中有配合要求处的公称尺寸后标注配合代号。

标注标准件、外购件（如滚动轴承）与零件的配合代号时，可仅标注相配合零件的公差带代号。

（三）配合制

同一极限制的孔和轴组成配合的一种制度，称为配合制。国家标准规定了两种配合基准制：基孔制和基轴制。

基孔制配合是指基本偏差为一定的孔的公差带，与不同基本偏差的轴的公差带形成各种配合的一种制度，如图 4-17 所示。在基孔制配合中，孔称为基准孔，基本偏差代号为 H，其公差带在零线上方，下极限偏差为零。

基轴制配合是指基本偏差为一定的轴的公差带，与不同基本偏差的孔的公差带形成各种配合的一种制度，如图 4-18 所示。在基轴制配合中，轴称为基准轴，基本偏差代号为 h，其公差带在零线下方，上极限偏差为零。

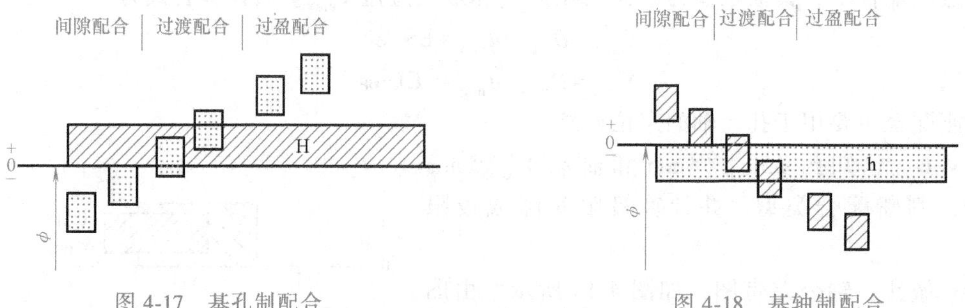

图 4-17　基孔制配合　　　图 4-18　基轴制配合

基孔制和基轴制也都各有间隙配合、过渡配合、过盈配合三类配合。

（四）基准制的选用

优先选用基孔制。这是从工艺性出发提出的要求，因为加工某一精度的轴比加工同一精度的孔容易，采用基孔制可以减少定值刀具、量具的规格和数量，有利于刀具、量具标准化、系列化，因而经济、合理，使用方便。

在下列情况下应采用基轴制：

1）在同一公称尺寸的轴上装配几个不同配合的零件时，采用基轴制。

2）与标准件配合时基准制应按标准件选择，例如，与滚动轴承内圈相配合的轴颈处应选用基孔制，而与滚动轴承外圈配合的底座孔处应选用基轴制。

（五）标准公差等级的选择

合理地选择公差等级是为了更好地协调机械零部件的制造精度与制造工艺、成本之间的矛盾。一般按以下原则选用：

1）在满足使用要求的前提下尽量选用较低（数值大）的标准公差等级。

2）应尽量遵守工艺等价原则。由于同等级的孔比轴难加工，为使相配的孔与轴工艺等价，两者标准公差等级之间的关系推荐如下：公称尺寸至500mm的配合，通常标准公差等级≤IT8时，孔应比轴要低一级配合；标准公差等级>IT8（包括少数等于IT8）或公称尺寸大于500mm时，孔与轴均采用同级配合。

3）与标准件配合的零件，其公差等级由标准件的精度要求所决定。如与滚动轴承配合的孔和轴，其标准公差等级由滚动轴承的精度等级来决定。

4）用类比法确定标准公差等级。参考各类零部件精度的要求，查明各标准公差等级的应用范围，合理地进行选择，如配合尺寸选用IT5~IT12；非配合尺寸选用IT12~IT18；特别精密零件的配合选用IT2~IT5。

技能实践

说明极限制的定义，说出它都包含哪些内容？进行孔或轴的极限尺寸计算。

讨论配合精度这一概念产生的原因，说明主要配合种类，并进行相关计算；说明配合制包含的内容以及如何正确选用配合制的基本原则。

查阅零件图样，观察零件各部位尺寸标注和配合标注情况。在教师指导下，分析这些标注对生产、装配都有哪些帮助。

课题小结

极限制与配合精度是涉及零件制造和装配的重要概念。极限制包含了标准化的公差和偏差两个重要术语。标准公差实际定义了零件加工制造的难易程度，通过这一标准，使得不同公称尺寸的轴、孔类零件的加工精度得以统一；偏差是对具体零件加工尺寸精度的描述，决定具体零件在尺寸上合格与否。

配合精度是对轴和孔两个配合零件配合情况的规范，包括配合种类、配合制等内容。配合种类包含间隙配合、过盈配合和过渡配合，分别用于不同使用要求的场合；配合制在生产中更多的是指利用基轴制或基孔制加工和装配零件，实质上也是通过制订标准，使得配合零件的加工、装配更便捷、经济。

本课题的理论性和应用性都比较强，在学习时应在深刻理解基本术语、定义的基础上，对照零件加工、装配实践反复揣摩、思考，才能达到深入理解、灵活应用的效果。

课题三　几何公差

课题导入

零件在加工过程中，由于受到机床精度、工件的装夹精度和加工过程中的变形等各种因素的影响，零件的几何要素不仅会产生尺寸误差，而且还会产生形状、方向、位置和跳动等几何误差。零件的几何误差对机械产品的工作精度、密封性、运动平稳性、耐磨性和使用寿命等都有很大影响。几何误差越大、零件几何精度越低。因此，为了保证机械产品的质量和互换性，必须对零件的几何误差予以限制，对零件的几何要素规定合理的几何精度。为了控制几何误差，国家制订《产品几何技术规范（GPS）几何公差　形状、方向、位置和跳动公差标注》（GB/T 1182—2008）等一系列标准，规定零件的几何公差要求在图样上用代号标注，其中涉及被测要素和基准要素（又分单一要素和关联要素以及组成要素和导出要素等）、公差项目、公差值等内容。

本课题将对常见几何公差进行学习，全面了解几何公差的含义及应用。

知识学习

一、零件的几何要素

几何公差的研究对象是零件的几何要素（简称为要素），它是指构成零件几何特征的点、线、面。图 4-19 所示的零件就是由点（球心、锥顶）、线（圆柱面和圆锥面的素线、轴线）、面（球面、圆锥面、圆柱面、端平面）组成的几何体。图 4-20 所示为简单零件图。

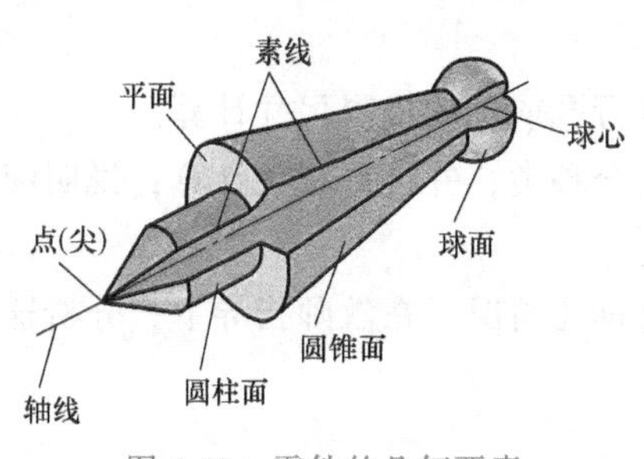

图 4-19　零件的几何要素

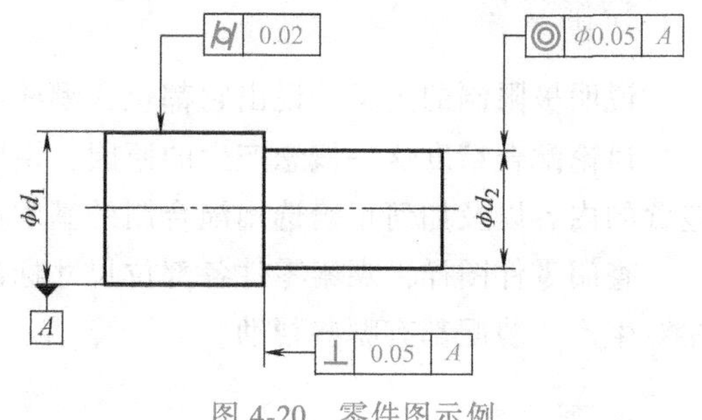

图 4-20　零件图示例

几何要素可分为以下几类：

（1）公称（理想）要素　理论正确的要素。例如图样上给出的几何要素，该要素是没有任何误差的理想的几何图形。

（2）实际要素　零件上实际存在的要素，通常用测得要素来代替。由于测量时有误差存在，所以测得要素并非是实际要素的真实状况。

（3）组成要素　零件表面上的线或面各要素，如图 4-19 所示中的球面、端平面、圆柱面、圆锥面等。

（4）导出要素　从一个或多个轮廓要素上获取的中心点、中心线或中心面各要素，如图 4-19 所示中的球心、轴线等。

（5）被测要素　给出了几何公差的要素，即是检测对象。如图 4-20 所示中的 ϕd_1 外圆柱面、ϕd_1 台阶端面和 ϕd_2 的中心轴线就是被测要素。

（6）基准要素　用来确定被测要素方向或（和）位置的要素。在图样上标有基准代号，如图 4-20 所示中的 ϕd_1 圆柱面中心轴线是基准要素。

（7）单一要素　仅有形状公差要求的要素，如图 4-20 所示中的 ϕd_1 外圆柱面。

（8）关联要素　对其他要素有功能关系而给出方向、位置或跳动公差的要素，如图4-20所示中的 ϕd_1 台阶端面。

二、几何公差的特征项目及符号

几何公差的特征项目及符号见表 4-3，分为形状公差、方向公差、位置公差和跳动公差四大类项目，共 19 种公差项目。

表 4-3　几何公差的特征项目及符号

公差类型	公差项目	符号	有无基准	公差类型	公差项目	符号	有无基准
形状公差	直线度	⏤	无	方向公差	面轮廓度	⌓	有
	平面度	⏥	无	位置公差	位置度	⌖	有或无
	圆度	○	无		同心度（用于中心点）	◎	有
	圆柱度	⌭	无		同轴度（用于轴线）	◎	有
	线轮廓度	⌒	无		对称度	⌯	有
	面轮廓度	⌓	无		线轮廓度	⌒	有
方向公差	平行度	∥	有		面轮廓度	⌓	有
	垂直度	⊥	有	跳动公差	圆跳动	↗	有
	倾斜度	∠	有		全跳动	⌰	有
	线轮廓度	⌒	有				

三、几何公差的标注方法

1. 几何公差的标注形式

几何公差采用框格的形式标注，如图 4-21 所示，框格的端部具有带箭头的指引线，指引线垂直于框格引出，允许弯折，但不得多于两次；箭头垂直指向被测要素。框格和指引线均用细实线绘制。

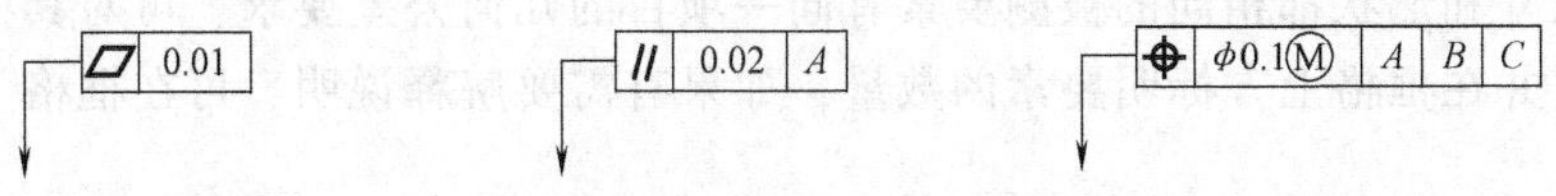

图 4-21　几何公差的标注

形状公差框格由两格组成，方向、位置和跳动公差框格由三至五格组成，框格多按水平方向放置，必要时也可垂直放置，框格中从左到右依次填写公差特征项目符号、以 mm 为单位的公差数值及附加符号、基准使用的字母和有关符号。

几何公差的数值从相应的几何公差表中查出，标注时采用 mm 作为单位。若几何公差值为圆形、圆柱形或球形公差的直径，则在公差值前面加注符号“ϕ”或“$S\phi$”，如图 4-22 所示。

◎	ϕ0.01	*A*

⌖	$S\phi$0.1	*A*

图 4-22　圆柱形或球形公差的标注

基准代号的字母采用大写字母，为避免混淆，不采用 E、F、I、J、M、L、O、P、R 等字母。当用两个或多个字母表示公共基准时，中间用短横线隔开。

2. 被测要素的标注方法

当被测要素是组成要素时，指引线箭头应指在轮廓线或其延长线上，且与尺寸线明显分开，如图 4-23 所示中的标注。

当被测要素是导出要素时，指引线箭头应与该要素对应的尺寸要素的尺寸线重合，如图 4-24 所示中的标注。

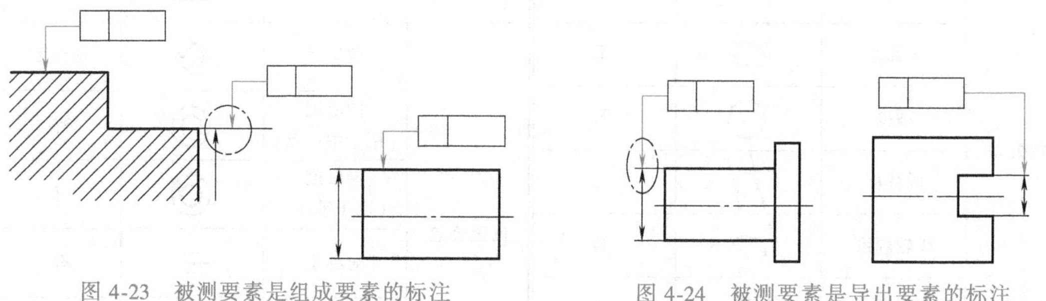

图 4-23　被测要素是组成要素的标注　　图 4-24　被测要素是导出要素的标注

当同一被测要素有多项几何公差要求时，可将多个公差框格画在一起，只引一条指引线，如图 4-25 所示。

当几个被测要素有同一项目的几何公差要求，且公差值相同时，可只用一个框格，并且在指引线上绘出多个箭头，分别与各被测要素相连，如图 4-26 所示。

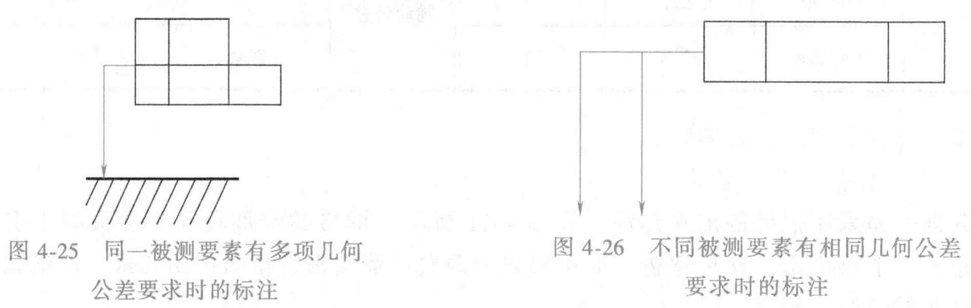

图 4-25　同一被测要素有多项几何公差要求时的标注　　图 4-26　不同被测要素有相同几何公差要求时的标注

当几个尺寸和形状都相同的被测要素有同一项目的几何公差要求，可对其中一个要素绘制公差框格，并在框格上方标明要素的数量；如果有需要解释说明，可在框格下方说明，如图 4-27 所示。

3. 基准要素的标注方法

基准代号由基准符号（涂黑或空白的三角形）、连线（细实线）、正方形和字母组成。基准要素用基准符号标注，并从几何公差框格第三格起，填写相应的基准符号字母。正方形内填写表示基准的字母，无论基准代号在图样上的方向如何，正方形内的字母均应水平书

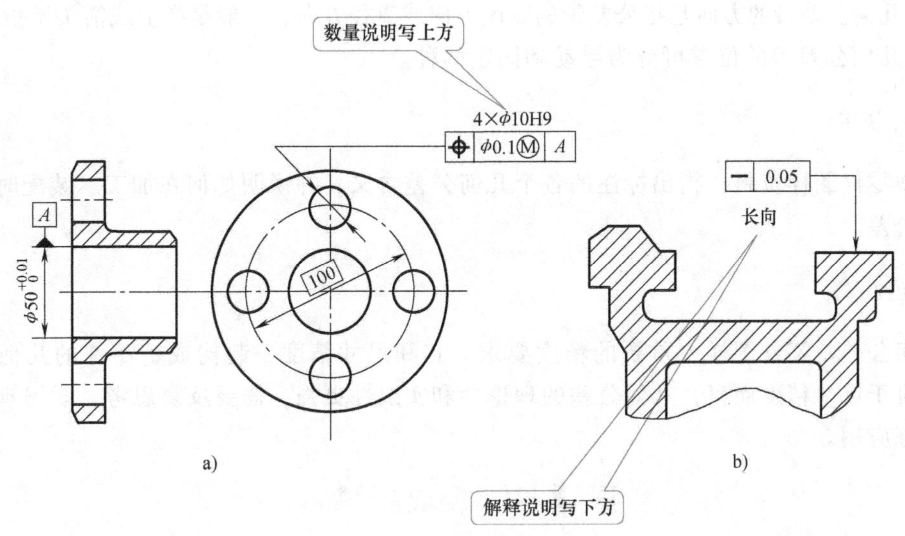

图 4-27　有数量和解释的几何公差标注

写，如图 4-28 所示。

当以轮廓要素作为基准时，基准符号应靠近或贴住基准要素的轮廓线或其延长线，且与轮廓要素的尺寸线明显错开，如图 4-29 所示。

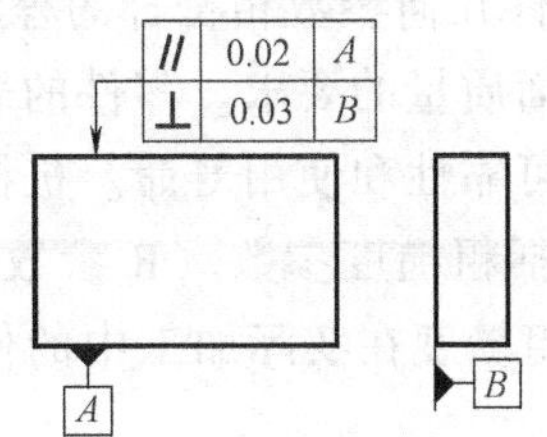

图 4-28　被测要素是组成要素的标注

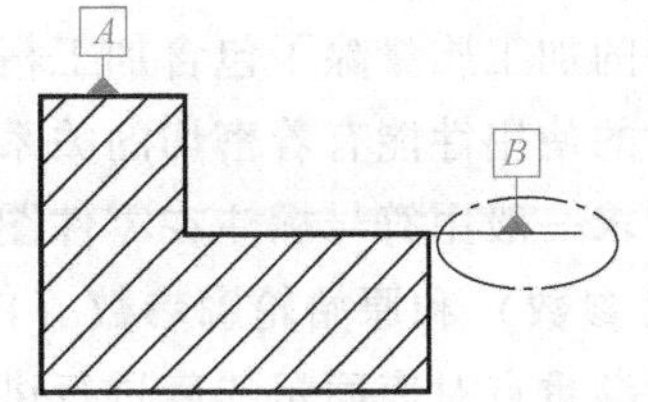

图 4-29　被测要素是导出要素的标注

当以中心要素作为基准时，基准代号的连线应与尺寸线对齐，并且基准符号总是放置在其尺寸线的异侧，如图 4-30 所示。

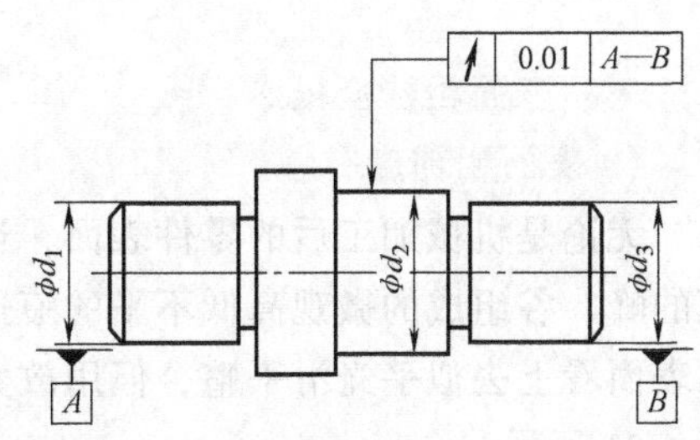

图 4-30　有数量和解释的几何公差标注

四、几何公差的公差带

几何公差的公差带是限制实际要素形状、方向与位置变动的区域。若实际要素位于这一区域内，则为合格；否则为不合格。与尺寸公差带相比，几何公差带要复杂得多，几何公差带有 4 个基本要素组成，即公差带的形状、大小、方向和位置。

1）几何公差带的形状有 9 种，即：两平行直线、两同心圆、两同轴圆柱面、两等距曲线、两等距曲面、两平行平面、圆、圆柱面、球，其具体形状由被测要素的几何特征和几何公差项目来决定。

2）几何公差带的大小用以体现几何精度的高低，由设计给定的几何公差值来确定，一般是几何公差带的宽度或直径。

3）几何公差带的方向是指公差带的宽度方向或直径方向，一般是指引线箭头所指的方向。

4）几何公差带的位置可分为浮动和固定两种。

技能实践

查阅零件图样资料，指出标注的各个几何公差含义，并说明如何在加工、装配时保证这些几何公差。

课题小结

几何公差是零件图样中重要的精度要求。它和尺寸精度一起构成了零件的几何精度要求。相对于尺寸精度而言，几何公差的理论性和实践性更强，需要反复思考、学习理解其含义和熟练应用。

课题四　表面粗糙度

课题导入

课题二和课题三对零件的尺寸精度和几何精度进行了介绍，它们是评判零件质量是否合格的重要组成部分。零件的尺寸精度和几何精度构成了零件加工精度。加工精度是指零件加工后的几何参数（尺寸、几何形状和相互位置）与理想零件几何参数相符合的程度。

零件的加工质量除了包含加工精度外，还有对加工表面质量的要求。零件的表面质量与机械零件的使用性能有着密切的关系，影响着机器工作的可靠性和使用寿命。机械制造中表面结构要求一般用符号标注在零件图上。表面结构参数包括粗糙度参数（R 参数）、波纹度参数（W 参数）和原始轮廓参数（P 参数），其中以表面粗糙度在实际加工中的使用最为频繁。本课题重点对表面粗糙度进行讲解。

知识学习

一、表面粗糙度概念

1. 表面粗糙度

无论是机械加工后的零件表面，还是用其他方法获得的零件表面，总会存在着由较小间距的峰、谷组成的微观高低不平的痕迹。粗加工表面用眼睛直接就可以看出加工痕迹；精加工表面看上去似乎光滑平整，但用放大镜或仪器观察，仍然可看到错综交叉的加工痕迹，如图 4-31 所示。

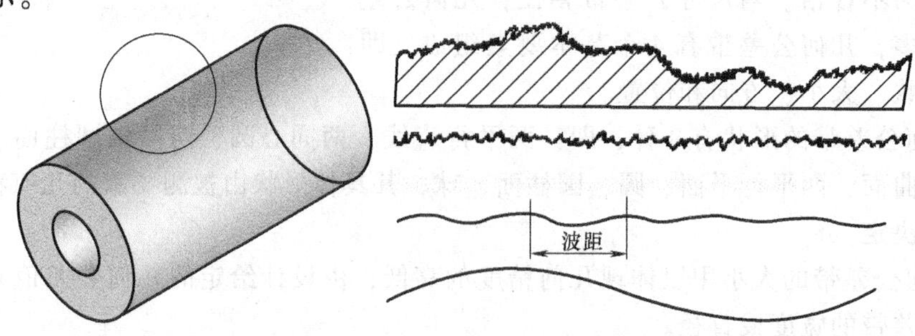

图 4-31　零件及其表面粗糙度

表面粗糙度是表述零件表面峰谷高低程度和间距状况的微观几何形状特性的术语。

2. 表面粗糙度对零件使用性能的影响

(1) 影响零件的耐磨性　一般情况下表面越粗糙，其摩擦系数、摩擦阻力越大，磨损越快。但如果零件表面粗糙度值小于合理值，则由于摩擦面之间润滑油被挤出而形成干摩擦，反而会使磨损加快。因此，当表面粗糙度 *Ra* 值为 0.3~1.2μm，磨损最慢。

(2) 影响配合的性质　表面粗糙度会影响配合表面的稳定性。对于有相对运动的间隙配合，粗糙表面会因峰尖的磨损而使间隙逐渐增大。对于过盈配合，粗糙表面的峰顶被挤平，使实际过盈减小，影响连接强度。所以对有配合要求的表面，应标注对应的表面粗糙度。

(3) 影响零件的疲劳强度　零件表面越粗糙，微观不平的凹痕就越深，应力集中更敏感，在交变应力的作用下易产生应力集中，使表面出现疲劳裂纹，从而降低零件的疲劳强度。

(4) 影响零件的接触刚度　表面越粗糙，表面间的实际接触面积越小，单位面积受力越大，使峰顶处的局部塑性变形增大，接触刚度降低，从而影响机器的工作精度和抗振性能。

此外，表面粗糙度还影响零件表面的耐蚀性及结合表面的密封性和润滑性能等。

总之，表面粗糙度直接影响零件的使用性能和寿命。因此，应对零件的表面粗糙度加以合理规定。表面粗糙度的国家标准主要有三个：GB/T 3505—2009《产品几何技术规范（GPS）表面结构　轮廓法　术语、定义及表面结构参数》、GB/T 1031—2009《产品几何技术规范（GPS）表面结构轮廓法　表面粗糙度参数及其数值》、GB/T 131—2006《产品几何技术规范（GPS）技术产品文件中表面结构的表示法》。

二、表面粗糙度的评定参数

表面粗糙度的评定参数包括高度参数和附加参数。高度参数为主要参数，轮廓算术平均偏差 *Ra* 和轮廓最大高度 *Rz* 最为常见。

在评价表面粗糙度时，取样长度必须符号检测要求。取样长度是指用于判别表面粗糙度特征的一段基准线长度。取样长度按表面粗糙度选取相应的数值，在取样长度范围内，一般不少于 5 个以上的轮廓峰和轮廓谷。取样长度具体的取值，可查阅相关标准规范。

Ra 参数由于测量点多，因而能充分反映零件表面微观几何形状高度方面的特性，且用轮廓仪测定也比较简便，因此优先选用 *Ra* 参数。*Ra* 参数是生产中应用最普遍的表面粗糙度评定参数，本教材只对其进行介绍。

轮廓算术平均偏差 *Ra* 是指在取样长度内轮廓上各点至轮廓中线距离的算术平均值，如图 4-32 所示。其表达式为

$$Ra = \frac{1}{n}\sum_{i=1}^{n} |y_i|$$

式中，y_i 表示轮廓上取样各点至轮廓中线的举例。

标准规定的 *Ra* 数值系列及补充系列值分别见表 4-4 和表 4-5，选用时优先选用表 4-4 中的 *Ra* 值。轮廓的最大高度 *Rz* 的数值见表 4-6。

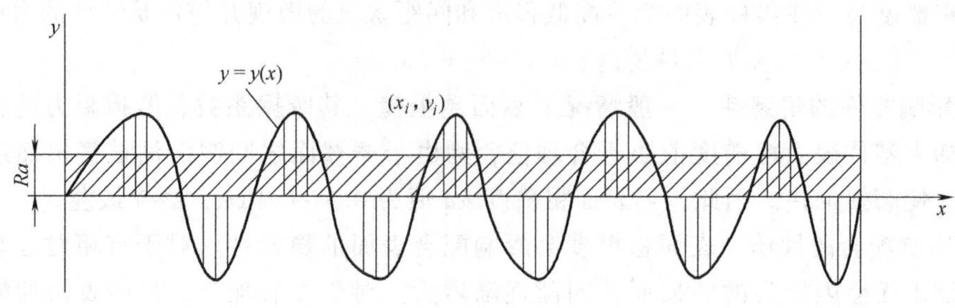

图 4-32 轮廓算术平均偏差 Ra

表 4-4 轮廓算术平均偏差 Ra 的数值 （单位：μm）

Ra	0.012 0.025 0.05 0.1	0.2 0.4 0.8 1.6	3.2 6.3 12.5 25	50 100

表 4-5 轮廓算术平均偏差 Ra 的补充系列数值 （单位：μm）

Ra	0.008 0.010 0.016 0.020 0.032 0.040 0.063	0.080 0.125 0.160 0.25 0.32 0.50 0.63	1.0 1.25 2.0 2.5 4.0 5.0 8.0	10.0 16.0 20 32 40 63 80

表 4-6 轮廓的最大高度 Rz 的数值 （单位：μm）

Rz	0.025 0.05 0.1 0.2	0.4 0.8 1.6 3.2	6.3 12.5 25 50	100 200 400 800

目前，用常规工艺加工大多数零件表面时，通常只给出主参数——高度特性参数即可。但仅用高度特性参数已不能对零件表面功能给予足够的控制时，就应加选附加参数。附加参数一般包括轮廓微观不平度的平均间距 S_m、轮廓单峰平均间距 S、轮廓支承长度率 t_p。关于这三项附加参数的规定可查阅 GB/T 1031—2009《产品几何技术规范（GPS）表面结构轮廓法 表面粗糙度参数及其数值》，在此不做介绍。

三、表面粗糙度的标注

1. 表面粗糙度符号及意义

表面粗糙度符号及其含义见表 4-7。

表 4-7 表面粗糙度符号及其含义

符号	说 明
√	基本符号，表示表面可以用任何方法获得
(带短划的基本符号)	基本符号加一短划，表示表面用去除材料的方法获得，如车、铣、钻、磨、剪切、抛光、腐蚀、电火花加工、气割等

（续）

符号	说　明
	基本符号加一小圆，表示表面不是用去除材料的方法获得，如铸、锻、冲压变形、热轧、冷轧、粉末冶金等
	在上述三个符号的边上均可加一横线，用于标注有关参数和说明

2. 表面粗糙度代号的表示方法

在表面粗糙度符号的基础上，注出表面粗糙度参数值和其他有关的规定项目后就形成了表面粗糙度代号。其注写位置如图 4-33 所示。

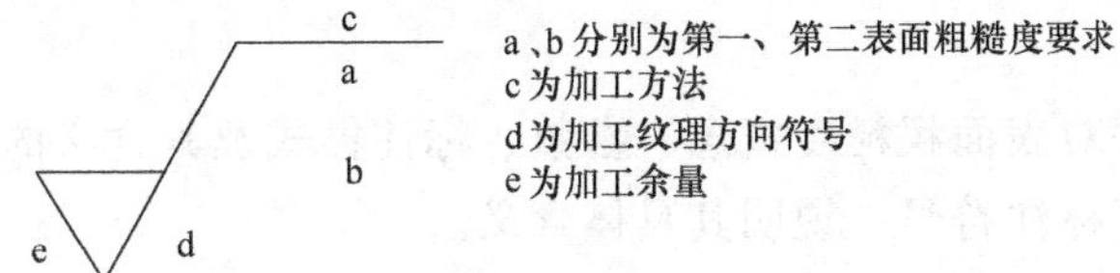

图 4-33　表面粗糙度代号及表示方法

标准规定，表面粗糙度高度参数值和取样长度值是两项基本要求，应在图样上注出。若取样长度按标准选取，则可省略标注；对附加参数和其他附加要求可根据需要确定是否标注。

图 4-34 所示为最常见的表面粗糙度标注示例，其含义为：

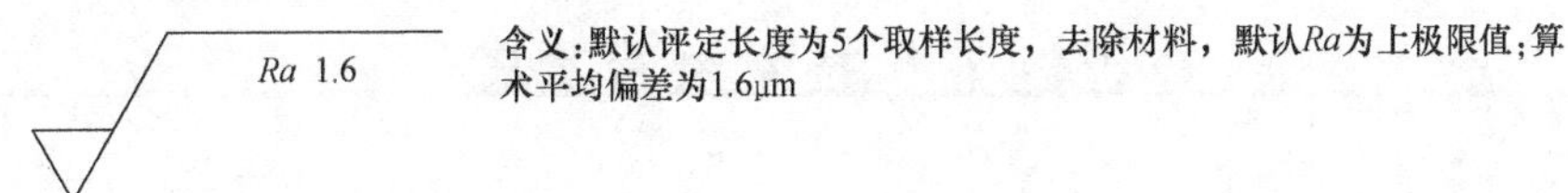

图 4-34　标注示例

3. 表面粗糙度在图样上的标注

表面粗糙度代号一般注在可见轮廓线、尺寸界线或其延长线上，也可以注在引出线上；符号的尖端必须从材料外指向零件表面，代号中数字及符号的注写方向应与尺寸数字方向一致。如图 4-35 所示。

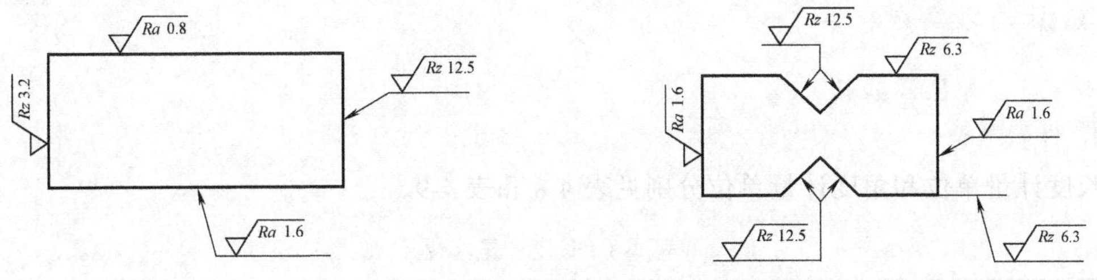

图 4-35　表面粗糙度代号在图样上的标注

如果在工件的多数（包括全部）表面有相同的表面粗糙度要求，则其表面粗糙度要求可统一标注在图样的标题栏附近。此时（除全部表面有相同要求的情况外），表面粗糙度要求的符号后面应有：

——在圆括号内给出无任何其他标注的基本符号（图 4-36a）；

——在圆括号内给出不同的表面要求（图 4-36b）。

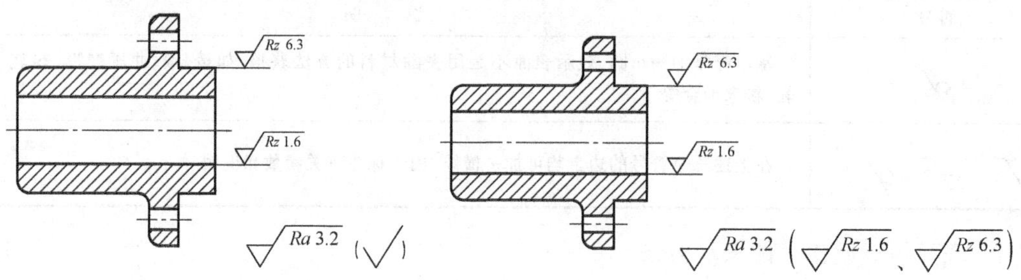

图 4-36　多数表面有相同表面粗糙度要求的简化注法

技能实践

分小组，相互考评对表面粗糙度概念、参数、标注样式及其含义的识记；翻阅零件图样资料，找到表面粗糙度标注符号，说明其具体含义。

课题小结

表面粗糙度是零件表面质量的一个最常见的技术要求，也是决定零件合格与否的重要指标，对零件的使用性能和装配性能都有重要影响。本课题首先对其概念和评定参数做了详尽说明，再对其标注方法，特别是常见的标注进行了讲解。学习时应注意对其概念和具体应用识记，在此基础上，还可以通过看、摸直接感受不同表面粗糙度要求的零件表面特性。

课题五　技术测量基础

课题导入

测量是将被测的几何量与一个作为测量单位的标准量进行比较的实验过程。测量四要素包括测量对象（长度、角度、表面粗糙度等）、计量单位、测量方法（计量器具和测量条件的综合）、测量精度（测量结果与真值的符合程度）。本课题将重点介绍计量器具的分类、结构及选用。

知识学习

一、计量单位及器具

1. 计量单位

长度计量单位和角度计量单位分别见表 4-8 和表 4-9。

表 4-8　长度计量单位

单位名称	符号	与基本单位的关系
米	m	基本单位
毫米	mm	$1mm=10^{-3}m(0.001m)$
微米	μm	$1\mu m=10^{-6}m(0.000001m)$
纳米	nm	$1nm=10^{-9}m(0.000000001m)$

表 4-9　角度计量单位

单位名称	符号	与基本单位的关系
度	°	基本单位 1° = (π/180) rad = 0.0174533rad
分	′	1° = 60′
秒	″	1′ = 60″
弧度	rad	基本单位 1rad = (180/π)° = 57.29577951°

2. 计量器具的分类

计量器具可分为量具、量规、量仪、计量装置四大类。量具和量规一般结构比较简单，主要在车间使用。量仪、计量装置结构复杂、精度比较高，主要在计量室使用。

（1）量具　如图 4-37 所示，量具分为标准量具和通用量具两大类，标准量具是测量中体现标准量的量具，如量块、角度块等；通用量具可测量一定范围内各种尺寸的零件，并得出具体尺寸，如游标卡尺、游标高度卡尺、游标深度卡尺、游标万能角度尺及游标齿厚尺等游标量具，还有外径千分尺、内径千分尺及深度千分尺等测微量具。

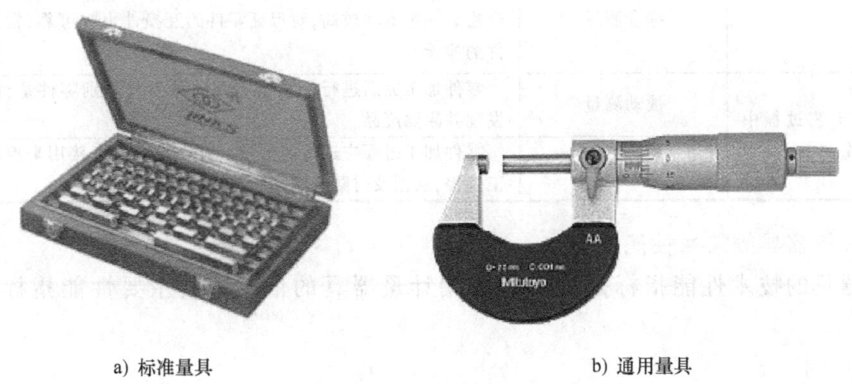

a) 标准量具　　b) 通用量具

图 4-37　量具

（2）量规　它是一种无刻度的专用量具。它只能检验零件是否合格，不能测出零件的具体尺寸，如螺纹量规、圆锥量规、光滑极限量规，如图 4-38 所示。

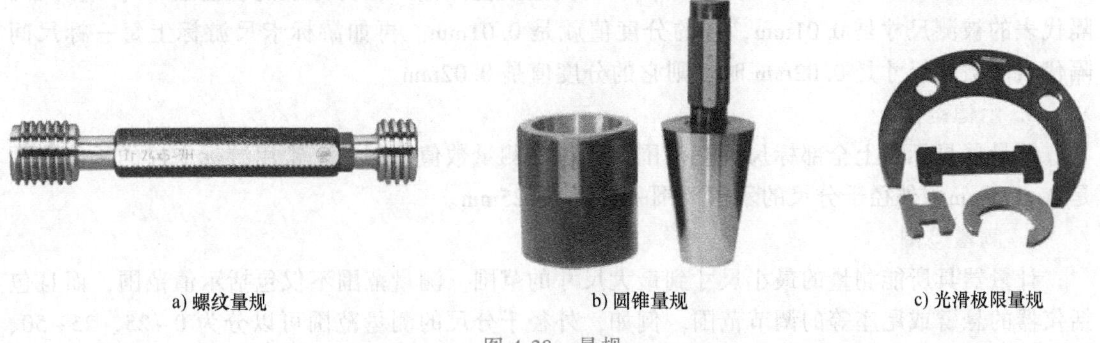

a) 螺纹量规　　b) 圆锥量规　　c) 光滑极限量规

图 4-38　量规

（3）量仪　量仪分为标准量仪和通用量仪两大类，标准量仪有激光比长仪等，通用量仪有机械量仪（百分表、杠杆百分表、内径百分表、机械比较仪）、光学量仪（立式光学仪、卧式测长仪、投影仪、干涉仪、双管显微镜）。

（4）计量装置　一般由计量器具和定位元件等构成的组合量具，是一种专用检测装置。它使检测工作变得迅速、方便、可靠，便于实现测量自动化，在大批量生产中广泛使用。

二、检测方法的分类

检测方法是指获得测量结果的方式，按不同的特征分类见表 4-10。

表 4-10　检测方法的分类

分类特征	类型	说　明
按是否直接测量被测参数分	直接测量	直接用量具或量仪测出被测几何量值的方法
	间接测量	先测出与被测几何量相关的其他几何参数，再通过计算获得被测几何量值的方法
按是否使用偏差计算分	绝对测量	从量具或量仪上直接读出被测几何量值的方法
	相对测量	又称比较测量或微差测量，是通过读取被测几何量与标准量的偏差来确定被测几何量值的方法
按同时测量参数的多少分	单项测量	一次测量中只测量一个几何量的量值。一般用于工艺分析、中间工序检验以及对指定参数的最终测量
	综合测量	一次检测中可得到几个相关几何量的综合结果，以判断工件是否合格。一般效率较高，对保证零件的互换性更为可靠，常用于完工零件的检验
按测量在工艺过程中所起的作用分	被动测量	零件加工完后进行的测量。此测量只能判别零件是否合格，仅限发现并剔除废品
	主动测量	零件加工过程中进行的测量。其测量结果直接用来控制零件的加工过程，从而及时防止废品的产生

三、计量器具的技术性能指标

计量器具的技术性能指标是选择和使用计量器具的依据，其主要性能指标如图 4-39 所示。

1. 标尺间距 c

计量器具标尺上相邻标尺标记之间的距离。例如，游标卡尺在主尺尺身上相邻两条标尺标记之间的距离是 1mm，那么它的标尺间距就是 1mm。

2. 分度值 i（刻度值）

计量器具标尺上每一标尺间隔所代表的测量数值。例如，百分表的表盘上，每一标尺间隔代表的被测尺寸是 0.01mm，它的分度值就是 0.01mm。再如游标卡尺游标上每一标尺间隔代表的被测尺寸是 0.02mm 时，则它的分度值是 0.02mm。

3. 示值范围

计量器具标尺上全部标尺标记范围所代表的测量数值。例如，常用游标卡尺的示值范围是 0~125mm，外径千分尺的示值范围一般是 0~25mm。

4. 测量范围

计量器具所能测量的最小尺寸到最大尺寸的范围。测量范围不仅包括示值范围，而且包括仪器的悬臂或尾座等的调节范围。例如，外径千分尺的测量范围可以分为 0~25、25~50、50~75mm 等几种，但它们的示值范围都是 25mm。

5. 示值误差

计量器具的示值与被测量的真值之差。真值是不能得到的，常用标准量替代。如用尺寸为 21.500mm 的专用量块检定千分尺，若读数为 21.503mm，则该千分尺的示值误差为

(21.503-21.500)mm=+0.003mm。

6. 校正值（修正值）

如果计量器具的示值误差是正值（或负值），那么从测得的读数中减去（或加上）这个相应的数值，就会消除计量器具示值误差的影响，这个数值就是修正值。它与示值误差的大小相等、符号相反，可用来校正计量器具的测量结果。

7. 示值变化（示值稳定性）

在外界条件不变的情况下，用计量器具对同一个尺寸进行重复多次的测量时，计量器具的指示值也会不同，其中必有一个最大值和一个最小值，则最大值与最小值之差即指示值的最大变化范围，称为示值变化。它主要是由于计量器具结构中的间隙、摩擦、变形等原因所引起的。在计量器具的检定规程上，一般要给出示值变化的允许范围。

8. 回程误差

计量器具对同一个尺寸进行正向和反向测量时，由于结构上的原因，计量器具的指示值不可能完全相同，这两个指示值之差即指示值的变化范围，称为回程误差。

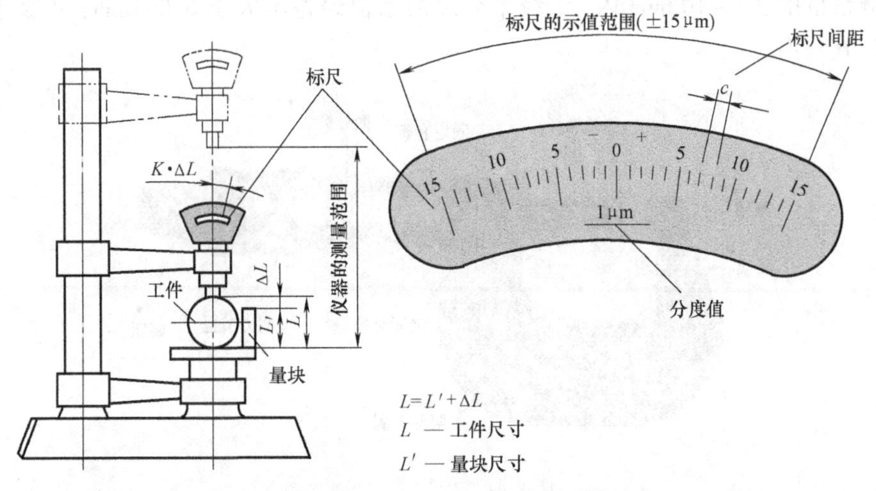

图 4-39　计量器具的主要性能指标

四、常用量具和量仪

1. 游标量具

应用游标计数原理制成的量具称为游标量具。常用游标量具有游标卡尺、游标深度卡尺和游标高度卡尺、游标万能角度尺和齿厚游标卡尺等。如图 4-40 所示，游标卡尺是一种常用的量具，具有结构简单、使用方便、精度中等和测量的尺寸范围大等特点，可以用它来测量零件的外径、内径、长度、宽度、厚度、深度和孔距等，应用范围很广。

2. 测微螺旋量具

测微螺旋量具是指利用螺旋副的运动原理进行测量和读数的一种测微量具。常用的测微螺旋量具有外径千分尺、内径千分尺、深度千分尺、螺纹千分尺、公法线千分尺等。

如图 4-41 所示，外径千分尺的结构由固定的尺架、测砧、测微螺杆、固定套管、微分筒、测力装置、锁紧装置等组成。外径千分尺的示值范围通常为 25mm，为了使千分尺能测量更大范围内的尺寸，把尺架做成各种尺寸，形成了不同测量范围的千分尺，常用的有 0~

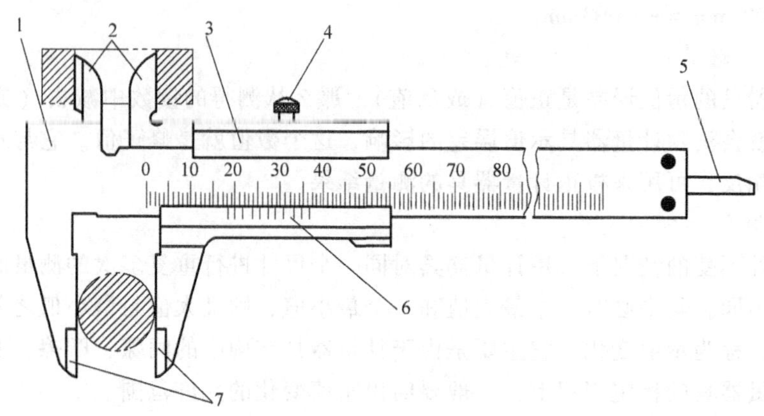

图 4-40 游标卡尺外形结构

1—尺身 2—内测量爪 3—尺框 4—紧固螺钉 5—深度尺 6—游标 7—外测量爪

25、25~50、50~75、75~100、100~125、125~150（mm）。外径千分尺的精度等级为 0、1 级。例如测量范围在 0~100mm 内，1 级千分尺的示值误差不大于 0.004mm，0 级千分尺的示值误差为其一半。

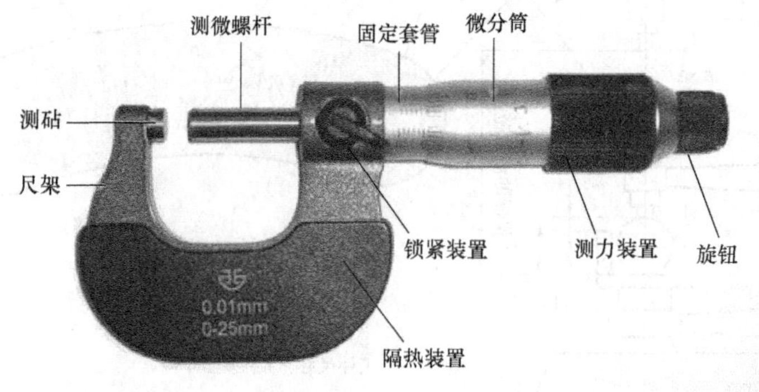

图 4-41 外径千分尺

3. 机械式量仪

机械式量仪（指示式量仪）是借助杠杆、齿轮、齿条或扭簧的传动，将测量杆的微小直线移动经传动和放大机构转变为表盘上指针的角位移，从而指示相应的数值。由于机械式量仪结构简单，使用方便，在计量室及车间中被广泛应用。

（1）百分表和千分表 百分表、千分表用于测量各种零件的线性尺寸、几何形状及位置误差，也可用于找正工件位置，还可与其他仪器配套使用。它具有体积小、重量轻、使用方便等优点。

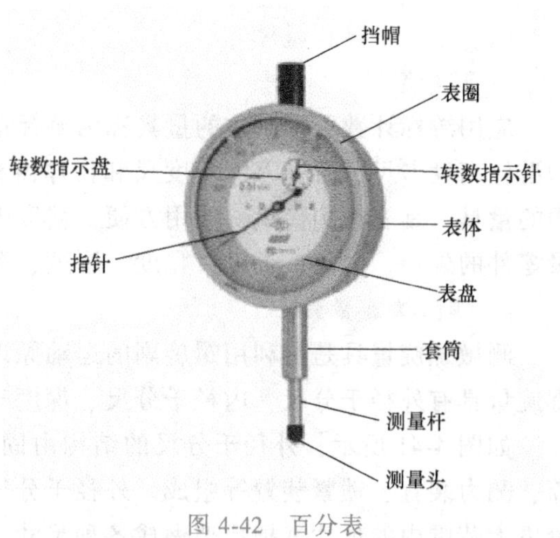

图 4-42 百分表

图 4-42 所示为百分表外形结构图。百分

表的测量范围一般为0~3mm、0~5mm及0~10mm。精度等级为0、1、2级。0级至2级的百分表在整个测量范围的示值误差不大于0.01~0.03mm，任意1mm内的示值误差不大于0.008~0.018mm，示值稳定性不大于0.003mm。

常用千分表的分度值为0.001mm，测量范围为0~1mm。0级千分表在整个测量范围的示值误差不大于0.005mm，它适用于高精度测量。

(2) 内径百分表　内径百分表是用相对测量法测量内孔的一种常用量仪，如图4-43所示。

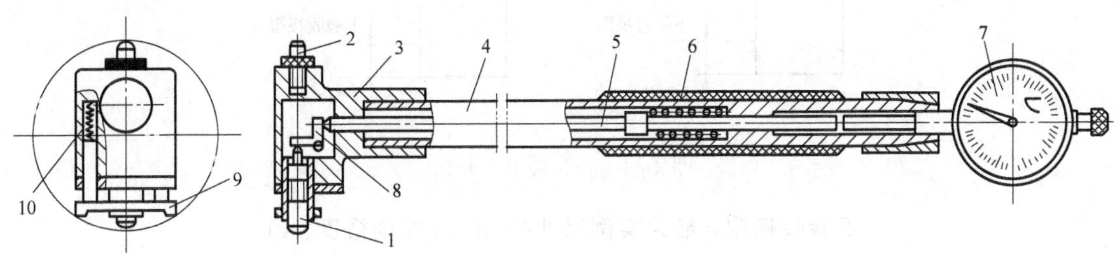

图4-43　内径百分表

1—活动测头　2—可换测头　3—表架头　4—表架套杆　5—传动杆
6—测力弹簧　7—百分表　8—杠杆　9—定位装置　10—定位弹簧

内径百分表的分度值为0.01mm，常用测量范围有6~10mm、10~18mm、18~35mm、35~50mm、50~100mm、100~160mm，当测量范围大于50mm时，示值稳定性不大于0.003mm。内径百分表活动量杆的移动量很小，它的测量范围是靠更换固定量杆来扩大的。

五、计量器具的选用

一般情况下，测量精度主要决定计量器具的精确度。计量器具的选择，即要保证被测零件的质量，也要兼顾检测的经济性，不要盲目地选择高精度的计量器具，一般应根据被测零件的外形、大小及尺寸公差大小来选择计量器具。

普通计量器具广泛用于检验光滑零件尺寸。普通计量器具包括游标卡尺、千分尺以及指示表和分度值不小于0.0005mm、放大倍数不大于2000倍的比较仪等。

《产品几何技术规范（GPS）　光滑工件尺寸的检验》（GB/T 3177—2009）对普通计量器具的选择做了规定，对于没有标准规定的计量器具，其极限测量误差占被测零件公差的1/3~1/10。

1. 测量的不确定度

计量器具本身的误差和其他测量误差的综合作用，将使测量结果分散，其分散的程度称为测量不确定度。

2. 验收极限

验收极限是判断所检验工件尺寸合格与否的尺寸界限。

验收极限可以按照两种方式确定：

(1) 验收极限　是从规定的最大实体尺寸（MMS）和最小实体尺寸（LMS）分别向工件公差带内移动一个安全裕度（A）来确定，如图4-44所示。

孔尺寸的验收极限：

上验收极限=最小实体尺寸(LMS)-安全裕度(A)

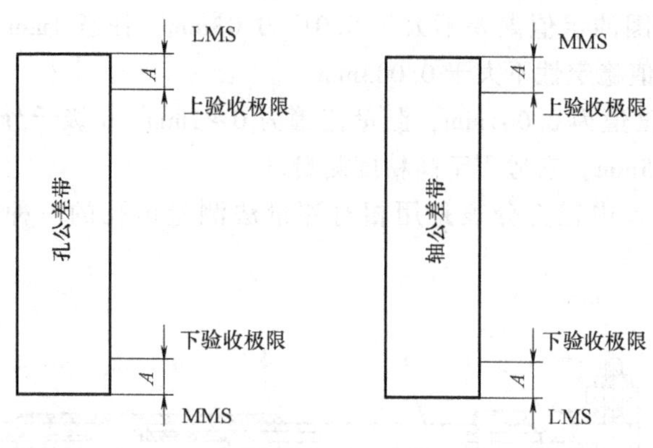

图 4-44　验收极限示意图

下验收极限=最大实例尺寸(MMS)+安全裕度(A)

轴尺寸的验收极限：

上验收极限=最大实体尺寸(MMS)-安全裕度(A)

下验收极限=最小实例尺寸(LMS)+安全裕度(A)

安全裕度（A）相当于测量不确定度的允许值。其值由工件公差确定，GB/T 3177—2009《产品几何技术规范（GPS）光滑工件尺寸的检验》有规定，此外还规定了与工件公差相对应的计量器具的不确定度允许值 μ_1。

（2）验收极限　等于规定的最大实例尺寸（MMS）和最小实体尺寸（LMS），即 A 值等于零。

验收极限方式的选择要结合尺寸功能要求及其重要程度、尺寸公差等级、测量不确定度和过程能力等因素综合考虑。

3. 计量器具的选择

按照计量器具所导致的测量不确定度的允许值（μ_1）选择计量器具。选择时，应使所选用的计量器具的测量不确定度值等于或小于选定的 μ_1 值。

技能实践

了解游标卡尺、测微螺旋量具、百分表和内径百分表等常用量具和量仪的结构，正确掌握它们的使用方法。

课题小结

本课题介绍了计量单位、计量器具和检测方法的分类，分析了计量器具的技术性能指标，重点讲解了游标量具、测微螺旋量具和机械式量仪等常用量具和量仪的结构、特点，最后介绍了计量器具的选用方法。

单元五　销、键及其他连接

内容构架

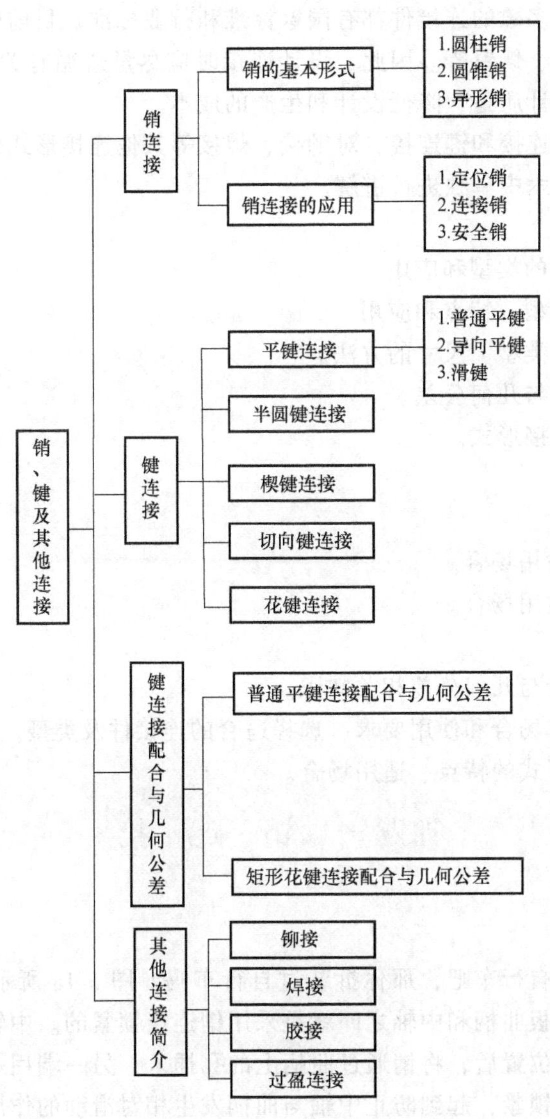

学习引导

在机械产品中，为满足结构、制造、安装、维修和运输等方面的要求，广泛应用着各种各样的连接。连接是将两个或两个以上的零件连成一体的结构。日常生活中使用的家用电器、玩具等很多采用的是螺纹连接；自行车上除了螺纹连接，还存在键连接、销连接；生产中使用的很多设备，特别是非标准件的连接，很多则是利用了焊接、铆接等连接形式。机械的连接在生产、生活中无处不在，随处可见，对常见机械连接的学习和掌握，是分析机械机构、工作原理的重要前提。

连接外在形式多种多样，按连接后是否可以拆分，分为可拆连接和不可拆连接。可拆连接主要有键连接、销连接、螺纹连接和花键连接等形式；不可拆连接则有铆接、焊接、胶接等多种形式。过盈配合连接是利用材料本身的弹性变形，在一定装配过盈量下使被连接件套装起来的连接，它采用不同的装配方式，可得到可拆连接或不可拆连接。

连接应用广泛，大多数的连接件都有国家标准和行业标准。目前已实施的标准连接件有平键、螺栓、螺母、销、铆钉等。因此，设计连接时应尽量遵循有关国家标准和行业规范，以便简化设计，提高设计质量，降低设计和生产的成本。

本单元主要介绍销连接和键连接，对铆接、焊接等其他连接形式做简要介绍。螺纹连接涉及内容较多，在单元六中单独进行讲解。

【目标与要求】

➢ 熟悉销及销连接的类型和应用。

➢ 掌握键连接的类型、特点和应用。

➢ 初步掌握选择键类型、尺寸的方法。

➢ 掌握键连接配合与几何公差。

➢ 了解其他常见连接形式。

【重点与难点】

重点：

- 销连接类型与适用场合。
- 键连接类型与适用场合。

难点：

- 掌握键连接配合与几何公差相关知识。
- 根据连接的工作场合和使用要求，选择适合的连接件及类型。
- 其他常见连接形式的特点、适用场合。

课题一　销　连　接

课题导入

同学们一定都骑过自行车吧，那你拆装过自行车吗？图 5-1a 所示为自行车的中轴与踏板曲柄连接示意图，踏板曲柄和中轴之间就是采用销连接锁紧的。中轴的两端为扁平面，在中轴套入曲柄放入适当位置后，将销通过曲柄上的孔插入，另一端用螺母旋紧。销上的楔面与中轴端部的平面相互锁紧，起到防止中轴与曲柄发生相对滑动的作用。

图 5-1b 所示为小型灭火器。压把转轴上穿过一支插销，以卡住压把。在使用时，只有先拔掉压把上的保险销，才能按下压把灭火。

上述实例都是销连接的一些具体应用。本课题将系统讲解销连接形式、特点和应用场合等相关知识。上述实例中的销属于什么类型，其作用又是什么？让我们带着这些问题，在学习中寻找答案吧！

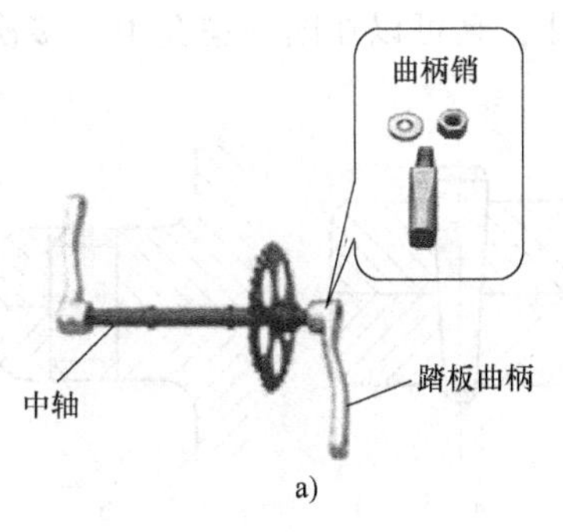

a)

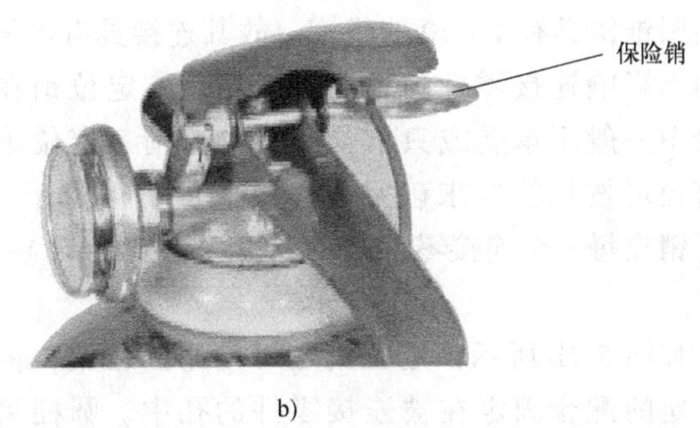

b)

图 5-1 销连接应用实例

知识学习

一、销的基本形式

销用来连接和固定零件件或在装配时做定位用。按照形状的不同，销一般可分为圆柱销、圆锥销和异形销三类。常用销的类型和特点见表 5-1。

表 5-1 常用销的类型和特点

类型名称	图　例	特点和应用
圆柱销		又称直销，它为一圆柱体，两端倒成圆角，主要由淬火钢经研磨而成。根据端部是否设置螺纹孔，可分为普通圆柱销和内螺纹圆柱销。圆柱销利用微小过盈固定在铰制孔中，可以承受不大的载荷。为保证定位精度和连接的紧固性，不宜经常装拆，主要用于定位，也可作为连接销和安全销
圆锥销		它为一圆锥体，两端倒成圆角，也分为普通圆锥销和内螺纹圆锥销两类。圆锥销的标准锥度为 1∶50，小端直径为标准值，自锁性能好，定位精度高，安装方便，多次装拆对定位精度的影响较小，主要用于定位，也可作为连接销
异形销（以开口销为例）		也称弹簧销，其剖面为半圆形，由退火钢或黄铜制成。开口销结构简单、工作可靠、装拆方便，主要用于防松，不能用于定位，常与槽形螺母合用，锁定螺纹连接件

在销的各种形式中，圆柱销、圆锥销是两种基本类型，它们均分为带螺纹和不带螺纹两种。其他形式的异形销，都是由它们演化而来的。除了开口销，异形销还有多种不同结构形式。销是标准件，使用时根据工作情况和结构要求，按标准选择其形式和规格尺寸即可。

销的材料一般采用 Q235、35 钢和 45 钢。

二、销连接的应用

销连接通常用于定位，即固定零件之间的相对位置（定位销）；也用于轴与轮毂间或其他零件间的连接（连接销）；还可以作为安全装置中的过载剪断零件（安全销）。

1. 定位销

用作确定零件之间的相互位置的销称为定位销。定位销常采用圆锥销，如图 5-2a 所示。

因为圆锥销具有 1∶50 的锥度，故其连接具有可靠的自锁性，且可以在同一销孔中，多次装拆而不影响连接零件的相互位置精度。定位销在连接中一般不承受或只承受很小的载荷。定位销的直径可按机构要求确定，使用数量不得少于 2 个。销在每一个连接零件内的长度为销直径的 1～2 倍。

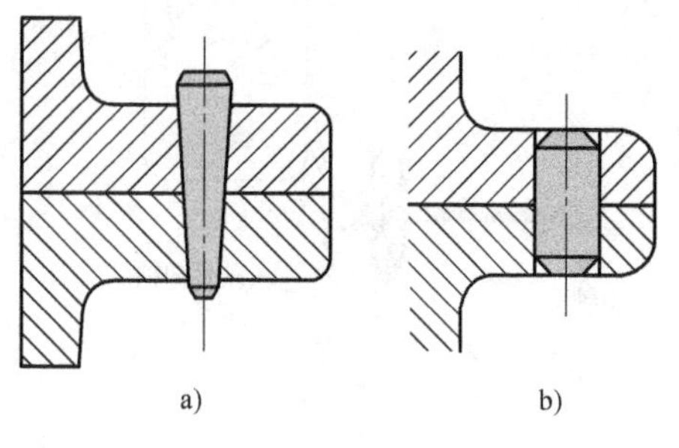

图 5-2　定位销

如图 5-2b 所示，定位销也可采用圆柱销，依靠一定的配合固定在被连接零件的孔中。圆柱销如多次装拆，会降低连接的可靠性和影响定位的精度，因此，只适用于不经常装拆的定位连接中。

2. 连接销

用来传递动力或转矩的销称为连接销，如图 5-3 所示。连接销可采用圆柱销或圆锥销，销孔须经铰制。连接销工作时受剪切和挤压作用，其尺寸应根据结构特点和工作情况，按经验和标准选取，必要时应做强度校核。

3. 安全销

当传递的动力或转矩过载时，用于连接的销首先被切断，从而保护被连接零件免受损坏，这种销称为安全销，如图 5-4 所示。销的尺寸通常以过载 20%～30%时发生折断为依据确定。使用时，应考虑销切断后不易飞出和易于更换的特性，必要时可在销上切出槽口。

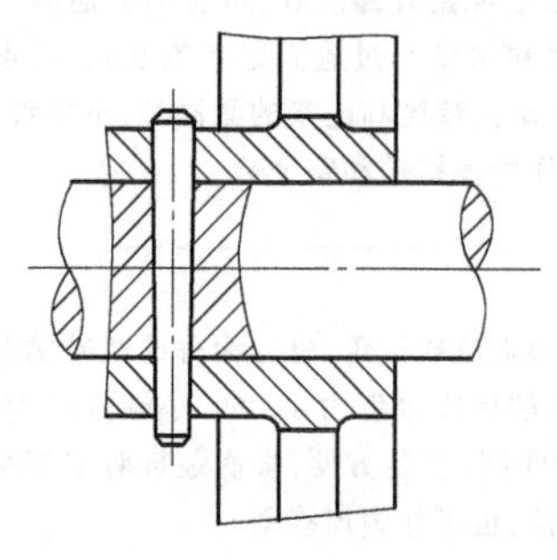
图 5-3　连接销

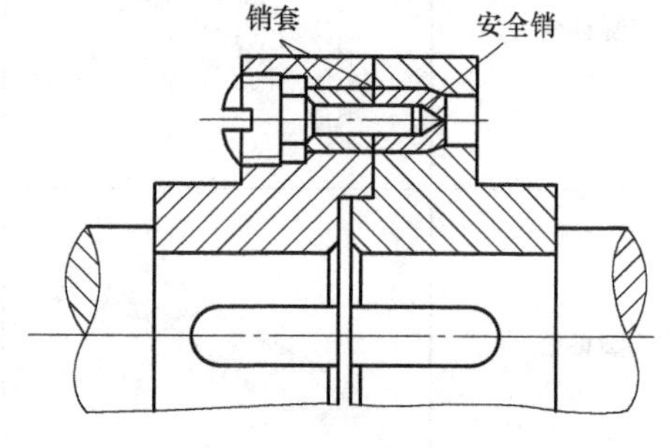

图 5-4　安全销

此外，为了方便装拆销连接，或对盲孔销连接，可对销的结构加以改进。如图 5-5 所示，分别为内螺纹圆锥销、带螺尾锥销或内螺纹圆柱销。

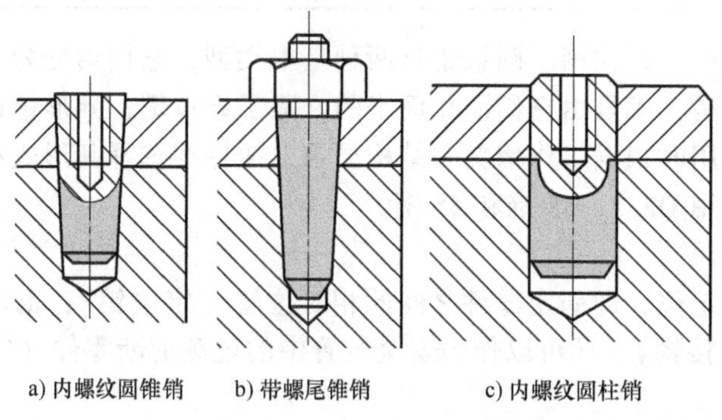
a) 内螺纹圆锥销　　b) 带螺尾锥销　　c) 内螺纹圆柱销

图 5-5　销的改进形式

【观察与思考】

想一想，自行车曲柄连接、灭火器保险销分别属于哪种形式的销连接？生活中你还见过哪些形式的销连接？

技能实践

拆卸自行车中轴与踏板曲柄连接，观察其销连接形式；绘制销的外形简图，分析其工作原理；再对拆卸零部件重新装配，注意保证装配的紧密性。

课题小结

本课题对销及销连接的结构、分类及应用场合等进行了系统全面的介绍。学习的时候，应注意理论和实践相结合，即联系生活生产中的销连接来学习理解销连接的特点与应用。

课题二　键　连　接

课题导入

键连接是机械零件中常见的一种连接形式，特别是在轴与齿轮、轴与带轮的零件中，键连接应用十分普遍。图 5-6 所示即为轴、键与带轮的键连接示意图，在轴和带轮的轮毂上分别加工出键槽。使用时将键放入轴上的键槽中，再将带轮轮毂键槽与键对正，套入轴即完成轴和带轮之间的键连接。轴可在电动机驱动下旋转，通过键连接将转矩传递给带轮，实现带轮同步旋转。

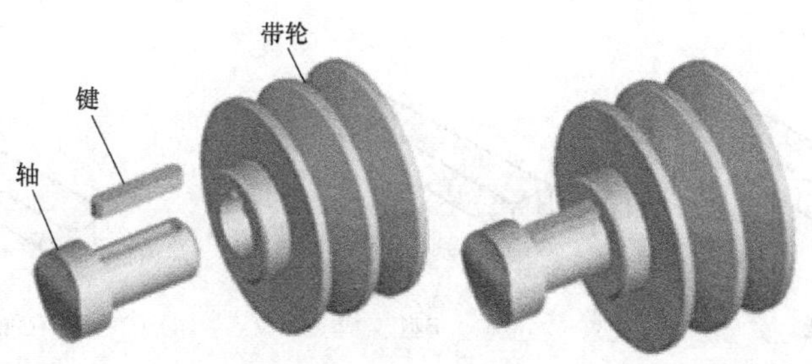

图 5-6　键连接示意图

键连接属于可拆连接，具有结构简单、装拆方便、固定可靠的特点。同时，键是标准零件，不需另行设计，更换方便，因此在机械中应用非常广泛。

知识学习

键连接主要用于轴与轴上零件的周向固定，以传递动力和转矩。使用时，键的一部分嵌入轴内，另一部分则嵌入轮毂的凹槽中。轮毂上的槽称为轮毂槽，轴上的槽称为轴槽，轮毂槽和轴槽统称为键槽。此外，一些键连接还作为轴上零件的轴向固定，有的在轴上零件沿轴向移动时起导向作用。

键连接根据松紧程度的不同可分为松键连接和紧键连接两大类。松键连接包括平键连接、半圆键连接等类型；紧键连接包括楔键连接、切向键连接。

一、平键连接

按用途的不同，平键分为普通平键、导向平键和滑键三种。普通平键连接用于静连接，导向平键和滑键连接用于动连接。

1. 普通平键

图 5-7 所示为普通平键连接示意图，平键的上下两面和两个侧面都互相平行。普通平键连接用于静连接。

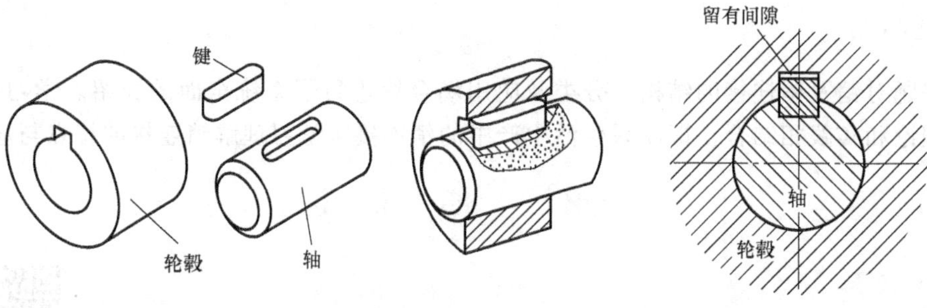

图 5-7　普通平键连接

普通平键按键的端部形状不同可分为圆头（A 型）、方头（B 型）和单圆头（C 型）三种，如图 5-8 所示。圆头（A 型）普通平键定位好，在键槽中不会发生轴向移动，因而应用最广。单圆头（C 型）普通平键多用于轴的端部。A、C 型键的轴槽用立铣刀铣出，端部应力集中较大。B 型键的轴槽用盘铣刀铣出，轴上应力集中较小，但对尺寸较大的键要用紧定螺钉压紧，以防松动。

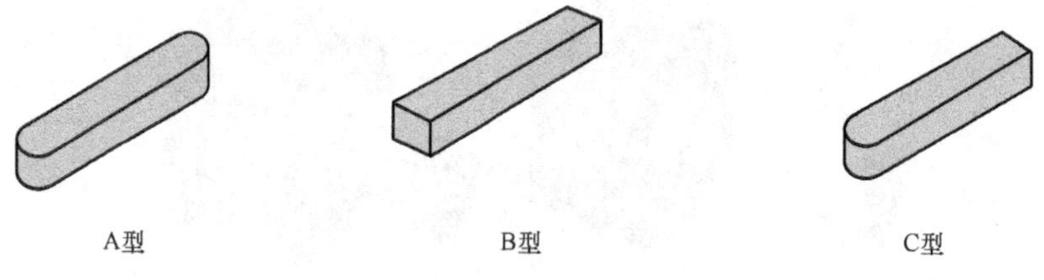

图 5-8　普通平键类型

装配时，一般先将键放入轴槽内，然后推上轮毂，构成平键连接。为了便于装拆，轴槽一般制成与键的形状一样，而轮毂槽开通。这种连接中键的上面与轮毂键槽顶面留有间隙，而键的两侧面与轴槽、键槽侧面的配合紧密。工作时依靠键与键槽侧面的挤压来传递运动和转矩，因此平键的两个侧面是工作面。

2. 导向平键

当轴上安装的零件需要沿轴向移动时，可采用导向平键（GB/T 1097—2003）或滑键组成的动连接。如图 5-9 所示，导向平键较普通平键长，为防止松动，通常应用螺钉固定在轴上的键槽中。为方便拆卸，键上设有起键螺孔，以便拧入螺钉使键退出键槽。采用导向平键时移动零件的轮毂可使槽轮在轴上轴向滑动，适用于轴上零件沿轴向移动量不大的场合，如变速箱中的滑移齿轮。

3. 滑键

图 5-10 所示为滑键连接示意图。键固定在轮毂上并随轮毂一同沿着轴上键槽做轴向滑移，与其相对滑动的键槽之间的配合为间隙配合。为了使键连接拆卸方便，在键的中部也制有起键螺孔。当轴向移动距离较大时，宜采用滑键，因为如用导向平键，键很长会增加制造难度。

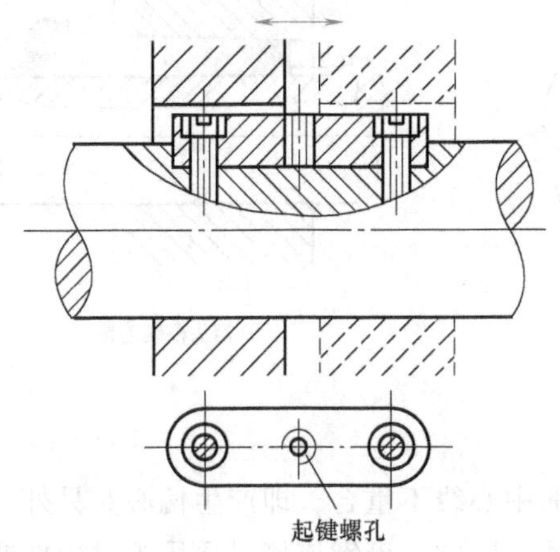

图 5-9 导向平键连接

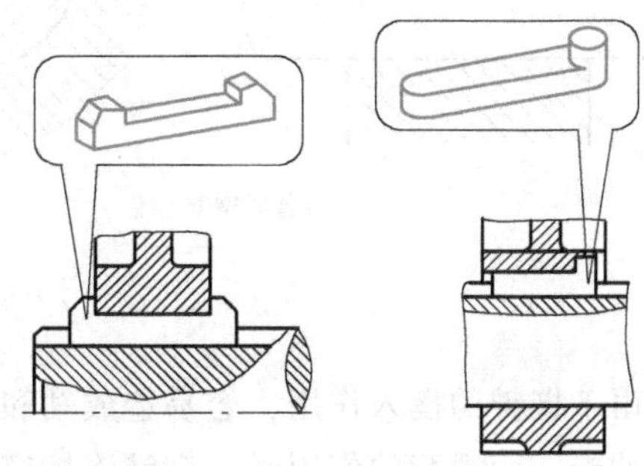

图 5-10 滑键连接

平键连接结构简单、加工容易、装拆方便、对中性好，用于传动精度要求较高的场合。但它不能承受轴向力，对轴上零件不能起到轴向固定的作用。

二、半圆键连接

半圆键（GB/T 1099. 1—2003）又称半月键，外形呈半圆形，如图 5-11 所示。轴上的轴槽为半圆形，而轮毂槽开通，它的工作面是键的两侧面，有较好的对中性。半圆键可在轴槽中绕槽底圆弧摆动，适用于锥形轴与轮毂的连接。半圆键连接时，必须铣切较深的轴槽，会影响轴的强度与刚度，因此适用于传递转矩较小的轻载连接，如汽车带轮与轴间所用的键即为半圆键。当需装两个半圆键时，两键槽应布置在轴的同一母线上。

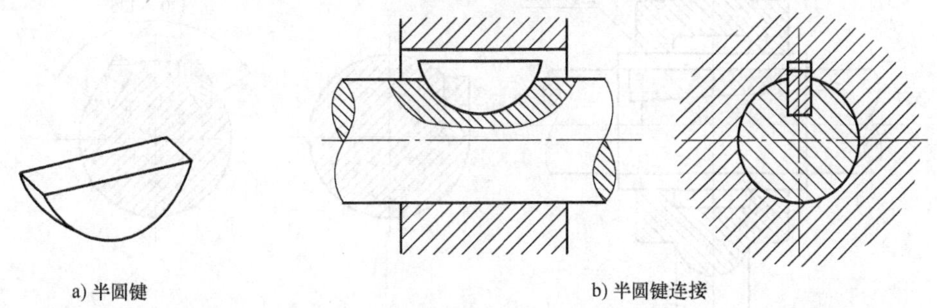

a) 半圆键　b) 半圆键连接

图 5-11 半圆键及其连接

三、楔键连接

楔键又称推拔键，分为普通楔键（GB/T 1564—2003）和钩头楔键（GB/T 1565—

2003）。图 5-12a 所示为普通楔键连接，楔键因有楔的作用，若装置过紧，则不易拆卸。因此，为便于拆卸楔键，可将键较厚的一端制成钩头的形状，这种钩头的楔键称为钩头楔键，如图 5-12b 所示。楔键的上、下面是工作面，键的上表面和轮毂键槽的底面均有 1∶100 的斜度，两侧面互相平行。装配时需将键打入轴和轮毂的键槽内，工作时依靠键与轴及键与轮毂孔之间的摩擦力传递转矩，并能轴向固定零件和传递单向轴向力。

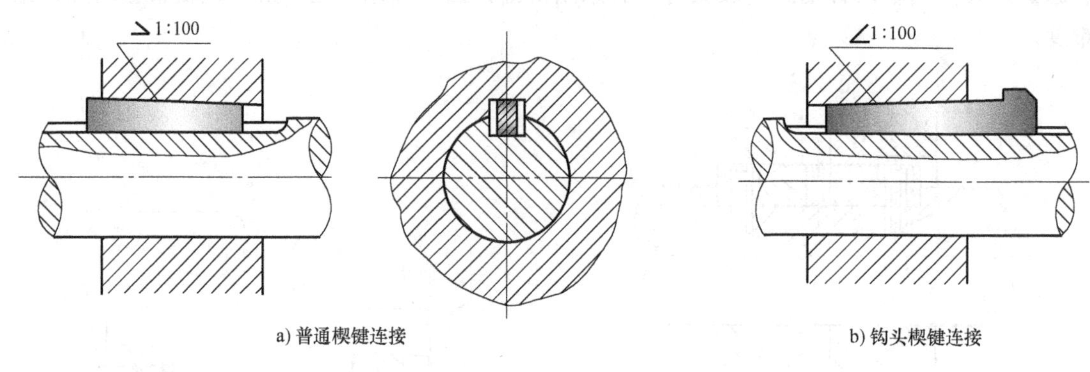

a) 普通楔键连接　　b) 钩头楔键连接

图 5-12　楔键连接

由于楔键的楔入作用，容易造成轴和轴上零件的中心线不重合，即产生偏心。另外，当受到冲击、变载荷的作用时，楔键连接容易发生松动。因此，楔键连接只适用于对中性要求不高、转速较低的场合，如农业机械、建筑机械中的带传动等。

为了便于拆卸，楔键最好用于轴端；如用于轴的中部时，轴上键槽的长度应为键长的两倍以上。使用钩头楔键时，拆卸比较方便，但若安装在轴端，应注意加装防护罩。

四、切向键连接

切向键（GB/T 1974—2003）是由两个形状相同的楔键相对组合而成，其斜度为 1∶100，如图 5-13a 所示。切向键上下两个工作面相互平行，其中一个工作面在通过轴心线的平面内，如图 5-13b 所示。键的对角线必须在轴截面圆的切线方向上，以承受剪切力。若要

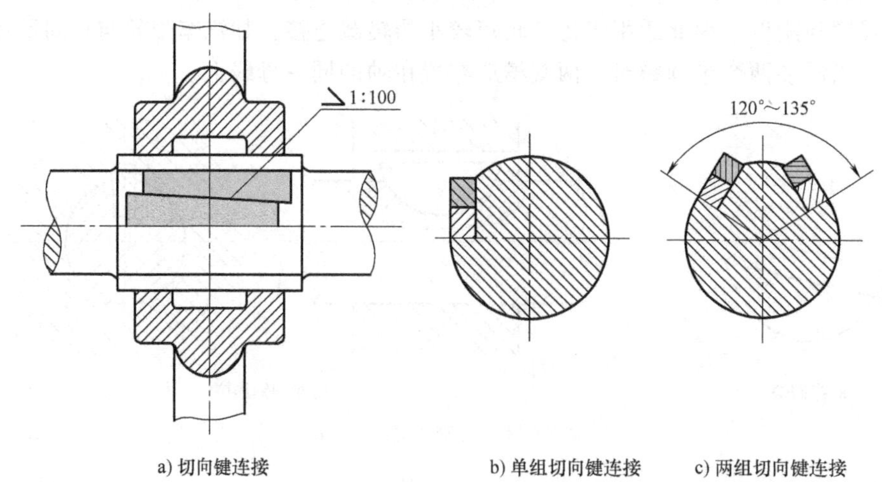

a) 切向键连接　　b) 单组切向键连接　　c) 两组切向键连接

图 5-13　切向键连接

传递双向动力，则需同时安装两组互成 120°～135°的切向键，如图 5-13c 所示。

切向键的优点是承载能力大；缺点是装配后轴与轮毂的对中性差，键槽对轴的强度削弱较大。切向键主要用于轴径大于 100mm、对中性要求不高而载荷很大的重型机械中，如大型带轮、大型飞轮、大型绞车轮等。

五、花键连接

由沿轴和轮毂孔周向均布的多个键齿相互啮合而成的连接称为花键连接。花键连接由轴上的外花键和轮毂孔的内花键组成，工作时靠键的侧面互相挤压传递转矩。将轴制成等周节固定的键称为外花键；轮毂则用拉床制成与键配合的槽，称为内花键。图 5-14a 所示为花键示意图，图 5-14b 所示为花键装配零件图。

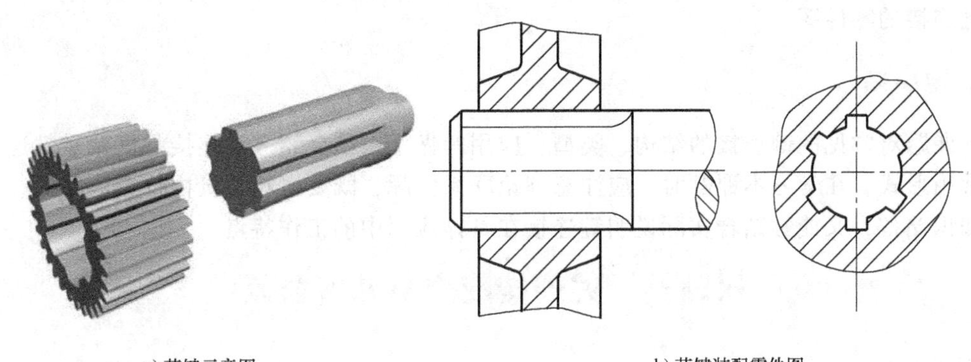

a) 花键示意图　　b) 花键装配零件图

图 5-14　花键连接

1. 花键连接的特点

1）由于多个键齿同时参加工作，受挤压的面积大，所以承载能力高。

2）轴上零件与轴的对中性好，沿轴向移动时导向性好。

3）键槽浅，对轴的强度削弱较小。

4）花键加工复杂，需要专用设备，成本较高。

花键连接传动时可使转轴与轮毂做旋转运动，由于花键连接可认为是多个普通键连接组成的，故其结构强度大，可传递很大的转矩，广泛用于载荷较大、定心精度较高的各种机械设备中，如汽车、飞机、拖拉机、机床等。

2. 花键连接的类型

花键已标准化，按齿形的不同花键可分为矩形花键（GB/T 1144—2001）和渐开线花键（GB/T 3478. 1—2008）。

矩形花键齿形简单，易于制造，定心精度高，定心稳定性好，应用广泛，如图 5-15a 所示。渐开线花键齿根厚，强度大，加工工艺性好，适用于载荷较大及定心精度要求较高、尺寸较大的连接机构，如图 5-15b 所示。

技能实践

在老师带领下到实习车间参观，观察哪些机械零件上有键连接，它属于什么形式的键连接。在老师的指导下，对部分可拆卸的键连接进行拆装，观察其机构，分析其功能，并绘制

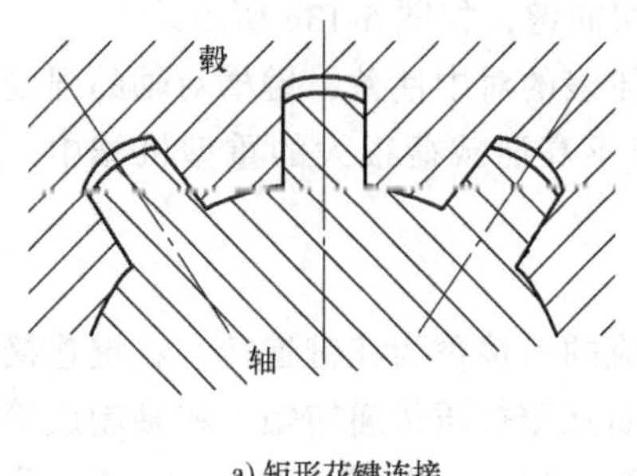

a) 矩形花键连接

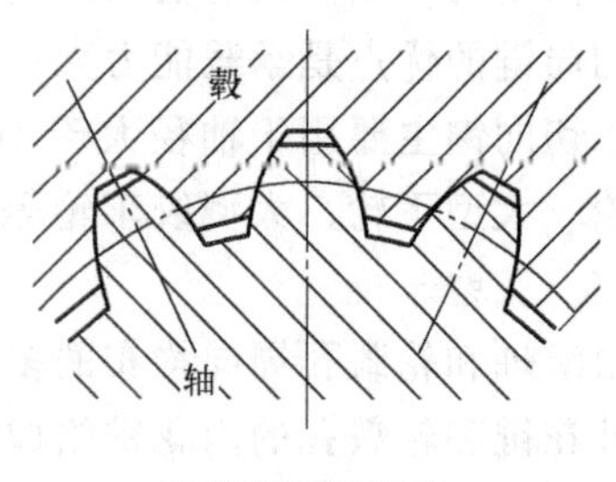

b) 渐开线花键连接

图 5-15 花键类型

相关键连接的零件图。

课题小结

本课题对常见的键连接的结构、类型、应用等做了系统介绍。键连接是机械零件连接的一种常用形式，在学习本课题时，应注意理论联系实际，既要对相关机构特点、原理、应用等有知识储备，又能够结合实际说明键连接在具体应用中的工作特点。

课题三 键连接配合与几何公差

课题导入

键作为连接主动轴和从动旋转件之间的连接装置，传递力和转矩，要使轴、键和从动旋转件三者良好装配，并平稳运行，键连接必需具备一定的配合与几何公差要求。并且一旦配合与几何公差超差，就可能出现装配后冲击噪声大、易磨损、寿命短等问题，甚至还可能导致无法装配、不能运行的后果。

键作为标准键，相关国家标准已对其几何尺寸和公差做了明确规定。本课题通过对常用键的尺寸规格和键连接的配合与几何公差的系统讲解，说明在实际生产中是如何选择键和键连接形式的。

知识学习

一、普通平键连接配合与几何公差

普通平键的材料通常采用 45 钢，当轮毂是非铁金属或非金属材料时，键可用 20 钢或 Q235 钢制造。

1. 平键联接的标准

平键是标准件，其选用依据须参照国家标准。普通平键的尺寸与公差见表 5-2。

键的标记方法：GB/T 1096 键 B $b\times h\times L$

其中，b 为键宽；h 为键的高度；L 为键的总长度；GB/T 1096 为国家标准代号；B 为 B 型键。

普通平键的标记示例如下：

GB/T 1096 键 16×10×100

表示键宽为 16mm、宽度为 10mm、长度为 100mm 的普通 A 型平键。

表 5-2　普通平键的尺寸与公差（摘自 GB/T 1096—2003）　　　（单位：mm）

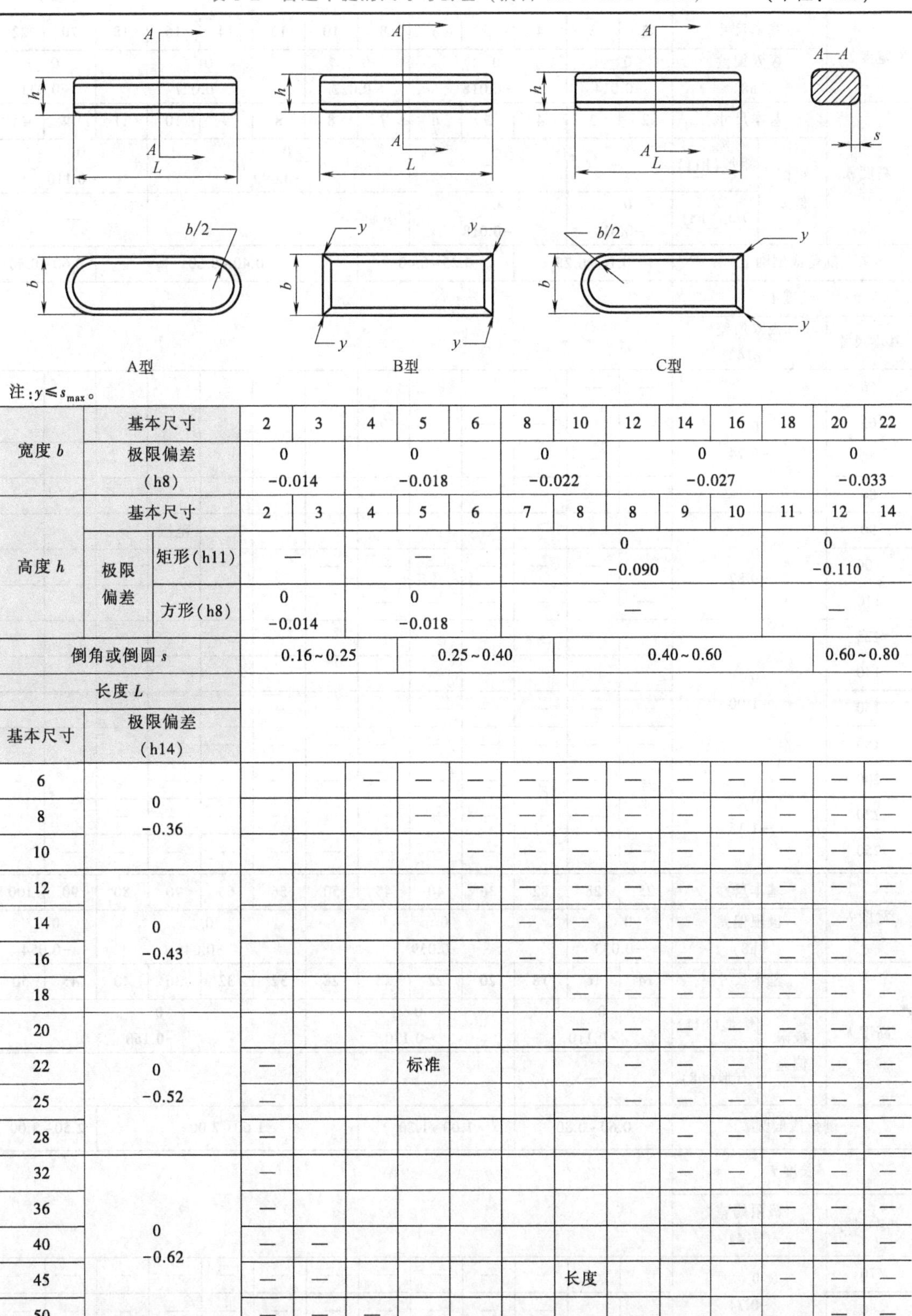

注：$y \leqslant s_{max}$。

			2	3	4	5	6	8	10	12	14	16	18	20	22
宽度 b	基本尺寸		2	3	4	5	6	8	10	12	14	16	18	20	22
	极限偏差 (h8)		0 -0.014		0 -0.018			0 -0.022		0 -0.027				0 -0.033	
高度 h	基本尺寸		2	3	4	5	6	7	8	8	9	10	11	12	14
	极限偏差	矩形(h11)	—		—			0 -0.090						0 -0.110	
		方形(h8)	0 -0.014		0 -0.018			—						—	
倒角或倒圆 s			0.16~0.25			0.25~0.40			0.40~0.60					0.60~0.80	
长度 L															
基本尺寸	极限偏差 (h14)														
6	0 -0.36				—	—	—	—	—	—	—	—	—	—	—
8						—	—	—	—	—	—	—	—	—	—
10							—	—	—	—	—	—	—	—	—
12	0 -0.43						—	—	—	—	—	—	—	—	—
14								—	—	—	—	—	—	—	—
16								—	—	—	—	—	—	—	—
18									—	—	—	—	—	—	—
20	0 -0.52								—	—	—	—	—	—	—
22			—			标准				—	—	—	—	—	—
25			—							—	—	—	—	—	—
28			—								—	—	—	—	—
32	0 -0.62		—								—	—	—	—	—
36			—									—	—	—	—
40			—	—								—	—	—	—
45			—	—					长度				—	—	—
50			—	—	—									—	—

（续）

宽度 *b*	基本尺寸	2	3	4	5	6	8	10	12	14	16	18	20	22
	极限偏差（h8）	0 −0.014		0 −0.018			0 −0.022		0 −0.027				0 −0.033	
高度 *h*	基本尺寸	2	3	4	5	6	7	8	8	9	10	11	12	14
	极限偏差 矩形（h11）	—		—			0 −0.090					0 −0.110		
	极限偏差 方形（h8）	0 −0.014		0 −0.018			—					—		
倒角或倒圆 *s*		0.16～0.25			0.25～0.40			0.40～0.60					0.60～0.80	
长度 *L*														
基本尺寸	极限偏差（h14）													
56	0 −0.74	—	—	—										—
63		—	—	—	—									
70		—	—	—	—									
80		—	—	—	—	—								
90	0 −0.87	—	—	—	—	—					范围			
100		—	—	—	—	—	—	—						
110		—	—	—	—	—	—	—						
125	0 −1.00	—	—	—	—	—	—	—						
140		—	—	—	—	—	—	—						
160		—	—	—	—	—	—	—	—					
180		—	—	—	—	—	—	—	—	—				
200	0 −1.15	—	—	—	—	—	—	—	—	—	—			
220		—	—	—	—	—	—	—	—	—	—	—		
250		—	—	—	—	—	—	—	—	—	—	—	—	

宽度 *b*	基本尺寸	25	28	32	36	40	45	50	56	63	70	80	90	100
	极限偏差（h8）	0 −0.033		0 −0.039					0 −0.046				0 −0.054	
高度 *h*	基本尺寸	14	16	18	20	22	25	28	32	32	36	40	45	50
	极限偏差 矩形（h11）	0 −0.110			0 −0.130				0 −0.160					
	极限偏差 方形（h8）	—			—				—					
倒角或倒圆 *s*		0.60～0.80			1.00～1.20			1.60～2.00					2.50～3.00	
长度 *L*														
基本尺寸	极限偏差（h14）													
70	0 −0.74		—	—	—	—	—	—	—	—	—	—	—	—
80				—	—	—	—	—	—	—	—	—	—	—

（续）

宽度 b	基本尺寸	25	28	32	36	40	45	50	56	63	70	80	90	100
	极限偏差（h8）	0 −0.033		0 −0.039					0 −0.046				0 −0.054	
高度 h	基本尺寸	14	16	18	20	22	25	28	32	32	36	40	45	50
	极限偏差 矩形（h11）	0 −0.110		0 −0.130					0 −0.160					
	极限偏差 方形（h8）	—		—					—					
倒角或倒圆 s		0.60~0.80			1.00~1.20			1.60~2.00					2.50~3.00	
长度 L														
基本尺寸	极限偏差（h14）													
90	0 −0.87				—	—	—	—	—	—	—	—	—	—
100							—	—	—	—	—	—	—	—
110								—	—	—	—	—	—	—
125	0 −1.00								—	—	—	—	—	—
140										—	—	—	—	—
160					标准						—	—	—	—
180												—	—	—
200	0 −1.15												—	—
220														—
250								长度						
280	0 −1.30													
320	0 −1.40	—												
360		—	—								范围			
400		—	—	—										
450	0 −1.55	—	—	—	—	—								
500		—	—	—	—	—	—							

GB/T 1096　键 B 16×10×100

表示键宽为 16mm、宽度为 10mm、长度为 100mm 的普通 B 型平键。

GB/T 1096　键 C 16×10×100

注意：A 型键不用标出 A，而 B 型键或 C 型键则应标明。

平键的选用先根据工作要求和联接的结构特点选择键的类型，再根据轴的直径 d 由标准中选定键的截面尺寸 $b×h$（表 5-2）。键的长度一般可按轮毂的长度而定，即键长要略短于（或等于）轮毂的长度，轮毂的长度一般可取（1.5~2）d，d 为轴的直径。注意所选定的键长要符合标准 L 系列。

2. 普通平键连接的尺寸公差

普通平键的尺寸与公差可查阅 GB/T 1096—2003《普通型　平键》，普通平键键槽的剖面尺寸与公差可查阅 GB/T 1095—2003《平键　键槽的剖面尺寸》。

国家标准规定，平键和半圆键连接采用基轴制配合。键宽和键槽宽是决定键连接配合性质的主要参数。

3. 普通平键连接的几何公差

键与键槽配合的松紧程度不仅取决于它们配合尺寸的公差带，而且还与它们配合表面的几何误差有关。因此，为保证键与键槽之间有足够的接触面积，避免装配困难，应分别规定轴槽和轮毂槽的对称度公差，即两侧面相对于各自的中心平面对称度。对称度公差按 GB/T 1184-1996 取 7~8 级。

当平键的键长 L 与键宽 b 之比大于或等于 8 时，应规定键宽 b 的两工作侧面在长度上的平行度要求。当 $b\leqslant 6$mm 时，公差等级取 7 级；当 $b\geqslant 8\sim 36$mm 时，公差等级取 6 级；当 $b\geqslant 40$mm 时，公差等级取 5 级。

4. 普通平键连接的表面粗糙度

轴槽和轮毂槽的键槽宽度 b 两侧面的表面粗糙度 Ra 值推荐为 1.6~3.2μm，轴槽底面和轮毂槽底面的表面粗糙度 Ra 值为 6.3μm。

二、矩形花键连接配合与几何公差

除了平键连接，花键连接也对配合和几何公差有较高要求。以外形尺寸相对简单在矩形花键为例进行说明。

1. 矩形花键几何尺寸

矩形花键的主要参数为大径 D、小径 d、键宽和键槽宽 B，如图 5-16 所示。

矩形花键尺寸规定了轻、中两个系列，键数 N 有 6 键、8 键和 10 键三种。键数随小径增大而增多，轻、中系列合计 35 种规格，见表 5-3。

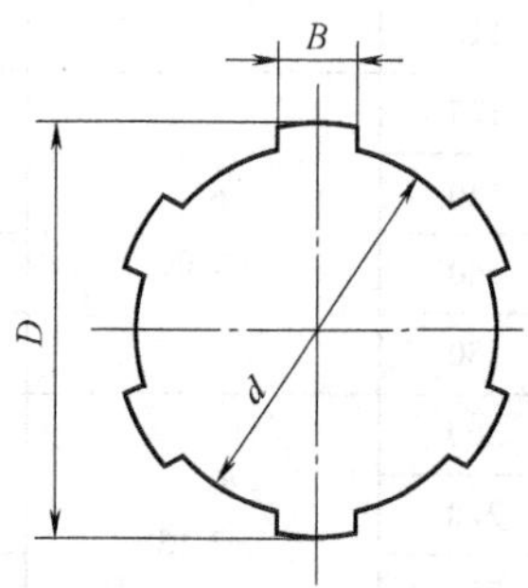

图 5-16　矩形花键尺寸参数

表 5-3　矩形花键基本尺寸系列　（单位：mm）

小径 d	轻系列				中系列			
	规格 $N\times d\times D\times B$	键数 N	大径 D	键宽 B	规格 $N\times d\times D\times B$	键数 N	大径 D	键宽 B
11					6×11×14×3	6	14	3
13					6×13×16×3.5	6	16	3.5
16					6×16×20×4	6	20	4
18					6×18×22×5	6	22	5
21					6×21×25×5	6	25	5
23	6×23×26×6	6	26	6	6×23×28×6	6	28	6
26	6×26×30×6	6	30	6	6×26×32×6	6	32	6
28	6×28×32×7	6	32	7	6×28×34×7	6	34	7
32	8×32×36×6	8	36	6	8×32×38×6	8	38	6
36	8×36×40×7	8	40	7	8×36×42×7	8	42	7
42	8×42×46×8	8	46	8	8×42×48×8	8	48	8
46	8×46×50×9	8	50	9	8×46×54×9	8	54	9
52	8×52×58×10	8	58	10	8×52×60×10	8	60	10
56	8×56×62×10	8	62	10	8×56×65×10	8	65	10
62	8×62×68×12	8	68	12	8×62×72×12	8	72	12
72	10×72×78×12	10	78	12	10×72×82×12	10	82	12
82	10×82×88×12	10	88	12	10×82×92×12	10	92	12
92	10×92×98×14	10	98	14	10×92×102×14	10	102	14
102	10×102×108×16	10	108	16	10×102×112×16	10	112	16
112	10×112×120×18	10	120	18	10×112×125×18	10	125	18

2. 矩形花键的定心方式

矩形花键连接的接合面有三个，即大径接合面、小径接合面和键侧接合面。要同时保证三个接合面达到高精度的配合是很困难的，实际上也并无必要。实际装配中，为了保证使用性质和改善加工工艺，只要选择其中一个接合面作为主要配合面，对其尺寸规定较高的精度，以确定内、外花键的配合性质，并起定心作用。这个选定的主要配合面称为定心表面。因此，矩形花键的定心方式有三种：按大径 *D* 定心、按小径 *d* 定心和按键宽 *B* 定心，如图 5-17 所示。对于起定心作用的尺寸应要求较高的配合精度，非定心尺寸精度要求可低一些，但对键宽这一配合尺寸，无论是否起定心作用，都应要求较高的配合精度，因为转矩是通过键和键槽的侧面传递的。

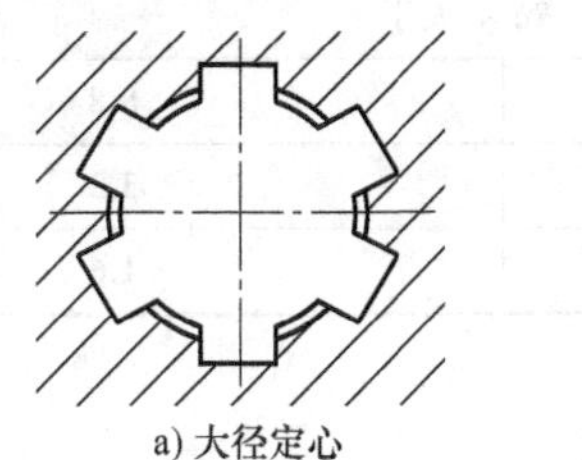
a) 大径定心

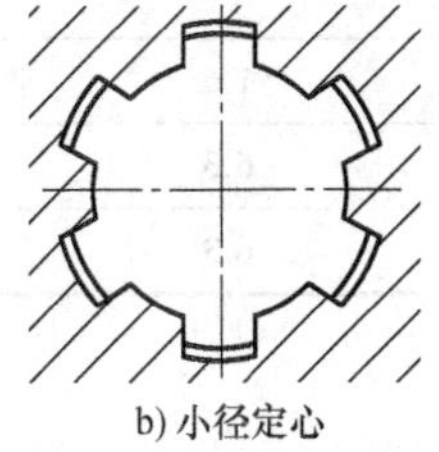
b) 小径定心

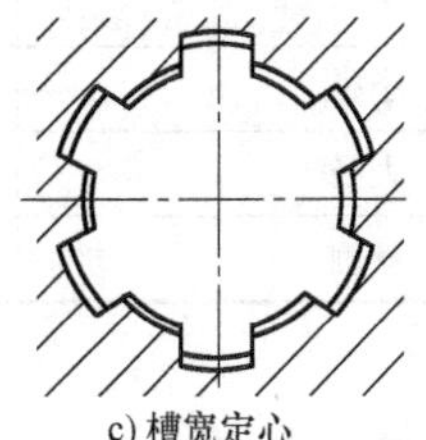
c) 槽宽定心

图 5-17　矩形花键定心方式

国家标准（GB/T 1144—2001）规定采用小径 *d* 定心。由于花键接合面的硬度要求较高，需淬火处理。为了保证定心表面的尺寸精度和形状精度，淬火后需要进行磨削加工。从加工工艺性来看，花键小径便于用磨削方法进行精加工（内花键小径可以在内圆磨床上磨削，外花键小径可用成形砂轮磨削），因此，规定采用小径 *d* 定心。

3. 矩形花键的尺寸公差

为减少专用刀具、量具的数目（如拉刀、量规），花键连接一般采用基孔制。内、外花键的尺寸公差带一般按表 5-4 的规定选择。

表 5-4　内、外花键的尺寸公差带（GB/T 1144—2001）

<table>
<tr><th colspan="4">内花键</th><th colspan="3">外花键</th><th rowspan="3">装配形式</th></tr>
<tr><th rowspan="2">d</th><th rowspan="2">D</th><th colspan="2">B</th><th rowspan="2">d</th><th rowspan="2">D</th><th rowspan="2">B</th></tr>
<tr><th>拉削后不热处理</th><th>拉削后热处理</th></tr>
<tr><td colspan="8">一般传动用</td></tr>
<tr><td rowspan="3">H7</td><td rowspan="3">H10</td><td rowspan="3">H9</td><td rowspan="3">H11</td><td>f7</td><td rowspan="3">a11</td><td>d10</td><td>滑动</td></tr>
<tr><td>g7</td><td>f9</td><td>紧滑动</td></tr>
<tr><td>h7</td><td>h10</td><td>固定</td></tr>
<tr><td colspan="8">精密传动用</td></tr>
<tr><td rowspan="3">H5</td><td rowspan="6">H10</td><td colspan="2" rowspan="6">H7、H9</td><td>f5</td><td rowspan="6">a11</td><td>d8</td><td>滑动</td></tr>
<tr><td>g5</td><td>f7</td><td>紧滑动</td></tr>
<tr><td>h5</td><td>h8</td><td>固定</td></tr>
<tr><td rowspan="3">H6</td><td>f6</td><td>d8</td><td>滑动</td></tr>
<tr><td>g6</td><td>f7</td><td>紧滑动</td></tr>
<tr><td>h6</td><td>h8</td><td>固定</td></tr>
</table>

4. 矩形花键的几何公差

由于矩形花键连接表面复杂，键长与键宽比值较大，几何误差对花键连接的装配性能和传递转矩与运动的性能影响很大，是影响连接质量的重要因素，必须对其加以控制。具体控制规定可查询机械设计手册。

5. 矩形花键的表面粗糙度

矩形花键的表面粗糙度 Ra 值见表 5-5。

表 5-5 矩形花键表面粗糙度 Ra 值（GB/T 1144—2001） （单位：μm）

加工表面	内花键	外花键
	Ra 不大于	
小径	1.6	0.8
大径	6.3	3.2
键侧	6.3	1.6

技能实践

参观实习车间工具库房，观察、记录各种键的规格和外形，并绘制键的外形尺寸图。查阅相关机械设计手册，找出这些键的更多参数信息。

在老师指导下，进行键连接拆装练习，说明这些键的类型、规格、适用场合、使用特点及装配要点。

课题小结

键连接配合与几何公差是理论性和实践性都很强的一个知识点。学习理论知识时，首先应注意对照公差配合与测量相关知识一起学习，弄清相关公差的规定；其次，要注意所选用键的类型、规格、配合等都应和国家标准一致。在实际加工、装配时，注意国家标准对基准的设定、加工工艺的选择等规定。只有这样，才能对知识点有深刻理解，同时才能选择合适的键和正确的装配方式。

课题四 其他连接简介

课题导入

2017 年 5 月 5 日，我国首款国产大型飞机 C919 在上海浦东机场成功首飞，如图 5-18a所示。它是一款由我国自主研发生产的，拥有完全自主知识产权的首架国产大型民航飞机。知道飞机机身结构是如何拼接到一起的吗？图 5-18b 所示为 C919 机头生产中的外形结构，可以看到机头机构各拼接件有成排的点状圆形凸起，这是采用什么形式的连接形式？飞机的机身机构连接主要采用的是铆接，它是利用轴向力，将零件铆钉孔内钉杆墩粗并形成钉头，使多个零件相连接的方法。本课题将介绍销、键连接以外的其他常见连接形式，包括铆接、焊接、胶接、过盈连接、自攻螺钉连接和膨胀螺栓连接等。

a)

b)

图 5-18　飞机及其机身部件连接

知识学习

一、铆接

1. 铆接概述

铆接也称铆钉连接，是利用铆钉把两个或两个以上的元件（通常是金属零件或型材）连接为一个整体。铆接为不可拆卸连接，图 5-19 所示为利用铆钉枪将薄板件铆钉连接的过程，图 5-20 所示为铆钉实物图。

图 5-19　铆接

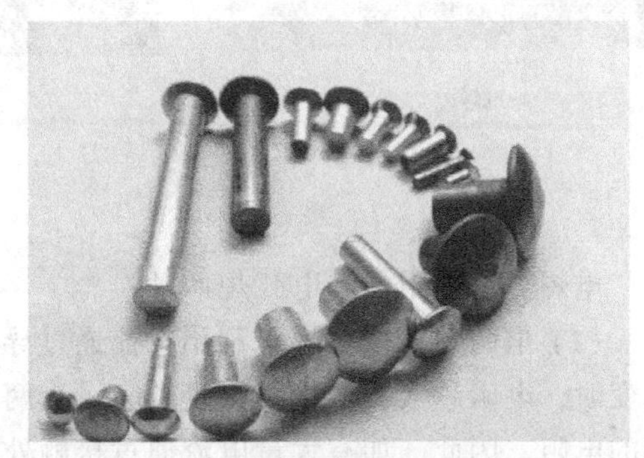

图 5-20　铆钉

传统的铆接工艺主要用在建筑结构和锅炉制造等部门中。近年来，随着焊接技术和胶接的发展，铆钉连接的应用正逐渐减少。目前铆接只用在少数受严重冲击和振动载荷大的金属结构上，如桥梁、建筑、造船、重型机械及飞机制造等领域。图 5-21 所示为铆接原理示意图，铆钉枪内装入铆钉，将铆钉射入待连接板件，然后铆钉枪退回，再将铆钉镦粗、压紧其中 1 为铆钉，2、3 为被连接件，4 为铆钉枪。

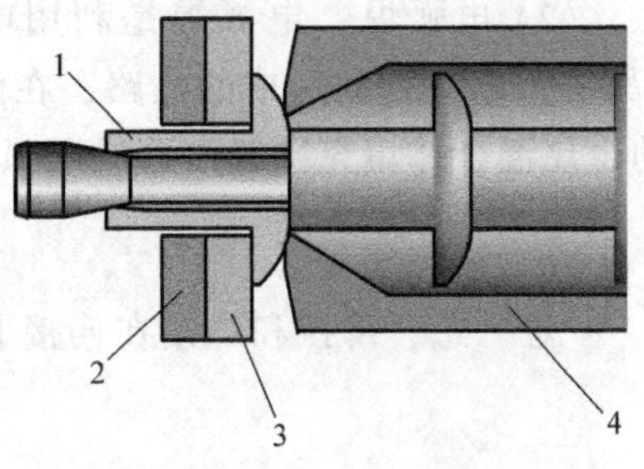

图 5-21　铆接原理

【观察与思考】

想一想，与销连接和螺纹连接相比，铆接有哪些特点和优势？

2. 铆接的类型及应用

铆接分为冷铆和热铆两种。热铆连接紧密性较好，但钉杆与钉孔之间出现了间隙，不能传力。冷铆钉杆被镦粗，胀满钉孔，钉杆与钉孔之间无间隙。

一般情况下，直径 $d \leqslant 10\text{mm}$ 的钢制铆钉和塑性较好的非铁金属、轻金属及其合金制成的铆钉，常用于冷铆。而钉杆直径 $d>10\text{mm}$ 的钢铆钉，常加热到 1000～1100℃后热铆。

铆钉有实心和空心两种。钉头形状有许多种，目前多已标准化。

二、焊接

1. 焊接概述

焊接，也称作熔接，是一种以加热、高温或者高压的方式接合金属或其他热塑性材料，如塑料的制造工艺及技术。下面以工程领域中常用的电焊为例对焊接进行介绍。

电焊是焊条电弧焊的俗称，它是利用焊条通过电弧高温熔化金属部件需要连接的地方而实现连接的一种焊接操作。图 5-22a 所示为电焊工作图，图 b、图 c 分别为电焊主要装备和材料——电焊机和焊条。由于电焊在高光、高温环境下进行，需做好劳保防护。

a) 电焊

b) 电焊机

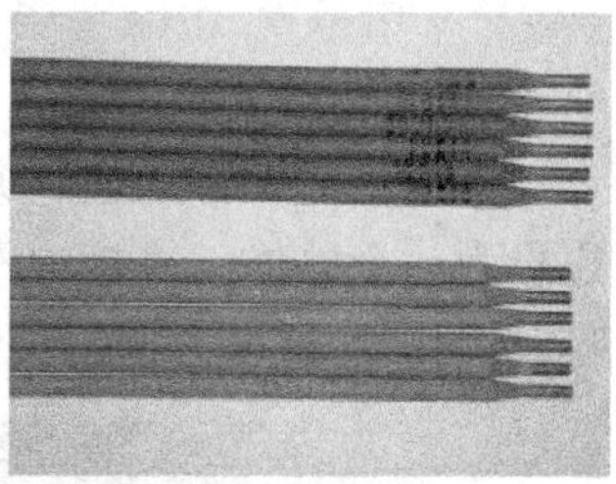

c) 焊条

图 5-22　电焊操作及设备

2. 电焊类型及应用

电焊分为电阻焊和电弧焊两种。

(1) 电阻焊　电阻焊是利用电流通过导体时，电阻产生热量这一原理进行焊接。当电流不变时，电阻越大，产生的热量越多。当两块金属相接触时，接触处的电阻远远超过金属内部的电阻。因此，如有大量电流通过接触处，则其附近的金属将很快地烧到红热并获得高的塑性。此时，施加一定压力，两块金属就能焊接为一个整体。

(2) 电弧焊　电弧焊是利用电焊机的低压电流，通过电焊条（一个电极）与被焊件（另一个电极）间形成的电路，在两极间引起电弧来熔融被焊接部分的金属和焊条，使熔融的金属混合并填充接缝而形成电弧焊缝。

【观察与思考】

想一想，铆接和焊接在连接上各有什么特点，优势是什么？

三、胶接

1. 胶接概述

胶接又称粘接，是利用粘粘剂直接把被连接件连接在一起。胶接用于木材连接由来已久，由于新型粘粘剂的发展，胶接已用于金属（包括金属与非金属材料组成的复合结构）的连接。

胶接是利用粘接剂凝固后出现的粘附力来传递载荷的。目前，胶接在机床、汽车、拖拉机、造船、化工、仪表、航空航天等工业部门中的应用日渐广泛，其应用实例如图 5-23 所示：

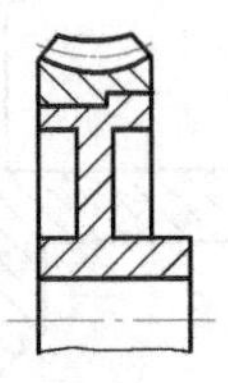
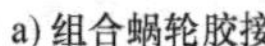
a) 组合蜗轮胶接

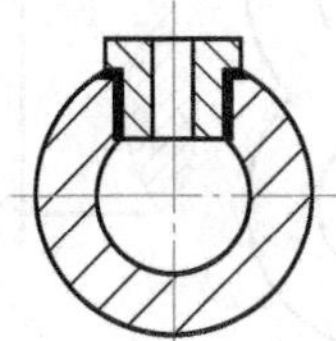
b) 螺纹接套与管件胶接

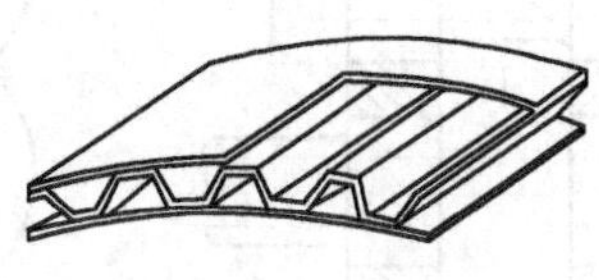
c) 蒙皮与型材胶接

图 5-23　胶接应用实例

2. 胶接的特点

与铆接、焊接相比，胶接的主要优点是：被连接件的材料范围宽广；连接后的重量轻，材料的利用率高；成本低；在全部粘接面上应力集中小，故耐疲劳性能好；有良好的密封性、绝缘性和防腐性。

缺点是：抗剥离、抗弯曲及抗冲击振动性能差；耐老化及耐介质（如酸、碱等）性能差；粘粘剂对温度变化敏感，影响粘接强度；粘接件的缺陷有时不易发现。

胶接的发展有着广阔的前景。不断推出新型粘接剂、实现与其他连接技术的完美结合等是解决当前粘接强度不足的有效途径。

四、过盈连接

1. 过盈连接概述

过盈连接是利用零件间的配合过盈来达到连接的目的。这种连接也称干涉配合连接或紧配合连接，主要用于轴与轮毂的连接、轮圈与轮芯的连接以及滚动轴承与轴或座孔的连接等。

过盈连接之所以能传递载荷，原因在于零件具有弹性和连接具有装配过盈。装配后包容件和被包容件的径向变形使配合面间产生很大的压力，工作时载荷就靠着相伴而生的摩擦力来传递。

2. 过盈连接装配、应用和特点

当配合面为圆柱面时，可采用压入法或温差法（加热包容件或冷却被包容件）装配。当其他条件相同时，用温差法能获得较高的摩擦力或力矩，因为它不像压入法那样会擦伤配合表面。采用哪一种装配法由工厂设备条件、过盈量大小、零件结构和尺寸等决定。过盈连接拆卸时，若不允许强力敲击，可使用设置注油管道，使连接件产生弹性变形实现拆卸。其应用实例如图 5-24 所示。

过盈连接结构简单、对中性好、承载能力大、承受冲击性能好、对轴削弱少，但配合面加工精度要求高、装拆不便。

技能实践

尝试利用铆接、焊接、胶接和过盈连接组装两部件，感受它们各自特点，总结适用场合。

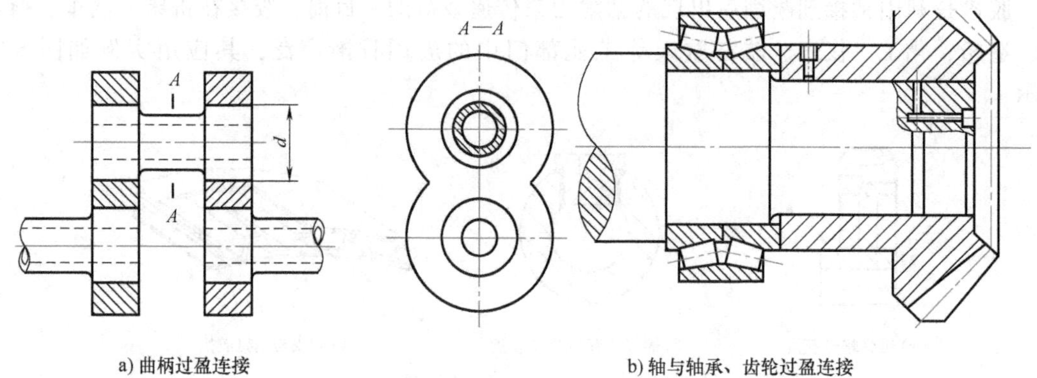

a) 曲柄过盈连接　　b) 轴与轴承、齿轮过盈连接

图 5-24　过盈连接应用实例

课题小结

铆接、焊接、胶接、过盈连接在生产实践中应用也较为普遍。学习时，应注意它们各自的特点和应用场合。

单元六　螺纹连接及螺旋传动

内容构架

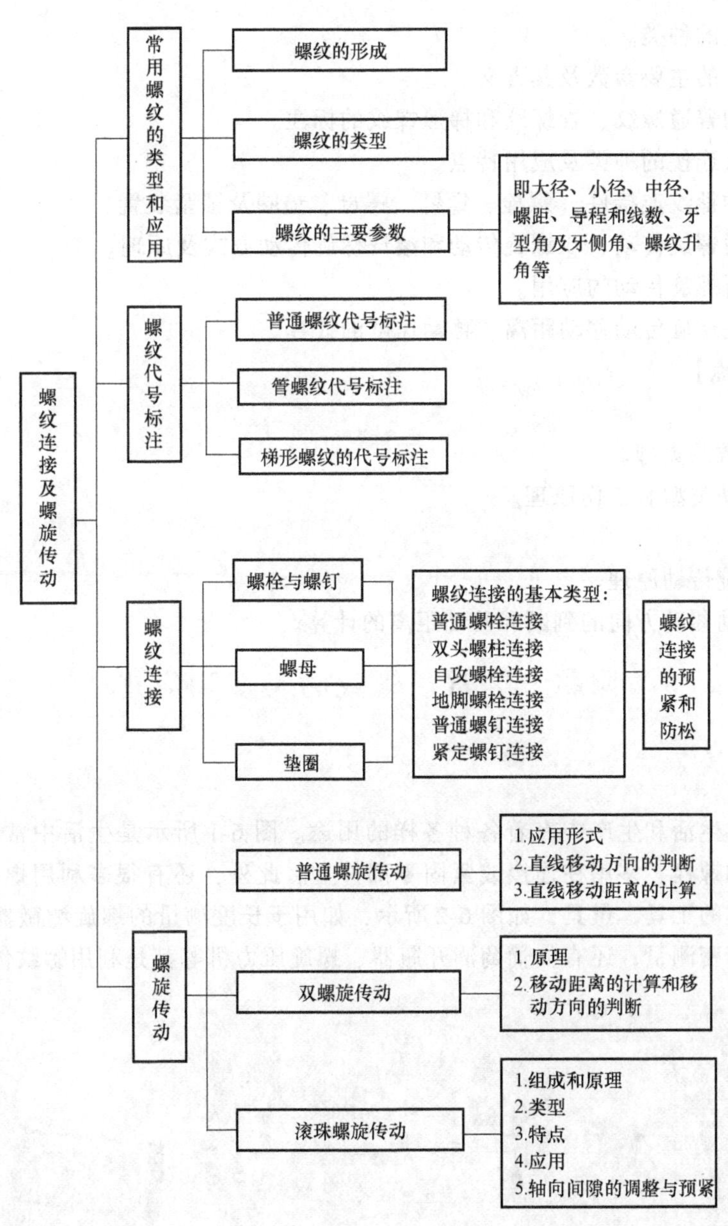

学习引导

螺纹是机械零件上一种常见的结构。螺纹是在圆柱或圆锥表面上沿着螺旋线所形成的具有相同剖面的连续凸起（凸起是指螺纹两侧面间的实体部分，又称牙）。螺纹连接结构简单、装拆方便、类型多样，是机械结构中应用最广泛的连接方式。

螺旋传动是螺纹结构在机械传动上的应用形式，它是利用螺旋副来传递运动和动力的一种机械传动，可以方便地把主动件的回转运动转变为从动件的直线运动。螺旋传动在机床的进给机构、起重设备、锻压机械、测量仪器、工具、夹具、玩具及其他工业设备中都有着广泛的应用。

【目标与要求】

➢ 掌握螺纹的种类。
➢ 认识螺纹的主要参数及其含义。
➢ 正确识别普通螺纹、管螺纹和梯形螺纹的标注。
➢ 认识螺纹连接的种类及应用特点。
➢ 认识各种螺纹连接件（螺栓、螺钉、螺母、垫圈及锁紧装置）。
➢ 认识普通螺旋传动、双螺旋传动和滚珠螺旋传动方式及原理。
➢ 正确分析螺旋传动的应用。
➢ 掌握相关螺旋传动移动距离、移动速度的计算。

【重点与难点】

重点：

- 螺纹参数及类型。
- 螺旋传动类型和工作原理。

难点：

- 差动螺旋传动原理。
- 螺旋传动移动方向的判断和移动距离的计算。

课题一　常用螺纹的类型和应用

课题导入

螺纹在实际生活和生产中有着各种各样的用途。图 6-1 所示是生活中常见的各种螺钉和螺栓，多用在连接或紧固零部件上。此外，还有很多利用螺纹连接原理制成的工具、量具，如图 6-2 所示，如用于长度测量的螺旋测微器，是利用差动螺旋传动实现精密测量；还有如葡萄酒开瓶器、螺旋压力机等都是利用螺纹传递力的。

a) 螺钉

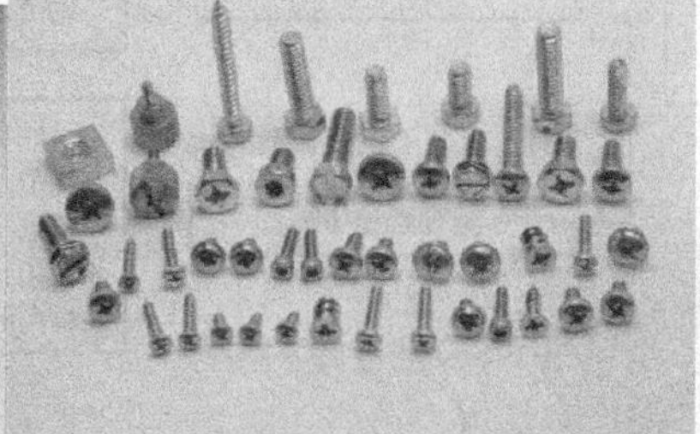
b) 螺栓

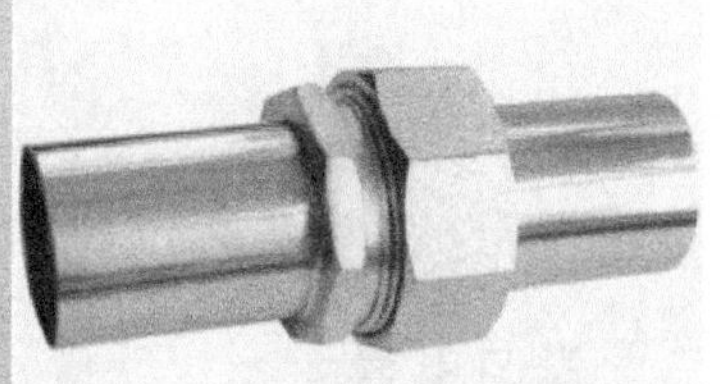
c) 管道的连接

图 6-1　螺钉、螺栓及螺纹连接

a) 螺旋测微器

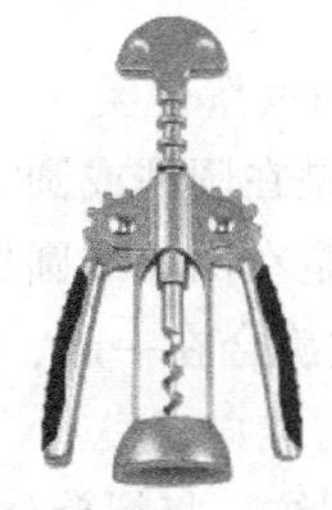

b) 葡萄酒开瓶器

图 6-2 利用螺纹连接的制品

本课题主要介绍常见螺纹的类型、参数、结构及其应用。

知识学习

一、螺纹的形成

螺纹在生产和生活中的应用很广泛，那么螺纹到底是怎样形成的呢？

图 6-3a 所示为螺纹形成的数学模型。如果动点 A 沿圆柱面的直母线匀速上升，而该母线又同时绕圆柱轴线做匀速运动，此时，点 A 的运动轨迹即为圆柱螺旋线。图 6-3b 所示为螺旋线的展开图。β 是螺旋角，ϕ 是螺纹升角，Ph 是母线转动一周，动点 A 沿轴向移动的距离，称为螺旋线的导程。在图 6-3c 中的点 A 处，如果放置一个与轴共面的平面图形，并令其沿螺旋线运动，则该平面图形运动所形成的具有规定牙型（此处为三角形）的连续凸起即为圆柱螺纹。

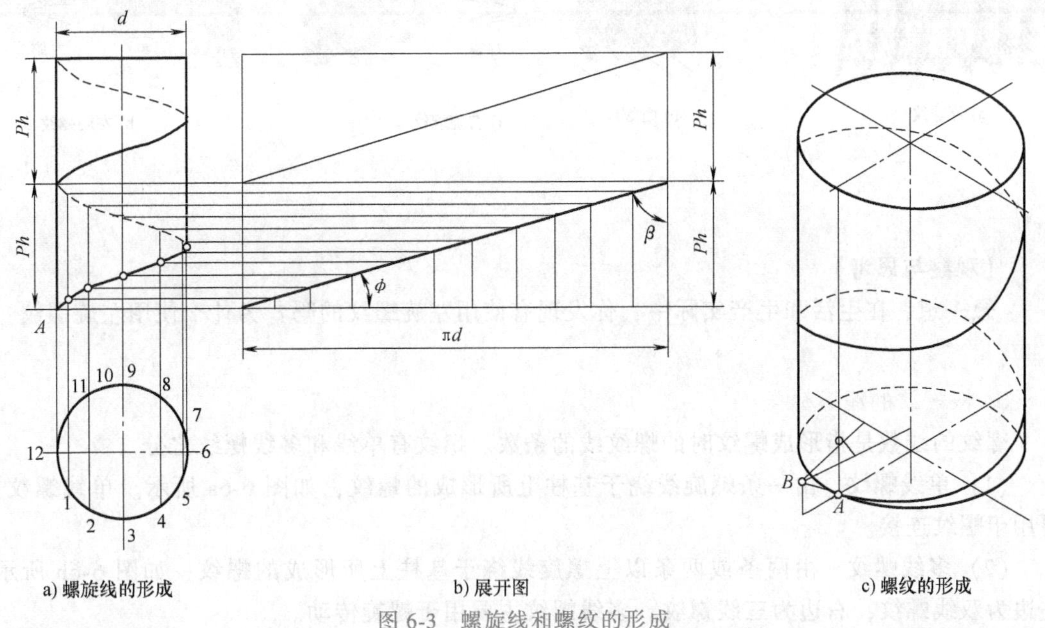

a) 螺旋线的形成　　b) 展开图　　c) 螺纹的形成

图 6-3 螺旋线和螺纹的形成

螺纹就是在圆柱（圆锥）表面上沿螺旋线切制出的具有规定牙型的连续凸起和沟槽。如果用车刀沿螺旋线切出三角形的沟槽，就形成三角形螺纹，同样也可切出梯形和锯齿形螺纹等。

二、螺纹的类型

1. 按螺纹的位置分类

1）外螺纹是在圆柱或圆锥外表面上所形成的螺纹，如图 6-4a 所示。

2）内螺纹是在圆柱或圆锥内表面上所形成的螺纹，如图 6-4b 所示。

内、外螺纹旋合在一起，可起到连接、传动等作用。

2. 按螺纹的旋向分类

（1）右旋螺纹　将螺旋体的轴线垂直放置，螺旋线的可见部分自左向右上升的，为右旋。右旋螺纹可用右手判别旋进方向。如图 6-5a 所示，右手四指弯曲代表旋转方向，大拇指指向即为对应的螺纹旋进方向。右旋螺纹是顺时针方向旋入的螺纹，应用广泛。一般情况下，若无特别标示，都是右旋螺纹。

（2）左旋螺纹　将螺旋体的轴线垂直放置，螺旋线的可见部分自右向左上升的，为左旋。左旋螺纹用左手判别旋进方向。如图 6-5b 所示，具体方法同上。左旋螺纹是逆时针方向旋入的螺纹，由于和一般习惯相反，仅用于有特殊要求的场合，如不宜拆卸的场合。

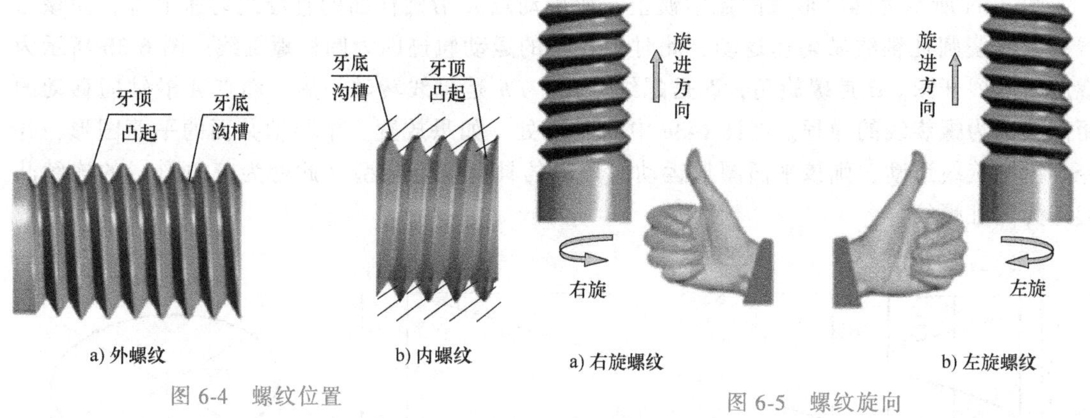

a) 外螺纹　b) 内螺纹

图 6-4　螺纹位置

a) 右旋螺纹　b) 左旋螺纹

图 6-5　螺纹旋向

【观察与思考】

想一想，在生活和生产实际中，你发现有使用左旋螺纹的吗？为什么使用左旋螺纹？

3. 按螺纹的线数分类

螺纹的线数是指形成螺纹时的螺纹线的条数。螺纹有单线和多线螺纹之分。

（1）单线螺纹　由一条螺旋线绕于基柱上所形成的螺纹，如图 6-6a 所示。单线螺纹主要用于螺纹连接。

（2）多线螺纹　由两条或两条以上螺旋线绕于基柱上所形成的螺纹，如图 6-6b 所示，左边为双线螺纹，右边为三线螺纹。多线螺纹主要用于螺旋传动。

【观察与思考】

想一想，在生活和生产实际中，什么场合用到单线螺纹？什么场合用到了多线螺纹？

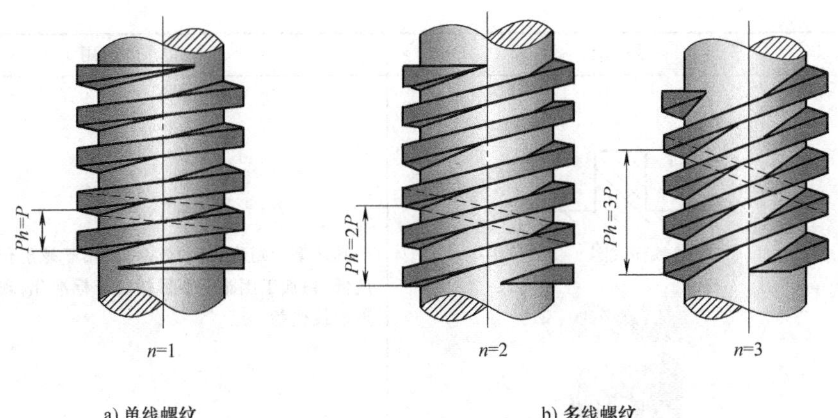

a) 单线螺纹　　b) 多线螺纹

图 6-6　螺纹线数

4. 按螺纹牙型分类

螺纹牙型是指通过轴线剖面上的螺纹轮廓的形状。根据螺纹牙型的不同，螺纹可分为普通螺纹（又称三角螺纹）、梯形螺纹、锯齿形螺纹、矩形螺纹、管螺纹等。螺纹牙型直接决定了螺纹的使用性能，是螺纹最重要的一种分类形式。其种类、特点和应用见表 6-1。

表 6-1　不同牙型螺纹的分类、特点和应用

种类	外形图	特点和应用
普通螺纹	30° 普通螺纹	也称三角螺纹，其牙型为三角形，牙型角为 60°，一般多用单线螺纹。按螺距大小分，普通螺纹分为粗牙螺纹和细牙螺纹两种。粗牙螺纹螺距大、牙根厚、强度高，常用于一般连接，使用较广泛。细牙螺纹的自锁性好，但不耐磨，一般用于薄壁或细小零件
梯形螺纹	15° 梯形螺纹	其牙型为等腰梯形，牙型角为 30°，牙根强度较高，易于加工，是应用最广泛的传动螺纹，如车床丝杠等各种螺旋传动中

（续）

种类	外形图	特点和应用
矩形螺纹	矩形螺纹	其牙型为矩形，传动效率高，用于螺旋传动。牙根强度低，精加工困难。矩形螺纹未标准化，现已逐渐被梯形螺纹代替
锯齿形螺纹	30° 3° 锯齿形螺纹	其牙型为锯齿形，两侧牙型角分别为3°和30°，3°的一侧用来承受载荷，可得到较高的传动效率；30°的一侧用来增加牙根强度。牙根强度较高，适用于单向螺旋传动，多用于起重机械或压力机械中
管螺纹	60°	其牙型为等腰三角形，且多用单线螺纹，牙型角为55°。分为非螺纹密封管螺纹和螺纹密封管螺纹。用于有紧密性要求的管路连接

【观察与思考】

螺纹连接、螺旋传动在生产、生活中有哪些具体应用？想一想，在这些场合选择此类螺纹的原因。

三、螺纹的主要参数

下面以双线普通螺纹为例说明普通螺纹的主要参数，如图 6-7 所示。

1. 大径（D，d）

普通螺纹的大径是指与外螺纹牙顶或内螺纹牙底相切的假想圆柱的直径。内螺纹的大径用 D 表示，外螺纹的大径用 d 表示。螺纹的公称直径是指代表螺纹尺寸的直径，普通螺纹的公称直径是指螺纹大径的公称尺寸。

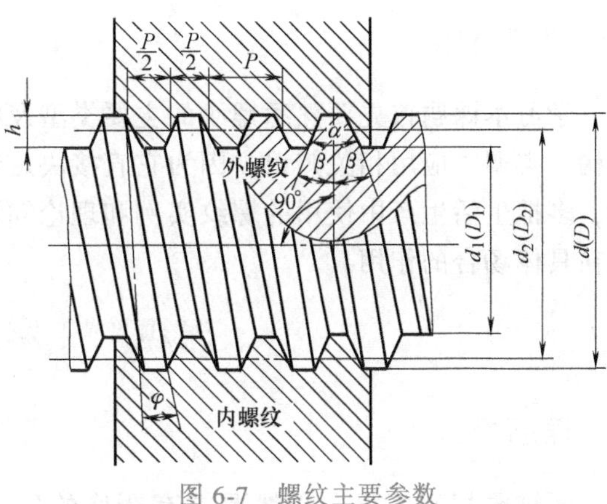

图 6-7　螺纹主要参数

2. 小径（D_1，d_1）

普通螺纹的小径是指与外螺纹牙底或内螺纹牙顶相切的假想圆柱的直径。内螺纹的小径用 D_1表示，外螺纹的小径用 d_1表示。

3. 中径（D_2，d_2）

普通螺纹的中径是指一个假想圆柱的直径，该圆柱的素线通过牙型上沟槽和凸起宽度相等的地方。该假想圆柱称为中径圆柱。内螺纹的中径用 D_2表示，外螺纹的中径用 d_2表示。

4. 螺距（P）

螺距是指相邻两牙在中径线上对应两点间的轴向距离，用 P 表示。

5. 导程（P_h）和线数（n）

导程是指同一条螺旋线上的相邻两牙在中径线上对应两点间的轴向距离，用 P_h表示。单线螺纹的导程就等于螺距；多线螺纹的导程等于螺旋线数与螺距的乘积，即 $P_h = nP$。

6. 牙型角（α）及牙侧角（β）

牙型角是指在螺纹牙型上，两相邻牙侧间的夹角，用 α 表示。普通螺纹的牙型角 $\alpha = 60°$。

牙侧角是指在螺纹牙型上，牙侧与螺纹轴线的垂线间的夹角，用 β 表示。对于普通螺纹，牙侧角 $\beta = 30°$。

7. 螺纹升角（ϕ）

螺纹升角又称导程角，普通螺纹的螺纹升角是指在中径圆柱上，螺旋线的切线与垂直于螺纹轴线的平面的夹角，用代号 ϕ 表示。如图 6-3 所示，将螺纹展开，螺旋线与底边夹角 ϕ 即为螺纹升角。

螺纹的主要参数有 8 个，即大径、小径、中径、螺距、导程、线数、牙型角、牙侧角、螺纹升角等。对于标准螺纹，只要知道大径、线数、螺距和牙型角就可以了，其他参数可以通过计算或查表得出。

技能实践

通过观察生活、参观学校实训实习室（实训工厂）或上网搜集资料，分别列举出若干螺纹连接和螺旋传动的实例，想一想，在这些场合选用该类螺纹的原因。

绘制相应螺纹的结构，标出其参数信息。

课题小结

学习本课题首先要熟悉螺纹的主要类型及特点，特别应重点掌握螺纹按牙型分类时螺纹结构、类型、应用相关知识，因为它直接决定着螺纹的使用性能。同时，应注意理论联系实际，多把生活生产中使用的螺纹实例和理论知识对照起来，分析螺纹连接、螺旋传动的特点及在具体场合的作用。

课题二　螺纹代号标注

课题导入

螺纹要相互旋合，必然要求有严格的尺寸公差和几何公差。图 6-8 所示为生产中用来检测螺纹是否合格的螺纹规（图 a 为螺纹环规，用来检测外螺纹；图 b 为螺纹塞规，用来检测内螺纹），上面分别标注有 MJ10 × 1.5-6g 和 MJ6×1-6g，知道它是什么含义吗？

螺纹代号标注就是螺纹规格的标记与代号。下面通过本课题的学习，一起来探究其具体含义吧！

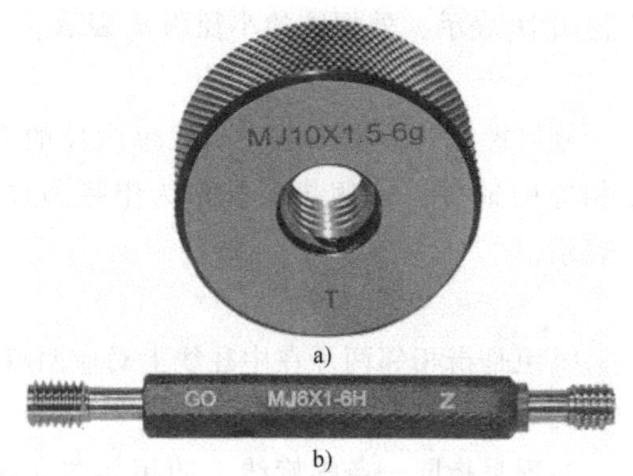

a)
b)
图 6-8　螺纹规及其标注

知识学习

一、普通螺纹代号标注

普通螺纹的完整标注是由螺纹特征代号、尺寸代号、公差带代号及其他有关信息组成，标记形式为：

特征代号　尺寸代号-公差带代号-旋合长度-旋向代号

1. 螺纹代号

粗牙普通螺纹用“M-公称直径”表示，细牙普通螺纹用“M-公称直径×螺距”表示。当螺纹为左旋时，在螺纹代号之后加“LH”代号。例如：

M24：表示公称直径为 24mm 的粗牙普通螺纹。

M24×1.5：表示公差直径为 24mm、螺距为 1.5mm、旋向为右旋的细牙普通螺纹。

M24×1.5-LH：表示公差直径为 24mm、螺距为 1.5mm、旋向为左旋的细牙普通螺纹。

2. 螺纹公差带代号

螺纹公差带代号包括中径公差带代号和顶径（外螺纹大径或内螺纹小径）公差带代号。公差带代号由表示公差等级的数字与表示公差位置的字母组成，如 5H、6g 等，其中大写字母用于表示内螺纹，小写字母用于表示外螺纹。

螺纹公差带代号标注在螺纹代号之后，中间用“-”分开。如果螺纹的中径公差带代号和顶径公差带代号不同，则分别注出，前者表示中径公差带，后者表示顶径公差带。如果螺纹的中径公差带和顶径公差带代号相同，则只标注一个代号。

3. 螺纹旋合长度代号

旋合长度有长旋合长度 L、中等旋合长度 N 和短旋合长度 S 三种，中等旋合长度 N 不标注。旋合长度是指两个相互旋合的螺纹沿轴线方向相互结合的长度，所对应的具体数值可根据公称直径和螺距在有关标准中查到。

4. 内外螺纹配合

内外螺纹配合一起时，内、外螺纹的标注用“/”分开，前者为内螺纹的标注，后者为外螺纹的标注。

表 6-2 给出了普通螺纹代号标注示例。

表 6-2　普通螺纹代号标注示例

螺纹类别		特征代号	螺纹标注示例	内、外螺纹配合标注示例
普通螺纹	粗牙	M	M10-7H-L M：螺纹特征代号 10：公称直径为 10mm 7H：内螺纹中径、顶径公差带均为 7H L：长旋合长度	M10-7H/7g-LH 7H：内螺纹中径、顶径公差带均为 7H 7g：外螺纹中径、顶径公差带均为 7g LH：左旋
	细牙		M30×1.5-5g6g-50 M：螺纹特征代号 30：公称直径为 30mm 1.5：螺距为 1.5mm 的细牙普通螺纹 5g：外螺纹中径公差带代号为 5g 6g：外螺纹顶径公差带代号为 6g 50：旋合长度为 50mm	M12×1-6H/7g8g-LH 6H：内螺纹中径、顶径公差带均为 6H 7g：外螺纹中径公差带为 7g 8g：外螺纹顶径公差带为 8g

5. 加强螺纹

在螺纹强度和精度要求较高的场合，例如航空、航天器有时要使用到加强螺纹。加强螺纹和普通螺纹相比，二者使用的材料和应用场合不同。加强螺纹大多采用钛合金、高温合金材料，质量轻、硬度高、耐高温但同时也较难加工；其与普通螺纹的区别是：与普通螺纹相比加大了外螺纹的牙底圆弧半径 R，加大了小径的削平量；加强螺纹精度要求较高，公差带多选用 4h6h、4g6g，均在中径公差范围内，螺距误差、半角误差、圆度误差、锥度误差以及其他任何影响螺纹形状的误差所对应的中径当量总和不得超出中径公差之半。

加强螺纹在标注时在螺纹字母 M 后面加“J”表示。例如图 6-8 所示螺纹规上标注的 MJ10×1.5-6g 和 MJ6×1-6g，即为加强螺纹。

【观察与思考】

想一想，MJ10×1.5-6g 和 MJ6×1-6g 表达的螺纹的具体含义是什么？

二、管螺纹代号标注

1. 55°非密封管螺纹的标注

55°非螺纹密封管螺纹的标记由螺纹特征代号 G、尺寸代号、公差等级代号和旋向代号组成。内、外螺纹均为圆柱形。外螺纹的公差等级有 A、B 两级，A 级精度较高；内螺纹的公差等级只有一个，故无公差等级代号。

2. 55°密封管螺纹的标记

55°密封管螺纹的标记由螺纹特征代号、尺寸代号和旋向代号组成。包括圆锥内螺纹与圆锥外螺纹的连接、圆柱内螺纹与圆柱外螺纹的连接两种形式。螺纹特征代号有：Rc 表示圆锥内螺纹，Rp 表示圆柱内螺纹，R 表示圆锥外螺纹（R_1表示与圆柱内螺纹配合的圆锥外螺纹、R_2表示与圆锥内螺纹配合的圆锥外螺纹）。

3. 其他说明

1）管螺纹尺寸代号不再称作公称直径，也不是螺纹本身的任何直径尺寸，只是一个无单位的代号。

2）管螺纹为寸制细牙螺纹，其公称直径近似为管子的内孔直径，以英寸为单位。管螺纹的内孔直径可根据尺寸代号在有关标准中查到。

3）右旋螺纹不标注旋向代号，左旋螺纹则用 LH 表示。

表 6-3 为管螺纹代号标注示例。

表 6-3 管螺纹代号标注示例

螺纹类别		特征代号	螺纹标注示例	内、外螺纹配合标注示例
管螺纹	55°非密封管螺纹	G	G1A-LH G:55°非密封管螺纹 1:尺寸代号 A:外螺纹公差等级代号 LH:左旋	G1/G1A-LH
	55°密封管螺纹	Rc	Rc2-LH Rc:圆锥内螺纹 2:尺寸代号 LH:左旋	Rp $1/R_1$-LH Rc2/R_2
		Rp	Rp1 Rp:圆柱内螺纹 1:尺寸代号	
		R	R_2-LH R_2:圆锥外螺纹 2:尺寸代号 LH:左旋	

三、梯形螺纹代号标注

梯形螺纹代号标注与普通螺纹类似，它由螺纹特征代号、公差代号和旋合长度三部分组成。旋合长度有长旋合长度 L 和中等旋合长度 N 两种，中等旋合长度 N 不标注。旋合长度的具体数值可根据公称直径和螺距在有关标准中查到。

表 6-4 为梯形螺纹代号标注示例。

表 6-4 梯形螺纹代号标注示例

螺纹类别	特征代号	螺纹标注示例	内、外螺纹配合标注示例
梯形螺纹	Tr	Tr40×14(P7)LH-7H-L Tr:梯形螺纹 40:公称直径 14(P7):导程为 14mm,螺距为 7mm,双线螺纹 LH:左旋 7H:中径和顶径公差带代号 L:长旋合长度	Tr24×5LH-7H/7e 7H:内螺纹公差带代号 7e:外螺纹公差带代号

技能实践

同学收集螺纹标注示例，相互之间考一考，看谁能将螺纹代号标注说得准确、完整。

课题小结

螺纹代号标注包含了螺纹尺寸及其公差、几何公差和制造、配合精度等全面信息，是合理选择、使用螺纹的基础。常见的螺纹有普通螺纹、管螺纹和梯形螺纹等形式。本课题按类型对它们的代号标注进行了详细的讲解，并给出了代号标注示例。在学习时，应注意对各种螺纹代号标注方法共性的识记，理清基本含义；同时，也要对各种螺纹代号标注的特性精准掌握。

课题三　螺 纹 连 接

课题导入

螺纹连接是生活、生产中最常见的连接形式。计算机主机机箱壳体与壳体之间、主板与机箱之间、电源与机箱之间等都利用了螺纹连接，如图 6-9a 所示；因为钢结构梁架的自身质量较大，且一般还要承受一定重力，所以它们之间多利用直径较大的螺栓连接，如图 6-9b 所示。

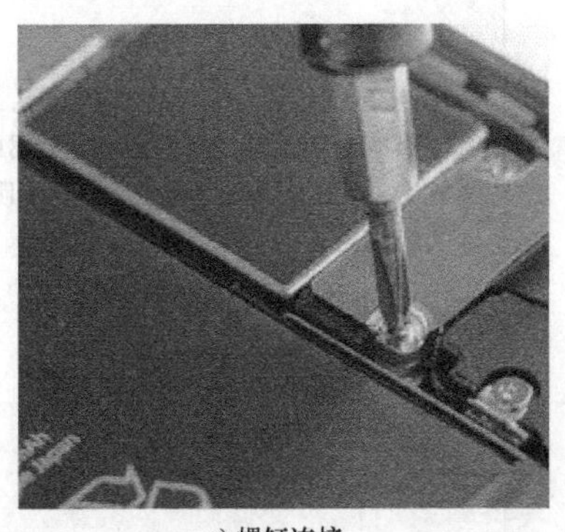

a) 螺钉连接

b) 螺栓连接

图 6-9　螺纹连接应用形式

几乎一切机械设备、各式各样的工具、家电用品等都用到了螺纹连接。本课题将对螺纹连接种类、螺纹连接件等进行全面讲解。

知识学习

螺纹连接有螺栓连接、双头螺柱连接、螺钉连接、紧定螺钉连接、自攻螺钉连接和膨胀螺栓连接等类型。螺纹连接件有螺栓、双头螺柱、螺钉、螺母及垫圈等，这些零件都已标准化，并由专门企业生产。

一、螺纹连接的基本类型

螺纹连接常见的基本类型有螺栓连接、双头螺柱连接、螺钉连接和紧定螺钉连接。它们的特点和应用见表 6-5。另外，还有自攻螺钉连接和膨胀螺栓连接。

表 6-5　螺纹连接的基本类型、特点及应用

类型	图示	特点及应用
螺栓连接	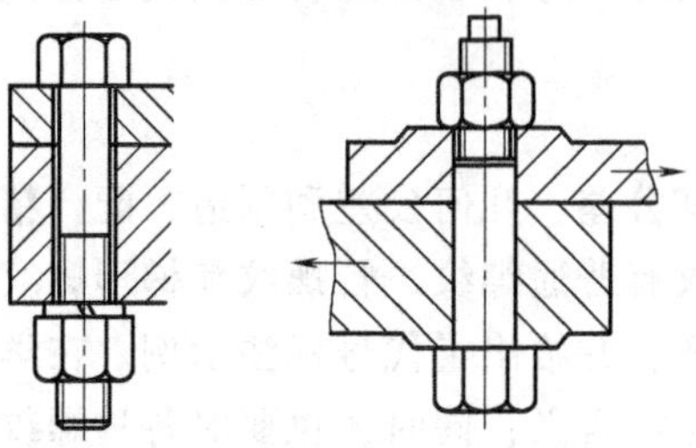	螺栓连接是螺纹连接的一般形式，螺栓穿过被连接件的通孔，与螺母组合使用，装拆方便，成本低。它适用于被连接件不太厚和便于加工通孔的场合，分为普通螺栓连接和铰制孔用螺栓连接
双头螺柱连接	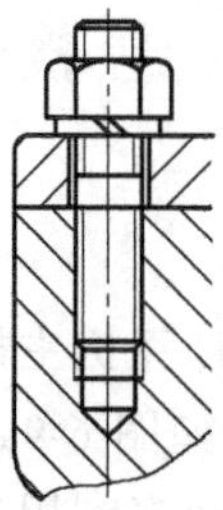	双头螺柱的一端旋入较厚的被连接件的螺纹孔中并固定，另一端穿过较薄的被连接件的通孔，与螺母组合使用。它适用于被连接件之一很厚，不便于加工成通孔，而又需要经常拆卸，连接紧固或紧密程度要求较高的场合
螺钉连接	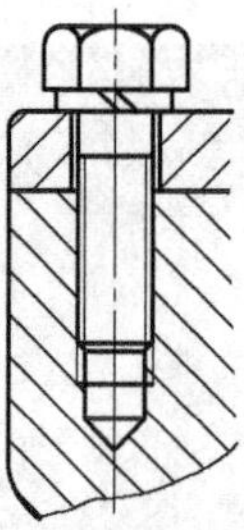	螺钉穿过较薄的被连接件的通孔，直接旋入较厚的被连接件的螺纹孔中，不用螺母，结构紧凑，适用于被连接件之一太厚，且不经常拆装的场合
紧定螺钉连接	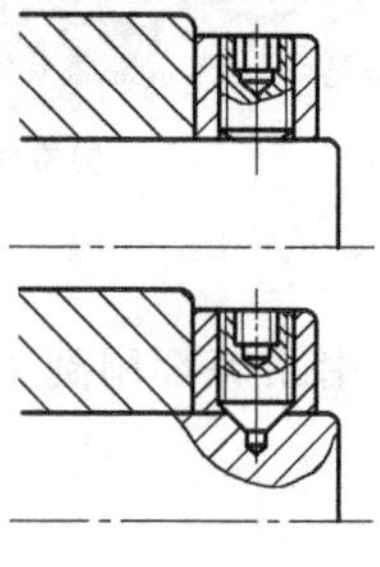	紧定螺钉旋入一被连接件的螺纹孔中，并用尾部顶住另一个被连接件的表面或相应的凹坑中，固定它们的相对位置，还可传递不大的力或转矩

二、螺栓与螺钉

螺栓与螺钉的外形相似，螺栓的杆部有部分不带螺纹，螺钉的杆部整体都带螺纹。螺栓直径较大，所能承受的负载也较大，使用时须与螺母配合；而螺钉直径较小，所能承受的负载也较小，其一端制成螺纹，但不与螺母配合，直接连接在被连接件的螺纹孔内。

为了满足大量生产的需求及零件的互换性要求，螺纹和螺钉的规格多已标准化，其种类与用途如下：

1. 螺栓的种类与用途

（1）普通螺栓　普通螺栓的杆部为柱形，一端与头部连为一体，另一端制成螺纹，中间段为不具有螺纹的圆柱，且连接件的内孔不必攻螺纹，使用时须配合螺母锁紧，如图 6-10 所示。螺栓头部形状有六边形和四边形两种。在便于穿孔的地方，如连接凸缘，最好使用螺栓连接，优点是连接损坏或脱落时可轻易地加以更换。

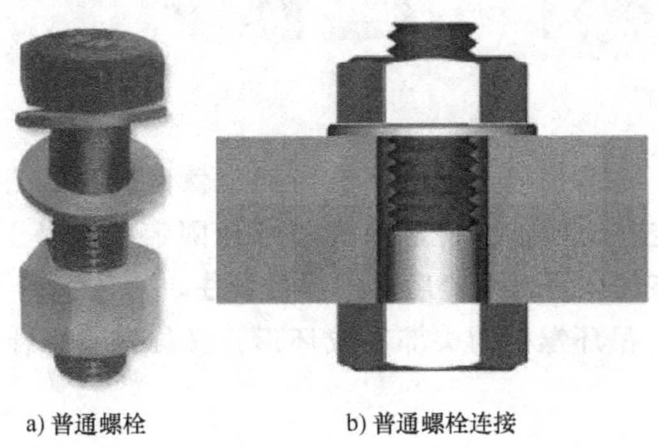

a) 普通螺栓　　b) 普通螺栓连接

图 6-10　普通螺栓连接示意图

【观察与思考】

想一想，在哪些场合使用了普通螺栓连接？

（2）双头螺柱　双头螺柱又称柱螺栓，是两端均制有螺纹的杆，一端的螺纹直接旋入较大零件内，然后覆以盖板，伸出盖板的另一端用螺母锁紧，如图 6-11 所示。它常用于不适合用贯穿螺栓的地方，如车床齿轮箱盖、气缸盖等可供拆卸的地方。

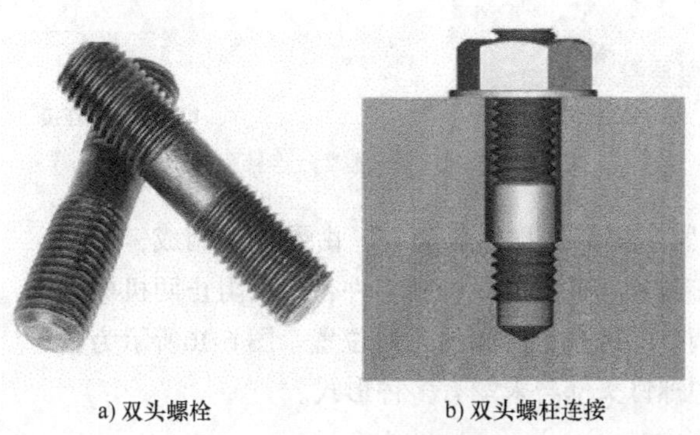

a) 双头螺栓　　b) 双头螺柱连接

图 6-11　双头螺柱连接示意图

【观察与思考】

想一想，在日常生活中哪些地方用到双头螺柱连接？

（3）自攻螺栓　自攻螺栓的一端与其头部连成一体，杆部均制有螺纹，头部为六角形，使用时螺杆穿过机械零件的光滑孔再旋入另一机械零件的螺纹孔内而锁紧连接，不需螺母，如图 6-12 所示。其用途与双头螺柱相同，用于薄件不常拆卸处。

图 6-12　自攻螺栓

图 6-13　地脚螺栓

图 6-14　吊环螺栓

（4）地脚螺栓　地脚螺栓的末端具有弯钩、棘齿或斜面的形状，如图 6-13 所示，它常用来将机器底座固定在地面上。使用时先将螺栓固定在混凝土的地基上，让螺纹端露出地面，然后将机器底座的孔套入螺栓后再用螺母锁住。

（5）吊环螺栓　吊环螺栓的头部制成环形，又称钩头螺栓，如图 6-14 所示，它用于吊起机器等场合。

2. 螺钉的种类与用途

（1）普通螺钉　普通螺钉的外形与螺栓略相似，主要差别在于普通螺钉的直径较细，且头部有多种不同形状，如图 6-15 所示。其一端穿过一机械零件的光滑孔，另一端旋入另一机械零件的螺孔内，用于锁紧力较小的机械零件的连接。

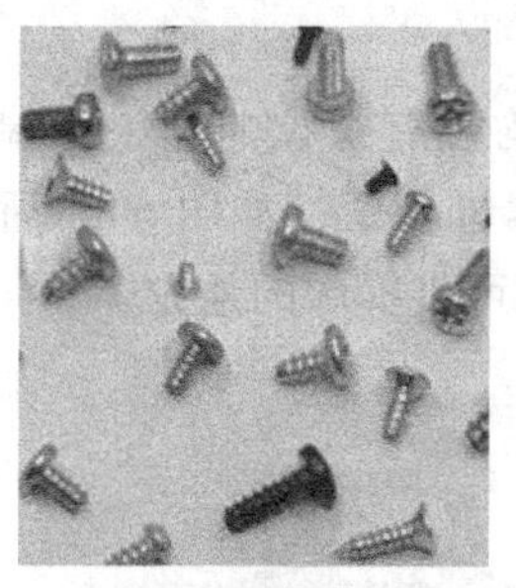

a) 普通螺钉

b) 普通螺钉连接

图 6-15　普通螺钉连接示意图

（2）紧定螺钉　紧定螺钉又称定位螺钉，由硬化钢制成，当螺钉旋入一机械零件后，其末端抵住另一机械零件，用以阻止两机械零件间的相对运动，或调节两机械零件间的相对位置。图 6-16所示为紧定螺钉实物图，生产中螺钉头部与末端有多种形式。

图 6-16　紧定螺钉

三、螺母

螺母是为配合螺栓或螺钉而使用的零件，根据外形与用途的不同有多种分类。图 6-17 所示为常见螺母实物图。其中六角螺母是使用最广的螺母，其头部呈六角形，配合扳手使用时具备较多方向的旋转面。

螺母是标准化零件，可根据需要按规格直接购买、使用和更换。

四、垫圈

当螺栓与螺母连接机械零件时，常在螺母与支承座平面之间加一金属薄皮，此金属薄皮称为垫圈。垫圈具有下列作用：

图 6-17 螺母

1）连接的表面粗糙不平或倾斜时，垫圈可作为光滑平整的支承面。

2）增加受力面积，减少单位面积所承受的压力。

3）保护工作表面，避免刮伤。

4）防止螺母松脱。

常用垫圈一般有平垫圈、弹簧垫圈、斜垫圈、止动垫圈等。

1. 普通垫圈

又称平垫圈，由软钢、熟铁或铜等软金属制成，通常为圆形，它是最常见的一种，也有方形的，如图 6-18 所示。

2. 弹簧垫圈

它是利用剖面为梯形的钢线冲压制成的，如图 6-19 所示，这种垫圈的主要作用是防止螺母松脱。

图 6-18 普通垫圈

图 6-19 弹簧垫圈

五、螺纹连接的预紧和防松

1. 螺纹连接的预紧

为了增强连接的可靠性、紧密性和紧固性，螺纹连接在承受载荷前需要拧紧，使螺纹连接受到一定的预紧力作用。对于一般连接，可以凭操作者的经验来控制预紧力的大小。对于重要的连接，要借助测力矩扳手或定力矩扳手来控制预紧力。

2. 螺纹连接的防松

螺纹连接多采用为单线普通螺纹，以满足自锁条件。螺纹连接拧紧后，一般不会松动，但在受到冲击、振动、变载荷或温度变化很大时，螺纹副间摩擦力可能会减小或瞬间消失，这种现象多次重复后，就会导致螺纹连接松动。这不仅影响机器的正常工作，甚至会引起严重事故。为确保螺纹连接的锁固功能，有必要使用锁紧装置，防止螺母的松脱。常用的防松方法有摩擦防松、锁住防松和不可拆防松三种方法，见表 6-6。

表 6-6 常用的防松方法

防松方法	原理	图例	应用
摩擦防松	利用机械零件间的摩擦阻力作用，使螺母不致松脱而具有锁紧功能	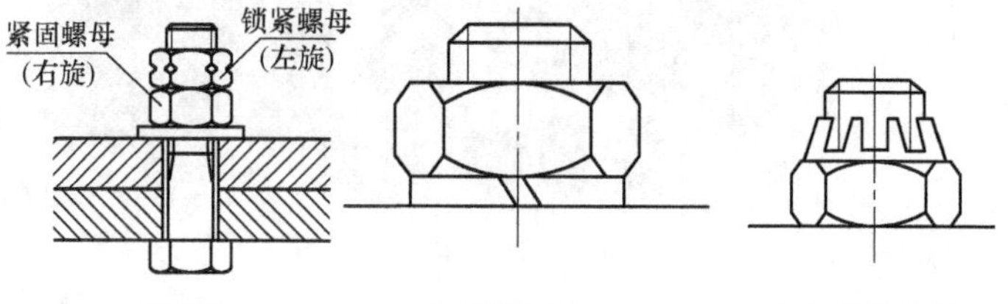 紧固螺母（右旋） 锁紧螺母（左旋） a) 双螺母 b) 弹簧垫圈 c) 金属锁紧螺母	适用于机械外部静止构件的连接，以及防松要求不严的场合
锁住防松	利用机械零件间的直接阻挡，使螺母不致松脱而具有锁紧功能	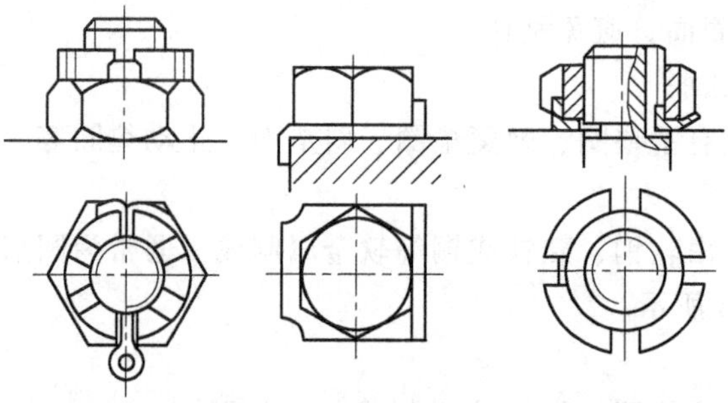 a) 开口销 b) 止动垫片 c) 圆螺母 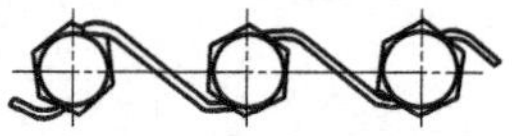 正确 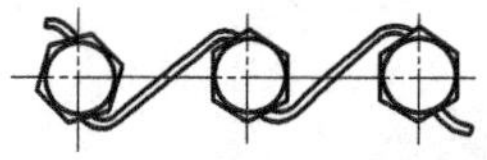 错误 d) 串联金属丝	这种方法可靠，但装拆麻烦，适用于机械内部运动构件的连接，以及防松要求较高的场合
不可拆防松	在螺纹连接拧紧后，采用端铆、冲点、焊接、胶接等措施，使螺纹连接不可拆	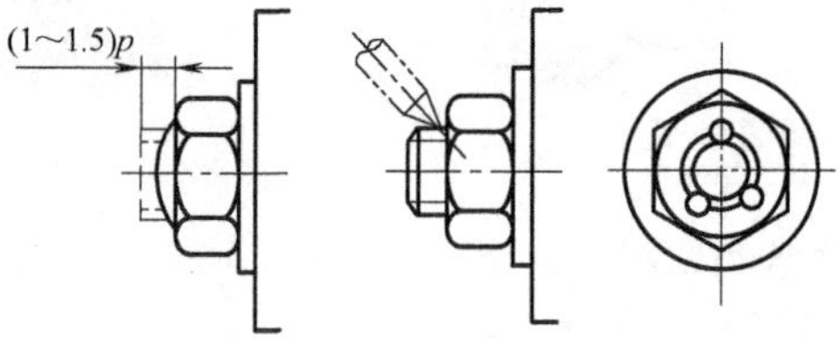 (1～1.5)p a) 端铆 b) 冲点 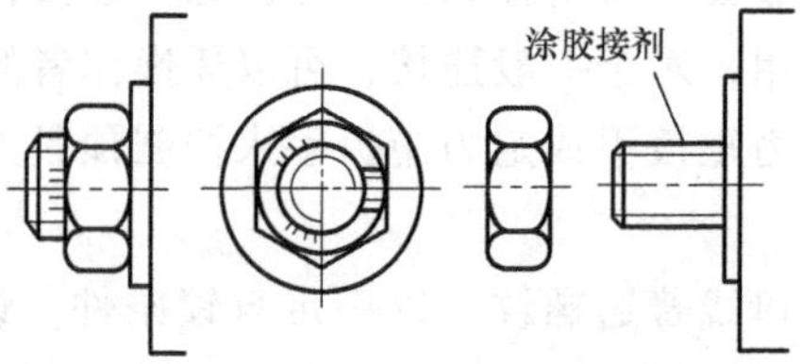 涂胶接剂 c) 焊接 d) 胶接	这种方法简单可靠，适用于装配后不再拆卸的场合

技能实践

收集常见的螺钉、螺栓、螺母、垫片及螺纹连接的防松装置，观察其机构形式，绘制机构简图，分析其工作原理。

拆装常见的螺钉、螺母装置。选择合理的螺钉、螺母连接形式，并进行锁紧防松。

课题小结

螺纹连接是生活、生产中最常见的连接形式。本课题对螺纹连接所用的螺钉、螺栓、螺母、常见垫片和防松装置进行了系统介绍。这些零件根据使用性能和工作场合不同，其外形演变出来的形状多种多样，不可能一一列举。学习时应注意由机构推导其原理，以增强对相关概念的理解，才能够正确合理地选择和使用。

课题四　螺旋传动

课题导入

螺旋传动是生产、生活中应用广泛的机械传动形式。图 6-20a 所示为管子台虎钳，其传动形式非常直观：利用螺旋传动，将手柄的旋转运动转变为螺杆的上下运动，以达到松开、夹紧的管子的目的。还有一些螺旋传动形式，因为其机构不外露，所以传动形式并不是一目了然。图 6-20b 所示为机械测量用的外径千分尺，它能够实现较高精度的测量（精度 0.01mm），其工作原理也是利用了螺旋传动原理。图 6-20c、d 所示为螺旋升降机和普通车床，它们也都利用了螺旋传动来实现各自功能。

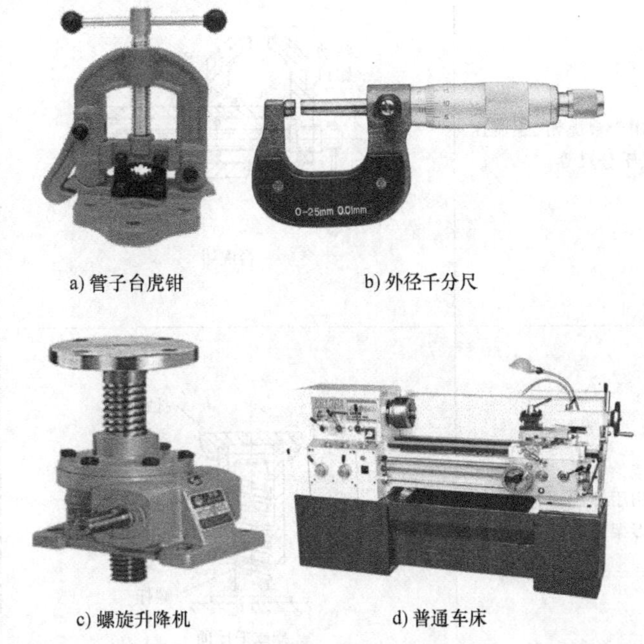

a) 管子台虎钳　b) 外径千分尺

c) 螺旋升降机　d) 普通车床

图 6-20　螺旋传动

【观察与思考】

想一想，在我们的生活和生产实际中，还有哪些地方用到了螺旋传动？

知识学习

螺旋传动是通过螺杆和螺母的旋合来传递运动和动力的。螺旋传动主要是把主动件的旋转运动转变为从动件的直线往复运动，以较小的转矩得到很大的推力，或者用以调整零件的相互位置。

螺旋传动具有结构简单、传动连续、平稳、承载能力大、传动精度高等优点，因此广泛应用于各种机械和仪器中。其缺点是在传动中磨损较大且效率低。滚珠螺旋传动的应用已使螺旋传动摩擦大、易磨损和效率低的缺点得到了很大程度的改善。

螺旋传动按其用途可分为三种：

（1）调整螺旋　如镗刀杆、螺旋测微仪、夹具和张紧装置等。

（2）传力螺旋　如螺旋千斤顶和螺旋压力机等。

（3）传导螺旋　如机床刀架或工作台的进给机构等。

常用的螺旋传动有普通螺旋传动、双螺旋传动和滚珠螺旋传动。

一、普通螺旋传动

1. 应用形式

普通螺旋传动是指由螺杆和螺母组成的简单螺旋副，其传动类型、工作过程见表6-7。

表 6-7　普通螺旋传动的应用形式

应用形式	应用场合	应用实例分析	
螺母固定不动，螺杆回转且做直线移动	常用于台虎钳、螺旋压力机、千分尺等	 台虎钳	转动手柄，使螺杆转动且做直线运动，带动活动钳口左右移动，以松开或夹紧工件
螺杆固定不动，螺母回转且做直线移动	常用于螺旋千斤顶、插齿机刀架传动等	 螺纹千斤顶	按图示方向转动手柄，和手柄连为一体的螺母转动且做向上直线运动，顶升重物；反之做向下直线移动，卸下重物

（续）

应用形式	应用场合	应用实例分析	
螺杆原位置回转，螺母做直线运动	应用广泛，如车床等	车刀架 螺杆 螺母 手柄 车床横刀架	摇动手柄，螺杆转动，和螺母连为一体的刀架做直线运动，达到手动进刀、退刀的目的
螺母原位置回转，螺杆做直线运动	其应用较少	观察镜 螺杆 螺母 机架 观察镜螺旋调整装置	螺母转动，螺杆做直线运动，实现螺杆上观察镜的上升或下降调整

2. 直线移动方向的判断

普通螺旋传动时，从动件做直线运动的方向，不仅与螺纹的转动方向有关，还与螺纹的旋向有关。正确判断螺杆或螺母的移动方向至关重要。判断方法为：左旋螺纹用左手，右旋螺纹用右手；手握空拳，四指指向螺杆或螺母的转动方向，大拇指竖直表示指向。

1）若螺杆和螺母其中一个固定不动，另一个做回转运动且移动，则大拇指指向即为螺杆或螺母的移动方向。实例如图 6-21 所示。

2）若螺杆和螺母其中一个做原位回转运动，另一个做直线移动，则大拇指的相反指向即为螺杆或螺母的移动方向。实例如图 6-22 所示。

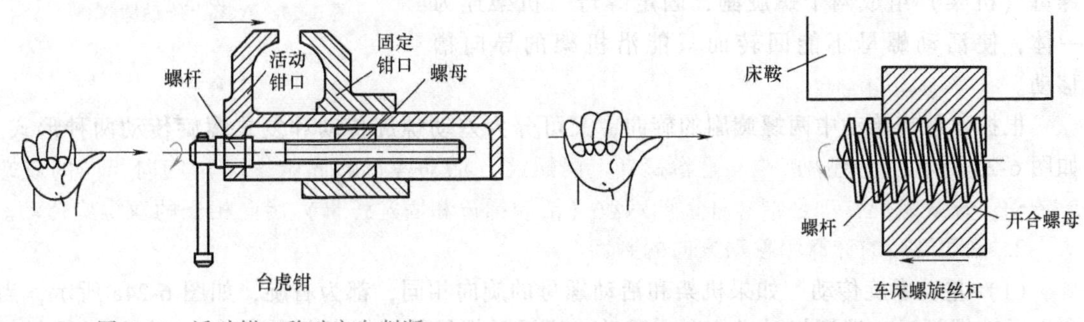

图 6-21　活动钳口移动方向判断

图 6-22　车床床鞍移动方向判断

3. 直线移动距离的计算

在普通螺旋传动中，螺杆（或螺母）的移动距离与螺纹的导程有关。螺杆相对螺母每

回转一圈，螺杆（螺母）移动一个导程的距离。因此，移动距离 L 等于回转圈数 N 与导程 P_h 的乘积，即

$$L=NP_h$$

式中 L——螺杆（或螺母）的移动距离，单位为 mm；

N——回转圈数；

P_h——螺纹导程，单位为 mm。

移动速度可按下式计算：

$$v=nP_h$$

式中 v——螺杆（或螺母）的移动速度，单位为 mm/min；

n——转速，单位为 r/min；

P_h——螺纹导程，单位为 mm。

例 6-1 在普通螺旋传动机构中，螺纹的导程为 5mm，若螺杆分别转 0.5 圈、10 圈和 90°时，螺母移动的距离分别为多少？如螺杆的转速为 10r/min，则螺母移动的速度为多少？

解：当螺杆转 0.5 圈时，螺母的移动距离为

$$L=NP_h=0.5\times5\text{mm}=2.5\text{mm}$$

当螺杆转 10 圈时，螺母的移动距离为

$$L=NP_h=10\times5\text{mm}=50\text{mm}$$

当螺杆转 90°时，螺母的移动距离为

$$L=NP_h=\frac{90^\circ}{360^\circ}\times5\text{mm}=1.25\text{mm}$$

当螺杆的转速为 10r/min 时，螺母移动的速度为

$$v=nP_h=(10\times5)\text{mm/min}=50\text{mm/min}$$

二、双螺旋传动

1. 原理

双螺旋传动是指由两个螺旋副组成的，使活动螺母与螺杆产生不一致的螺旋传动。如图 6-23 所示，螺杆上有两段不同导程的螺纹，分别与活动螺母和固定螺母（机架）组成两个螺旋副，固定螺母与机架连为一体，使活动螺母不能回转而只能沿机架的导向槽移动。

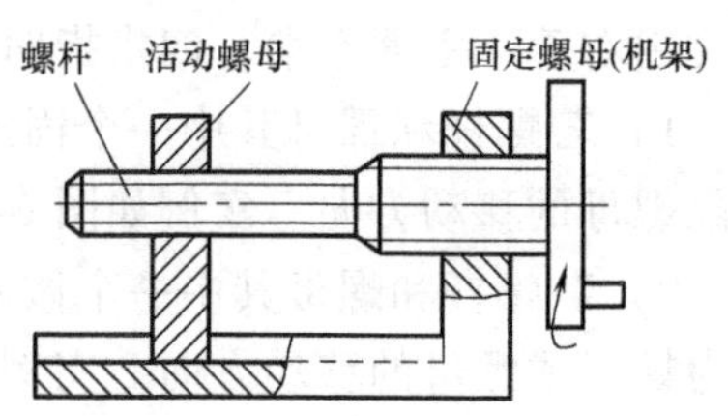

图 6-23 双螺旋传动原理图

根据双螺旋传动中两螺旋副的旋向，又可分为差动螺旋传动和复式螺旋传动两种形式。如图 6-24 所示，差动螺旋传动是指螺杆上两螺纹（活动螺母和固定螺母）旋向相同的双螺旋传动；复式螺旋传动是指螺杆上两螺纹（活动螺母和固定螺母）旋向相反的双螺旋传动。

2. 移动距离的计算和移动方向的判断

（1）差动螺旋传动　如果机架和活动螺母的旋向相同，都为右旋，如图 6-24a 所示，当向上回转螺杆时，螺杆相对机架向左移动，而活动螺母相对螺杆向右移动，这样活动螺母相对机架实现差动移动，螺杆每转一圈，活动螺母实际移动距离为两段螺纹导程之差，即螺杆相对机架的移动方向与活动螺母相对螺杆的移动方向相反。活动螺母相对机架的移动距离可用下式表示

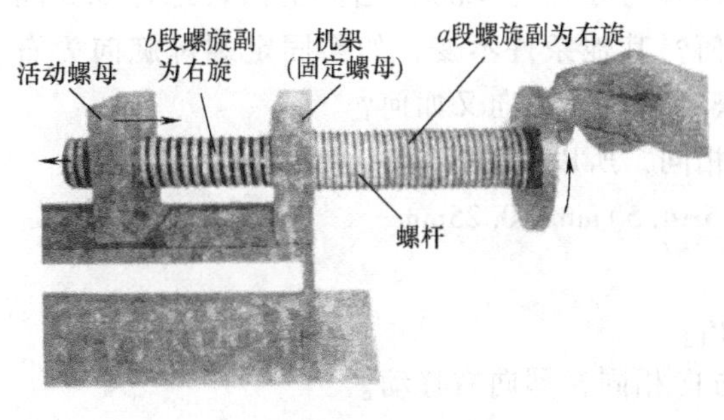

a) 差动螺旋传动

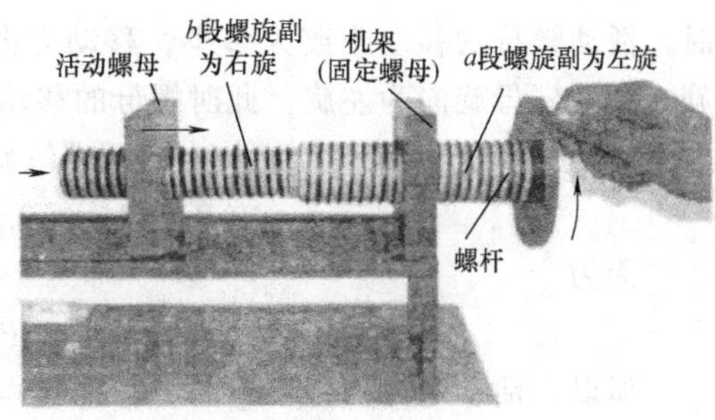

b) 复式螺旋传动

图 6-24　双螺旋传动的形式

$$L=N(P_{h1}-P_{h2})$$

式中　L——活动螺母的实际移动距离，单位为 mm；

N——螺杆的回转圈数；

P_{h1}——机架上固定螺母的导程，单位为 mm；

P_{h2}——活动螺母的导程，单位为 mm。

由于位移量 L 与导程差（$P_{h1}-P_{h2}$）成正比，所以可以产生极小的位移，而螺纹的导程并不需要很小，加工较容易，因此，这种螺旋传动常用于测微器、计算器、分度器及诸多精密机床、仪器和工具中。

活动螺母实际移动方向的判断：

当计算结果 $L>0$ 时，活动螺母的实际移动方向与螺杆移动方向相同。

当计算结果 $L<0$ 时，活动螺母的实际移动方向与螺杆移动方向相反。

当机架上固定螺母的导程等于活动螺母的导程时，活动螺母不移动。也就是说，活动螺母的移动方向取决于两段螺纹中导程较大的螺旋副的移动方向。

（2）复式螺旋传动　如果机架上的螺母旋向仍为左旋，活动螺母的螺纹旋向为右旋，如图 6-24b 所示，当向上回转螺杆时，螺杆相对机架右移，活动螺母相对螺杆也右移，螺杆每转一圈，活动螺母实际移动距离为两段螺纹导程之和，即螺杆相对机架的移动方向与活动螺母相对螺杆的移动方向相同，这样，活动螺母相对机架的移动距离可用下式表示

$$L=N(P_{h1}+P_{h2})$$

式中　L——活动螺母的实际移动距离，单位为 mm；

N——螺杆的回转圈数；

P_{h1}——机架上固定螺母的导程，单位为 mm；

P_{h2}——活动螺母的导程，单位为 mm。

这种螺旋传动的位移量 L 与导程和（$P_{h1}+P_{h2}$）成正比，所以可以产生较大的位移，通常用于快速运动机构中，如快速夹具。

活动螺母实际移动方向的判断：

因螺杆相对机架的移动方向与活动螺母相对螺杆的移动方向相同，所以活动螺母的实际移动方向与螺杆相对机架的移动方向及活动螺母相对螺杆的移动方向均相同。

例 6-2　如图 6-23 所示的双螺旋传动中，假设机架的固定螺母和活动螺母的旋向相同，

都为左旋，机架的固定螺母导程为 5mm，活动螺母的导程为 4mm，当向上回转螺杆 0.5 圈时，活动螺母的移动距离为多少？移动方向如何？其他条件不变，如果固定螺母旋向为右旋，活动螺母旋向为左旋，此时螺母的移动距离为多少？方向又如何？

解：① 因双螺旋传动机构中的两螺纹旋向相同，所以活动螺母的移动距离为

$$L=N(P_{h1}-P_{h2})=0.5\times(5-4.5)\text{mm}=0.25\text{mm}$$

因为

$$P_{h1}>P_{h2}$$

所以，活动螺母的移动方向与螺杆的移动方向相同，即向右移动。

② 若两螺纹旋向相反，活动螺母的移动距离为

$$L=N(P_{h1}+P_{h2})=0.5\times(5+4.5)\text{mm}=4.75\text{mm}$$

活动螺母的移动方向与螺杆的移动方向相同，即向左移动。

三、滚珠螺旋传动

在普通螺旋传动中，由于螺杆与螺母的牙侧表面之间的相对摩擦是滑动摩擦，因此传动阻力大，摩擦损失严重，效率低，不能满足现代机械的传动要求。因此，在许多现代机械中，为了改善螺旋传动的功能，经常采用滚珠螺旋传动。

1. 组成和原理

滚珠螺旋传动也称滚珠丝杠传动、滚珠丝杠螺旋副，它是在丝杠和螺母滚道之间放入适量的滚珠，使螺纹间产生滚动摩擦取代滑动摩擦，从而提高传动效率和传动精度。

如图 6-25a 所示，滚珠螺旋传动主要由滚珠、螺杆、螺母及滚珠循环装置组成。其工作原理是：在螺杆和螺母的螺纹滚道中，装有一定数量的滚珠（钢球），当螺杆与螺母做相对螺旋运动时，滚珠在螺纹滚道内滚动，并通过滚珠循环装置的通道构成封闭循环，从而实现螺杆与螺母间的滚动摩擦。图 b 所示为滚珠螺旋传动的实物图。

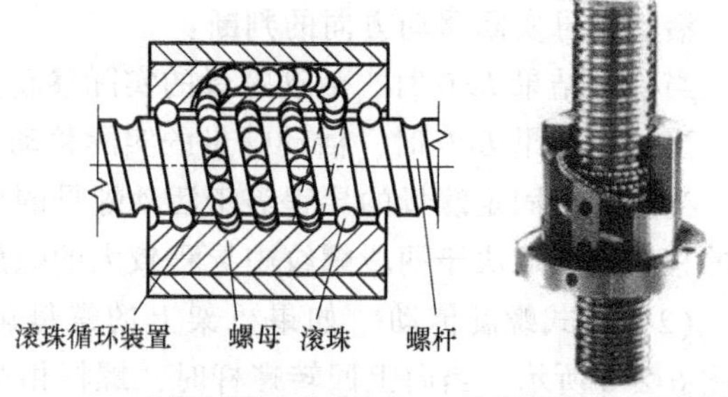

a) 滚珠螺旋传动的组成　b) 滚珠螺旋传动实物图

图 6-25　滚珠螺旋传动

2. 类型

滚珠螺旋传动按滚珠循环方式不同，可分为内循环和外循环式两种。

内循环方式的滚珠在循环过程中始终与丝杠表面保持接触。如图 6-26 所示，在螺母 2 的侧面孔内装有接通相邻滚道的反向器 4，利用反向器引导滚珠 3 越过丝杠 1 的螺旋顶部进入相邻滚道，形成一个循环回路。一般在同一螺母上装有 2～4 个滚珠用反向器（称为 2～4 列），并沿螺母圆周均匀分布。这种方式的优点是滚珠循环的回路短、流畅性好、效率高，螺母的径向尺寸也较小。其缺点是反向器加工困难，装配、调试也不方便。

外循环方式的滚珠在循环返向时，有一段脱离丝杠螺旋滚道，在螺母体内或体外做循环运动。按结构形式可分为螺旋槽式、插管式和端盖式三种，如图 6-27 所示。

1）螺旋槽式外循环结构。如图 6-27a 所示，在螺母 2 的外圆柱表面上铣出螺旋凹槽，槽的两端钻出两个通孔与螺旋滚道相切，螺旋滚道内装入两个挡珠器 4 引导滚珠 3 通过这两个孔，同时用套筒 1 盖住凹槽，构成滚珠的循环回路。这种结构的特点是工艺简单、径向尺

寸小、易于制造；但是挡珠器刚性差、易磨损。

2）插管式外循环结构。如图 6-27b 所示，用弯管 1 代替螺旋凹枪，弯管的两端插入与螺旋滚道 4 相切的两个内孔，用弯管的端部引导滚珠 3 进入弯管，构成滚珠的循环回路，再用压板 2 和螺钉将弯管固定。插管式外循环结构简单、容易制造，但是径向尺寸较大，因此弯管端部用作挡珠器比较容易磨损。

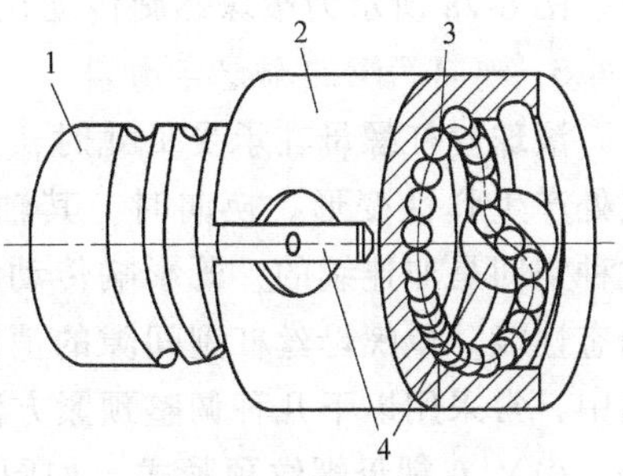

图 6-26 内循环方式的滚珠

1—丝杠 2—螺母 3—滚珠 4—反向器

3）端盖式外循环结构。如图 6-27c 所示，在螺母 1 上钻出纵向孔作为滚子回程滚道，螺母两端装有两块扇形盖板或套筒 2，滚珠的回程道口就在盖板上。滚道半径为滚珠直径的 1.4～1.6 倍。这种方式结构简单、工艺性好，但滚道接合和弯曲处圆角不易制造准确而影响其性能，故应用较少。常以单螺母形式用作升降传动机构。

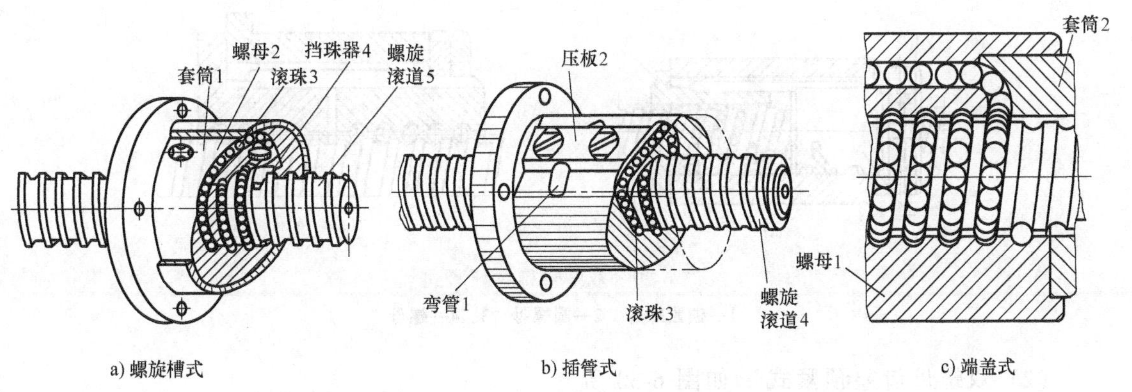

图 6-27 外循环方式的滚珠

3. 特点

优点如下：

1）滚动摩擦的摩擦系数小，摩擦损失小，传动效率高。

2）磨损小，使用寿命长，传动时运动平稳。

3）间隙可调，动作灵敏，传动精度与刚度均得到提高。

4）不具有自锁性，可将直线运动变为回转运动。

缺点如下：

1）结构复杂，外形尺寸较大，制造技术要求较高，因此成本也较高。

2）在需要防止逆转的机构中，要加自锁机构。

3）承载能力不如普通螺旋机构大。

4. 应用

滚珠螺旋传动多用于车辆转向机构及传动精度要求较高的场合，如精密传动的数控机床、工业机器人、飞机机翼和起落架的控制驱动等自动控制装置、升降机构和精密测量仪器等。图 6-28 所示为滚珠螺旋传动在数控机床上的应用实例。

5. 轴向间隙的调整与预紧

图 6-28　滚珠螺旋传动在数控机床上的应用

滚珠丝杠螺母在承受负载时，其滚珠与滚道面接触点处产生弹性变形。换向时，其轴向间隙会引起空回，这种空回是非连续的，既影响传动精度，又影响系统的动态性能。单螺母丝杠副间隙的消除相当困难。实际应用中，常采用以下几种调整预紧方法：

（1）双螺母螺纹预紧式　如图 6-29 a 所示，螺母 3 的外端有凸缘，而螺母 4 的外端虽无凸缘，但加工有螺纹，并通过两个圆螺母固定。调整时，旋转圆螺母 2 消除轴向间隙并产生一定的预紧力，然后用锁紧螺母 1 锁紧。预紧后，两个螺母中的滚珠相向受力，如图 6-29b 所示，从而消除轴向间隙。其特点是结构简单、刚性好、预紧可靠，使用中调整方便，但不能精确定量的调整。

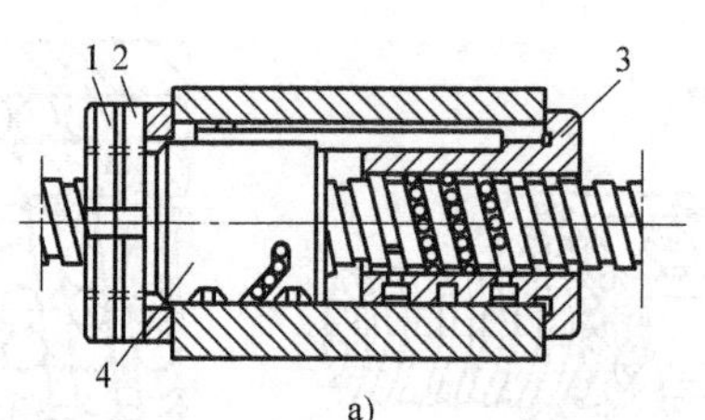

a)

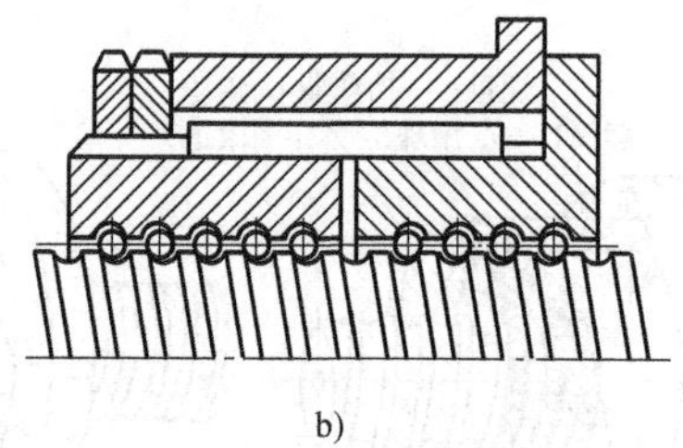

b)

图 6-29　双螺母螺纹预紧式

1—锁紧螺母　2—圆螺母　3、4—螺母

（2）双螺母齿差预紧式　如图 6-30 所示，在两个螺母 3 的凸缘上分别加工出只相差一个齿的齿圈，然后装入螺母座中，与相应的内齿圈相啮合。由于齿数差的关系，通过两端的两个内齿轮 2 与圆柱齿轮相啮合并用螺钉和定位销固定在套筒 1 上。调整时，先取下两端的内齿轮 2，当两个滚珠螺母相对于套筒同一方向转动同一个齿后固定，则一个滚珠螺母相对于另一个滚珠螺母产生相对角位移，使两个滚珠螺母产生相对移动，从而消除间隙并产生一定的预紧力。其特点是可实现定量调整，即可进行精密微调（如 0.002mm），使用中调整较方便。

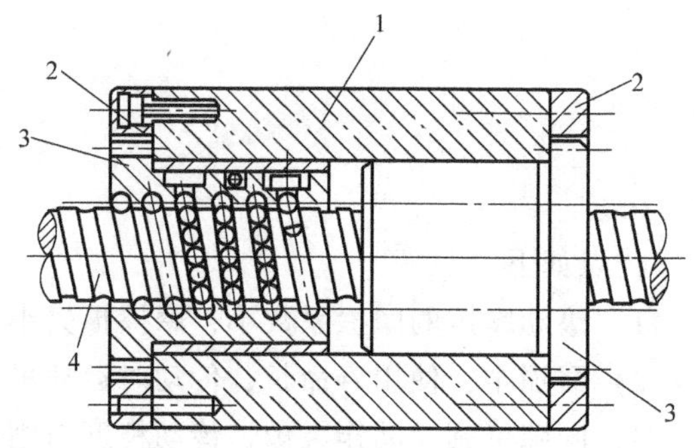

图 6-30　双螺母齿差预紧式

1—套筒　2—内齿轮　3—螺母　4—丝杠

此外，还有双螺母垫片预紧式、弹簧自动调整预紧式、单螺母变位导程自预紧式等预紧方法。

技能实践

图 6-31 所示为差动螺旋传动式微调镗刀，了解微调镗刀的结构，分析其工作原理。

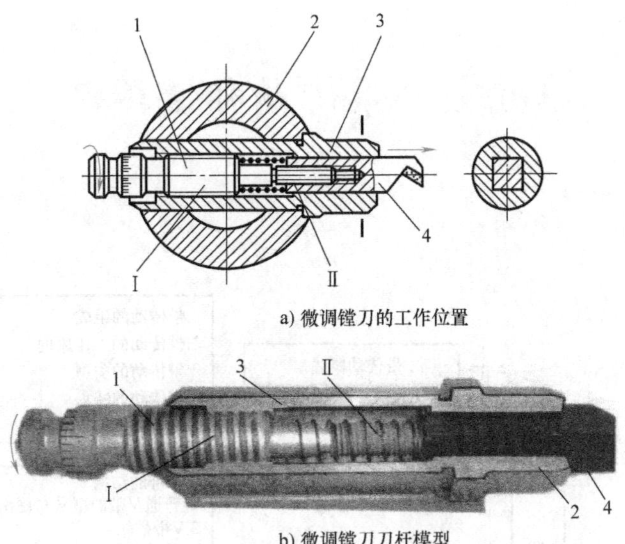

a) 微调镗刀的工作位置

b) 微调镗刀刀杆模型

图 6-31　差动螺旋传动式微调镗刀

1—螺杆　2—镗杆　3—刀套　4—镗刀

该镗刀的Ⅰ、Ⅱ两段螺旋副均为右旋单线螺纹，其螺距分别是 P_1 = 1.75mm，P_2 = 1.5mm。刀套 3 通过过盈配合固定在镗杆 2 上，矩形刀柄的镗刀 4 在刀具中不能转动，只能移动，分析该镗刀微量位移的工作过程。当螺杆转动一周时可使镗刀向哪个方向移动？移动的距离是多少？如果螺杆圆周按 100 等分刻线，螺杆每转过一格时，镗刀的实际位移是多少？

课题小结

螺旋传动是生活、生产中应用十分普遍的一种机械传动形式。它具有结构紧凑、传动平稳、传动精度较高等优点。同时，由于螺旋传动的很多构件都是标准化零件，使用、更换的成本也很低。从类型上看，常见的普通螺旋传动主要用于运动和动力的传递；差动螺旋传动可以视为普通螺旋传动的衍生机构，由于其巧妙利用了两个螺旋传动产生的差动，因而能容易实现小位移、高精度的直线位移输出，在微测量方面有广泛使用；而滚珠螺旋传动中用滚动摩擦取代滑动摩擦，其主要目的在于提高传动效率和传动灵敏度，广泛应用于数控机床、精密机器等机械中。

单元七　带传动和链传动

内容构架

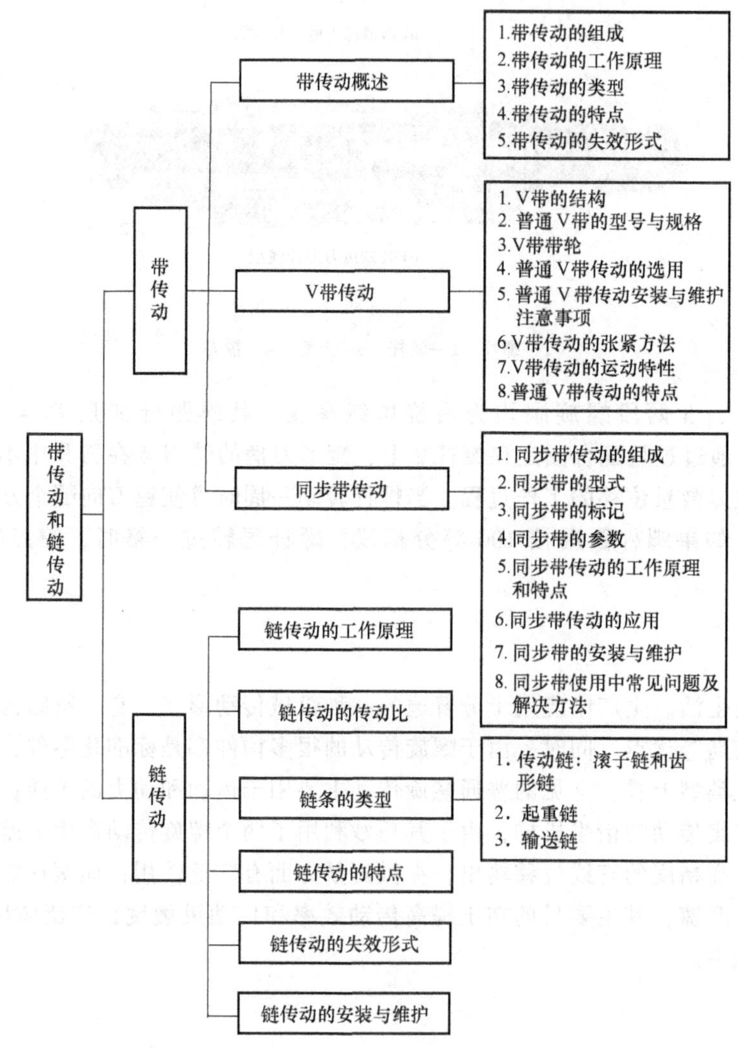

学习引导

传动装置是机械的重要组成部分，是将原动机的运动和动力传递给工作机的中间装置。机器的工作性能很大程度取决于传动装置的性能及布局的合理性。传动装置按传动的介质不同，可分为机械传动、液压传动、气压传动和电力传动等。本书主要讲述带传动、链传动、齿轮传动、蜗杆传动等机械传动。

带传动和链传动都属于挠性传动，是一类较为常见的机械传动形式，广泛应用于机械产品中，如汽车、农业机械、数控机床等。带传动和链传动通过环形挠性元件（带或链）在传动轮之间传递运动和动力，其传动轮分别为带轮和链轮，挠性件分别为传动带和传动链。按工作原理来分，挠性传动可分为摩擦型传动和啮合型传动。带传动有摩擦型带传动和啮合型带传动，链传动属于啮合型传动。当主动轴与从动轴相距较远时，常采用这两种传动，与齿轮传动相比，它们具有结构简单、成本低廉等优点。

本单元主要介绍带传动和链传动的组成、工作原理、传动类型、特点和应用，要求掌握带传动和链传动的传动规律、安装与维护方法，并能正确分析及使用，逐步提高对机械传动的认识能力。

【目标与要求】

- 熟悉带传动的组成。
- 掌握带传动的工作原理。
- 掌握带传动的特点及应用。
- 掌握V带的结构、型号及主要参数。
- 能够正确安装、使用V带，并能处理V带打滑问题。
- 能够调整传动带的张紧度。
- 了解同步带传动的组成。
- 掌握同步带传动的工作原理、特点、型式、标记和参数。
- 掌握同步带的安装与维护方法。
- 熟悉链传动的组成及传动比。
- 了解链传动的特点及应用。
- 熟悉链轮和链条的结构、类型及材料。
- 掌握传动链的张紧与润滑方法。

【重点与难点】

重点：

- 带传动的工作原理及特点。
- V带的结构、型号及主要参数。
- 同步带的安装与维护。
- 链传动的特点及应用。
- 滚子链的结构及主要参数。

难点：

- 正确安装、使用V带，并能处理V带打滑问题。
- 调整传动带的张紧度。
- 传动链的润滑。

课题一　带传动概述

课题导入

随着工业技术水平的不断提高，带传动在汽车、家用电器、办公设备、数控机床以及各种新型机械中的应用越来越广泛。如图7-1所示，分别是带传动在跑步机、手扶拖拉机、汽车发动机、印刷机器、安检机及工业机器人上的应用。

a) 跑步机　b) 手扶拖拉机　c) 汽车发动机

d) 印刷机器　e) 安检机　f) 工业机器人

图 7-1　带传动的应用

【观察与思考】

想一想，在我们的生活和生产实际中，还有哪些地方用到了带传动？

带传动的工作过程如图 7-2 所示，当原动机驱动主动带轮转动时，由于带与带轮之间摩擦力，使从动带轮一起转动，从而实现运动和动力的传递。例如，手扶拖拉机上柴油发动机就是通过带传动将柴油机的动力传递给拖拉机的传动部分，从而驱动拖拉机正常工作。

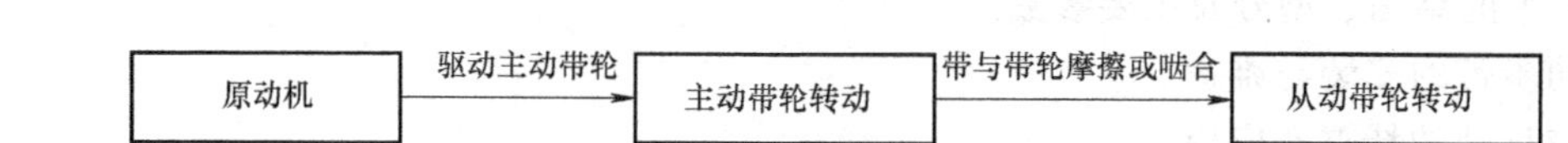

图 7-2　带传动的工作过程

知识学习

一、带传动的组成

带传动一般是由主动轮、从动轮、紧套在两轮上的传动带及机架组成，常用于减速传动。图 7-3 所示为工厂中常见的电动机与主轴间的传动。

二、带传动的工作原理

安装时带被张紧在带轮上，产生的初拉力使得带与带轮之间产生压力。当主动轮转动时，依靠带与带轮接触面间产生的摩擦力（啮合力），驱动从动轮一起同向转动并传递动力。静止时，两边带上的拉力相等。传动时，由于传递载荷，两边带上的拉力会有一定的差

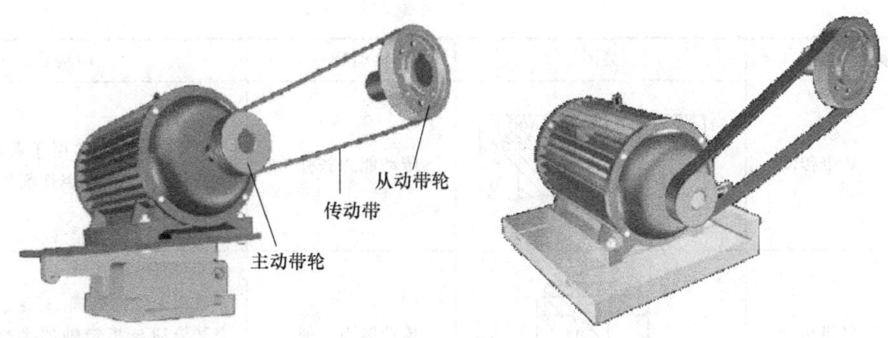

图 7-3　带传动的组成

值。拉力大的一边称为紧边（主动边），拉力小的一边称为松边（从动边）。如图 7-4 所示，当主动带轮 1 按图示方向回转时，上边是紧边，下边是松边。

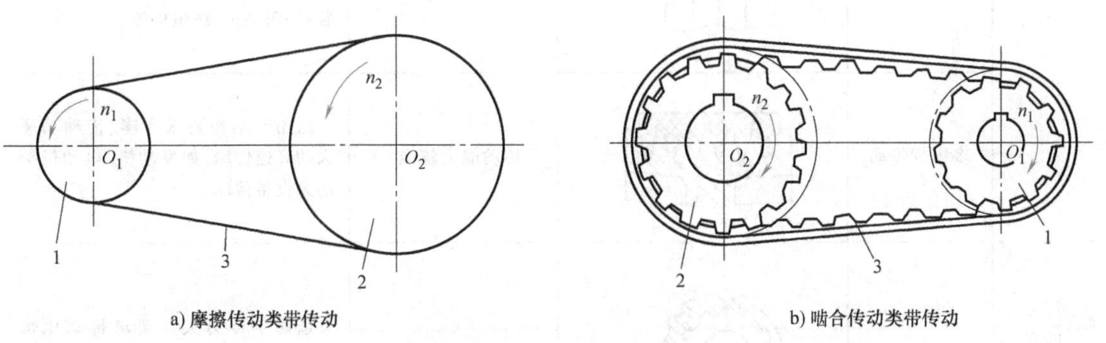

图 7-4　带传动的工作原理

1—主动带轮　2—从动带轮　3—传动带

机构中瞬时输入速度与输出速度的比值称为机构的传动比。对于带传动而言，传动比就是主动带轮转速 n_1 与从动带轮转速 n_2 之比，通常用字母 i_{12} 表示。

$$i_{12}=\frac{n_1}{n_2}$$

式中　n_1、n_2——主、从动带轮的转速，单位为 r/min。

【观察与思考】

观看主、从动带轮的大小，想一想，带传动是减速传动、等速传动还是增速传动？分析一下在哪种情况下 $i_{12}=1$、$0<i_{12}<1$、$i_{12}>1$？

三、带传动的类型

根据传动原理的不同，带传动有依靠带与带轮之间的摩擦力传动的摩擦型带传动，也有依靠带与带轮上的齿相互啮合传动的啮合型带传动，如图 7-4a、b 所示。摩擦型带传动根据传动带的截面形状的不同，又可分为 V 带、平带、圆带和多楔带等类型。啮合型带传动主要有同步带传动。

带传动的类型、简图、传动特点及应用场合见表 7-1。

表 7-1　带传动的类型及应用场合

类型		简图	传动特点	应用场合
摩擦型带传动	V 带传动		传动能力较强	应用较广泛，常用于各种机械的高速传动中，如金属切削机床等
	平带传动		传动能力一般	适用于较远距离、高速、平行轴的交叉传动与相错轴的半交叉传动，如农业机械、运输机械等
	圆带传动		传动能力较弱	适用于动力较小的传动或手动机械上的传动，如缝纫机、放映机、包装机、印刷机、纺织机等
	多楔带传动		传动能力较强	适用于结构要求紧凑、传动功率大的高速传动，如发动机、电动机等动力设备传动
啮合型带传动	同步带传动		传动能力强	适用于传力大且要求传动比恒定、对传动精度要求较高的场合，如数控机床、有线文字传真机等

四、带传动的特点

1. 优点

1）结构简单，制造、安装精度要求不高；使用维护方便，成本低廉。

2）可增加带的长度以适应大中心距的需要，适用于两轴中心距较大的传动。

3）带具有良好的挠性，可缓和冲击，吸收振动，传动平稳，噪声小。

4）当过载时，带与带轮之间会出现打滑，虽使传动失效，但可以避免其他零件被损坏，起安全保护作用，一般适用于高速端。

2. 缺点

1）传动效率较低。

2）需要张紧装置。

3）带的使用寿命较短。

4）传动外廓尺寸大，结构不紧凑。

5）不宜在高温、易燃及有油、水的场合使用。

6）在摩擦型传动中，由于带的滑动，其传动比不恒定，不能保证准确的传动比。

五、带传动的失效形式

带传动的主要失效形式为带的失效，即疲劳损坏和打滑。

疲劳损坏是指在远低于材料强度极限的交变应力作用下，材料发生破坏的现象。任何材料都会发生疲劳破坏，因此在设计零部件及工程结构时，必须考虑到材料遭受疲劳破坏时的强度极限，以免造成不必要的财产损失和人身伤亡事故。

打滑是指当传递的力大于带轮之间的摩擦力总和极限时，会发生过载打滑，传动失效。

技能实践

通过观察生活、参观学校实训实习室（实训工厂），分别列举出几个有关带传动的实例，同学们也可拍摄成图片或视频相互之间进行分享与交流。

课题小结

本课题从带传动的实际应用着手导入课题，通过观察实例和视频，分析带传动的组成与工作原理，介绍了带传动的类型、应用场合和特点。

课题二　V 带传动

课题导入

V 带传动是靠 V 带的两侧面与轮槽侧面压紧产生摩擦力进行动力传递的。在相同张紧力和摩擦系数的情况下，与平带传动相比，V 带传动的摩擦力大，所以 V 带传动较平带传动的结构紧凑、传动力大，而且 V 带是无接头的传动带，传动较平稳。V 带传动广泛应用于纺织机械、普通机床以及一般的动力传动装置，图 7-5 所示为 V 带传动在拖拉机上的应用。

图 7-5　V 带传动在拖拉机上的应用

那么当 V 带需要更换时，应怎么识别并选取合适的 V 带？通过本课题的学习，了解 V 带的结构、型号和周长等参数后，就能解决上述问题。

V 带有普通 V 带、窄 V 带、宽 V 带、大楔角 V 带、联组 V 带、齿形 V 带、汽车 V 带等多种类型，其中普通 V 带应用最广。因此，本课题将重点讲解普通 V 带。

知识学习

一、V 带的结构

普通 V 带是无接头的环形传动带，其截面形状为等腰梯形，适用于小中心距与大传动比的动力传递；其工作面是与轮槽接触的两侧面，带与轮槽底面不接触。图 7-6 所示为普通 V 带的实物图。

普通 V 带由抗拉体、顶胶、底胶以及包布四部分组成，如图 7-7 所示。顶胶层和底胶层均为橡胶；包布层由几层胶帆布组成，起保护作用；抗拉体层是 V 带工作承受载荷的主体，其结构有线绳和帘布两种。帘布结构的 V 带抗拉强度高，制造方便，一般用途的 V 带多采

图 7-6　普通 V 带

用这种结构；而线绳结构的 V 带比较柔软，弯曲疲劳强度较好，但拉伸强度低，常用于载荷不大、转速较高、带轮直径较小的场合。

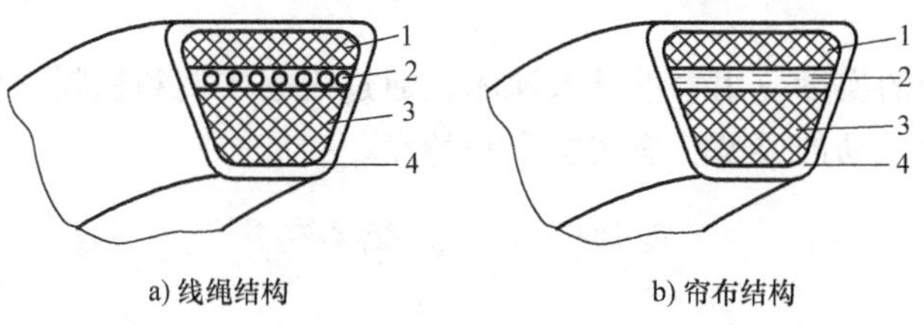

图 7-7　普通 V 带结构

1—顶胶　2—抗拉体　3—底胶　4—包布

线绳结构 V 带的形式根据其结构可以分为包布 V 带和切边 V 带（包括普通切边 V 带，有齿切边 V 带和底胶夹布切边 V 带）两类，它由胶帆布、顶胶、缓冲胶、芯绳、底胶等组成，如图 7-8 所示。

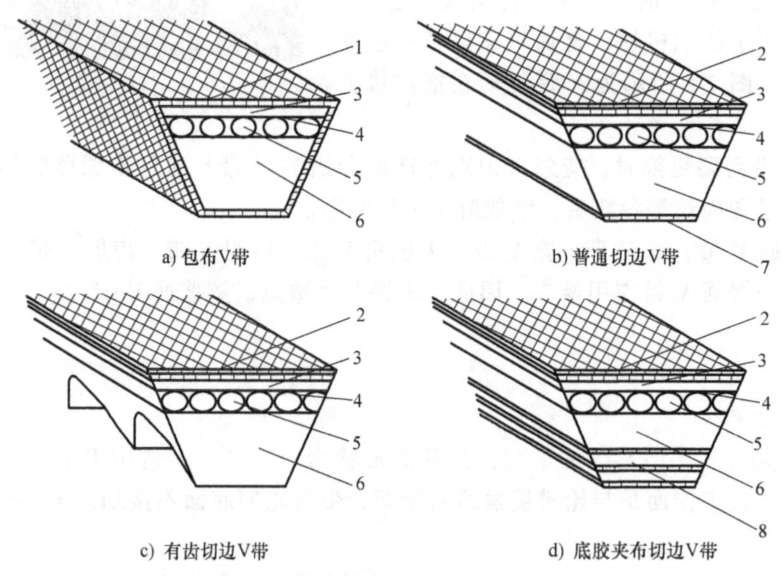

图 7-8　线绳结构 V 带的形式和结构

1—胶帆布　2—顶布　3—顶胶　4—缓冲胶　5—芯绳　6—底胶　7—底布　8—底胶夹布

二、普通 V 带的型号与规格

1. 普通 V 带的截面尺寸

普通 V 带的横截面是对称梯形，高与节宽之比约为 0.7，带两侧工作面的夹角 α 称为带的楔角，$\alpha=40°$。图 7-9a 所示是普通 V 带的截面图。V 带截面中梯形轮廓的最大宽度称为顶宽 b，梯形轮廓的高度称为高度 h。

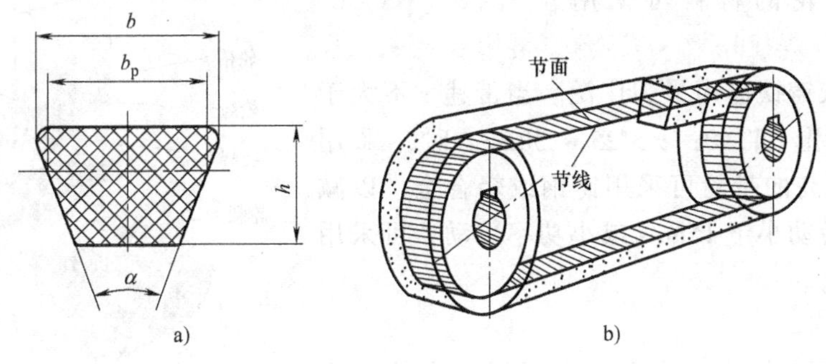

图 7-9　普通 V 带截面尺寸

V 带在规定张紧力下弯绕在带轮上时，外层受拉伸变长，内层受压缩变短，两层之间存在一长度不变的中性层，沿中性层形成的面称为节面，如图 7-9b 所示。节面的宽度称为节宽 b_p。节面的周长为带的基准长度 L_d。

2. 普通 V 带的型号

普通 V 带的尺寸已标准化，按截面尺寸由小到大分，其型号分为 Y、Z、A、B、C、D、E 七种（其中有齿切边带型号后面加 X），其中 E 型截面积最大，其传递功率也最大，生产现场中使用最多的是 A、B、C 三种型号。其基本尺寸见表 7-2。

表 7-2　普通 V 带截面基本尺寸（摘自 GB/T 11544—2012）

带型	节宽 b_p/mm	顶宽 b/mm	高度 h/mm	楔角 α/(°)
Y	5.3	6	4	40
Z	8.5	10	6	
A	11.0	13	8	
B	14.0	17	11	
C	19.0	22	14	
D	27.0	32	19	
E	32.0	38	23	

3. 普通 V 带的标记

普通 V 带的标记由带型、基准长度和标准编号组成，示例如下：

注：根据供需双方协商，可在标记中增加内周长度。

在普通 V 带的外表面上压印的标记为 A1430 GB/T 1171，则表示该 V 带为 A 型普通 V 带，基准长度 $L_d=1430$mm，执行国家标准为 GB/T 1171—2017。每根普通 V 带顶面印有水洗不掉的标志，包括：制造厂名或商标、标记、配组代号和制造年月等。

三、V 带带轮

1. 带轮材料

制造 V 带轮的材料可采用灰铸铁（HT150、HT200）、铸钢、焊接钢板（高速）、铸铝合金和工程塑料，其中以灰铸铁应用最为广泛。当带速 v 不大于 25m/s 时，采用 HT150；$v>25\sim30$m/s 时，采用 HT200，速度更高的带轮可采用铸钢或轻合金，以减轻重量；低速转动小于 15m/s 或小功率传动，可采用铸铝或工程塑料。

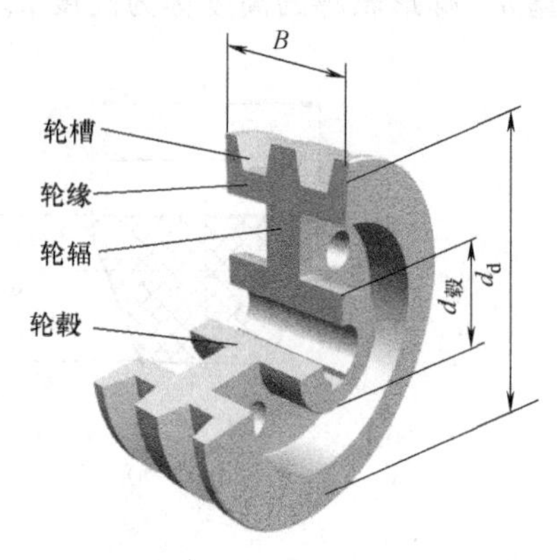

图 7-10　V 带轮的组成

2. 带轮结构

V 带轮通常由轮缘、轮辐（或辐板）和轮毂组成，如图 7-10 所示。带轮的外圈是轮缘，在轮缘上有梯形槽，与轴配合的部分称为轮毂，连接轮毂与轮缘的部分称为轮辐。带轮轮毂部分通常采用键连接。带轮的典型结构及适用场合见表 7-3。

表 7-3　V 带轮的典型结构及适用场合

典型结构	模型图	结构图	适用场合
实心式			当基准直径小于或等于 2.5 倍轴的直径时采用
腹板式			当基准直径小于或等于 300mm 时采用

（续）

典型结构	模型图	结构图	适用场合
孔板式			在孔板内外圆直径之差大于或等于 100mm 时采用
轮辐式			当基准直径大于 300mm 时采用

3. 带轮的沟槽尺寸

V 带绕带轮时会弯曲，此时 V 带节面外侧受拉伸变长，其横向相应收缩；内侧受压缩变短，其横向扩张，其结果将使 V 带的横截面变形，楔角比弯曲前的 40°标准值减小。为保证弯曲变形后的 V 带两侧仍能与带轮贴合，应将轮槽角 φ 制成比 40°略小些。带轮直径越小，带弯曲变形越厉害，轮槽角 φ 应越小。

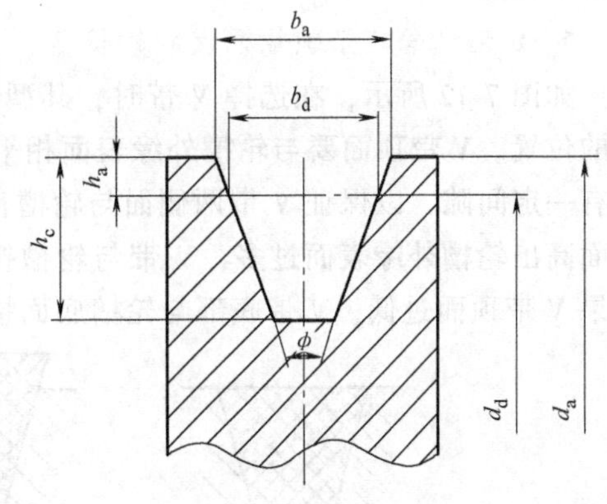

图 7-11　V 带轮的截面

如图 7-11 所示，在 V 带轮上与所配用 V 带节面处于同一位置的槽形轮廓宽度称为基准宽度 b_d。基准宽度处的带轮直径称为基准直径 d_d。

带轮基准直径 d_d 是带传动的主要设计参数之一，数值已标准化，应按国家标准选用标准系列值。在带传动中，带轮基准直径越小，传动时 V 带在带轮上的弯曲变形就越严重，V 带的弯曲应力越大，从而会降低带的使用寿命。为延长传动带的使用寿命，国家标准对各型号的普通 V 带带轮都规定了最小基准直径 d_{min}，见表 7-4。

表 7-4　普通 V 带带轮最小基准直径 d_{min}（摘自 GB/T 11544—2012）

槽型	Y	Z	A	B	C	D	E
d_{min}/mm	20	50	75	125	200	355	500

四、普通 V 带传动的选用

在设备安装与维修过程中，选择 V 带传动时，必须考虑 V 带的根数、V 带的型号、带轮的基准直径、带速、中心距和小带轮的包角等因素。

1）V 带传动属于多根带传动，V 带的根数影响传动能力的大小。根数多，承载能力大，传动的功率大；但根数过多，会影响每根带受力的均匀性，所以 V 带传动中所需 V 带的根数应根据具体传递功率的大小来确定。为了保证每根带受力的均匀性，带的根数不宜过多，原则上一般不超过 10 根，通常取 2~5 根。

2）V 带的型号与所要传递的功率以及小带轮的转速有关。

3）两轮的基准直径要选择适当，如果小带轮的直径太小，则 V 带在带轮上弯曲严重，传动时弯曲应力大，会缩短 V 带的使用寿命。

4）普通 V 带的线速度一般应限制在 5~25m/s 范围内，不宜过大，也不宜过小。V 带线速度越大，V 带做圆周运动时所产生的离心力也越大，这将使 V 带与带轮之间的压紧力减小，导致摩擦力减小，降低带的传动能力。V 带的线速度过小，在传递功率一定时，会造成有效拉力过大，引起打滑。

5）V 带传动的中心距越大，结构尺寸也越大，传动时还会引起 V 带的颤动；中心距越小，小带轮上的包角也越小，使摩擦力减小而影响带的传动能力。此外，由于单位时间内带轮上挠曲次数增多，使带容易断裂，缩短了 V 带的使用寿命。

6）V 带传动一般要求小带轮的包角 $\alpha_1 \geqslant 120°$。

五、普通 V 带传动安装与维护注意事项

正确的安装和维护是保证带传动正常工作、延长 V 带使用寿命的有效措施，一般应注意以下几点：

1. V 带型号与带轮轮槽尺寸相符合

如图 7-12 所示，在选择 V 带时，其型号和基准长度不要搞错，以保证 V 带在轮槽中正确的位置。V 带顶面要与轮槽外缘表面相平齐（新装 V 带可略高于轮缘），底面与轮槽底部留有一定间隙，以保证 V 带两侧面与轮槽良好接触，增加 V 带传动的工作能力。如果 V 带顶面高出轮槽外缘表面过多，V 带与轮槽接触面积减小，摩擦力减小，V 带传动能力下降；如果 V 带顶面过低，V 带底部与轮槽底面接触，则摩擦力锐减，甚至丧失摩擦力。

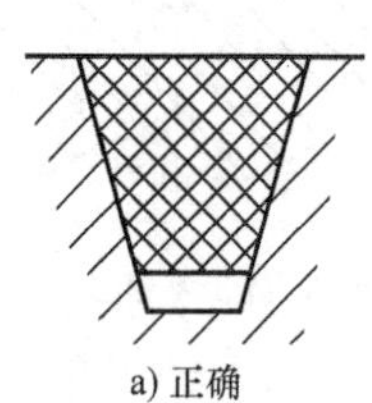
a) 正确

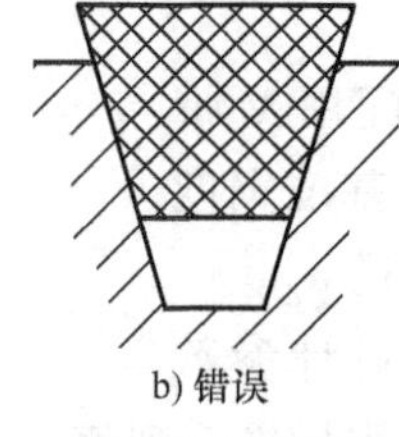
b) 错误

c) 错误

图 7-12　V 带在轮槽中的位置

2. 带轮在轴上的安装

带轮在轴上安装一般采用过渡配合，并用键连接或螺纹连接等固定，其连接形式如

图 7-13所示：图 a 所示为圆锥形轴的配合形式，在轴的端面要加垫圈并用螺母拧紧；图 b 所示为圆柱形轴的配合形式，一般要利用轴肩和轴端挡圈并用螺钉紧固；图 c 所示为圆柱形轴头采用楔键连接的装配形式；图 d 所示为圆柱形轴头采用花键连接定位的形式，并在轴端加垫圈后再用螺钉紧定。在安装带轮前，必须按轴槽和轮毂槽来修配，然后清除表面上的污物，涂上机油，再用木锤敲打或用螺钉旋具将带轮安装到轴上。安装后，可使用划针盘或百分表检查带轮径向圆跳动和轴向圆跳动。

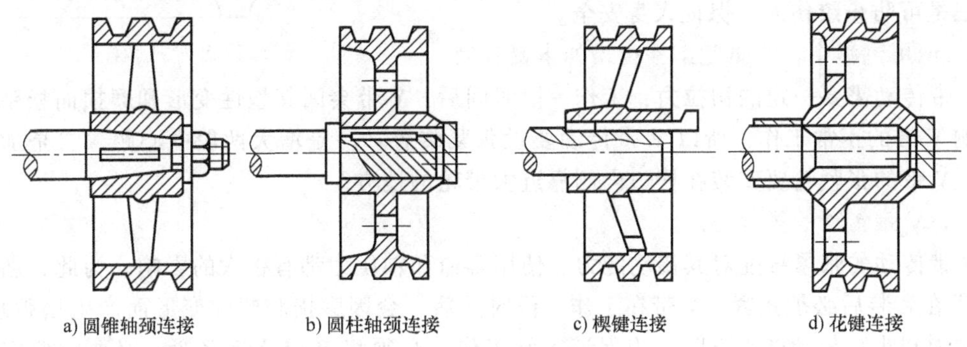

图 7-13　带轮和轴连接形式

3. 带轮间相互位置的保证

如图 7-14 所示，安装带轮时，各带轮轴线应相互平行，各轮槽相对应的 V 形槽的对称平面应重合，其误差不得超过 20′。带轮间相互位置不正确，会引起张紧不匀和 V 带的扭曲，使两侧面加快磨损，影响传动能力，缩短带的使用寿命。两带轮对称中心平面的重合度一般在装配过程中通过调整达到。检查方法是：当两轮中心距不大时可用钢直尺检查，中心距较大时可用拉线方法检查。

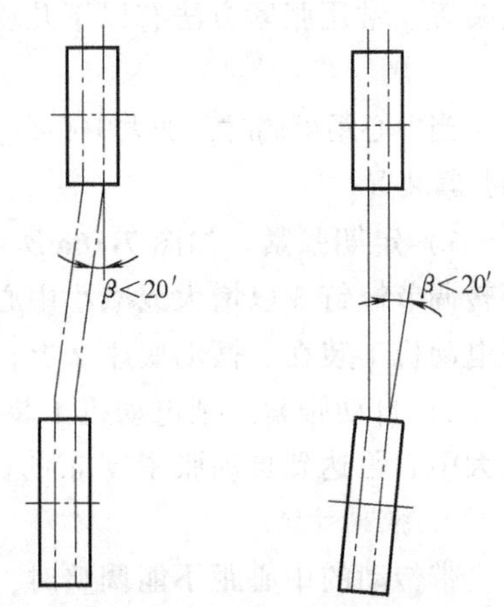

图 7-14　带轮的安装位置

4. 安装或拆卸 V 带时不得强行撬入或撬开

安装 V 带时，应先将两带轮中心距缩小，将 V 带套在带轮上，再逐渐调大中心距拉紧 V 带；也可先将 V 带套在小带轮槽中，然后转动大带轮，用螺钉旋具顺势将带拨入大带轮槽中。拆卸 V 带时，应先将两带轮中心距缩小，让 V 带松开后，再自然取下 V 带。

5. 安装时 V 带张紧程度要合适

用大拇指按下 V 带中间部位约 15mm（带长为 1m 时），则带的张紧程度为合适，如图 7-15 所示。若 V 带过松，张紧力不够，传动时易打滑，传动能力下降；V 带过紧，带的张紧力过大，传动中带的磨损加剧，缩短使用寿命。

6. 多根 V 带传动时应采用配组带

为避免各根 V 带载荷分布不均，带的配组公差应在规定的范围内。使用过程中，要定期检查 V 带，若发现 V 带中有一根出现疲劳裂纹而损坏，要及时全部更换所有 V 带。不同型号、不同新旧程度的 V 带不能混合使用，也不能随意减少 V 带根数，以免新旧带并用时因长短不一而加速新带的磨损。

7. V 带传动要安装防护装置

带传动装置必须安装安全防护罩，原因有以下三点，一是避免 V 带与润滑油、切削液等矿物油、酸、碱等介质接触而腐蚀 V 带，同时防止 V 带在露天作业下受烈日曝晒而加速老化；二是可防止灰尘、油及其他杂物飞溅到 V 带上影响传动；三是可防止绞伤人，保证人身安全。

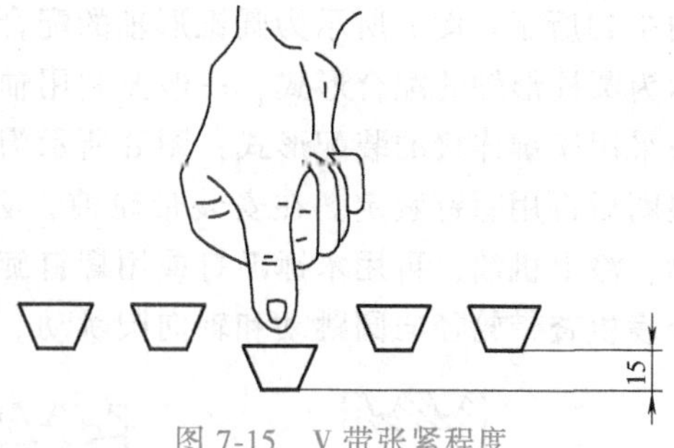

图 7-15　V 带张紧程度

8. 使用过程中，也要定期检查带的张紧程度

V 带传动需要一定的初拉力，工作一段时间后，V 带会因其塑性变形和磨损而松弛，从而影响 V 带的正常工作，所以 V 带传动要设张紧装置：一是增大两轮中心距。二是加设张紧轮。V 带的张紧轮要安装在松边内侧靠近大带轮的地方。

六、V 带传动的张紧方法

V 带传动的张紧程度对其传动能力、使用寿命和轴压力都有很大的影响。为此，新安装的 V 带在套装后必须张紧；V 带在工作一段时间后，会因磨损和塑性变形而产生松弛现象，使初拉力减小、传动能力下降，为保证正常工作，必须将 V 带重新张紧，必要时要安装张紧装置。常用张紧方法有以下几种：

1. 调整中心距法

当中心距可调时，加大中心距，使 V 带张紧。张紧装置有定期张紧装置和自动张紧装置。

1）定期张紧。如图 7-16a 所示，将装有带轮的电动机 1 装在滑道 2 上，旋转调节螺钉 3 以增大或减小中心距，从而达到张紧或松开 V 带的目的。如图 7-16b 所示，把电动机 1 装在一摆动底座 2 上，通过调节螺钉 3 调节中心距达到张紧的目的。

2）自动张紧。把电动机 1 装在图 7-16c 所示的摇摆架 2 上，利用电动机和摆架的自重，拉大中心距达到自动张紧 V 带的目的。

2. 张紧轮法

带传动的中心距不能调整时，可采用张紧轮法。

图 7-17a 所示为定期张紧装置，定期调整张紧轮的位置可达到张紧的目的。V 带和同步带张紧时，张紧轮一般放在带的松边内侧，并应尽量靠近大带轮一边，使带呈单向弯曲且不致使小带轮包角 α 过多地减小，以免缩短使用寿命。

图 7-17b 所示为摆锤式自动张紧装置，依靠摆锤重力可使张紧轮自动张紧。V 带传动时，张紧轮一般应放在松边外侧，并要靠近小带轮处。这样小带轮包角可以增大，从而提高 V 带的传动能力。

七、V 带传动的运动特性

1. 弹性滑动

V 带是弹性体，受到拉力后会产生弹性伸长，伸长量随拉力大小的变化而改变。由于 V 带传动存在紧边和松边，在紧边时 V 带被弹性拉长，到松边时又产生收缩，引起 V 带在带轮上发生微小局部滑动，这种由于 V 带的弹性变形而引起的 V 带在带轮上的滑动称为弹性滑动。弹性滑动造成 V 带的线速度略低于带轮的圆周速度，导致从动轮的圆周速度 v_2 低于主动轮的圆周速度 v_1，其速度降低率用相对滑动率表示。相对滑动率一般为 0.01~0.02，故

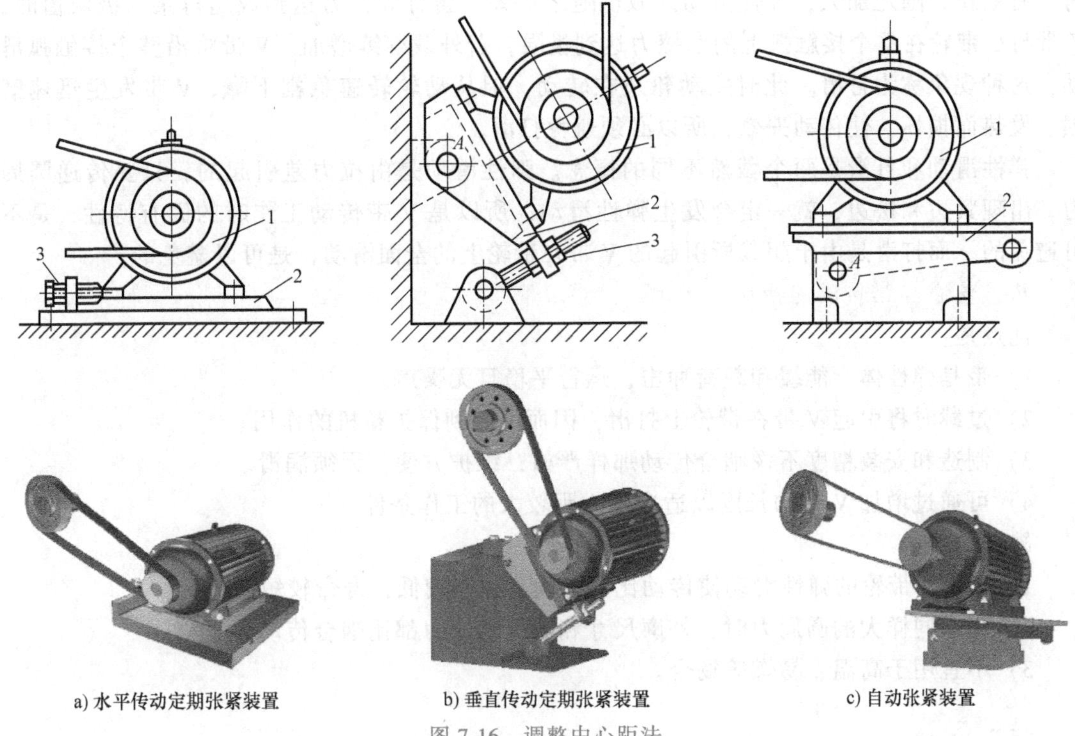

图 7-16　调整中心距法

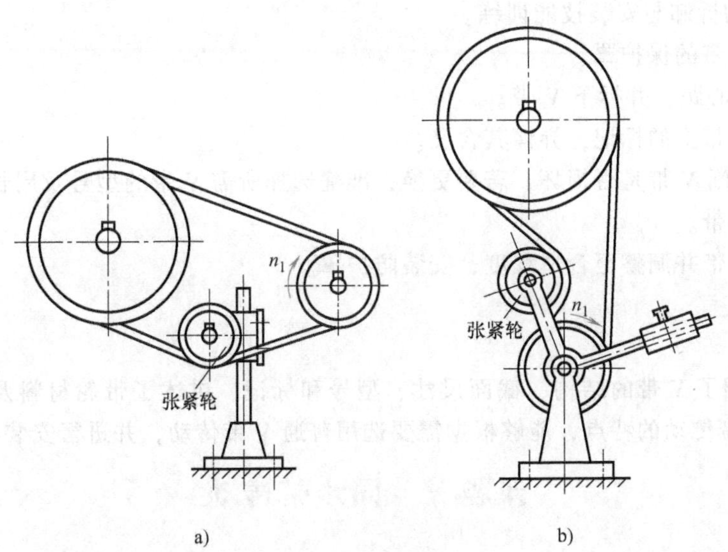

图 7-17　张紧轮的布置

在一般计算中可不考虑，此时传动比计算公式可简化为

$$i_{12}=\frac{n_1}{n_2}=\frac{d_{d2}}{d_{d1}}$$

2. 打滑

当外载较小时，弹性滑动只发生在 V 带即将由主、从动轮离开的一段弧上。外载增大

时，有效拉力随之加大，弹性滑动区域也随之扩大，当有效拉力达到或超过某一极限值时，V 带与小带轮在整个接触弧上的摩擦力达到极限，若外载继续增加，V 带将沿整个接触弧滑动，这种现象称为打滑。此时主动轮还在转动，但从动轮转速急剧下降，V 带发生迅速磨损、发热而损坏，使传动失效，所以必须避免打滑。

弹性滑动和打滑是两个截然不同的概念。弹性滑动是由拉力差引起的，只要传递圆周力，出现紧边和松边，就一定会发生弹性滑动，所以是 V 带传动工作时的固有特性，是不可避免的。而打滑是由于超载所引起的 V 带在带轮上的全面滑动，是可以避免的。

八、普通 V 带传动的特点

优点是：

1）带是弹性体，能缓和载荷冲击，运行平稳且无噪声。

2）过载时将引起 V 带在带轮上打滑，因而可起到保护整机的作用。

3）制造和安装精度不像啮合传动那样严格，维护方便，无须润滑。

4）可通过增加 V 带的长度以适应中心距较大的工作条件。

缺点是：

1）V 带与带轮的弹性滑动使传动比不准确，效率较低，寿命较短。

2）传递同样大的圆周力时，外廓尺寸和轴上的压力都比啮合传动大。

3）不宜用于高温、易燃等场合。

技能实践

V 带传动的拆卸与安装技能训练。

1）拆卸 V 带的保护罩。

2）调小中心距，并拆下 V 带。

3）识读 V 带上的标记，弄懂其含义。

4）分析判断 V 带是否损坏，若要更换，准确选择所需 V 带的型号及周长。

5）安装 V 带。

6）张紧 V 带并调整至合适程度，安装防护罩。

课题小结

本课题介绍了 V 带的结构、截面尺寸、型号和标记，讲述了带轮材料及结构，要求能够熟悉普通 V 带传动的特点，能够根据需要选用普通 V 带传动，并进行安装与维护。

课题三　同步带传动

课题导入

同步带传动的应用日益增多，不断进入传统的齿轮传动、链传动、摩擦带传动的应用领域，广泛应用于汽车、纺织、印刷包装设备、办公设备、仪器仪表、各种精密机床等领域。

如图 7-18 所示，KUKA 机器人的 5 轴和 6 轴布置方式就是采用同步带的方式进行动力传输的，它将电动机布置得比较靠后，使得机器人小臂和手腕部位紧凑。

为什么同步带传动会有如此广泛的应用？其组成、工作原理与特点是什么？

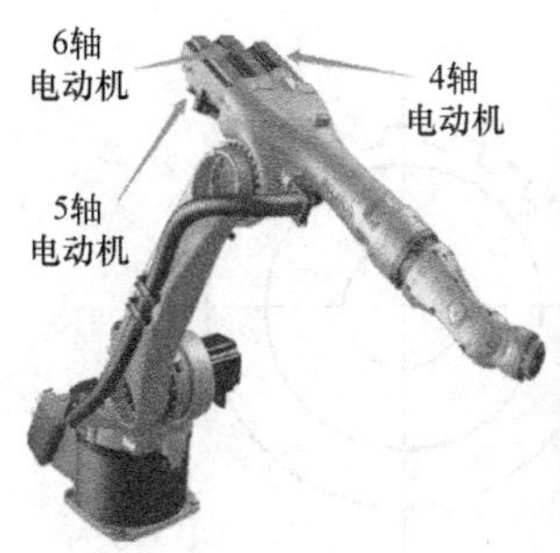

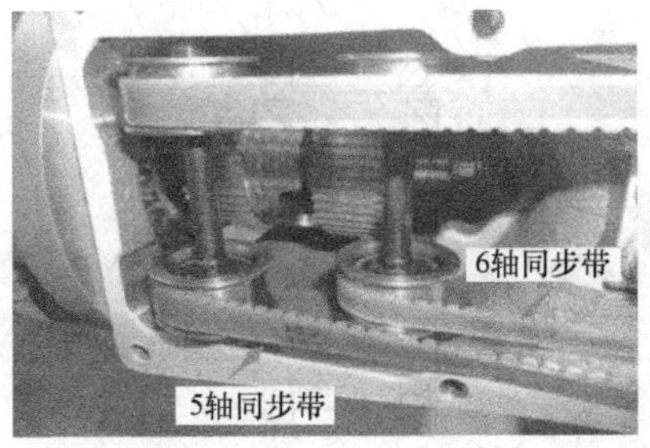

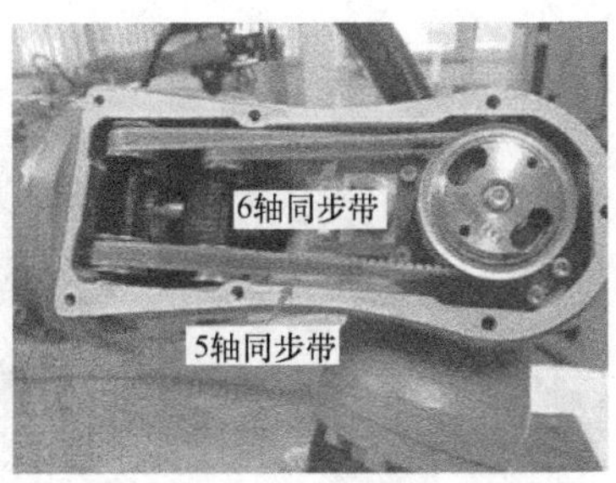

图 7-18　同步带传动在 KUKA 机器人上的应用

知识学习

一、同步带传动的组成

啮合型带传动一般也称为同步带传动。同步带传动是由一根内周表面设有等间距齿形的环行带及具有相应吻合的轮组成。它通过传动带内表面上等距分布的横向齿和带轮上的相应齿槽的啮合来传递运动。同步带传动是由一条内周表面设有等间距齿的环形传动带和具有相应齿的主动轮、从动轮组成，如图 7-19 所示。

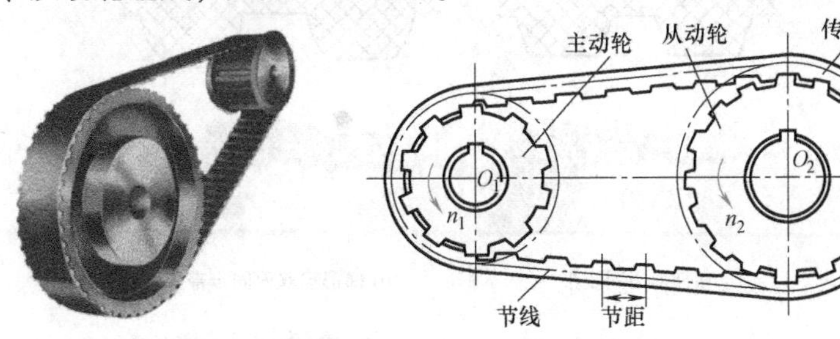

图 7-19　同步带传动的组成

如图 7-20 所示，同步带一般由齿布、带齿、芯绳和带背四部分组成。带体包括带背和带齿，芯绳采用高模骨架材料，齿布采用高耐磨织物。

如图 7-21 所示，常用同步带带轮材料一般采用铸铁或钢，带轮的齿形有渐开线和直线两种。

图 7-20　同步带的组成

1—齿布　2—带齿　3—芯绳　4—带背

二、同步带的型式

1. 单面齿同步带和双面齿同步带

同步带的型式按齿分布情况分为单面齿同步带和双面齿同步带两种。单面齿同步带是指仅一面有齿的同步带。为了适应多轴传动的出现，又衍生出双面齿同步带，其节距、齿形和单面齿同步带相同，不同的是上、下都有齿。

双面齿同步带根据带齿的相对位置又分为对称双面齿同步带（带的型式代号为 DA）和交错双面齿同步带（带的型式代号为 DB）两类，如图 7-22 所示。

2. 梯形齿同步带和弧齿同步带

同步带齿有梯形齿和弧齿两类，如图 7-23 所示。弧齿又有三种系列：圆弧齿、平顶圆

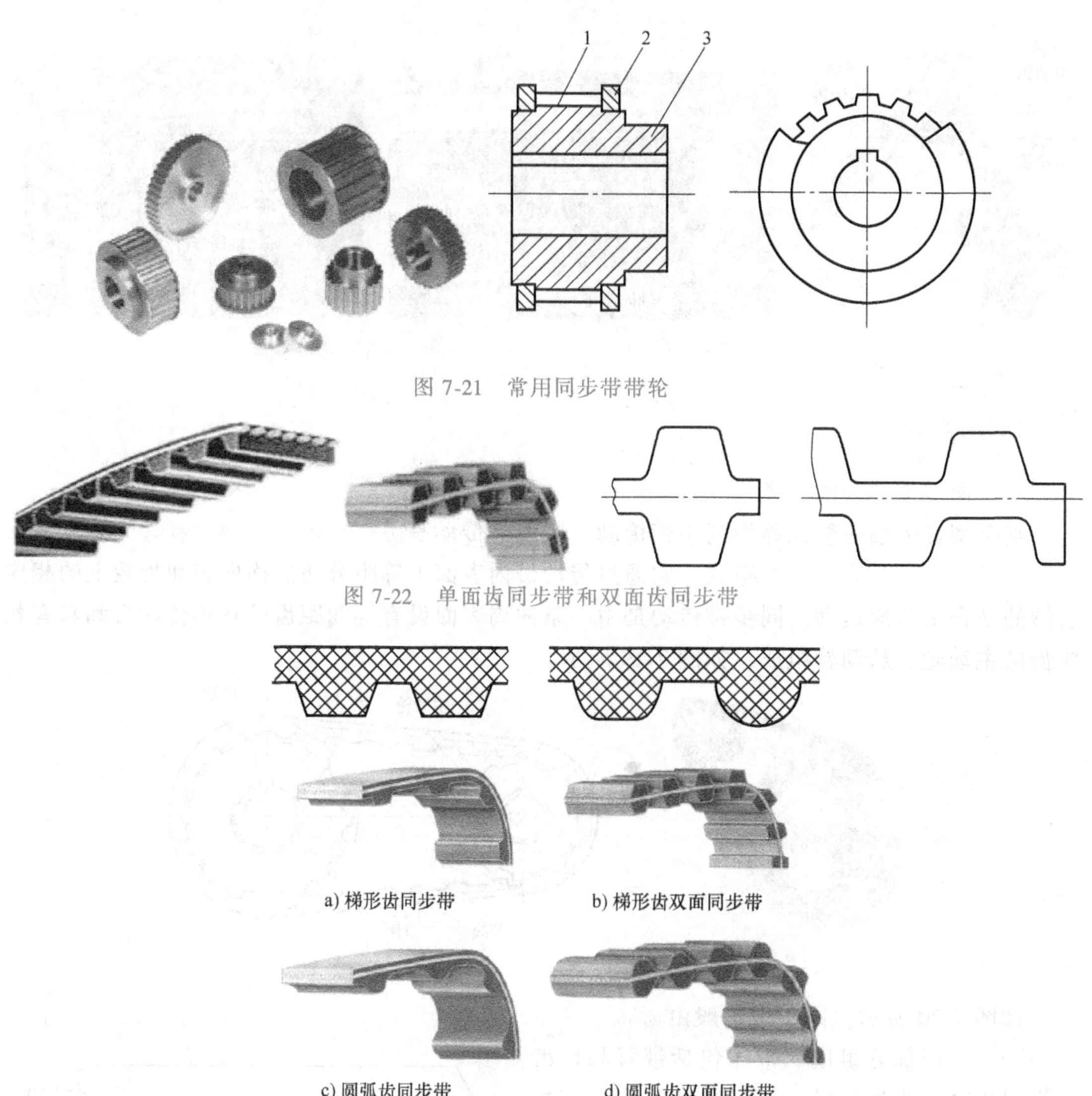

图 7-21　常用同步带带轮

图 7-22　单面齿同步带和双面齿同步带

a) 梯形齿同步带　　b) 梯形齿双面同步带

c) 圆弧齿同步带　　d) 圆弧齿双面同步带

图 7-23　梯形齿同步带和圆弧齿同步带

弧齿和凹顶抛物线齿。

梯形齿同步带有两种尺寸制：节距制和模数制。我国采用节距制，并已有相应的国家标准 GB/T 11361—2008 和 GB/T 11616—2013。按节距的不同，梯形齿同步带型号分为最轻型 MXL、超轻型 XXL、特轻型 XL、轻型 L、重型 H、特重型 XH、超重型 XXH 七种。梯形齿同步带传动又称为一般工业用同步带传动，它主要用于中、小功率的同步带传动，如各种仪器、计算机、轻工机械中均采用这种同步带传动。

弧齿同步带除了齿形为曲线外，其结构与梯形齿同步带基本相同，带的节距相当，其齿高、齿根厚和齿根圆角半径等均比梯形齿大。带齿受载后，应力分布状态较好，缓和了齿根的应力集中，提高了齿的承载能力。因此弧齿同步带比梯形齿同步带传递功率大，且能防止啮合过程中齿的干涉。弧齿同步带耐磨性好，工作时噪声小，不需润滑，可用于有粉尘的恶劣环境。圆弧齿同步带传动又称为高转矩同步带传动，即 HTD 带传动（High Torque Drive）

或 STPD 带传动（Super Torque Positive Drive）。它主要用于重型机械的传动中，如运输机械（飞机、汽车）、石油机械、机床及发电机等的传动。

三、同步带的标记

根据 GB/T 11616—2013 规定，单面齿同步带的标记由长度代号、型号、宽度代号组成，对于双面齿同步带，还应在最前面标出型式代号 DA 或 DB。示例：

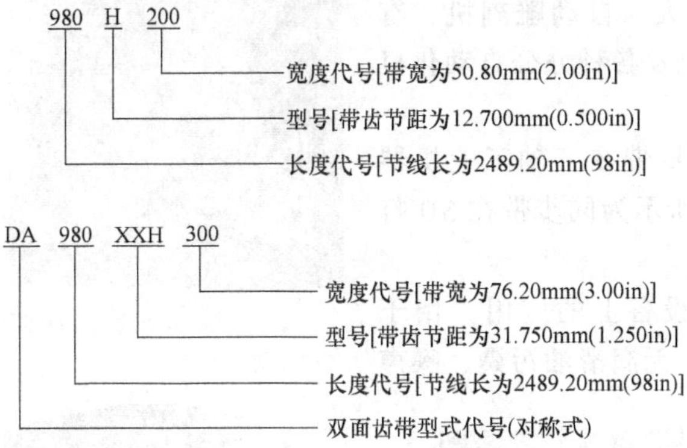

四、同步带的参数

如图 7-24 所示，在规定张紧力下，相邻两齿中心线的直线距离称为节距，以 p 表示。节距是同步带传动最基本的参数。当同步带垂直其底边弯曲时，在带中保持原长度不变的周线，称为节线，节线长用 L_p 表示。

五、同步带传动的工作原理和特点

1. 同步带传动的工作原理

同步带传动是依靠同步带齿与同步带轮齿之间的啮合实现传动，运行时，带齿与带轮的齿槽相啮合传递运动和动力，两者无相对滑动，因而使圆周速度同步。

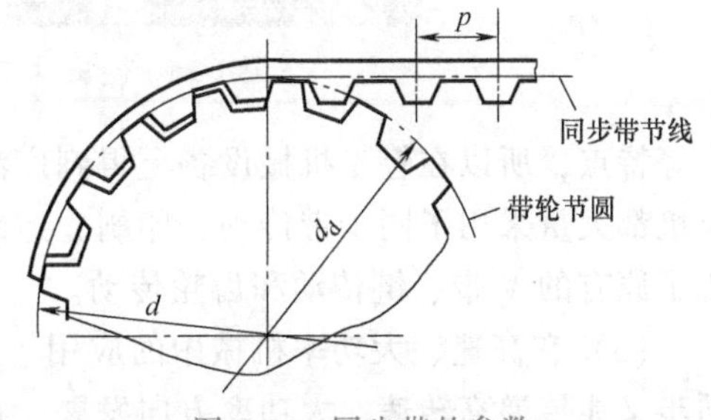

图 7-24 同步带的参数

2. 同步带传动的特点

同步带传动是兼有齿轮传动、链传动和带传动各自优点的新型带传动，与摩擦型带传动比较，同步带传动的带轮和传动带之间没有相对滑动，能够保证严格的传动比。

1）能实现较远中心距的传动，传动比准确，工作时无滑动，传动精度较高，可做到同步传动，适用于需要精密传动的机器。

2）同步带不需特别张紧，故作用在轴和轴承上的载荷较小，传动效率高，可达 98%。它与 V 带传动相比，有明显的节能效果。

3）传动平稳，具有缓冲、减振能力，噪声低。

4）同步带薄且轻，抗拉强度高，最高线速度可达 80m/s，传动比可达 10，传递功率可达 200kW。

5）带轮直径比 V 带小，且无须特别张紧，带轮轴和轴承的尺寸都可减小，因此其结构比 V 带传动紧凑。

6）不需要润滑，能在高温、腐蚀等恶劣环境下工作，维护保养方便。

7）安装精度要求高，对中心距及其尺寸稳定性要求较高。

8）制造工艺复杂，制造成本高，成本受批量影响大。

六、同步带传动的应用

（1）在精密机械设备上的应用　由于同步带传动具有精确同步传递运动的特点，故被广泛用于精密传动的各种设备上，例如3D打印机、工业机器人、自动雕刻机、有线文字传真机、计算机及各种办公自动化机械等。

图7-25所示为同步带在6轴工业机器人上的应用。图7-26所示为同步带在3D打印机、汽车上的应用。

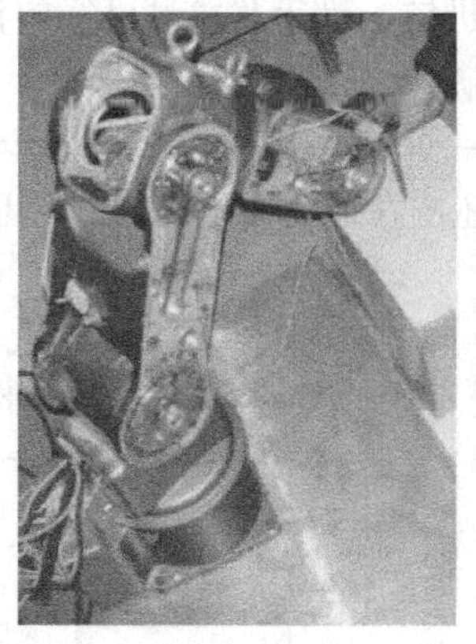

图7-25　同步带在6轴工业机器人上的应用

（2）在轻工机械设备上的应用　由于同步带传动具有节能、无润滑油污染、噪声小等特点，所以在轻工机械设备上得到广泛使用，如纺织机械中的气流纺、箭杆织机、弹力丝机都大量采用了同步带传动，印刷、造纸、食品、烟草及医疗机械等也都用同步带传动取代了原有的V带、链传动和齿轮传动。

图7-26　同步带在3D打印机、汽车上的应用

（3）在高速、大功率机械中的应用　同步带传动的发展趋势将由仅要求同步向既要求同步又能传递高转速、大功率方向发展，在许多大型设备上已开始以同步带传动来代替其他传动，例如大庆石油学院研制了节距为31.75mm的XXH型同步带用于石油钻机，又如上海708研究所、福建农机所等都在考虑把同步带用于气垫船的推进器、潮汐发电机组上，其传递功率都达数百千瓦，转速达数千转每分。

（4）在具有特殊要求的机械中的应用　在一些要求强度高、工作可靠、耐磨和耐蚀的场合，经常使用同步带传动，如部分汽车发动机配气机构均采用了同步带传动。

七、同步带的安装与维护

同步带产品贮存期间要防止承受过大的重力而发生变形，不得折压堆放，不得将带直接放到地上，应将带悬挂在架子上或平整地放在货架上。在同步带的安装与使用过程中，应注意以下事项：

1）同步带不应折扭和急剧弯曲，避免强力层损伤，失去使用价值。安装前，同步带产品必须表面整洁、带没有扭曲变形、带齿饱满。

2）拆卸同步带时，严禁同步带在有高张力的情况下，利用非专业的工具撬下来，必须使带的张力降到最低，才能取出。

3）安装同步带时，如果两带轮的中心距可以移动，必须先将中心距缩短，放松张紧轮，装好同步带后，再复位中心距，同时按要求严格控制主动轮与从动轮主轴的平行度。

4）若有张紧轮时，先把张紧轮放松，然后装上同步带，再装上张紧轮，张紧轮且一定要安装在带传动松边一侧。

5）往带轮上装同步带时，切记不要用力过猛，或用螺钉旋具硬撬同步带，以防止同步带中的抗拉层产生外观觉察不到的折断现象。

6）在起动时，若中心距改变、带松弛、发生跳齿等，应检查带轮机架是否松动，轴的定位是否失准，并进行调整和加固。

八、同步带使用中常见问题及解决方法

同步带的失效形式主要是“爬齿”、强力层的疲劳断裂、带齿的磨损及带齿被剪切破坏或压溃。

1. 同步带出现“爬齿”现象

原因：同步带长期使用产生的传动误差、同步带张力过小、同步带或带轮表面有油污、运行中发生的节距误差、起动频繁而又有冲击负荷、过载均会产生“爬齿”现象。

解决方法：使同步带齿的节距与带轮齿的节距相等，适当地预加张紧力，确保同步带与带轮表面不能有任何油渍，主、从动轮必须在制造、安装时保证其平行度要求。

2. 同步带齿折断

原因：在安装之前或安装过程中，带发生扭结，过载啮合数太少，传动系统中有异物，张紧力过大。

解决方法：不可扭结同步带，安装宽带或大带轮，去除异物，正确张紧。

3. 齿边严重磨损

原因：带张力错误，过载，齿距选择错误，采用有缺陷的同步带轮。

解决方法：正确张紧，安装宽度更大、动力传输更高的同步带或者增加同步带的尺寸和带轮尺寸；检查带型，必要时更换，以及更换同步带轮。

4. 带边异常磨损

原因：错误的轴平行度，带轮法兰有缺陷，轴中心距改变。

解决方法：重新对齐轴，更换带轮法兰，加固轴承或机箱。

技能实践

进行同步带的安装实训，掌握其安装要点与注意事项。

课题小结

同步带传动是一种兼有齿轮传动、链传动和带传动各自优点的新型带传动，其应用日益增多。本课题主要学习了同步带的型式、标记及参数，要求能够熟悉同步带传动的组成、工作原理、特点和应用，并且能够正确进行同步带的安装与维护。

课题四　链　传　动

课题导入

链传动是机械传动中最基本的一种动力传递方式，它广泛地应用于各类机械中的动力传

递。链传动在生活中也是随处可见，图 7-27 所示为自行车、摩托车和玉米脱粒机上使用的链传动机构。那么，链传动是通过什么来传递动力的？不同类型的链传动机构传递动力的大小有什么区别？选择链传动机构的材料有什么不同？

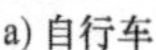
a) 自行车

b) 摩托车

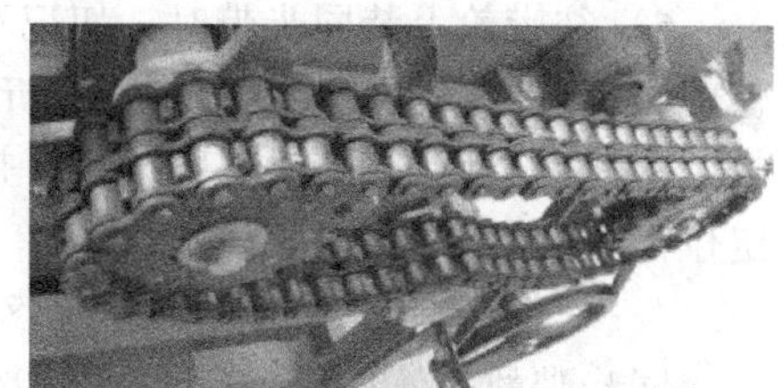
c) 玉米脱粒机

图 7-27 链传动的应用

知识学习

一、链传动的工作原理

如图 7-28 所示，链传动由主动链轮 1、从动链轮 2 和绕在链轮上的链条 3 及机架组成。当主动链轮 1 回转时，依靠链条 3 与两链轮之间的啮合力，使从动链轮 2 回转，进而实现运动和动力的传递。

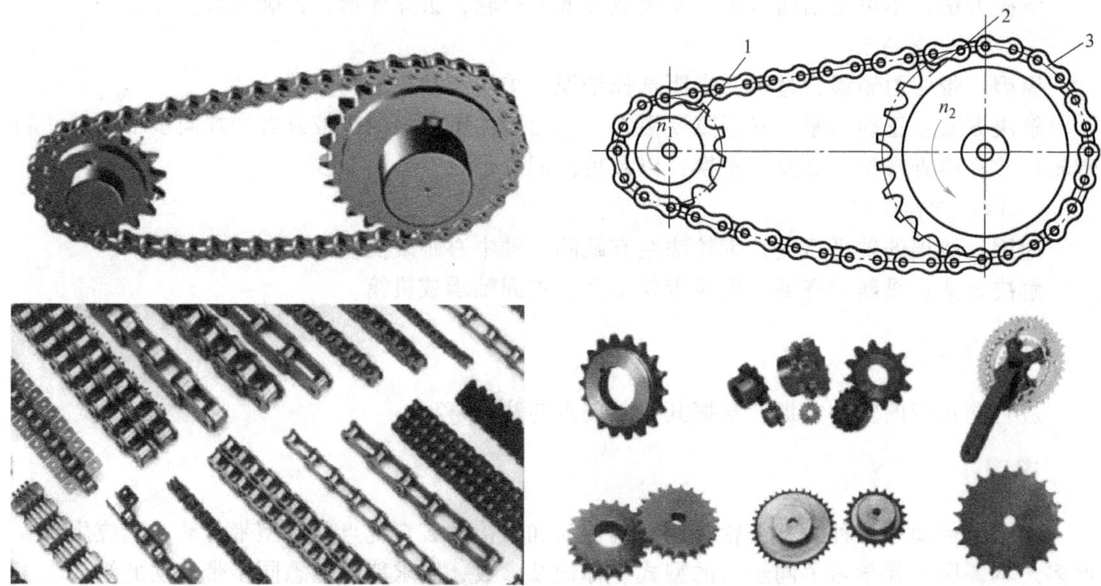

图 7-28 链传动的组成

链轮轴面齿形两侧呈圆弧状，以便于链节进入和退出啮合状态。链轮轮齿应有足够的接触强度和耐磨性，故齿面多经热处理，重要的链轮可采用合金钢。

二、链传动的传动比

主动链轮每转过一个齿，链条移动一个链节，从动链轮被链条带动转过一个齿。当主动

链轮的转速为 n_1、齿数为 z_1，从动链轮的转速为 n_2、齿数为 z_2时，单位时间内主动链轮转过的齿数 $z_l n_1$与从动链轮转过的齿数 $z_2 n_2$相等，即

$$z_1 n_1 = z_2 n_2 \quad 或 \quad \frac{n_1}{n_2} = \frac{z_2}{z_1}$$

链传动的传动比就是主动链轮的转速 n_1与从动链轮转速 n_2之比值，也等于两链轮齿数 z_1和 z_2的反比。

$$i = \frac{n_1}{n_2} = \frac{z_2}{z_1}$$

式中　n_1、n_2——主、从动轮转速；

z_1、z_2——主、从动链轮齿数。

三、链条的类型

如图 7-29 所示，按不同的用途和功能，链条分为传动链、起重链、输送链。传动链种类繁多，有套筒链、滚子链、弯板链和齿形链等，其中使用最广的是滚子链。链条的类型、特点和用途见表 7-5。

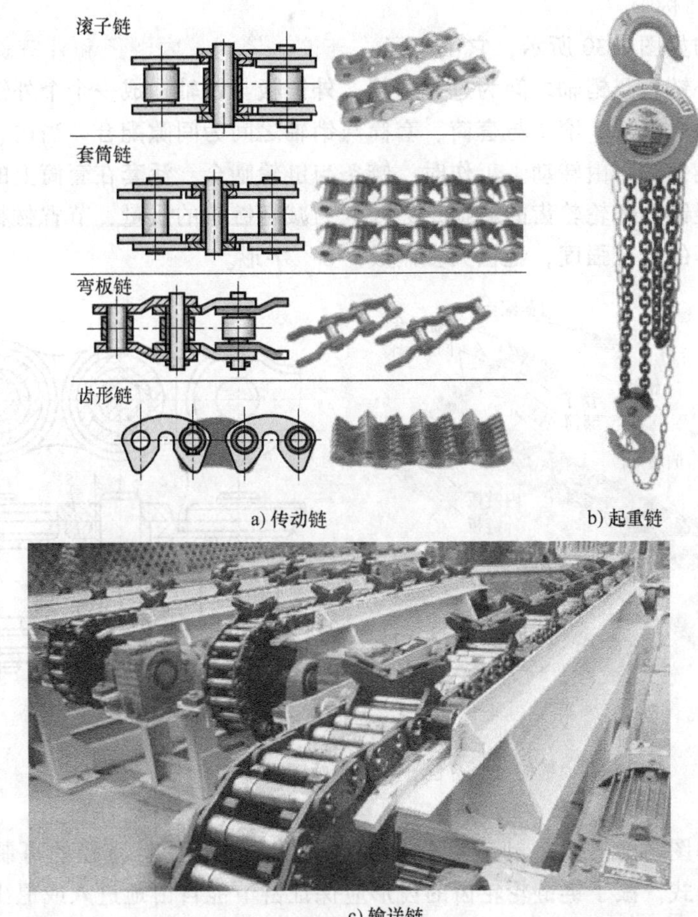

a) 传动链　b) 起重链

c) 输送链

图 7-29　链条的类型

表 7-5 链条的类型、特点和用途

类型		特点和用途
传动链	滚子链	结构简单,磨损较轻;主要用于一般机械中传递运动和动力,也可用于输送等场合,通常在中速下工作,$v≤20m/s$
	齿形链	传动平稳性好、传动速度高、噪声较小、承受冲击性能较好,但结构复杂、质量较大、易磨损、成本高;适用于高速、低噪声、运动精度要求较高的传动装置
起重链		结构简单,承载能力大,工作速度低;主要用于传递力,起牵引、悬挂物品的作用,兼做缓慢移动用于提升重物,一般链条线速度 $v≤0.25m/s$
输送链		形式多样,布置灵活,工作速度一般为 2~4m/s;主要用于运输机械驱动输送带输送工件、物品和材料,也可组成链式输送机作为一个单元出现

四、滚子链

滚子链广泛应用于输送机、绘图机、印刷机、汽车、摩托车以及自行车等。它由一系列短圆柱滚子链接在一起，由一个称为链轮的齿轮驱动，构成一个简单、可靠、高效的动力传递装置。

1. 滚子链的结构

滚子链的结构如图 7-30 所示，它由滚子、套筒、销轴、内链板和外链板等组成。内链板与套筒之间、外链板与销轴之间为过盈连接，外链板与销轴构成一个个外链节，内链板与套筒则构成一个个内链节；滚子与套筒、套筒与销轴之间为间隙配合。当内、外链节间相对屈伸时，套筒可绕销轴自由转动。工作时，链条与链轮啮合，活套在套筒上的滚子沿链轮齿廓滚动，可以减轻链和链轮轮齿的磨损。另外，为减轻链条的质量，节省材料，并使其各个截面具有接近相等的抗拉强度，链板大多制成“8”字形。

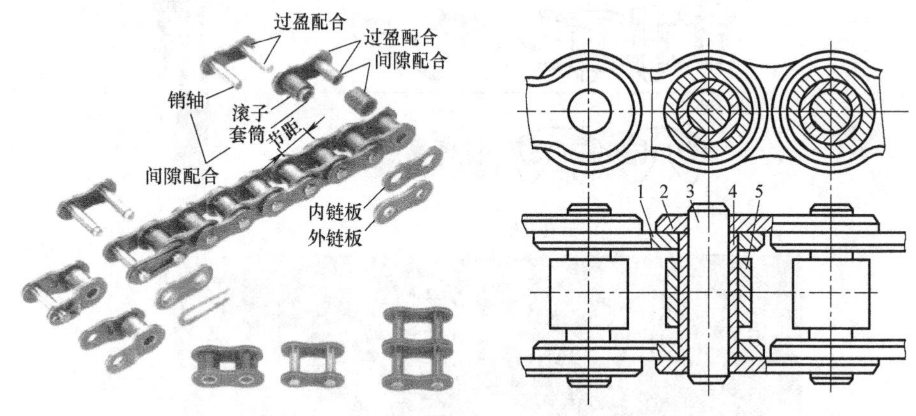

图 7-30 滚子链的结构

1—内链板 2—外链板 3—销轴 4—套筒 5—滚子

链轮的结构如图 7-31 所示，小直径链轮可制成实心式，中等直径的可制成孔板式，直径较大的可用组合式。滚子链链轮轮齿的齿形应保证链节能自由地进入或退出啮合，在啮合时应保证良好的接触，同时它的形状应尽可能地简单，便于加工。链轮的材料应满足强度和耐磨性的要求，通常根据尺寸大小、链速高低和工作条件选择合金钢、碳素结构钢等。

图 7-31　链轮的结构

2. 滚子链的主要参数

(1) 节距　链条上相邻两销轴中心的距离称为节距，用符号 p 表示。节距 p 是滚子链的主要参数，节距越大，承载能力越强，但链传动结构尺寸会相应增大，传动的振动、冲击力和噪声就越大。因此，在选用滚子链时尽可能选用小节距的链条。

当载荷较大、传递功率较大时，可用节距较小的双排滚子链或多排滚子链，它相当于几个普通单排链之间用长销轴连接而成，如图 7-32 所示。由于受到制造和安装精度的影响，各排载荷分布不易均匀，故排数不宜过多，常用双排链或三排链，四排以上的很少用到。

图 7-32　双排滚子链和三排滚子链

(2) 节数　链条在使用时，需连接成封闭的环形，链条以链节为组成单位，故链长用链节数表示。如图 7-33 所示，当链节数为偶数时，接头处可用开口销（图 a）或弹性卡片（图 b）来固定。一般开口销用于大节距链，弹性卡片用于小节距链；当链节数为奇数时，需采用过渡链节（图 c）。过渡链节不仅制造复杂，而且抗拉强度较低，因此设计时，链节数应避免采用奇数，而尽量取偶数。

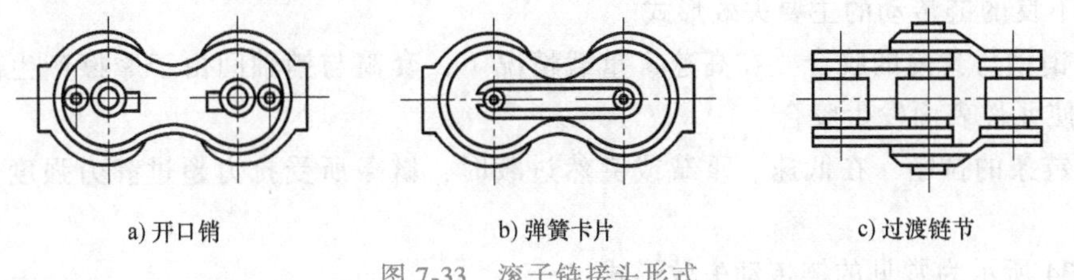

图 7-33　滚子链接头形式

(3) 链轮齿数　为保证传动平稳，减少冲击和动载荷，小链轮齿数 z_1 不宜过小，一般 z_1 应大于 17。大链轮的齿数 z_2 也不宜过多，齿数过多除了增大机构尺寸和质量外，还会出现跳齿和脱链现象，通常 z_2 应小于 120。

由于链节数常取偶数，为使链条与链轮轮齿磨损均匀，链轮齿数一般应取与链节数互为质数的奇数。

3. 滚子链的标记

滚子链已标准化，有 A、B 两种系列产品，常用 A 系列。其标记为：

链号—排数—链节数　标准编号

标记示例：

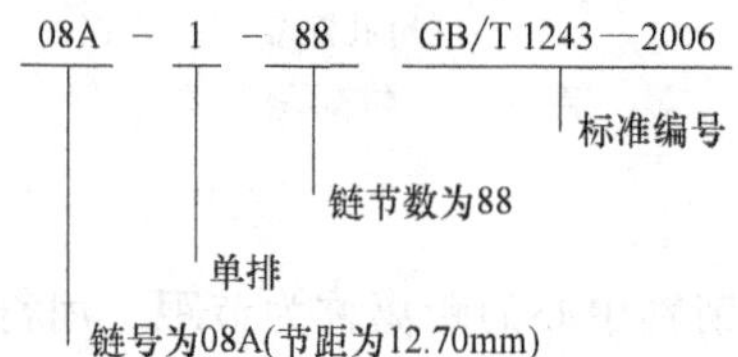

五、链传动的特点

与带传动相比，链传动具有下列优点：

1）没有滑动和打滑，能保持准确的平均传动比。

2）传递功率大，张紧力小，作用在轴和轴承上的力小。

3）传动效率高，一般可达到 0.95~0.98。

4）能在低速、重载和高温条件下，以及尘土、淋水、淋油等不良环境中工作。

但是，链传动也有以下缺点：

1）由于链节的多边形运动，瞬时传动比是变化的，瞬时链速度不是常数，传动中会产生动载荷和冲击，不宜用于精密传动的机械。

2）对安装和维护要求较高。

3）链条的铰链磨损后，传动中链条容易脱落。

4）无过载保护作用。

六、链传动的失效形式

链传动中一般链轮强度比链条高，使用寿命也较长，所以链传动的失效主要是由链条的失效而引起的。链条的主要失效形式有以下几种：

（1）链条的疲劳破坏　传动时链条受到交变应力的作用，当达到一定的循环次数时链条将发生疲劳破坏。

（2）链条铰链的磨损　由于链条铰链润滑不良，加快磨损，造成脱链，这是开式链传动或润滑不良的链传动的主要失效形式。

（3）销轴与套筒的胶合　在高速、重载情况下，套筒与销轴间由于摩擦产生高温而发生粘附，使元件表面发生胶合。

（4）链条的拉断　在低速、重载或突然过载时，链条所受拉力超过静力强度，导致链条拉断。

图 7-34 所示为常见的链传动失效形式。

七、链传动的安装与维护

1. 链传动的安装

安装链传动时，两链轮轴线必须平行，并且两链轮旋转平面应位于同一平面内，否则会引起脱链和不正常的磨损。

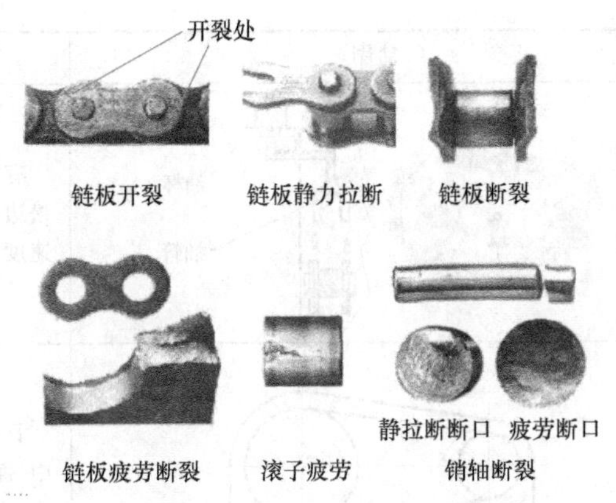

图 7-34 常见的链传动失效形式

2. 链传动的张紧

为了防止链传动松边垂度过大，引起啮合不良和抖动现象，应采取张紧措施。张紧方法有：当中心距可调时，可增大中心距，一般把两链轮中的一个链轮安装在滑板上，以调整中心距；当中心距不可调时，可采用张紧轮张紧，张紧轮应放在松边外侧靠近小轮的位置。此外，还可以用压板或托板张紧，特别是中心距大的链传动，用托板控制垂度更为合理，如图 7-35 所示。

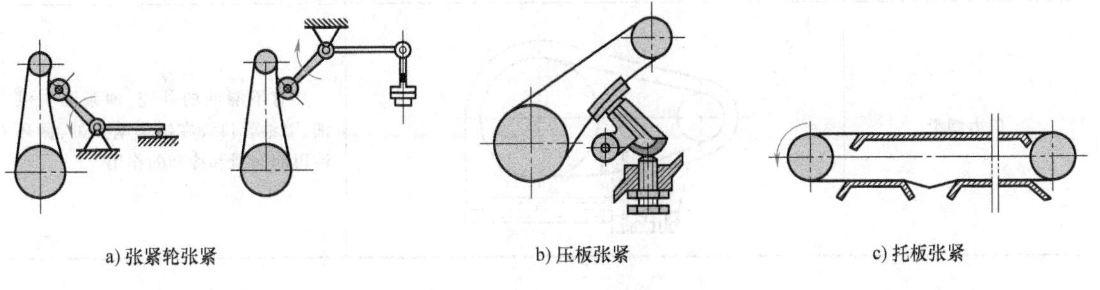

图 7-35 链传动的张紧

3. 链传动的润滑

在链传动的使用过程中，应定期检查润滑情况及链条的磨损情况。良好的润滑可减轻磨损、缓和冲击和振动，延长链传动的使用寿命。表 7-6 推荐了套筒滚子链传动在几种不同工作条件下的润滑方式。采用的润滑油要有较高的运动黏度和良好的油性，通常选用牌号为 L-AN46、L-AN68、L-AN100 等全损耗系统用油。对于开式传动和不易润滑的链传动，可定期拆下用煤油清洗，干燥后浸入 70~80℃的润滑油中，使铰链间隙填充油后安装使用。

表 7-6 套筒滚子链传动的润滑方式

润滑方式	简图	说明
人工润滑		用油壶或油刷人工定期在链条松边的内、外链板间隙中注油。通常链速度 $v<2m/s$ 时使用该方法

（续）

润滑方式	简图	说明
滴油润滑	油杯 油管	有简单外壳，用油杯通过油管向松边内、外链板间隙处滴油；通常链速度 $v=2\sim4\text{m/s}$ 时使用该方法
油浴润滑		具有不漏油的外壳，链条从油池中通过，链条浸入油中深度为8～12mm
溅油润滑		具有不漏油的外壳，甩油盘将油甩起，经壳体上的集油装置将油导流到链条上。甩油盘圆周速度大于3m/s。当链条宽度超过125mm时，应在链轮的两侧装甩油盘
压力润滑		具有不漏油的外壳，油泵强制供油，喷油管口设在链条啮入处，循环油可起润滑和冷却的作用

技能实践

拆装自行车或摩托车的链条，感受链传动的特点及其安装、应用。

课题小结

链传动属于啮合传动，与带传动相比，链传动的传动比准确，传动效率稍高，能在恶劣环境下工作。本课题介绍了链传动的类型、特点和应用；重点讲解滚子链的结构、标准和选用以及有关链传动安装、张紧和维护等方面的知识。

单元八　齿轮传动

内容构架

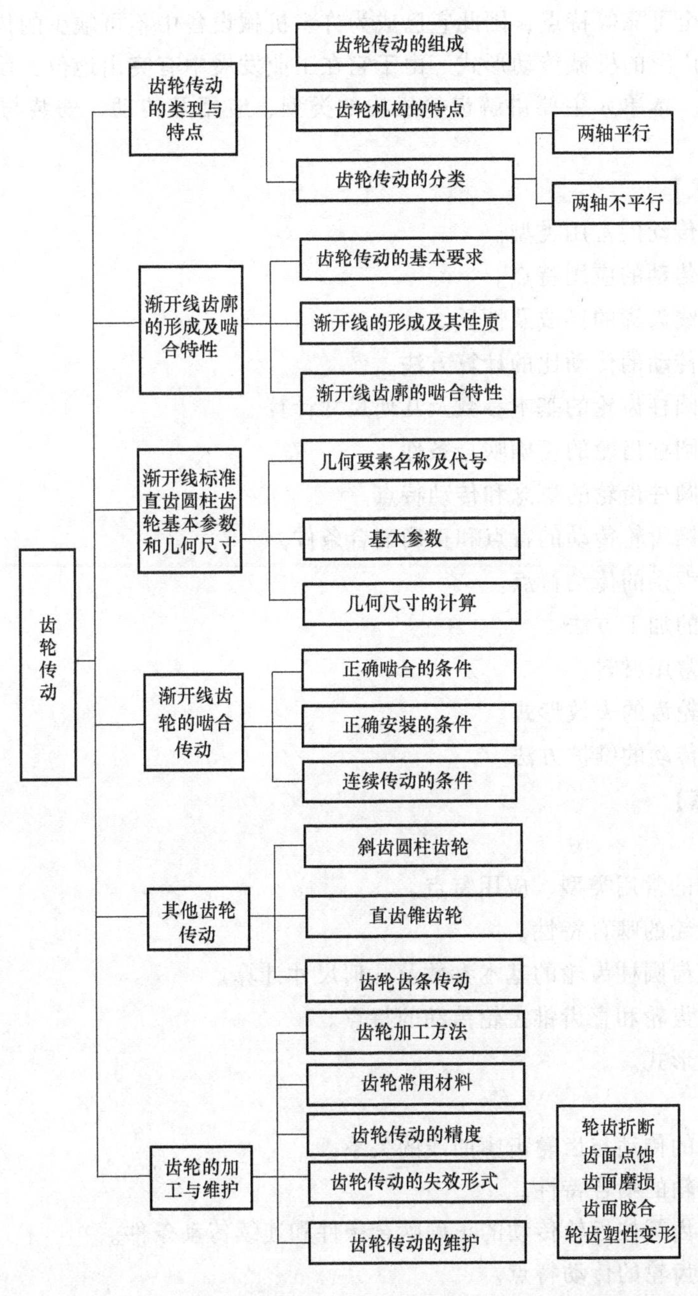

学习引导

齿轮是机械设备中不可缺少的关键部件，是机械产品的重要基础零件。齿轮在传动中的应用很早就出现了，早在19世纪末，展成切齿法的原理及利用此原理切齿的专用机床与刀具的相继出现，使得齿轮的用途越来越广，大到机床、飞机、汽车、轮船，小到手表、电扇等，齿轮广泛应用在各种机械产品中。

齿轮传动与带传动、摩擦机械传动相比，具有功率范围大、传动效率高、传动比准确、使用寿命长、安全可靠等特点，因此它已成为许多机械设备中不可缺少的传动部件，是一种最重要、应用最广泛的机械传动形式。由于它在工业发展中有突出地位，使齿轮被公认为工业化的一种象征。本单元主要讲解齿轮机构的类型、应用及传动、安装与维护方面的相关知识。

【目标与要求】

- 了解齿轮传动的常用类型。
- 熟悉齿轮传动的应用特点。
- 了解渐开线齿廓的形成及性质。
- 掌握齿轮传动的传动比的计算方法。
- 掌握直齿圆柱齿轮的基本参数及几何尺寸计算。
- 了解直齿圆柱齿轮的正确啮合条件。
- 掌握斜齿圆柱齿轮的概念和传动特点。
- 了解直齿锥齿轮传动的特点和正确啮合条件。
- 掌握齿轮齿条的传动特点。
- 了解齿轮的加工方法。
- 了解齿轮常用材料。
- 掌握齿轮轮齿的失效形式。
- 掌握齿轮传动的维护方法。

【重点与难点】

重点：

- 齿轮传动的常用类型、应用特点。
- 渐开线齿轮的啮合特性。
- 渐开线直齿圆柱齿轮的基本参数及几何尺寸计算。
- 斜齿圆柱齿轮和直齿锥齿轮传动的特点。
- 齿轮失效形式。

难点：

- 一对齿轮的传动与齿轮齿廓曲线的关系。
- 渐开线齿轮的啮合特性。
- 渐开线直齿圆柱齿轮传动的正确啮合条件和连续传动条件。
- 斜齿圆柱齿轮的传动特点。
- 齿轮失效的原因分析。

课题一　齿轮传动的类型与特点

课题导入

齿轮是轮缘上有齿能连续啮合传递运动和动力的机械元件。齿轮传动是利用齿轮副来传递运动、动力的一种机械传动。齿轮副一对齿轮的齿依次交替接触，从而实现一定规律的相对运动的过程和形态称为啮合。齿轮传动属于啮合传动。图 8-1 所示为齿轮传动在实际生活和生产中的应用实例。图 a、图 b 分别为机械式钟表、汽车主减速器；图 c 为谐波齿轮减速器，主要用于关节机器人中，它是一种由固定的内齿钢轮、柔轮和使柔轮发生径向变形的波发生器组成，具有高精度、高承载力等优点；图 d 为航空动力新技术——齿轮传动风扇发动机。

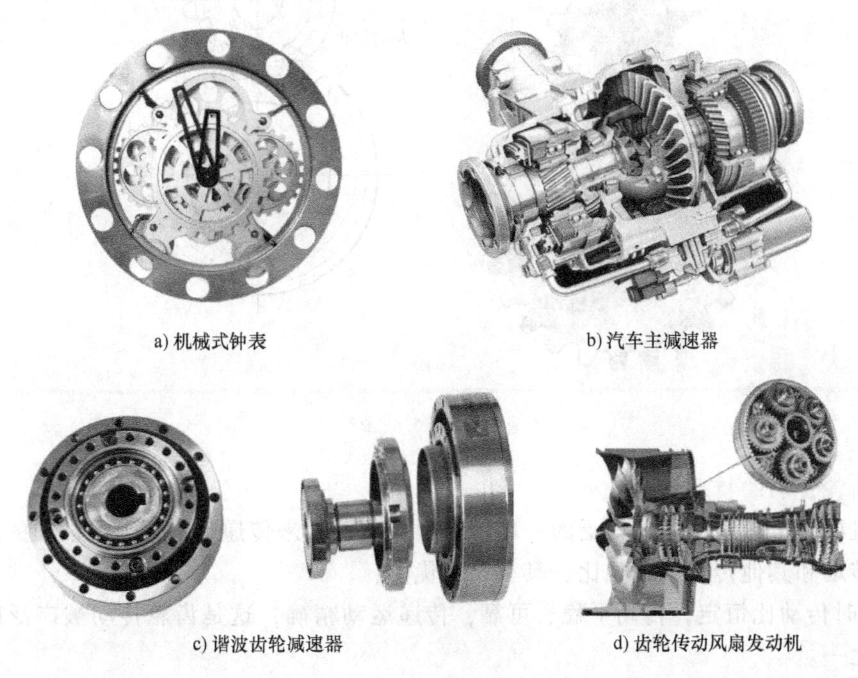

a) 机械式钟表　　b) 汽车主减速器

c) 谐波齿轮减速器　　d) 齿轮传动风扇发动机

图 8-1　齿轮传动的应用

那么，齿轮传动机构是怎样实现运动和动力的传递？它有哪些类型，又有什么特点呢？本课题将阐述这些问题。

知识学习

一、齿轮传动的组成

齿轮传动是由主动齿轮、从动齿轮和机架组成，通过主、从动齿轮直接啮合，传递任意两轴之间的运动和动力。

图 8-2 所示的齿轮传动中，主动齿轮的转速为 n_1，齿数为 z_1；从动齿轮的转速为 n_2，齿数为 z_2。由于是啮合传动，所以在单位时间内两轮转过的齿数相等，即 $z_1n_1=z_2n_2$

主动齿轮与从动齿轮的转速之比称为一对齿轮传动的传动比，用 i 表示，即

$$i_{12}=\frac{n_1}{n_2}=\frac{z_2}{z_1}$$

式中　z_1——主动齿轮齿数；

　　　z_2——从动齿轮齿数；

　　　n_1——主动齿轮转速，单位为 r/min；

　　　n_2——从动齿轮转速，单位为 r/min。

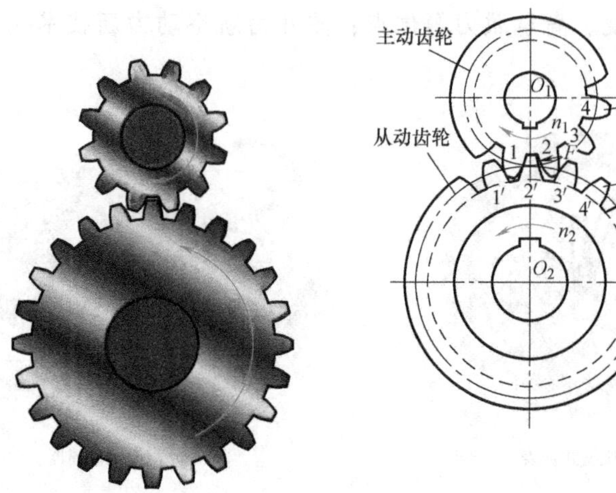

图 8-2　齿轮传动

二、齿轮传动的特点

齿轮机构是机械中应用最广泛的一种传动形式，可用来传递空间任意两轴间的运动和动力。齿轮传动和其他传动形式相比，具有以下优点：

1）瞬时传动比恒定，传动平稳、可靠，传递运动精确，这是齿轮传动被广泛应用的最主要原因之一。

2）圆周速度和传递功率范围较宽，适应性广。

3）传动效率高，一般在 95%以上。

4）结构紧凑，维护简单，使用寿命长。

缺点：

1）制造和安装精度要求较高，需用专门的机床和刀具，故成本相对较高。

2）不适用于中心距较大的传动。

3）运转过程中有振动、冲击和噪声。

4）不能实现无级变速。

三、齿轮传动的分类

齿轮传动的类型很多，按照两齿轮轴线的相对位置，可将齿轮传动分为：两轴平行的齿轮传动（平面齿轮传动）和两轴不平行的齿轮传动（空间齿轮传动）两大类，见表 8-1。

表 8-1 齿轮传动的基本类型

分类方法		类型	图示
两轴平行	按轮齿方向	直齿圆柱齿轮传动	图 8-3 a
		斜齿圆柱齿轮传动	图 8-3 b
		人字齿圆柱齿轮传动	图 8-3c
	按啮合方式	外啮合齿轮传动	图 8-3 a、b、c
		内啮合齿轮传动	图 8-3 d
		齿轮齿条传动	图 8-3 e
两轴不平行	两轴线相交	直齿锥齿轮传动	图 8-3 f
		斜齿锥齿轮传动	图 8-3 g
		曲齿锥齿轮传动	图 8-3 h
	两轴线交错	螺旋齿轮传动	图 8-3 i
		蜗轮蜗杆传动	图 8-3 j
		准双曲面齿轮传动	图 8-3 k

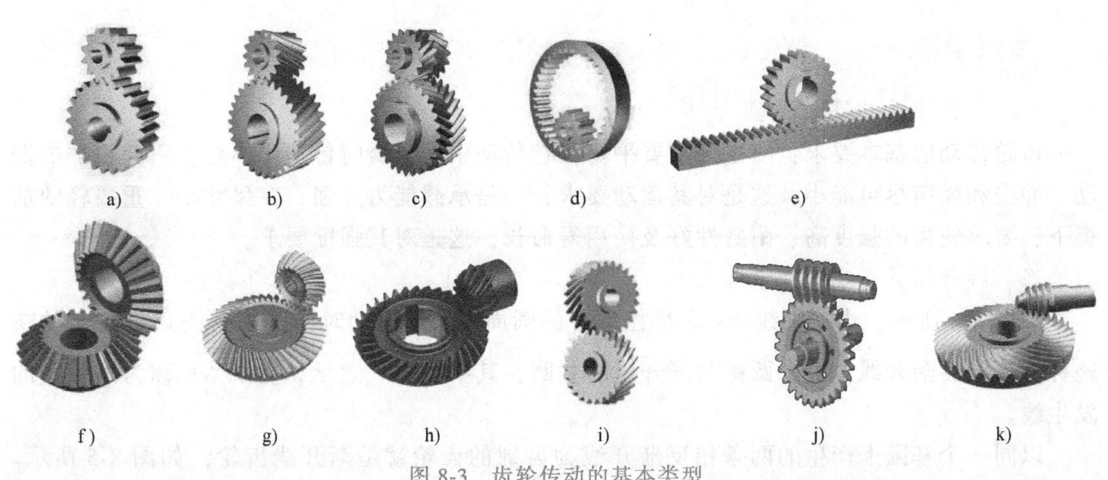

图 8-3 齿轮传动的基本类型

按照齿轮的工作条件，分为开式齿轮传动、半开式齿轮传动和闭式齿轮传动。开式齿轮传动，齿轮副裸露在工作环境中，灰尘等杂物容易落入轮齿的啮合区，也不能保证良好润滑，易引起齿面磨损；半开式齿轮传动，齿轮浸入油池，有防护罩，但不密封；闭式齿轮传动，将齿轮、轴和轴承都装在密封箱体内，润滑条件良好，灰尘不易进入，安装精确，齿轮传动有良好的工作条件。闭式齿轮传动应用最广泛，多用于较重要的传动，如汽车、机床、航空发动机等；开式齿轮传动多用于低速、不重要的场合，如农业机械、建筑机械以及简易的机械设备等。

按照轮齿齿廓曲线的形状，分为渐开线齿轮传动、圆弧齿轮传动、摆线齿轮传动等。本单元主要介绍制造安装方便、应用最广的渐开线齿轮。

技能实践

参观学校实训实习室（实训工厂），观察机床是怎样实现传动和变速要求的，分别列举出几个有关齿轮传动的实例，熟悉齿轮传动的分类、特点。同学们也可拍摄成图片或视频相互之间进行分享与交流。

课题小结

本课题从齿轮传动的实际应用着手导入课题，通过观察实例和视频，分析齿轮传动的组成，弄清齿轮传动的优缺点，熟悉齿轮传动的常用类型。

课题二　渐开线齿廓的形成及啮合特性

课题导入

据史料记载，在我国山西出土的青铜齿轮是迄今已发现的最古老齿轮，作为反映古代科学技术成就的指南车就是以齿轮机构为核心的机械装置。17 世纪末，人们才开始研究能正确传递运动的轮齿形状。18 世纪，欧洲工业革命以后，齿轮传动的应用日益广泛；先是摆线齿轮问世，后是渐开线齿轮出现，一直到 20 世纪初，渐开线齿轮已在应用中占了优势。本课题将介绍渐开线齿廓的形成及啮合特性。

知识学习

一、齿轮传动的基本要求

齿轮传动的基本要求：一是传动要平稳，在传动中保持瞬时传动比不变，引起机器的振动、冲击和噪声尽可能小，这是对其运动要求；二是承载能力要强，在尺寸小、重要轻的前提下，要求轮齿的强度高、耐磨性好及使用寿命长，这是对其强度要求。

二、渐开线的形成及其性质

如图 8-4 所示，当一直线 NK 在半径为 r_b 的圆周上做纯滚动时，直线上任意一点 K 的轨迹称为该圆的渐开线。这个圆称为渐开线的基圆，其半径用 r_b 表示，直线 NK 称为渐开线的发生线。

以同一个基圆上产生的两条相反渐开线为齿廓的齿轮就是渐开线齿轮，如图 8-5 所示。由渐开线的形成过程可知，渐开线齿廓具有以下特性：

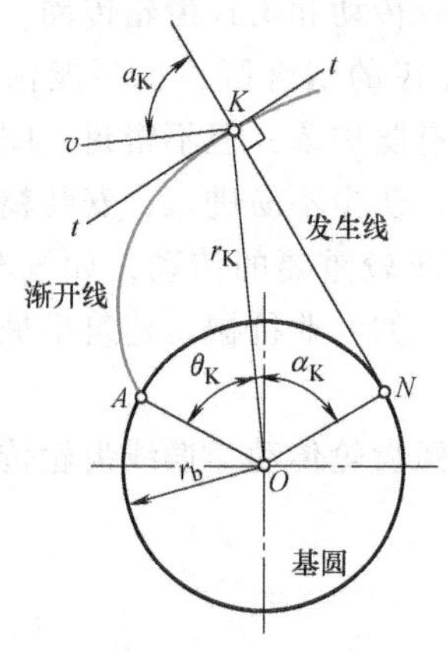

图 8-4　渐开线的形成

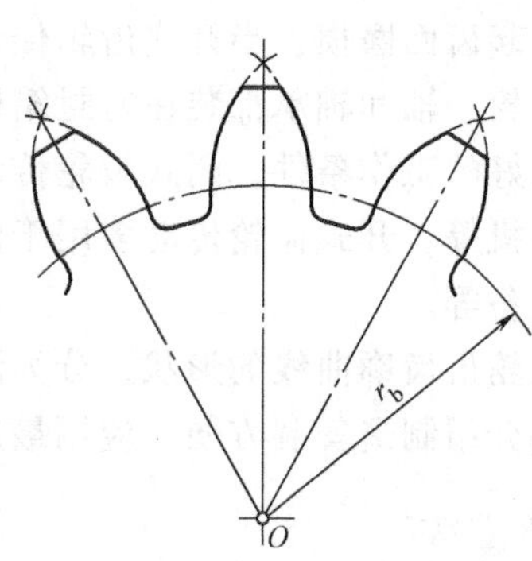

图 8-5　渐开线齿廓的形成

1）发生线沿基圆滚动过的一段长度等于基圆上被滚过的一段弧长，即$\overline{NK}=\widehat{AN}$。

2）渐开线上任一点的法线必与基圆相切。因发生线NK就是渐开线在K点的法线，而发生线始终相切于基圆。

3）渐开线上各点的压力角不相等。渐开线上任一点的法线与该点速度方向所夹的锐角α_k称为该点的压力角。以r_b表示基圆半径，r_k表示渐开线上K点的向径，由图8-6可知

$$\cos\alpha_k=\frac{\overline{ON}}{\overline{OK}}=\frac{r_b}{r_k}$$

如图8-6所示，离基圆越远，向径r_k越大，压力角α_k越大，传动越费力；离基圆越近，向径r_k越小，基圆上的压力角为0。压力角α_k越小，传动越省力。因此，通常采用基圆附近的一段渐开线作为齿轮的齿廓曲线。

4）渐开线上各点的曲率半径不相等。离基圆越远，其曲率半径越大，曲率越小，渐开线越平直；反之，曲率半径越小，曲率越大，渐开线越弯曲。

5）渐开线的形状取决于基圆的大小。基圆半径相同，渐开线形状相同。如图8-7所示，基圆大小不同时，所形成的渐开线的形状也不同。基圆越小，渐开线越弯曲；基圆越大，渐开线越平直；当基圆半径趋于无穷大时，渐开线成为一条直线，这种直线型的渐开线就是齿条的齿廓，即形成了齿条。

6）渐开线起点在基圆上，基圆以内无渐开线。

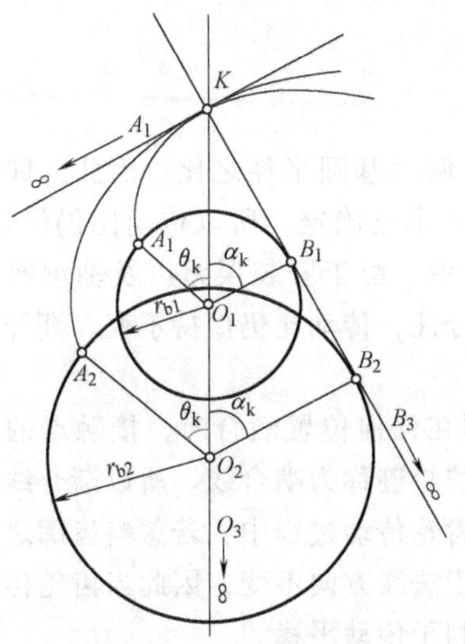

图8-6 渐开线上各点的压力角不相等

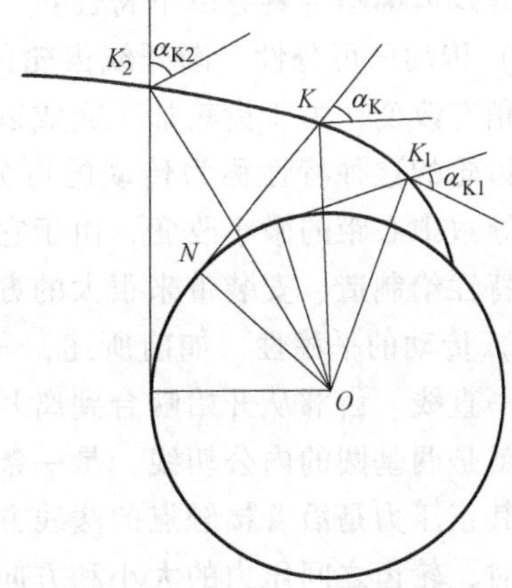

图8-7 基圆大小对渐开线的影响

三、渐开线齿廓的啮合特性

如图8-8所示，两基圆半径分别为r_{b1}和r_{b2}的渐开线齿廓在任一点K啮合，过K点做两齿廓的公法线N_1N_2交两轮的连心线O_1O_2于C点，由渐开线性质可知，N_1N_2必同时与两基圆相切，即为两基圆的内公切线。当两齿廓在其他任意点（如C、K'点）啮合时，上述结论依然成立。因齿轮传动时两基圆位置不变，在同一方向的内公切线只有一条，它与连心线的交点的位置也不变。因此，无论两齿廓在何处啮合，过啮合点的公法线必与连心线交于定点

C，所以渐开线齿廓符合啮合基本定律。其传动比为一常数，即

$$i_{12}=\frac{\omega_1}{\omega_2}=\frac{\overline{O_2C}}{\overline{O_1C}}=\frac{r_2'}{r_1'}=\frac{r_{b2}}{r_{b1}}$$

上式表明，两齿轮的传动比不仅与节圆半径成反比，也与两基圆半径成反比。

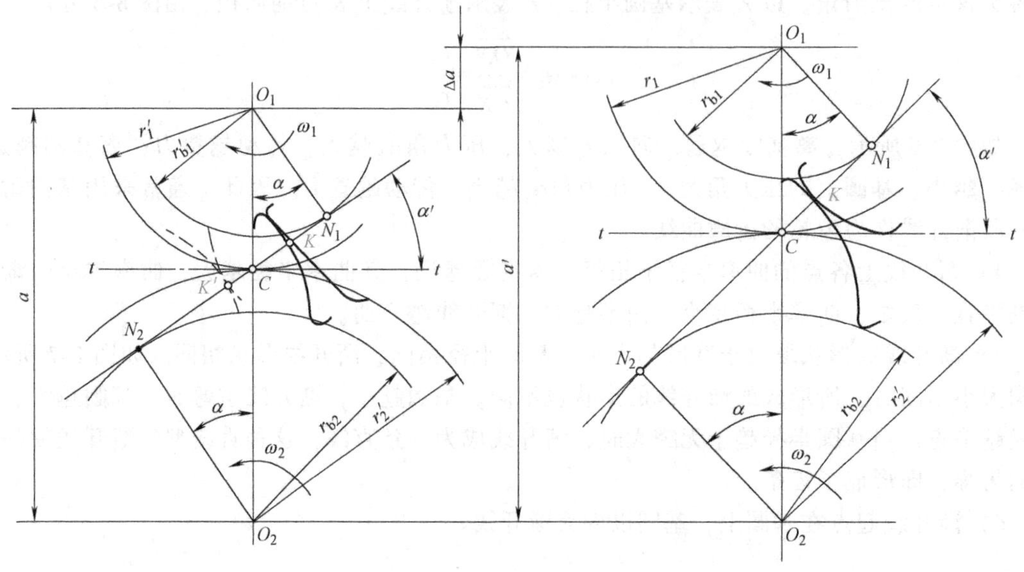

图 8-8 渐开线齿廓的啮合特性

渐开线齿廓啮合具有以下特性：

（1）传动的可分性　渐开线齿轮的传动比取决于两轮基圆半径之比。因此，即使两轮中心距稍有改变，由于齿轮加工完成以后，它的基圆大小已确定，所以传动比仍保持不变，渐开线齿轮的这种特性称为传动的可分性。实际工作中，由于安装误差以及轴承磨损等原因，常导致中心距的微小改变，由于它具有中心距可分性，传动比仍保持不变。渐开线齿轮的这一特性给制造、安装带来很大的方便。

（2）传动的平稳性　如前所述，一对渐开线齿廓在任何位置啮合时，接触点的公法线都是同一直线。齿廓从开始啮合到离开啮合，接触点的轨迹称为啮合线。所以渐开线齿廓的啮合线就是两基圆的内公切线，是一条直线。渐开线齿轮传动过程中，若忽略齿廓之间的摩擦力，其正压力是沿着接触点的法线方向作用的。由于法线方向不变，因此当齿轮传递的转矩一定时，轮齿之间压力的大小和方向均不变，这有利于传动平稳。

渐开线齿轮传动的可分性和传动的平稳性，是渐开线齿轮被广泛应用的原因之一。

技能实践

取一圆形薄板作为齿轮基圆，一细直木条作为渐开线齿轮齿廓发生线。让木条在基圆上做纯滚动，绘制木条上任一点 K 的轨迹，感受渐开线的形成过程。

课题小结

在齿轮传动中最重要的部位是齿廓曲线，因为一对齿轮传动是依靠主动齿轮轮齿的齿廓

推动从动齿轮的齿廓来实现的。本课题从渐开线齿轮的实际应用着手导入课题，通过观察实例和视频，分析渐开线的形成及性质以及渐开线齿轮啮合的特性。同学们在学习中要熟悉渐开线齿轮的应用。

课题三　渐开线标准直齿圆柱齿轮基本参数和几何尺寸

课题导入

渐开线标准直齿圆柱齿轮是最常用的齿轮之一，它各部分名称是什么？几何尺寸如何计算？内啮合齿轮传动有何特点？本课题将阐述这些问题。

知识学习

一、直齿圆柱齿轮几何要素名称及代号

图 8-9 所示为一标准直齿圆柱齿轮的一部分，齿轮的轮齿均匀分布在圆柱面上，轮齿之间的空间称为齿槽。齿轮的几何要素名称及代号见表 8-2。

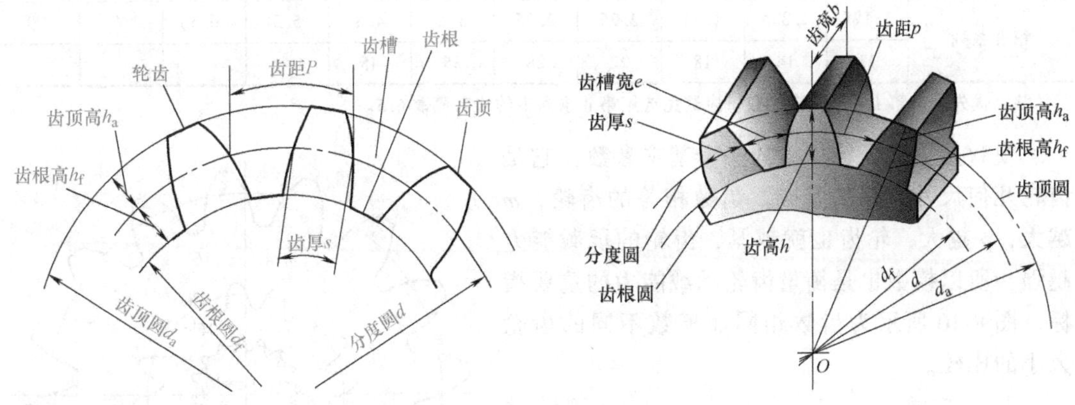

图 8-9　齿轮各部分名称和代号

表 8-2　齿轮的主要参数及代号

序号	参数名称	代号	说　明
1	齿顶圆直径	d_a	轮齿顶部所在的圆称为齿顶圆
2	齿根圆直径	d_f	齿槽底部所确定的圆称为齿根圆
3	分度圆直径	d	齿轮上作为齿轮尺寸基准的圆称为分度圆，作为标准齿轮，分度圆上的齿厚和槽宽相等
4	齿厚	s	圆柱齿轮上一个轮齿的两侧齿廓之间的分度圆弧长称为齿厚
5	齿槽宽	e	一个齿槽两侧齿廓之间的分度圆弧长称为该圆上齿槽宽
6	齿距(周节)	p	相邻两齿同侧齿廓间的分度圆弧长称为齿距，$p=s+e$
7	齿顶高	h_a	在齿轮上，介于齿顶圆和分度圆之间的部分称为齿顶，其径向高度称为齿顶高
8	齿根高	h_f	齿根圆和分度圆之间的部分称为齿根，其径向高度称为齿根高
9	齿高	h	齿顶圆和齿根圆之间的径向高度称为齿高
10	齿宽	b	沿齿轮轴向量得的宽度称为齿宽

二、直齿圆柱齿轮的基本参数

1. 齿数 z

齿轮整个圆周上均匀分布的轮齿总数称为齿轮的齿数，用 z 表示。齿数是齿轮的最基本参数之一。当齿轮的模数一定时，齿数越多，齿轮的几何尺寸越大，轮齿渐开线的曲率半径也越大，齿廓曲线趋于平直。

2. 模数 m

对于齿数为 z 的齿轮，把齿距 p 与圆周率 π 的比值规定为模数，用 m 表示，单位为 mm，即 $m=p/\pi$ 或 $p=m\pi$。由于分度圆周长 $\pi d=pz$，可得分度圆直径 $d=mz$。

不同模数的齿轮，要用不同模数的刀具来加工制造。为了便于齿轮的设计、制造，保证互换性及检测要求，模数已经标准化，国家标准 GB/T 1357—2008 已规定了标准模数系列值，见表 8-3。

表 8-3　标准模数系列值　　（单位：mm）

系列											
第Ⅰ系列	1	1.25	1.5	2	2.5	3	4	5	6	8	10
	12	16	20	25	32	40	50				
第Ⅱ系列	1.125	1.375	1.75	2.25	2.75	3.5	4.5	5.5	(6.5)	7	9
	11	14	18	22	28	35	45				

注：优先采用第Ⅰ系列法向模数。应避免选用第Ⅱ系列中的法向模数 6.5。

模数是决定齿轮尺寸的一个基本参数，它是齿轮几何尺寸计算的基础。齿数相等的齿轮，m 越大，p 越大，轮齿也就越厚，齿轮的承载能力越强，所以模数也是衡量齿轮承载能力的重要指标。图 8-10 所示为齿数相同而模数不同的齿轮大小的比较。

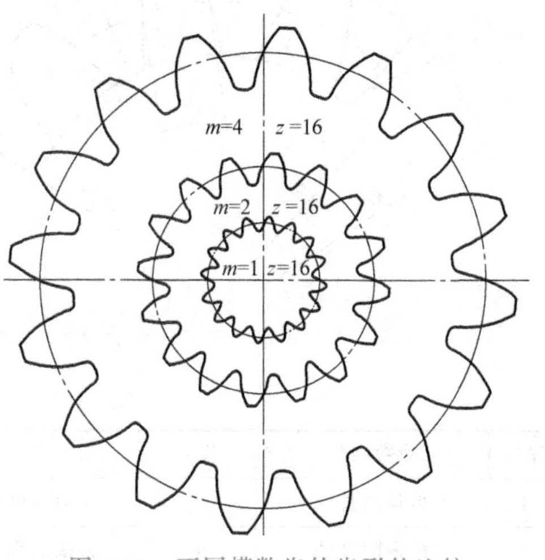

图 8-10　不同模数齿轮齿形的比较

3. 压力角 α

渐开线上任一点的法线与该点速度方向所夹的锐角α_k称为该点的压力角。同一渐开线齿廓上各点的压力角是不同的。通常所说的压力角是指分度圆上的压力角，用 α 表示，并规定了标准值，国家标准规定的标准压力角为 20°。

分度圆是设计齿轮时给定的一个圆，该圆上的模数 m 和压力角 α 均为标准值。

4. 齿顶高系数和顶隙系数

轮齿的高度也是以模数为基础来计算的。齿顶高与模数之比值称为齿顶高系数，用 h_a^* 表示。对于标准齿轮，规定 $h_a=h_a^*m$。

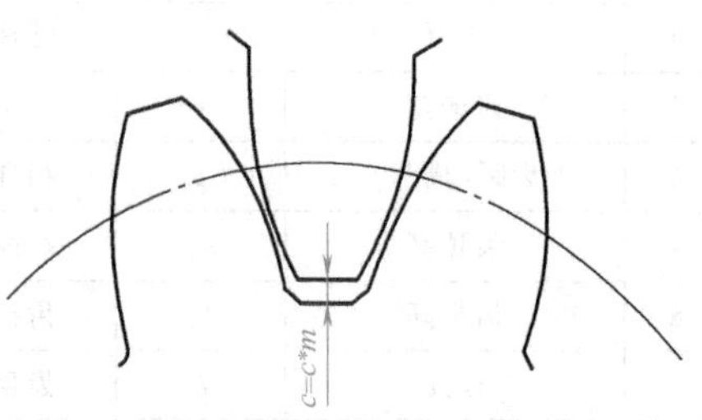

图 8-11　顶隙与顶隙系数

如图 8-11 所示，当一对齿轮啮合时，为避免一个齿轮的齿顶面与另一个齿轮的齿槽底面相抵触及用于储存润滑油，轮齿的齿根高 h_f应大于齿顶高 h_a，于是在一个齿轮的齿顶与另一个齿轮的齿槽之间就有一定的径向间隙，称为顶隙，用 c 表示。对于标准齿轮，规定 $c=c^*m$。c^* 称为顶隙系数。

渐开线直齿圆柱齿轮的齿顶高系数 h_a^* 和顶隙系数 c^* 均已标准化，正常齿制（标准）$h_a^*=1$，$c^*=0.25$；短齿制（非标准）$h_a^*=0.8$，$c^*=0.3$。

三、渐开线标准直齿圆柱齿轮几何尺寸的计算

标准齿轮具有以下三个特征：模数和压力角为标准值，具有标准齿顶高和齿根高，且分度圆上齿厚与齿槽宽相等。外啮合渐开线标准直齿圆柱齿轮几何尺寸的计算见表 8-4。

表 8-4　渐开线标准直齿圆柱（外啮合）齿轮的尺寸计算公式

名　称	符号	公　式
齿数	z	通过传动比计算确定
模数	m	根据齿轮受载情况或结构条件等确定，选用标准值
压力角	α	选用标准值，标准齿轮为 20°
分度圆直径	d	$d=mz$
齿顶高	h_a	$h_a=h_a^*m=m$
齿根高	h_f	$h_f=(h_a^*+c^*)m=1.25m$
齿高	h	$h=h_a+h_f=2.25m$
齿顶圆直径	d_a	$d_a=d+2h_a=(z+2)m$
齿根圆直径	d_f	$d_f=d-2h_f=(z-2h_a^*-2c^*)m=(z-2.5)m$
基圆直径	d_b	$d_b=d\cos\alpha$
齿距	p	$p=\pi m$
齿厚	s	$s=\dfrac{\pi m}{2}$
槽宽	e	$e=\dfrac{\pi m}{2}$
中心距	a	$a=\dfrac{1}{2}(d_1+d_2)=\dfrac{1}{2}(z_1+z_2)m$
顶隙	c	$c=c^*m$
基圆齿距与法向齿距	p_b,p_n	$p_b=p\cos\alpha=\pi m\cos\alpha$

例 8-1　已知一渐开线标准直齿圆柱齿轮的齿数 $z=20$，模数 $m=3\text{mm}$，压力角 $\alpha=20°$。计算该齿轮各部分尺寸。

解： 按照表 8-2 中的计算公式

分度圆直径　$d=mz=3\text{mm}\times20=60\text{mm}$

齿顶高　$h_a=h_a^*m=1\times3\text{mm}=3\text{mm}$

齿根高　$h_f=(h_a^*+c^*)m=(1+0.25)\times3\text{mm}=3.75\text{mm}$

齿高　$h=h_a+h_f=(3+3.75)\ \text{mm}=6.75\text{mm}$

齿顶圆直径　$d_a=(z+2h_a^*)m=(20+2\times1)\times3\text{mm}=66\text{mm}$

齿根圆直径　$d_f=(z-2h_a^*-2c^*)m=(20-2\times1-2\times0.25)\times3\text{mm}=52.5\text{mm}$

齿距　$p=\pi m=3.14\times3\text{mm}=9.43\text{mm}$

顶隙　$c=c^*m=0.25\times3\text{mm}=0.75\text{mm}$

四、内啮合直齿圆柱齿轮

除了外啮合直齿圆柱齿轮外，当要求齿轮传动两轴平行，转动方向相同，且结构紧凑时，还可以采用内齿轮副，如图 8-12 所示。内啮合直齿圆柱齿轮的主要几何要素如图 8-13 所示，与外啮合直齿圆柱齿轮相比，它具有如下特点：

图 8-12　内齿轮副

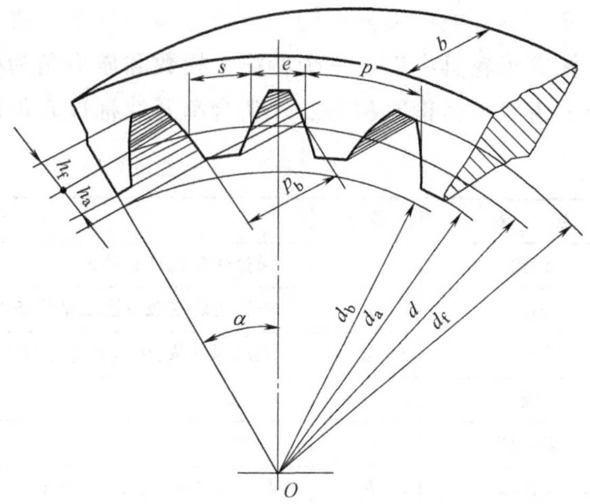

图 8-13　内啮合直齿圆柱齿轮主要几何要素

1）内啮合直齿圆柱齿轮的直径关系：齿顶圆小于分度圆，分度圆小于齿根圆。

2）内啮合直齿圆柱齿轮的齿廓是内凹的，其齿厚和齿槽宽分别等于与其啮合的外齿轮的齿槽和齿厚。

3）为了使内齿轮齿顶的齿廓全部为渐开线，其齿顶圆必须大于基圆。

因此，内啮合直齿圆柱齿轮的几何尺寸除了齿顶圆直径、齿根圆直径及中心距与外齿轮不同外，其余均相同。

技能实践

取一标准直齿圆柱齿轮，指出其主要参数及代号。

课题小结

本课题主要讲述渐开线标准直齿圆柱齿轮各部分名称及内啮合齿轮传动，要求理解压力角、齿数、模数、齿顶高系数、顶隙系数的概念及其作用，能进行齿轮的几何尺寸计算。齿轮的几何尺寸较多，为方便学习可归纳为“一中（中心距）、二距（齿距、基圆齿距）、三高（齿顶高、齿根高、齿高）、四径（分度圆直径、齿顶圆直径、齿根圆直径、基圆直径），再加一厚（齿厚）、一宽（齿槽宽）”，齿轮几何尺寸的计算公式只要能记住几个基本公式（如分度圆、齿顶高、齿根高的计算公式），其他部分的几何尺寸根据齿轮的图形是可以推导出来的，不必死记硬背。

课题四　渐开线齿轮的啮合传动

课题导入

为什么钟表指针走时准确？为什么汽车能在发动机驱动下高速行驶？钟表、汽车的运转主要依赖于齿轮的精确传动。本课题主要讲述渐开线齿轮的啮合传动。

知识学习

一、渐开线齿轮正确啮合的条件

在实际生活中，机器中的齿轮总是成对使用的。渐开线齿廓能够满足齿廓啮合的基本定律，但要保证齿轮的轮齿在交替啮合过程中不发生两齿廓的不正常接触或相交而引起的卡死或冲击现象，必须满足一定的条件，即正确啮合条件。

图 8-14 所示为一对渐开线齿轮啮合情况。一对渐开线齿廓在任何位置啮合时，其接触点都应在啮合线 N_1N_2上。因此，当前一对齿轮在 K 点啮合时，如果后一对齿轮也处于啮合状态，则其接触点 K'也应处于啮合线 N_1N_2上。要达到这一要求，线段$\overline{KK'}$应同时是相邻两齿轮同侧齿廓沿法线上的距离，否则，两齿轮传动时会短时间中断，产生冲击或轮齿卡死。由渐开线性质知$\overline{K_1K_1}'=p_{b1}$（基圆上的齿距），$\overline{K_2K_2}'=p_{b2}$，因此

$$p_{b1}=p_{b2}$$

式中，p_{b1}、p_{b2}为基圆上的齿距，$p_{b1}=\pi m_1\cos\alpha_1$，$p_{b2}=\pi m_2\cos\alpha_2$

即 $$\pi m_1\cos\alpha_1=\pi m_2\cos\alpha_2$$

由于模数和压力角都已标准化，所以要使上式成立，应使

$$m_1=m_2=m$$

$$\alpha_1=\alpha_2=\alpha$$

上式表明，一对渐开线齿轮正确啮合的条件是：两齿轮的模数和压力角必须分别相等。

二、渐开线齿轮正确安装条件（标准中心距）

一对外啮合的渐开线标准齿轮如果正确安装，在理论上应达到无齿侧间隙，否则传动时会产生冲击和噪声，并且影响传动的精度。由于制造和安装误差，以及轮齿的热膨胀影响和润滑等都要轮齿间留有微量的齿侧间隙，在工程中此间隙是由齿厚公差来保证的。在进行齿轮的几何计算时，理论中仍按无齿侧间隙考虑。

由标准齿轮的定义可知，标准齿轮分度圆齿厚与齿槽宽相等，而一对相啮合的齿轮其模数相同，即$s_1=e_1=s_2=e_2=\dfrac{\pi m}{2}$。若分度圆相切时，侧隙为零，所以分度圆与节圆重合时的安装称为正确安装，其中心距为标准中心距，用 α 表示，即

$$\alpha=\frac{d_1+d_2}{2}=\frac{m}{2}(z_1+z_2)$$

三、渐开线齿轮连续传动的条件

一对渐开线齿轮虽然能够正确啮合，但由于其齿高有限，要保证连续传动，应满足一定的条件。

如图 8-15 所示，一对齿廓的啮合由从动轮 2 的齿顶圆与啮合线 N_1N_2的交点 B_2开始，这时齿轮 1 的根部推动齿 2 的齿顶。随着传动的进行，齿廓的啮合点沿啮合线向左下方移动。当啮合点移至主动轮 1 的齿顶圆与啮合线 N_1N_2的交点 B_1时，这对齿廓的啮合终止。所以，

$\overline{B_1B_2}$为齿廓啮合的实际啮合线，因基圆内无渐开线，N_1N_2为理论上可能的最大啮合线，称为理论啮合线。

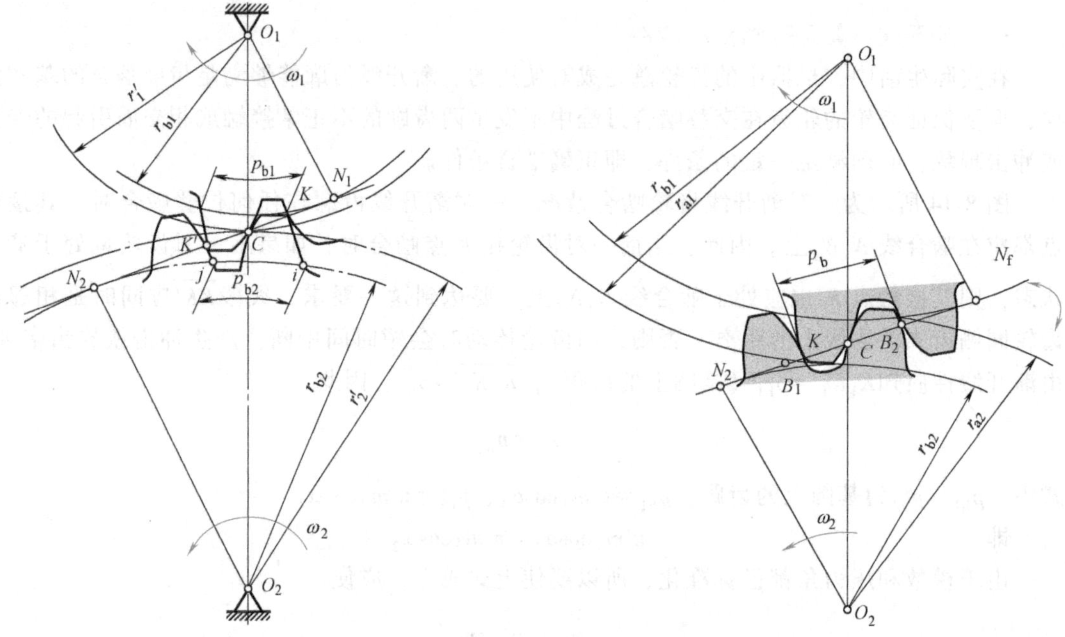

图 8-14　渐开线齿轮正确啮合　　　图 8-15　渐开线齿轮连续传动的条件

当一对轮齿在啮合终止点 B_1 啮合时，后一对轮齿就已进入啮合，或在 B_2 点刚刚进入啮合，那么传动就能连续进行。这时$\overline{B_1B_2}$应大于或至少等于基圆上的齿距 p_b，所以连续传动的条件为

$$\overline{B_1B_2} \geqslant p_b$$

或

$$\varepsilon = \frac{\overline{B_1B_2}}{p_b} \geqslant 1$$

式中，ε 为重合度。

理论上当 $\varepsilon=1$ 时，就能保证齿轮连续传动，但考虑齿轮制造和装配的误差以及传动中轮齿的变形等因素影响，实际上应使 $\varepsilon>1$，一般机械制造中，常取 $\varepsilon \geqslant 1.1 \sim 1.4$。

重合度的大小表明同时参与啮合的轮齿多少，ε 越大传动越平稳，每个轮齿受的载荷也越小。$\varepsilon=1$ 表示传动过程中始终只有一对轮齿在啮合；$\varepsilon=2$ 表示始终有两对轮齿在啮合；$1<\varepsilon<2$ 则表示有时是一对轮齿啮合，有时是两对轮齿啮合。

技能实践

仔细观察渐开线齿轮啮合的过程，思考其连续传动需要满足的条件。

课题小结

本课题主要介绍了渐开线齿轮正确啮合的条件和连续传动的条件。在生产活动中注意观察。需要指出的是，当一对齿轮啮合时才产生节点、节圆和啮合角，单个齿轮不存在节点、节圆和啮合角。

课题五　其他齿轮传动

课题导入

在齿轮传动中，除了常用的直齿圆柱齿轮传动以外，还有其他齿轮传动。图 8-16 所示为手动变速器换档齿轮传动机构，除倒档齿轮为直齿外，其他各档位的啮合齿轮均为斜齿轮。本课题重点介绍在汽车中得到广泛应用的斜齿圆柱齿轮传动、锥齿轮传动和齿轮齿条传动。

图 8-16　手动变速器换档齿轮传动机构

知识学习

一、斜齿圆柱齿轮

1. 斜齿圆柱齿轮的形成

在前面讨论渐开线直齿圆柱齿轮时，只考虑垂直于轴线端面内的情形。因为齿轮有一定的宽度，所以直齿圆柱齿轮的齿廓应该是发生面在基圆柱上做纯滚动时，平行于基圆柱母线 *CC* 的直线 *BB* 所展出的一个渐开线曲面，称为渐开面，如图 8-17 所示。

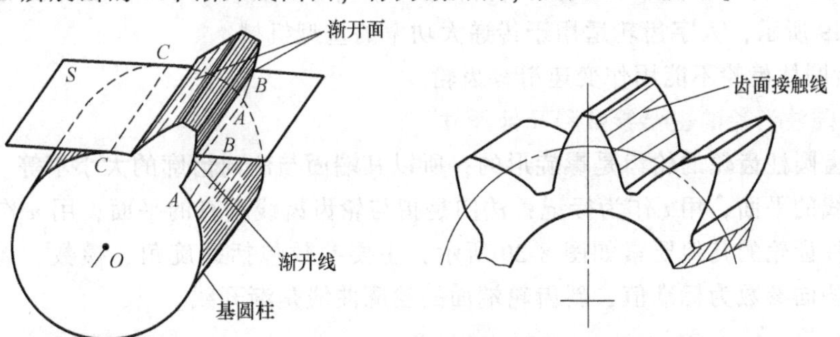

图 8-17　直齿轮齿廓的形成

斜齿圆柱齿轮面的形成原理与直齿圆柱齿轮面的形成原理基本相同。如图 8-18 所示，发生面上的连线 *BB* 不平行于基圆柱直母线 *CC*，而是形成一定角度 β_b，当发生面沿基圆柱做纯滚动时，直线 *BB* 所形成的一个螺旋形的渐开线曲面称为渐开线螺旋面。β_b 称为基圆柱上的螺旋角。

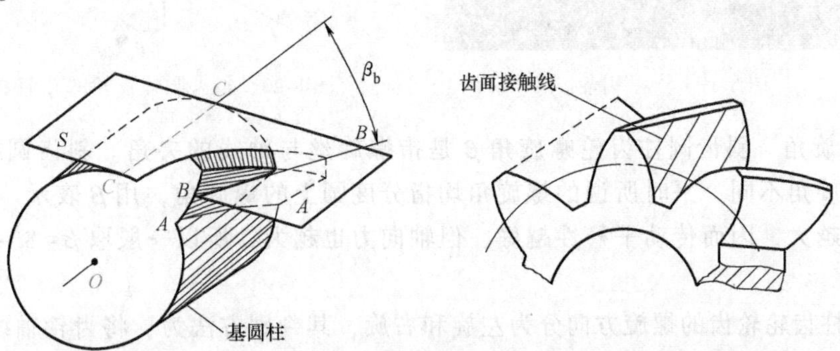

图 8-18　斜齿轮齿廓的形成

2. 斜齿圆柱齿轮传动特点

1）重合度大，啮合性能好；传动平稳，冲击噪声小。斜齿轮啮合时，其齿面接触线是斜直线，且长度有变化。每对轮齿是逐渐进入啮合和逐渐退出啮合的，一对斜齿轮由一端面进入啮合状态，接触线先由短变长，再由长变短，到另一端面脱离啮合状态，因此，轮齿上的载荷也是逐渐由小到大，再由大到小，所以传动平稳，冲击噪声小。

2）承载能力高，使用寿命长。一对斜齿轮啮合时，同时参与啮合的齿的对数多，重合度大，从而提高了齿面承载能力，使用寿命长，可用于大功率传动。

3）不发生根切的最少齿数比直齿轮的少。斜齿圆柱齿轮传动的结构尺寸比直齿圆柱齿轮传动的小。

4）对制造误差的敏感性小。由于轮齿倾斜，位于同一圆柱面上的各点不同时参加啮合，这在一定程度上分散了制造误差对传动的影响。

5）可以凑配中心距。在齿数、模数相同的情况下，由于 β 值不同，可以得到不同的中心距 a。

但是，斜齿圆柱齿轮传动也有其缺点：

1）传动时产生轴向力，需要安装能承受轴向力的轴承。由于轮齿倾斜，传动时会产生一个轴向力；为克服轴向力，需要采用承受轴向力的轴承。当载荷很大时，可以采用两个螺旋角大小相等且螺旋方向相反的斜齿轮并起来传动，以消除轴向力，这种齿轮称为人字齿轮，如图 8-19 所示，人字齿轮适用于传递大功率的重型机械。

2）斜齿圆柱齿轮不能用作变速滑移齿轮。

3. 斜齿圆柱齿轮的主要参数和几何尺寸

由于斜齿圆柱齿轮的轮齿是螺旋形的，所以其端面与法向齿廓的大小不等。端面是指垂直于齿轮轴线的平面，用 t 作为标记；法向是指与轮齿齿线垂直的平面，用 n 作为标记。

斜齿圆柱齿轮的几何要素如图 8-20 所示，主要参数包括螺旋角、模数、齿距和压力角等。斜齿轮法向参数为标准值，斜齿轮端面的轮廓曲线是渐开线。

图 8-19 人字齿轮

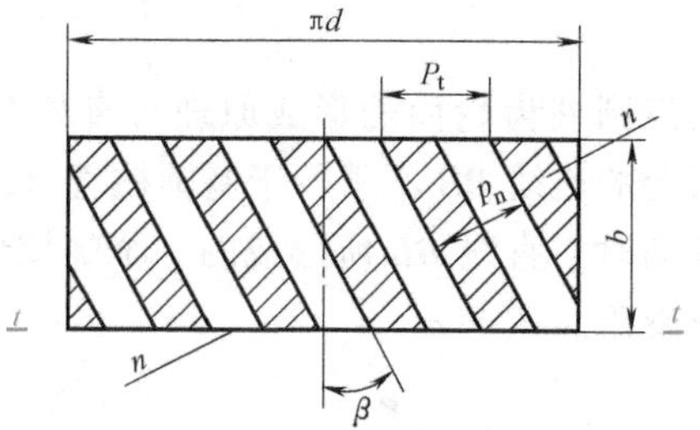

图 8-20 斜齿圆柱齿轮的几何要素

（1）螺旋角 斜齿圆柱齿轮螺旋角 β 是指螺旋丝与轴线的夹角。斜齿圆柱齿轮各个圆柱面的螺旋角不同，平时所说的螺旋角均指分度圆上的螺旋角，用 β 表示。β 越大，轮齿倾斜程度越大，因而传动平稳性越好，但轴向力也越大，所以一般取 $\beta=8°\sim30°$，常用 $\beta=8°\sim15°$。

斜齿圆柱齿轮轮齿的螺旋方向分为左旋和右旋，其判别方法为：将齿轮轴线垂直放置，轮齿自左至右上升者为右旋，反之为左旋，如图 8-21 所示。

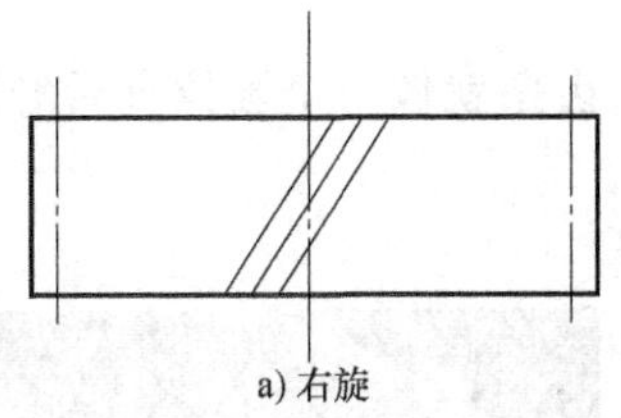
a) 右旋

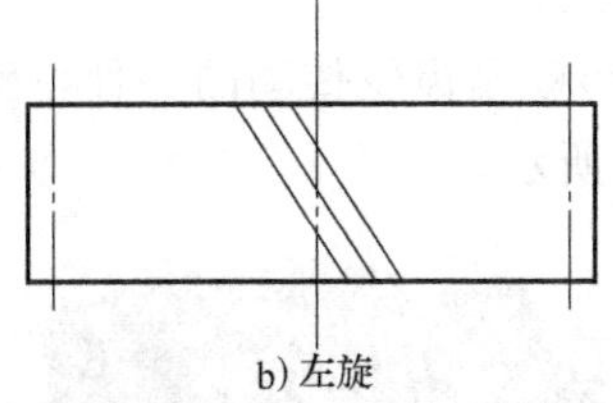
b) 左旋

图 8-21 斜齿圆柱齿轮轮齿的螺旋方向判定

（2）模数和压力角 加工斜齿轮时，所用刀具与直齿轮相同，但刀具沿轮齿的螺旋线方向进刀，斜齿轮法向上的齿形应与刀具齿形相同。因此，国标规定斜齿轮的法向参数（m_n、α_n）为标准值，即 $m_n = m$，$\alpha_n = \alpha = 20°$。斜齿轮的端面参数与法向参数间的关系为 $m_n = m_t\cos\beta$、$\tan\alpha_n = \tan\alpha_t\cos\beta$。

（3）齿距 斜齿轮的端面齿距与法向齿距间的关系为 $p_n = p_t\cos\beta$。

由于斜齿轮法向参数为标准值，斜齿轮端面的轮廓曲线是渐开线，所以将斜齿轮的端面参数代入直齿圆柱齿轮的几何尺寸计算公式，就可以得到斜齿圆柱齿轮的几何尺寸计算公式。

4. 斜齿圆柱齿轮的正确啮合条件

一对外啮合斜齿圆柱齿轮用于平行轴传动时的正确啮合条件为：

1）两齿轮法向模数（法向齿距 p_n 除以圆周率所得的商）相等，即 $m_{n1} = m_{n2} = m$。

2）两齿轮法向压力角（法平面内端面齿廓与分度圆交点处的压力角）相等，即 $\alpha_{n1} = \alpha_{n2} = \alpha$。

3）两齿轮螺旋角大小相等，方向相反，即 $\beta_1 = -\beta_2$。

二、直齿锥齿轮

1. 直齿锥齿轮传动

锥齿轮是分度曲面为圆锥面的齿轮，一般用于传递两相交轴之间的传动，其轮齿有直齿、斜齿和曲齿等，其中直齿锥齿轮应用最广，但不如曲齿锥齿轮传动平稳、承载能力高。直齿锥齿轮传动一般用于轻载、低速的场合。

直齿锥齿轮应用于两轴相交时的传动，两轴间的交角可以任意，在实际应用中多采用两轴互相垂直的传动形式，如图 8-22 所示。

图 8-22 两轴线垂直的直齿锥齿轮传动

齿线是分度圆锥面直母线的锥齿轮称为直齿锥齿轮，其轮齿分布在圆锥面上，所以轮齿的尺寸沿着齿宽方向变化，大端轮齿的尺寸大，小端轮齿的尺寸小。为了便于测量，并使测量时的相对误差缩小，规定以大端参数作为标准参数。

2. 直齿锥齿轮的正确啮合条件

为了保证正确啮合，直齿锥齿轮传动应满足以下条件：

1）两齿轮的大端面模数（端面齿距 p_t 除以圆周率 π 所得的商）相等，即 $m_{t1} = m_{t2} = m$。

2）两齿轮的大端压力角相等，即 $\alpha_1 = \alpha_2 = \alpha$。

三、齿轮齿条传动

齿轮齿条传动是齿轮传动的一种特殊组合方式。齿条就像一个被拉直后舒展开来的直齿轮，如图 8-23 所示。

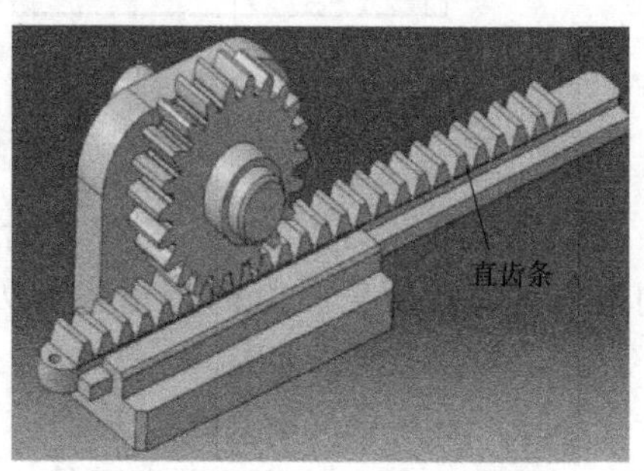

图 8-23　齿轮与齿条传动

1. 齿条

当齿轮的圆心位于无穷远处时，其上各面的直径趋向于无穷大，齿轮上的基圆、分度圆、齿顶圆等各圆成为基线、分度圆、齿顶线等互相平行的直线，渐开线齿廓也变成直线齿廓，齿轮即演化成为齿条，如图 8-24 所示。齿条分为直齿条和斜齿条。

与齿轮相比，齿条的主要特点：

1）由于齿条的齿廓是直线，所以齿廓上各点的法线互相平行。传动时，齿条做直线运动，且各齿速度大小和方向均一致。

2）齿条齿廓上各点的压力角均相等，且等于齿廓直线的倾斜角，其标准值 α 为 20°。

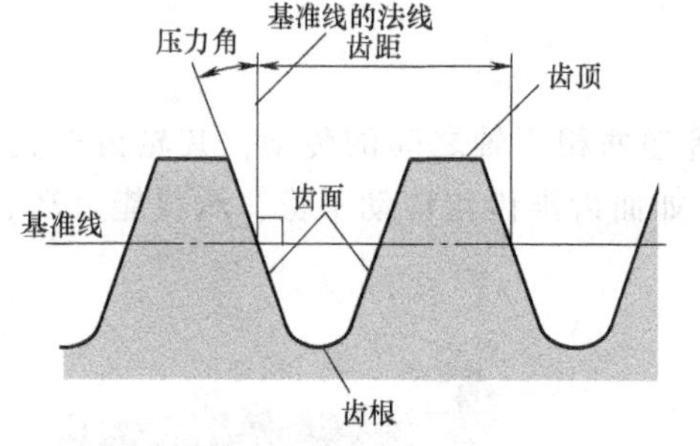

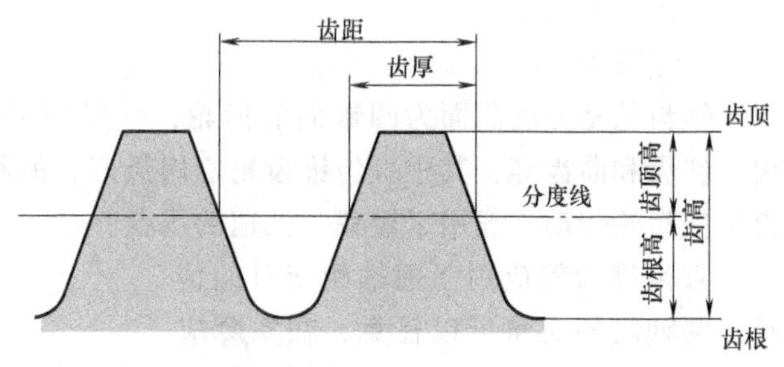

图 8-24　齿条

3）由于齿条上各齿的同侧齿廓互相平行，所以无论是在分度线（即基本齿廓的基准线）、齿顶线上，还是在与分度线平行的其他直线上，齿距均相等，模数为同一标准值。

2. 齿轮齿条传动

齿轮的转动可以带动齿条做直线移动，齿条的前后移动也可以带动齿轮转动。齿轮齿条传动的主要目的是将齿轮的回转运动转变为齿条的直线往复运动，或将齿条的直线往复运动转变为齿轮的回转运动。

齿条的移动速度为

$$v=n_1\pi d_1=n_1\pi m z_1$$

式中　v——齿条的移动速度，单位为 mm/min；

n_1——齿轮的转速，单位为 r/min；

d_1——齿轮分度圆直径，单位为 mm；

m——齿轮的模数，单位为 mm；

z_1——齿轮的齿数。

齿轮每回转一周，齿条移动的距离为

$$L=\pi d_1=\pi m z_1$$

式中 L——齿条的移动距离，单位为 mm。

技能实践

到学校实习车间，在老师的指导下，观察机器设备中斜齿轮传动、锥齿轮传动以及齿轮齿条传动等传动形式，思考这些场合采用该类齿轮的原因。

课题小结

本课题主要介绍了斜齿圆柱齿轮的形成、直齿锥齿轮传动及齿轮齿条传动。在生产活动中注意观察，熟悉它们的特点及性能，掌握它们正确啮合的条件和传动原理。

课题六 齿轮的加工与维护

课题导入

齿轮加工的方法很多，如铸造、热轧、冲击、模锻及切割加工等。齿轮常用的两种切削加工方法是成形法和范成法。

若轮齿发生折断、齿面损坏等现象，则齿轮会失去正常工作的能力，因此，正确维护齿轮传动，保证其正常工作，延长齿轮使用寿命十分必要。

本课题将介绍齿轮加工方法、失效形式及齿轮传动的维护等内容。

知识学习

一、齿轮加工方法

1. 成形法

成形法又称为仿成法，它是用渐开线的成形铣刀直接切出齿形，如图 8-25 所示。

此方法不需要专门的机床，在普通铣床上即可加工，常用刀具有盘形铣刀和指状铣刀。由于铣刀的号数有限，所以用成形法加工的齿轮齿廓一般为近似值，加上分度的误差，其精度比较低。加工时是逐齿切削，且不连续，生产率也较低。因此，成形法只适用于单件或小批量生产。

2. 范成法

范成法是利用一对齿轮（或齿轮与齿条）啮合时其共轭齿廓互为包络线的原理来切齿的，如果把其中一个齿轮（或齿条）做成刀具，就可以切出与它共轭的渐开线齿廓，用范成法切齿的常用刀具有齿轮插刀、齿条插刀和齿轮滚刀等。图 8-26 所示为插齿工作原理。

用范成法加工齿轮时，只要刀具和被加工齿轮的模数及压力角相同，不论齿轮的齿数是多少，都可以用同一把刀具来加工，且加工效率高，所以在成批、大量生产中广泛使用范成法。

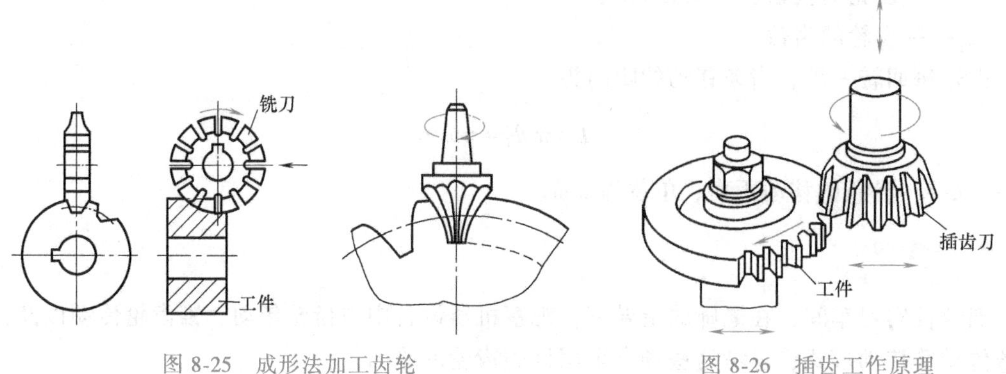

图 8-25　成形法加工齿轮　　　　图 8-26　插齿工作原理

二、齿轮常用材料

对齿轮材料的基本要求是：齿面要具有足够的硬度、耐磨性和韧度；良好的加工工艺性，热处理畸变小；齿轮材料必须满足工作条件的要求。例如，用于飞行器上的齿轮，要满足质量小、传递功率大和可靠性高的要求，因此必须选择力学性能高的合金钢；矿山机械中的齿轮传动，一般功率很大，工作速度较低，周围环境中粉尘含量极高，往往选择铸钢或铸铁等材料；家用器械及办公用器械的功率很小，但要求传动平稳、低噪声或无噪声以及能在少润滑状态下正常工作，因此常选用工程塑料作为齿轮材料。总之，工作条件的要求是选择齿轮材料时首先应考虑的因素。

常用的齿轮材料是各种牌号的优质碳素钢、合金结构钢、铸钢和铸铁等，一般多采用锻件或轧制钢材。开式齿轮低速传动时可采用灰铸铁，由于球墨铸钢有较高的力学性能，有时可代替铸钢。当齿轮较大（d>400~600mm）而轮坯不易制造时，可采用铸钢。

对于高速、轻载及精度要求不高的齿轮传动，为了减少噪声，可采用非金属材料，如尼龙、胶木等。目前国外企业在传递动力的选择上如今越来越多地采用塑料齿轮，因为塑料齿轮具有传递噪声低、吸振、自润滑、生产模型加工效率高等优点，在齿轮行业中的应用越来越广泛，已成为一种趋势。

三、齿轮传动的精度

影响齿轮传动质量的因素是多方面的，齿轮的制造精度与安装精度是主要影响因素。《GB/T 10095.1—2008 圆柱齿轮 精度制 第 1 部分：轮齿同侧齿面偏差的定义和允许值》《GB/T 10095.2—2008 圆柱齿轮 精度制 第 2 部分：径向综合偏差与径向跳动》规定了轮齿精度术语的定义、齿轮精度制的构成和齿距偏差、齿廓总偏差和螺旋线总偏差的允许值、单个渐开线圆柱齿轮径向综合偏差和径向跳动的精度制等。

四、齿轮传动的失效形式

轮齿是齿轮传动的关键部分，齿轮的失效通常是指轮齿的失效。轮齿的失效与传动类型、工作状况（速度、载荷、润滑等）、材料性质、齿轮结构、加工精度有关，常见的失效形式有以下五种。

1. 轮齿折断

齿轮工作时，在齿根部分产生的弯曲应力最大，而且有应力集中。因此，轮齿折断一般发生在齿根部分，如图 8-27a 所示，轮齿折断分两种情况：一种是在短时过载或冲击载荷作用下的突然折断，称为过载折断，常发生在铸铁、淬火钢等脆性材料的齿轮上；另一种是当齿轮工作时，轮齿受载在根部产生交变的弯曲应力，并在此应力的反复作用下，齿根危险截面产生疲劳裂纹，随着裂纹的扩展导致轮齿折断，称为疲劳折断。

措施：增大齿根圆角半径，减小轮齿表面粗糙度值，采用表面强化处理（如喷丸、碾压）等都能提高轮齿抗折断能力。

2. 齿面点蚀

闭式齿轮传动中，齿轮工作一段时间后在靠近节线的齿根面上有时会出现因金属脱落而留下的不规则小坑，这种现象称为齿面点蚀，如图 8-27b 所示。

齿轮工作时，齿面上会产生交变的接触应力，当某一局部的接触力超过材料的接触疲劳极限时，齿面就会出现微小的疲劳裂纹，并逐步扩大导致金属微粒脱落而形成点蚀坑。点蚀会影响传动的平稳性，产生振动和噪声，造成轮齿失效。

齿面点蚀是闭式齿轮传动的主要失效形式。而在开式齿轮传动中，由于齿面磨损较快，齿面微裂纹来不及扩展即被磨掉，一般看不到齿面点蚀现象。

措施：齿面接触应力是导致齿面点蚀的主要原因，它与齿面硬度等因素有关，提高齿面硬度，降低齿面表面粗糙度值，采用黏度高的润滑油等，均可提高齿面抗疲劳点蚀的能力。

3. 齿面磨损

齿面磨损分为磨粒磨损和跑合磨损。一种是在开式齿轮传动中，由于灰尘、砂粒、金属屑等硬质颗粒进入啮合区，而引起的磨损。过度磨损使齿廓形状被损坏，振动加剧，噪声增大，齿厚变薄，甚至引起断齿。通常齿面磨损失效就是指过量的磨粒磨损，如图 8-27c 所示。

措施：改用闭式齿轮传动，减小齿面表面粗糙度值，改善润滑条件，保持润滑油的清洁可有效地减轻磨损。

4. 齿面胶合

齿轮传动时，两齿面在啮合点有较大的相对滑动。正常运转条件下，啮合齿面之间存在润滑油膜，但在高速重载齿轮传动中，由于齿面间的压力大、摩擦发热多，使啮合点处的瞬时温度过高，使润滑失效；在低速重载情况下，由于齿面间的压力较大、相对滑动速度小，使得润滑油膜不易形成。以上两种情况都会使轮齿在重压下发生金属的直接接触，接触区会产生瞬时高温，致使两金属表面发生“粘接”现象，齿轮转动时，软齿面的金属被撕去，在轮齿表面形成与滑动方向一致的沟痕，如图 8-27d 所示，使齿轮的振动和噪声增大，导致失效，这种现象称为齿面胶合。齿面胶合是高速齿轮的主要失效形式，一般发生在齿面相对

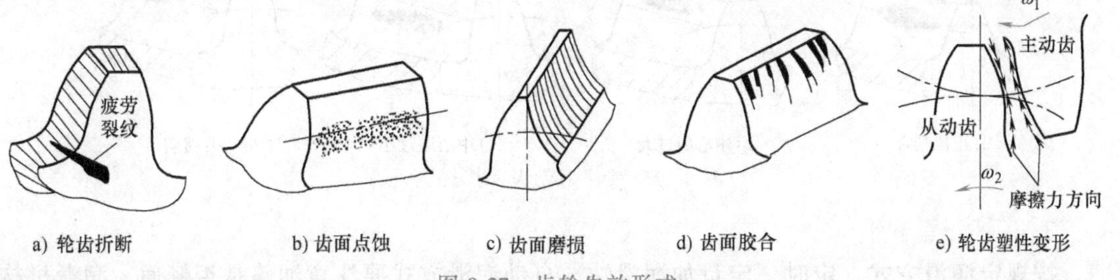

图 8-27　齿轮失效形式

滑动速度大的齿顶或齿根部位。

措施：减小模数，降低齿高，提高齿面硬度，减小齿面表面粗糙度值，对低速传动采用黏度较大的润滑油，在高速传动中采用含抗胶合添加剂的润滑油，都可提高齿面抗胶合能力。

5. 轮齿塑性变形

在低速重载、起动频繁的传动中，齿轮齿面之间不易形成润滑油膜，使两个齿面的金属直接接触，在摩擦力剧增的情况下，较软齿轮齿面的材料沿滑动方向产生塑性流动，导致齿廓失去正确的形状而失效。这种失效形式称为齿面塑性变形，如图 8-27e 所示。

措施：适当提高齿面硬度，采用黏度较大的润滑油可有效地防止或减轻轮齿的塑性变形。

五、齿轮传动的维护

正确维护是保证齿轮传动正常工作、延长齿轮使用寿命的必要条件。齿轮传动的维护工作主要有以下内容：

1. 安装与跑合

齿轮、轴、键等零件安装在轴上，其固定和定位都应符合技术要求。两齿轮轴不平行时，会在齿宽方向只有一端接触，出现齿轮的直线性偏差或者啮合不良的现象。如图 8-28 所示是齿轮所承受的载荷在齿宽方向不均匀，齿的局部承受过大的载荷，有可能造成断齿。

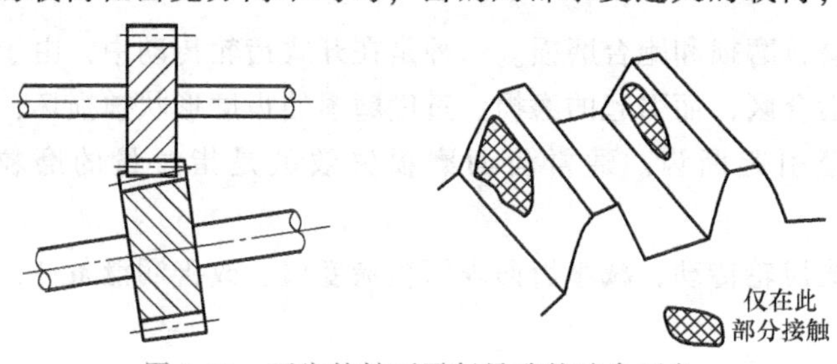

图 8-28　两齿轮轴不平行导致的啮合不良

使用一对新齿轮，先做跑合运转，即在空载或逐步加载的方式下，运转十几小时至几十小时，然后清洗箱体，更换新润滑油，才能正式使用。

2. 检查齿面接触情况

采用涂色法检查，如图 8-29 所示，若色印处于齿宽中部，且接触面积较大，说明接触良好。若接触部位不合理，会使载荷分布不均，通常可通过调整轴承座位以及修理齿面等方法解决。

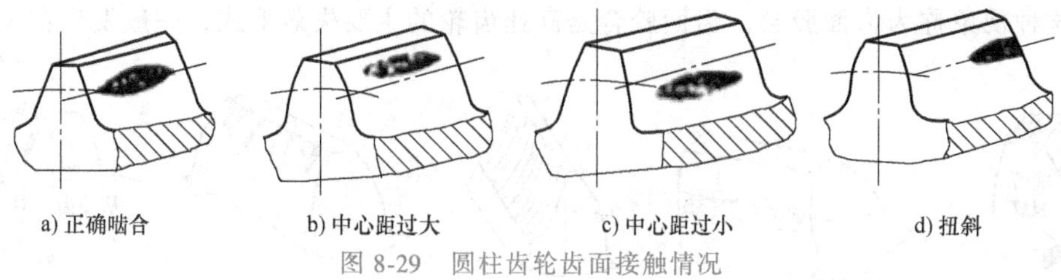

图 8-29　圆柱齿轮齿面接触情况

3. 保证正常润滑

按规定润滑方式，定时、定量加润滑油。自动润滑方式要注意油路是否畅通，润滑机构是否灵活。

对于高速重载齿轮，润滑不良会导致齿面局部过热，造成色变、胶合等故障。导致润滑不良的原因是多方面的，如：油路堵塞、喷油孔堵塞、润滑油中进水、润滑油变质、油温过高等都会造成齿面润滑不良。

4. 监控运转状态

通过看、摸、听，监视有无超出常温、异常响声、振动等不正常现象。发现异常现象，应及时检查加以解决，禁止其“带病工作”。对高速、重载或重要场合的齿轮传动，可采用自动监测装置，对齿轮运行状态搜集信息、处理故障诊断用报警等，实现自动控制，确保齿轮传动的安全、可靠。

5. 安装防护罩

对于开式齿轮传动，应装防护罩，保护人身安全，同时防止灰尘、切屑等杂物侵入齿面，防止加速齿面磨损。

技能实践

到实习车间，在教师指导下，进行齿轮的成形法或范成法加工练习。

课题小结

本课题简单介绍了成形法和范成法两种齿轮加工方法、齿轮材料、齿轮传动的精度及失效形式、齿轮传动的维护等内容。通过本课题的学习，由轮齿的失效分析可知，对齿面材料的基本要求是齿面应具有足够的硬度，以抵抗齿面磨损、点蚀、胶合以及塑性变形等；齿轮心部应有足够的强度和较好的韧性，以防止轮齿折断和抵抗冲击载荷。

单元九 蜗杆传动

内容构架

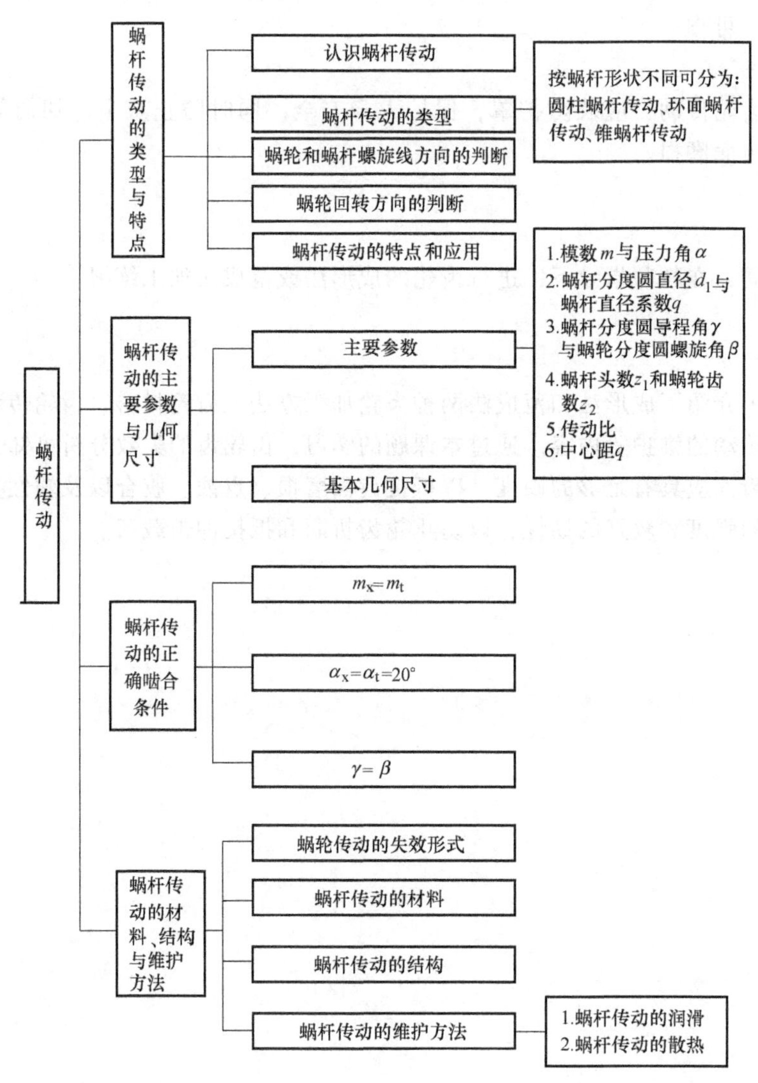

学习引导

蜗杆传动广泛应用在机床、汽车、仪器、起重运输机械、冶金机械等领域。蜗杆传动是机械传动的一种重要形式，其涉及的知识与齿轮传动有共同点又有不同之处。本单元将从蜗杆传动在生产和生活实际中的应用入手，以蜗杆传动的组成、类型、特点及应用为基础，对蜗杆传动的基本参数、几何尺寸计算进行介绍，并分析蜗杆传动的正确啮合条件、失效形式、材料的选用和结构特点，介绍蜗杆传动的润滑和散热方式。

【目标与要求】

➢ 熟悉蜗杆传动的组成。
➢ 了解蜗杆传动的类型和特点。
➢ 能够正确判断蜗杆的回转方向。
➢ 了解普通圆柱蜗杆传动的主要参数。
➢ 掌握蜗杆传动的正确啮合条件。
➢ 掌握蜗杆传动的失效形式。
➢ 熟悉蜗杆传动的材料和结构。
➢ 了解蜗杆传动的润滑和散热方式。

【重点与难点】

重点：

- 蜗杆传动的组成。
- 蜗杆传动的特点。
- 蜗杆回转方向的判定。
- 蜗杆模数、压力角、蜗杆头数和蜗轮齿数等参数的定义。
- 蜗杆传动的正确啮合条件。

难点：

- 蜗杆回转方向的判定。
- 蜗杆分度圆直径和蜗杆直径系数。
- 蜗杆传动的散热措施。

课题一　蜗杆传动的类型与特点

课题导入

蜗杆传动是机械传动中的一种重要形式，具有其他传动机构没有的优点和特性，因此广泛应用于各种机械设备和仪表中，常用作减速传动。如汽车的转向器上应用了各种类型蜗杆传动，汽车修理和钣金设备中采用的减速器也广泛应用了蜗杆传动。图 9-1 所示移动门、升

a) 移动门

b) 垂直电梯

图 9-1　蜗杆的应用

降机（垂直电梯）等机械设备中也应用了蜗杆传动。

知识学习

一、认识蜗杆传动

一个齿轮当它只有一个或几个螺旋齿，并且与蜗轮啮合而组成交错轴齿轮副时，称为蜗杆，其分度曲面可以是圆柱面、圆锥面或圆环面。一个齿轮，它作为交错轴齿轮副中的齿轮与配对蜗杆相啮合时，称为蜗轮，其分度曲面可以是圆柱面、圆锥面或圆环面。由蜗杆及其配对蜗轮组成的交错轴齿轮副，称为蜗杆副。分度曲面是一个约定的假想曲面，齿轮的轮齿尺寸均以此曲面为基准加以确定。

蜗杆传动由蜗杆、蜗轮和机架组成，通常由蜗杆（主动件）带动蜗轮（从动件）转动，用于传递空间两交错轴之间的回转运动和动力，其两轴线在空间一般交错成90°。图 9-2a 所示为蜗杆减速机；图 9-2b 所示蜗杆和蜗轮都是一种特殊的斜齿轮。

a) 蜗杆减速机　　b) 蜗杆和蜗轮

图 9-2　蜗杆传动

二、蜗杆传动的类型

按蜗杆形状不同可分为圆柱蜗杆传动、环面蜗杆传动和锥蜗杆传动三种类型，如图 9-3所示。

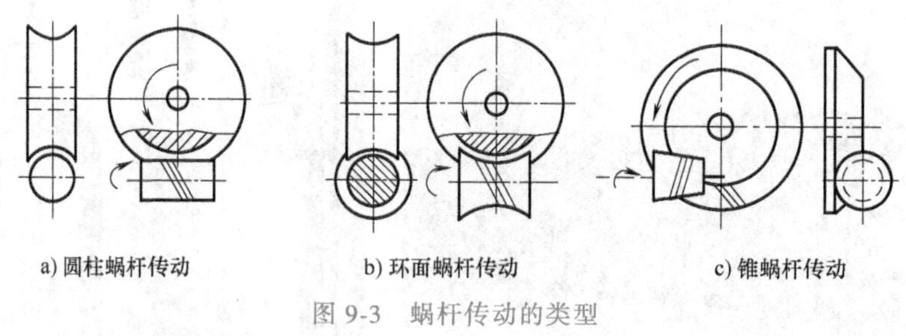

a) 圆柱蜗杆传动　　b) 环面蜗杆传动　　c) 锥蜗杆传动

图 9-3　蜗杆传动的类型

1. 圆柱蜗杆传动

圆柱蜗杆传动制造简单、应用广泛。圆柱蜗杆是一个齿数少的宽斜齿轮，外形近似圆柱形螺旋，蜗轮的形状近似斜齿轮，只是将它的轮齿沿宽度方向弯成圆弧形，齿体中曲面呈环面包住蜗杆，以便与蜗杆更好地啮合。

圆柱蜗杆传动又有普通圆柱蜗杆传动和圆弧圆柱蜗杆传动。普通圆柱蜗杆传动按加工方法的不同，可分为阿基米德蜗杆、渐开线蜗杆和法向直廓蜗杆等。

（1）阿基米德圆柱蜗杆（ZA 型） 在垂直于蜗杆轴线的截取面内齿廓为阿基米德螺旋线，如图 9-4 所示，它的轴向齿廓为直线，法向齿廓为外凸曲线。这种蜗杆制造方法与普通螺旋相似，可在车床上车削而成，加工方便，但当导程角较大时（>15°），加工困难，难以磨齿，精度较低。阿基米德圆柱蜗杆一般用于头数较少、载荷较小、转速较低的传动中。

（2）渐开线圆柱蜗杆（ZI 型） 渐开线圆柱蜗杆的齿面为渐开线螺旋面，端面齿廓为渐开线，如图 9-5 所示。渐开线圆柱蜗杆通常在车床上车削而成，也可以用滚切、铣切，并可用磨削进行精加工，故容易得到较高精度。渐开线蜗杆传动适用于头数较多、转速较高和要求较精密的传动中，如分度蜗杆副。

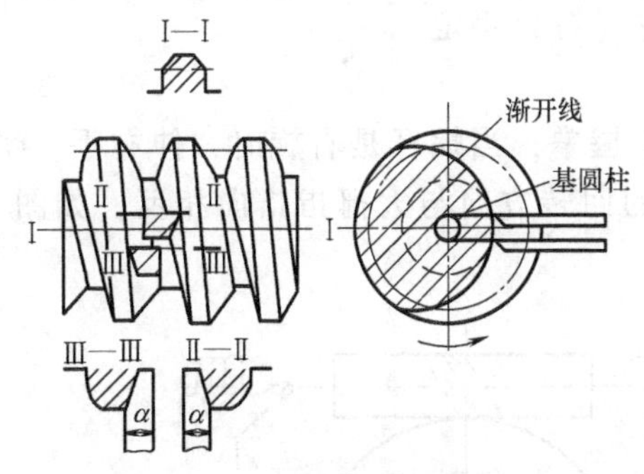

图 9-4 阿基米德圆柱蜗杆

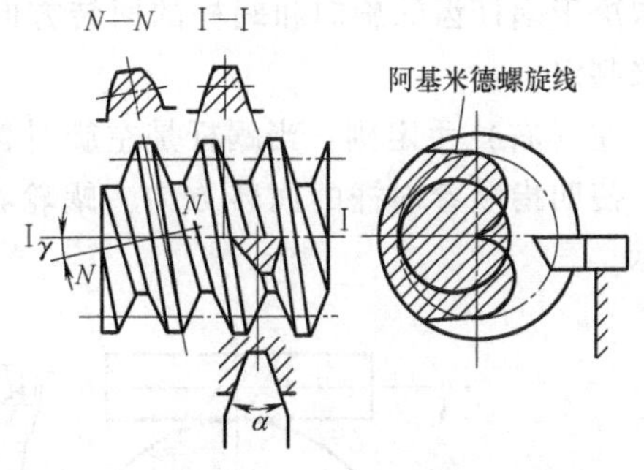

图 9-5 渐开线圆柱蜗杆

（3）法向直廓圆柱蜗杆（ZN 型） 蜗杆法向齿廓为直线，轴向齿廓为微凸曲线，端面齿廓为延伸渐开线，如图 9-6 所示。车削时，刀具法向放置，有利于切出导程角>15°的多头蜗杆，这种蜗杆加工简单，可以用砂轮磨削，精度易保证，常用作机床的多头精密蜗杆传动。

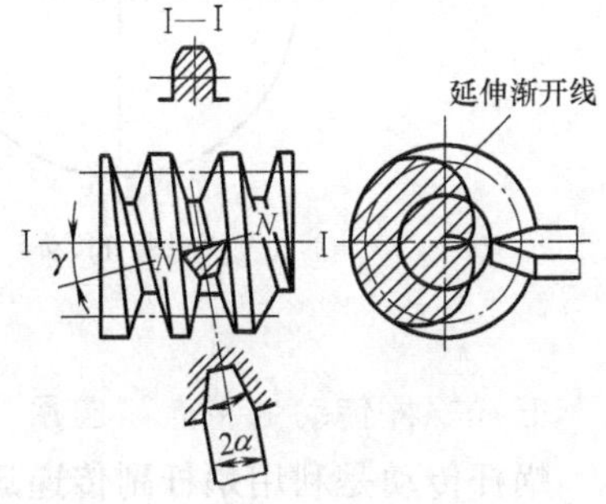

图 9-6 法向直廓圆柱蜗杆

2. 环面蜗杆传动

环面蜗杆是一个分度曲面为圆环面的蜗杆。环面蜗杆传动的特点是，蜗杆体轴向外形是以凹圆弧为母线所形成的旋转曲面，所以把这种蜗杆传动称为环面蜗杆传动。这种蜗杆传动时啮合的齿对多，形成润滑油膜的条件好，因而承载能力为阿基米德蜗杆传动的 2~4 倍，效率一般高达 85%~90%；但它需要较高的制造精度和安装精度。

3. 锥蜗杆传动

蜗杆是一个等导程的锥形螺纹，故称为锥蜗杆。蜗轮在外观上就像一个曲线齿锥齿轮，它是用与锥蜗杆相似的锥滚刀在普通滚齿机上加工而成的，故称为锥蜗轮。锥蜗杆传动的特点是：同时接触的点数较多，重合度大；传动比范围大（传动比一般为 10~360），承载能力和效率较高；侧隙便于控制和调整；能作为离合器使用；可节约非铁金属材料；制造安装简便，工艺性好。但传动具有不对称性，因而正、反转时受力不同，承载能力和效率也不同。

此外，蜗杆按其螺旋线的旋向，可分为右旋蜗杆与左旋蜗杆，一般多用右旋蜗杆；按蜗杆头数不同分为单头蜗杆（$z=1$）和多头蜗杆（$z\geqslant 2$），蜗杆头数就是其齿数 z_1。

三、蜗轮和蜗杆螺旋线方向的判断

蜗杆传动类似于螺旋传动。蜗杆、蜗轮有左旋和右旋之分，一般为右旋，并且一对啮合的蜗杆、蜗轮旋向相同。蜗杆螺旋线符合右手螺旋定则，手心对着自己，四个手指顺着蜗杆或蜗轮轴线方向摆正，若齿向与右手拇指指向一致，则该蜗杆或蜗轮为右旋，反之为左旋。图 9-7 所示为蜗杆的旋向判定方法。

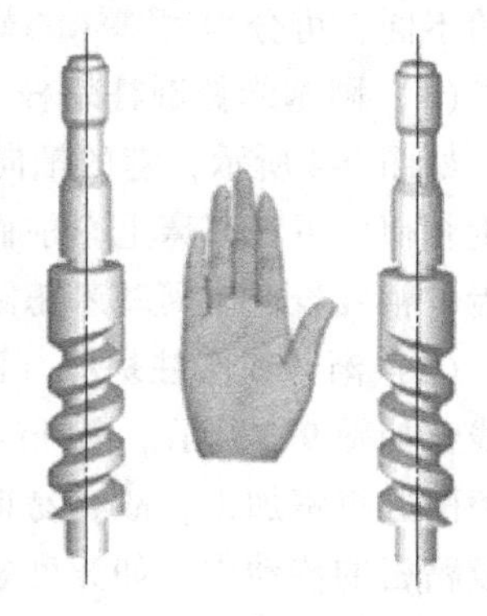

图 9-7　蜗杆的旋向判定

四、蜗轮回转方向的判断

在蜗杆传动中通常蜗杆是主动件，从动件蜗轮的转动方向取决于蜗杆的转动方向和螺旋线的旋向。在蜗杆运动中，蜗轮、蜗杆齿的旋向应一致，即同为左旋或右旋。蜗轮回转方向的判定取决于蜗杆齿的旋向和蜗杆的回转方向，可用左（右）手定则来判定。

左（右）手定则：当蜗杆是左旋时伸左手，半握拳；当蜗杆是右旋时，伸右手，半握拳；使四指顺着蜗杆的回转方向，蜗轮在啮合处的回转方向与大拇指指向相反，如图 9-8 所示。

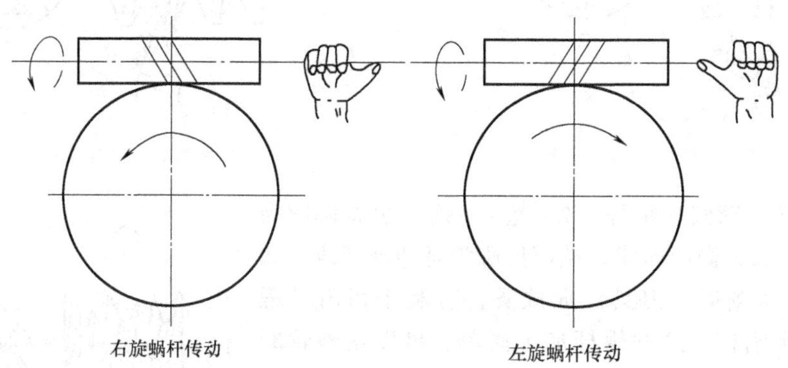

图 9-8　蜗轮回转方向的判断

五、蜗杆传动的特点和应用

蜗杆传动是利用蜗杆副传递运动和动力的一种机械传动，具有螺旋机构的某些特点。

（1）结构紧凑、传动比大　其传动比一般为 $i=10\sim100$；在分度机构中，传动比可达到几百，甚至一千以上；且结构很紧凑。

（2）传动平稳无噪声　因蜗杆齿为连续不断的螺旋线形，具有螺旋机构的特点，蜗杆与蜗轮的啮合过程是连续的，而且同时啮合的次数较多，故传动很平稳，无噪声，冲击和振动小。

（3）具有自锁性　当蜗杆的导程角小于一定值时，只能以蜗杆为主动件带动蜗轮，而不能由蜗轮带动蜗杆转动，从而实现自锁。蜗杆传动具有的自锁功能在机械中很有用处，如手动起重装置（手动葫芦）就是利用蜗杆传动的自锁性，使重物可以停留在任意升降位置，而不会自行下落，起安全保护作用。

(4) 传动效率低，易磨损、发热　蜗杆与蜗轮齿面间的滑动速度大，摩擦剧烈，发热量大，效率一般为 0.7~0.8。当传动有自锁时，传动效率一般低于 0.5。由于蜗杆传动效率低，摩擦产生的热量较大，所以要求有良好的润滑和冷却装置。为了减轻齿面的磨损和胶合，蜗轮一般采用减摩性好的青铜制造，所以成本高。

(5) 传递功率较小　传递功率一般不超过 50kW。

因此，蜗杆传动常用于两轴交错、传动比较大、传递功率不太大或间歇工作的机构以及有自锁要求的机械中。

技能实践

在教师指导下拆装蜗杆减速器，观察蜗杆是如何实现传动的？总结蜗杆传动的应用场合及其传动特点。

课题小结

本课题主要介绍了蜗杆传动的类型和特点、蜗杆的分类及蜗轮回转方向的判定。通过学习要求能够熟练掌握蜗杆传动的基本概念，熟悉其特点和分类，学会判断蜗杆旋向及蜗轮的回转方向。

课题二　蜗杆传动的主要参数与几何尺寸

课题导入

在设计和制造蜗杆时，应根据具体工作情况、应用场合、几何关系和运动关系来选择确定合理的参数、几何尺寸、正确啮合条件及其结构。蜗杆传动的主要参数与几何尺寸是一个难点，涉及的知识点较多，且相互关联。

知识学习

一、普通圆柱蜗杆传动的主要参数

在蜗杆传动中，各几何参数及尺寸计算均以中间平面为准。对于两轴线在空间交错成 90°的普通圆柱蜗杆传动，通过蜗杆轴线并与蜗轮轴线垂直的平面称为中间平面，如图 9-9 所示。在中间平面内，蜗杆与蜗轮的啮合可以看作齿条与渐开线齿轮的啮合。国家标准规定，蜗杆以轴面（x）参数为标准参数，蜗轮以端面（t）参数为标准参数。

1. 模数 m 与压力角 α

和齿轮传动一样，蜗杆传动也以模数 m 与压力角 α 为主要参数。在中间平面内，因蜗杆的轴向齿距p_x与蜗轮的端面齿距p_t相等，所以蜗杆的轴向模数m_x应与蜗轮的端面模数m_t相等，并为标准值，用 m 表示。蜗杆的轴向压力角α_x等于蜗轮的端面压力角α_t，用 α 表示，并为标准值，$\alpha=20°$。

2. 蜗杆分度圆直径d_1与蜗杆直径系数 q。

在生产中，常用与蜗杆参数尺寸相同的滚刀来加工蜗轮，从而保证蜗杆与蜗轮的正确啮

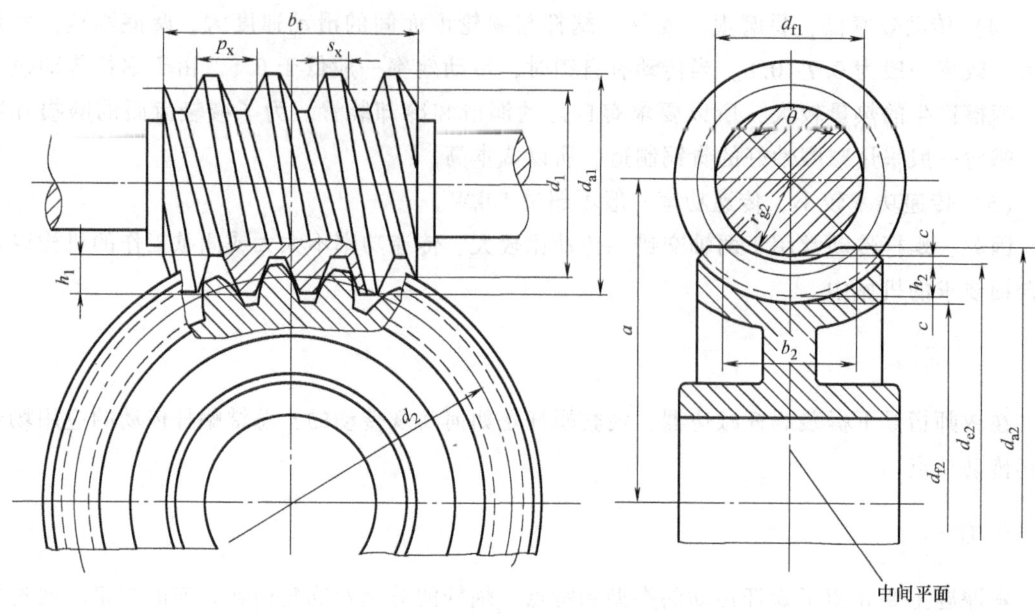

图 9-9　蜗杆传动的主要参数

合。为了减少滚刀的规格和数量，便于滚刀的标准化，我国标准规定，每一个标准模数，只对应一种或几种标准蜗杆的分度圆直径d_1，见表 9-1。并把蜗杆分度圆直径d_1与模数 m 的比值称为蜗杆直径系数，用 q 表示，即$d_1 = mq$。

表 9-1　蜗杆的基本参数（摘自 GB/T 10085—1988）

模数 m /mm	分度圆直径d_1 /mm	蜗杆头数 z_1	直径系数 q	m^2d_1 /mm³	模数 m /mm	分度圆直径d_1 /mm	蜗杆头数 z_1	直径系数 q	m^2d_1 /mm³
2	(18)	1,2,4	9.000	72	6.3	(50)	1,2,4	7.936	1985
	22.4	1,2,4,6	11.200	90		63	1,2,4,6	10.000	2500
	(28)	1,2,4	14.000	112		(80)	1,2,4	12.698	3175
	35.5*	1	17.750	142		112*	1	17.778	4445
2.5	(22.4)	1,2,4	8.960	140	8	(63)	1,2,4	7.875	4032
	28	1,2,4,6	11.200	175		80	1,2,4,6	10.000	5120
	(35.5)	1,2,4	14.200	222		(100)	1,2,4	12.500	6400
	45*	1	18.000	281		140*	1	17.500	8960
3.15	(28)	1,2,4	8.889	278	10	(71)	1,2,4	7.100	7100
	35.5	1,2,4,6	11.270	352		90	1,2,4,6	9.000	9000
	(45)	1,2,4	14.286	447		(112)	1,2,4	11.200	11200
	56*	1	11.778	556		160	1	16.000	16000
4	(31.5)	1,2,4	7.875	504	12.5	(90)	1,2,4	7.200	14063
	40	1,2,4,6	10.000	640		112	1,2,4	8.960	17500
	(50)	1,2,4	12.500	800		(140)	1,2,4	11.200	21875
	71*	1	17.750	1136		200	1	16.000	31250

（续）

模数 m /mm	分度圆直径 d_1 /mm	蜗杆头数 z_1	直径系数 q	m^2d_1 /mm^3	模数 m /mm	分度圆直径 d_1 /mm	蜗杆头数 z_1	直径系数 q	m^2d_1 /mm^3
5	(40)	1,2,4	8.000	1000	16	(112)	1,2,4	7.000	28672
	50	1,2,4,6	10.000	1250		140	1,2,4	8.750	35840
	(63)	1,2,4	12.600	1575		(180)	1,2,4	11.250	46080
	90*	1	18.000	2250		250	1	15.625	64000

注：1. 括号中的d_1尽可能不用。

2. 带＊号的蜗杆自锁。

由于 m、d_1均为标准值，导出的 q 值不一定为整数，当 m 一定时，取较大值的d_1，蜗杆轴的强度和刚度较大；取较小值的d_1，相应的 q 较小，传动效率高。

3. 蜗杆分度圆导程角 γ 和蜗轮分度圆螺旋角 β

蜗杆导程角是指蜗杆的分度圆柱螺旋线上任意一点的切线与端平面之间所夹的角，用 γ 表示。蜗杆类似于螺杆，蜗杆螺旋线导程为p_z，如图 9-10 所示，根据螺旋线形成原理可得出如下公式

$$\tan\gamma=\frac{p_z}{\pi d_1}=\frac{z_1p_x}{\pi d_1}=\frac{z_1m}{d_1}=\frac{z_1}{q}$$

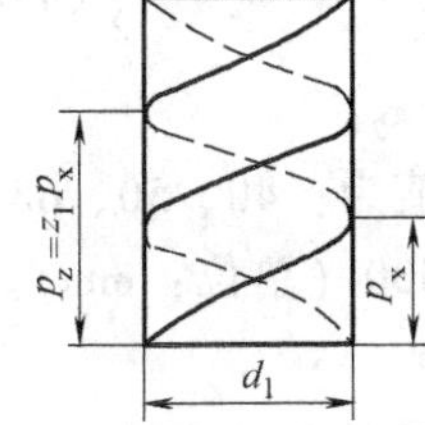

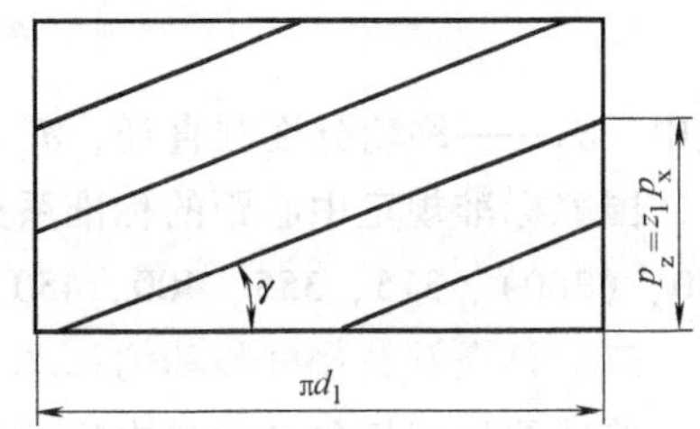

图 9-10　蜗杆分度圆导程角

γ 的范围为 3°~33.5°，z_1不同时，所用 γ 值范围见表 9-2。

蜗轮的轮齿和斜齿轮相似，也有螺旋角，且规定：蜗杆导程角 γ 应等于蜗轮轮齿的螺旋角 β，且旋向相同。即 $\gamma=\beta$。

表 9-2　z_1与 γ、i 的推荐范围

蜗杆头数z_1	1	2	4	6
导程角 γ	3°~8°	8°~16°	16°~30°	28°~33.5°
传动比 i	29~83	14.5~31.5	7.25~15.75	4.83,5.17
蜗杆齿数z_2	29~83	29~63	29~63	29.31

导程角的大小直接影响蜗杆的传动效率。导程角大则传动效率高，但自锁性差；导程角小，其自锁性强，但传动效率低。

4. 蜗杆头数（齿数）z_1和蜗轮齿数z_2

蜗杆头数可根据传动比的大小和效率选择，通常取z_1=1、2、4、6。头数多，则加工困难，但传动效率高。当要求传动比大或传递大转矩时，宜取z_1=1；当要求传动自锁时，z_1必须取 1，且 $\gamma\leqslant3.5°$，此时传动效率低。当要求传递功率大、效率高、传动速度大时，则z_1取大值，但z_1不能过多，否则难以制造出较高精度的蜗杆滚刀和蜗轮滚刀。

蜗轮齿数$z_2=iz_1$。为了避免蜗轮齿产生根切、发生传动干涉和保证传动的平稳性，应使$z_2\geqslant29$。但z_2也不宜过多，否则当模数一定时会使蜗杆直径太大，造成蜗杆支撑跨距过大，

从而降低蜗杆的刚度，导致啮合不良。对于蜗杆传动，常用$z_2=29\sim70$。传递运动时，z_2不受限制。

5. 传动比 i

$$i=\frac{n_1}{n_2}=\frac{z_2}{z_1}=\frac{d_2}{d_1\tan\gamma}$$

式中 n_1、n_2—分别为蜗杆和蜗轮的转速。

应当指出，蜗杆传动的传动比不等于蜗轮与蜗杆两个分度圆直径之比。

对于单级动力蜗杆传动，传动比 i 取 5~80，常用 15~50。

一般的减速圆柱蜗杆传动的传动比数值按下列数值选取：5、7.5、10、12.5、15、20、25、30、40、50、60、70、80。其中，10、20、40 和 80 为基本传动比，应优先采用。

不同z_1时，i、γ 等值的推荐范围见表 9-2。

6. 中心距 a

$$a=\frac{1}{2}(d_1+d_2)=\frac{m}{2}(q+z_2)$$

式中 d_2——蜗轮分度圆直径，$d_2=m\,z_2$。

国家标准规定中心距的标准系列值为：40、50、63、80、100、125、160、(180)、200、250、(280)、315、355、400、450、500（单位：mm）。

二、普通圆柱蜗杆传动的基本几何尺寸

普通圆柱蜗杆传动的基本尺寸及计算公式见表 9-3。除了顶隙系数（$c^*=0.2$）与圆柱齿轮不同外，其他尺寸的计算公式基本相同。

表 9-3 普通圆柱蜗杆传动的基本几何尺寸

名　称	符号	计算公式	
		蜗杆	蜗轮
模数	m	按强度条件和结构要求确定，并应符合标准值	
压力角	α	取标准值，$\alpha=20°$	
齿数	z	z_1按规定选取	$z_2=i\,z_1$
顶隙	c	$c=c^*m$　顶隙系数 $c^*=0.2$	
齿距	p	$p_x=p_t=\pi m$	
齿顶高	h_a	$h_{a1}=h_{a2}=h_a^*m=m$，齿顶高系数 $h_a^*=1$	
齿根高	h_f	$h_{f1}=h_{f2}=(h_a^*+c^*)m=1.2m$，$c^*=0.2$	
分度圆直径	d	$d_1=mq=\frac{z_1m}{\tan\gamma}$	$d_2=m\,z_2$
齿顶圆直径	d_a	$d_{a1}=d_1+2h_{a1}=d_1+2m$	$d_{a2}=d_2+2h_{a2}=m(z_2+2)$
齿根圆直径	d_f	$d_{f1}=d_1-2h_{f1}=m(q-2.4)$	$d_{f2}=d_2-2h_{f2}=m(z_2-2.4)$
蜗杆导程角	γ	$\tan\gamma=\frac{z_1m}{d_1}=\frac{z_1}{q}$	
蜗轮螺旋角	β		$\gamma=\beta$
标准中心距	a	$a=\frac{1}{2}(d_1+d_2)=\frac{m}{2}(q+z_2)$	

三、蜗杆传动的正确啮合条件

要组成一对正确啮合的蜗杆与蜗轮，应满足一定的条件。蜗杆传动的正确啮合条件为：

1）在中间平面内，蜗杆的轴向模数m_x与蜗轮的端面模数m_t相等，且符合标准模数系列。

2）在中间平面内，蜗杆的轴向压力角α_x与蜗轮的端面压力角α_t相等，且为标准值20°。

3）蜗杆导程角γ与蜗轮螺旋角β相等，且旋向相同。

技能实践

以普通圆柱蜗杆为例，进行蜗杆传动的主要参数与几何尺寸的计算练习。

课题小结

蜗杆传动的主要参数：模数m、压力角α、蜗杆导程角γ、蜗杆直径d_1、蜗杆直径系数q、蜗杆头数z_1、蜗轮齿数z_2及蜗轮螺旋角β_2。本课题主要介绍了蜗杆传动的主要参数、几何尺寸计算以及蜗杆传动的正确啮合条件。

课题三　蜗杆传动的材料、结构与维护方法

课题导入

蜗杆传动的主要问题是蜗轮磨损严重，这是设计中要解决的主要问题。蜗轮磨损、系统过热、蜗杆刚度不足等都会引起蜗杆传动失效，其失效形式与齿轮传动类似。

知识学习

一、蜗轮传动的失效形式

蜗杆传动的失效形式与齿轮传动类似，有齿面疲劳点蚀、轮齿疲劳折断、齿面磨损和胶合。由于齿面间相对滑动摩擦严重，所以主要失效形式是齿面胶合和磨损。而轮齿的弯曲疲劳折断很少发生，一般情况下可以不考虑。

为了防止齿面胶合和磨损，除选用减摩材料和采用适当润滑剂外，还必须限制接触应力。因此，齿面接触疲劳强度计算是蜗杆传动的基本计算准则；对于闭式传动，还应进行热平衡计算。

二、蜗杆传动的材料

蜗杆传动有较大的滑动速度，所以在选择材料时，不仅要求有足够的强度，而且还要求有良好的减摩性、耐磨性和抗胶合性能。实践证明，蜗杆比较理想的材料是淬硬磨光钢轴，蜗轮比较理想的材料是减摩性好的锡青铜。

蜗杆常用优质碳素钢或合金钢制造，一般经淬火或渗碳淬火等热处理，硬度达45～50HRC，再经磨削达到较小的表面粗糙度值，以提高其承载能力。

蜗轮或轮缘通常采用青铜制造。锡青铜的耐磨性及抗胶合性能好，用于滑动速度v_s=5～25m/s的重要传动中，但强度低、价格贵。铸铝铁青铜力学性能好，但抗胶合能力略差，用于滑动速度v_s=6～10m/s的传动中。灰铸铁和球墨铸铁一般用于$v_s \leq$2m/s的传动中。蜗杆传动常用材料见表9-4。

表 9-4　蜗杆传动常用材料

相对滑动速度v_s/(m·s^{-1})	蜗轮材料	蜗杆材料及热处理方式
≤25	ZCuSn10Pb1	20CrMnTi　渗碳淬火:56~62HRC 20Cr　渗碳淬火:56~62HRC
≤12	ZCuSn5Pb5Zn5	45　高频淬火:40~50HRC 40Cr　高频淬火:40~55HRC
≤10	ZCuAl10Fe3 ZCuZn38Mn2Pb2	45　高频淬火:40~50HRC 40Cr　高频淬火:40~55HRC
≤2	HT150 HT200	45　调质:220~250HBW

三、蜗杆传动的结构

1. 蜗杆结构

由于蜗杆螺旋部分直径不大，所以常和轴做成一体，称为蜗杆轴。图 9-11a 所示为铣制蜗杆，无退刀槽，$d_h>d_{f1}$，刚性好；图 9-11b 所示为车制蜗杆，$d_h<d_{f1}$，有退刀槽。当$d_{f1}>1.7\ d_h$时，可将蜗杆齿圈与轴分开制造。

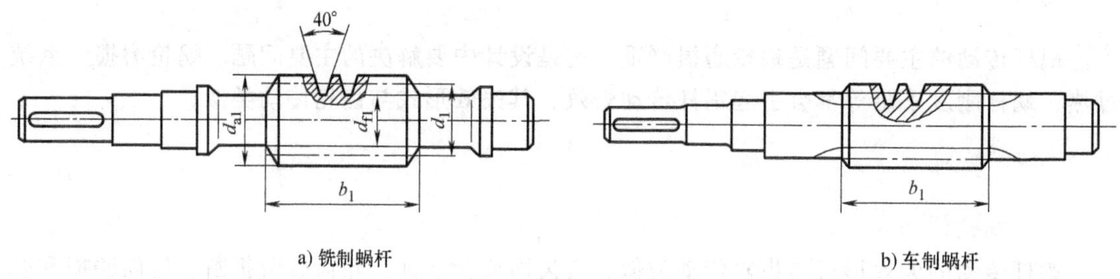

图 9-11　蜗杆结构形式

2. 蜗轮结构

蜗轮直径较小时采用实心结构，蜗轮直径较大时采用组合结构，目的是节省相对较贵的非铁金属材料以降低成本。蜗轮采用组合结构时，常见的结构形式有整体式、轮箍式、螺栓连接式和镶铸式，如图 9-12 所示。

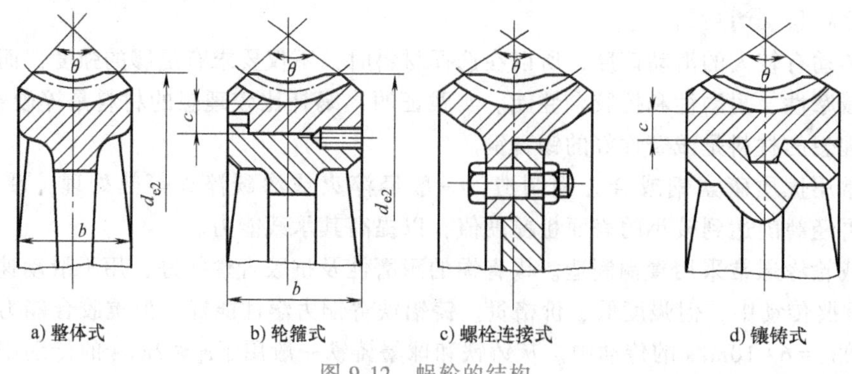

图 9-12　蜗轮的结构

（1）整体式　适用于直径小于100mm的青铜蜗轮和任意直径的铸铁蜗轮、铝合金蜗轮。

（2）轮箍式　青铜齿圈与铸铁（或铸钢）轮心的组合结构，通常采用过盈配合（H7/r6），加热齿圈或加压装配方法。为了增加其可靠性，在配合面上加4~6个紧钉螺钉；为了便于钻孔，螺钉中心线应向材料较硬的一边偏2~3mm。轮箍式适用于尺寸不大、工作温度变化较小的场合，以免热胀冷缩而影响过盈部分。

（3）螺栓连接式　用铰制孔螺栓连接，配合为H7/m6，该结构工作可靠、装卸方便、但成本较高，用于尺寸较大或齿面容易磨损的场合。

（4）镶铸式　青铜轮缘镶铸在铸铁（或铸钢）轮芯上，并且轮芯上有预制榫槽，以防滑动，此结构用于大批量生产。

四、蜗杆传动的维护方法

在制造精度和传动比相同的条件下，蜗杆传动的效率比齿轮低，蜗杆与蜗轮间发热量较大，会导致润滑失效，加剧磨损。在应用蜗杆传动时，会产生较大的热量，因此对蜗杆传动的散热和润滑都有一定的要求。

1. 蜗杆传动的润滑

润滑对蜗杆传动具有特别重要的意义。因为当润滑不良时，传动效率将显著降低，并且会带来剧烈的磨损和产生胶合破坏的危险，所以采用粘度大的矿物油进行良好的润滑，在润滑油中还常加入添加剂，以提高其抗胶合的能力。润滑的主要目的在于减摩与散热，以提高蜗杆传动的效率，防止产生胶合及减少磨损。蜗杆传动的润滑方式主要有油池润滑和喷油润滑。

2. 蜗杆传动的散热

蜗杆传动摩擦大、传动效率较低，所以工作时发热量较大。在闭式传动中，如果不能及时散热，将因油温不断升高而使润滑油稀释，从而增加磨损，甚至发生胶合现象。因此，对于连续工作的闭式蜗杆传动，需要将箱体内的温升控制在许可的范围内。

当油温大于80℃时，可采用下列散热措施，以提高其散热能力。

1）在箱体内外壁增加散热片。

2）在蜗杆轴端安装风扇进行人工通风，以加速空气的流通，如图9-13a所示。

3）在箱体油池内安装蛇形冷却管，如图9-13b所示。

4）采用压力喷油循环润滑装置等，如图9-13c所示。

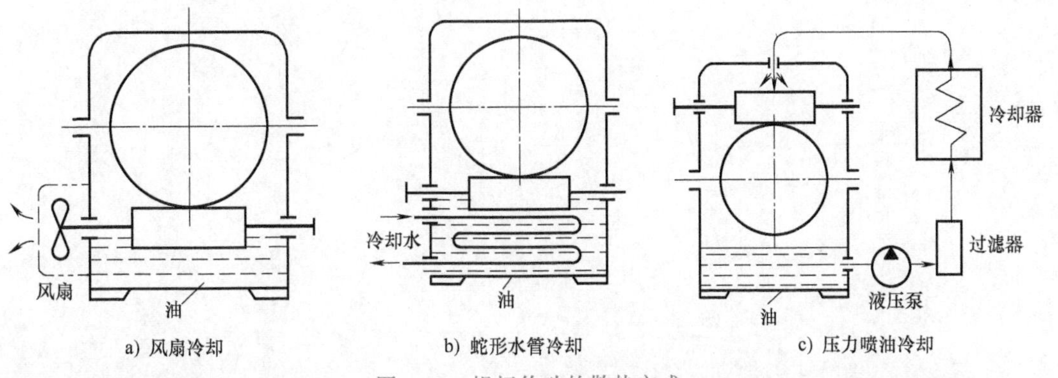

a) 风扇冷却　　b) 蛇形水管冷却　　c) 压力喷油冷却

图9-13　蜗杆传动的散热方式

技能实践

查阅资料或观察蜗杆传动的材料、结构与维护方法，识记其失效形式、结构特点及维护方法。

课题小结

本课题主要介绍了蜗杆传动的失效形式、材料、结构及维护方法，在实际工作中一定要重视蜗杆传动的润滑和散热，若润滑不良，传动效率会显著降低，并且会使轮齿发生早期磨根和胶合；若散热不及时，将会因油温不断升高而使润滑油稀释，从而增加磨损，同样会使轮齿发生胶合现象。

单元十　轮　　系

内容构架

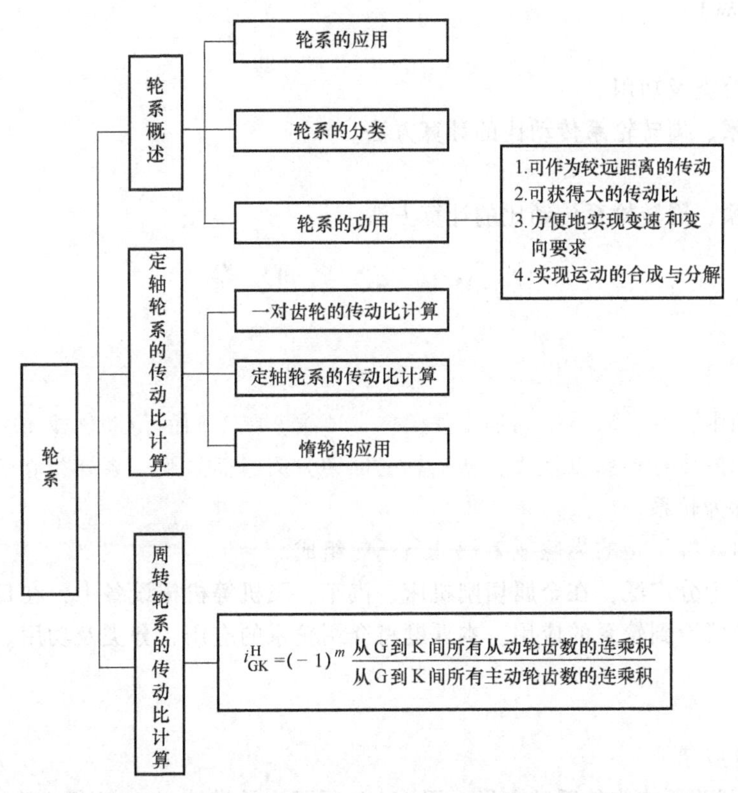

学习引导

在前面的单元中介绍的齿轮传动都是由一对齿轮所组成的，它是齿轮传动中最简单的形式。在实际使用的机械装备中，为了满足不同的工作需要，要求获得较大的传动比，或将主动轴的一种转速变换为从动轴的多种转速，或者需要改变从动轴的回转方向，依靠一对齿轮传动往往是不够的，通常需要采用一系列互相啮合的齿轮将主动轴和从动轴连接起来，以完成预期功能要求和工作目的。这种由一系列齿轮组成的传动系统称为轮系。

本单元主要介绍轮系的定义、分类和特点，要求掌握定轴轮系和周转轮系传动比的计算方法，了解轮系和减速器的应用。轮系涉及知识面广，不仅与前面几个单元中相关传动比计算有密切联系，而且还与其他专业课程相关联。因此，学习中一定多联系实际，先易后难，逐步提高分析和计算能力。

【目标与要求】

➢ 掌握轮系的分类及应用。

➢ 了解轮系的功用。

➢ 掌握定轴轮系末轮转动方向的判定方法及传动比的计算。

➢ 掌握周转轮系的分类和组成。

➢ 掌握周转轮系传动比的计算方法。

【重点与难点】

重点：

- 轮系的分类及功用。
- 定轴轮系、周转轮系传动比的计算方法。

难点：

- 定轴轮系、周转轮系传动比的计算方法。

课题一　轮系概述

课题导入

在机械传动中，为了满足不同的工作需要，要求获得不同的传动比或将主动轴的一种转速变换为从动轴的多种转速以及改变从动轴的回转方向，而采用一系列相互啮合的齿轮所组成的传动系统称为轮系。

轮系通常由各种类型的齿轮或者蜗杆与蜗轮组成。

轮系的应用十分广泛，在金属切削机床、汽车、飞机等机械设备中，在日常使用的钟表等日用品中，都能看到轮系的应用。本课题将介绍轮系的应用、分类及功用。

知识学习

一、轮系的应用

图 10-1a 所示为手表中轮系的布局。图 10-1b 所示为桑塔纳 2000 型轿车两轴式变速器，这是轮系在汽车上的应用。当驾驶员操纵变速杆时，通过拨叉使接合套与相应档位的齿轮啮合后，动力便从输入轴经过相关齿轮传送到输出轴，使输出轴以不同的转速旋转。

a) 手表

b) 汽车变速器

图 10-1　轮系的应用

图 10-2a 所示为形状可变履带机器人外形示意图，它是一种所用履带的构形可以根据地形条件和作业要求进行适当变化的机器人。该机器人的主体部分是两条形状可变的履带，分别由两个主电动机驱动。当两条履带的速度相同时，机器人实现前进或后退移动；当两条履带的速度不同时，机器人实现转向运动。当主臂杆绕履带架上的轴旋转时，带动行星轮转动，从而实现履带的不同构形，以适应不同的运动和作业环境。当其履带沿一个自由度方向变位时，可用于攀爬阶梯和跨越沟渠；当其履带沿另一个自由度方向变位时，可实现车体的全方位行走方式。

图 10-2b、c 所示为其传动机构示意图。由图 10-2b 可知，当 A 轴转动时，通过一对锥齿轮的啮合，将运动传递给驱动轮，从而带动履带运动；当 B 轴转动时，通过另一对锥齿轮的啮合，带动与履带架相连的曲柄，使履带绕主动轴轴线回转变位；当 C 轴传动时，履带连同其安装架一起绕 C 轴相对于车体转动，改变其位置。A、B、C 三轴由一台电动机带动，通过切换离合器 1、2、3，使之实现不同的传动路线，如图 10-2c 所示。

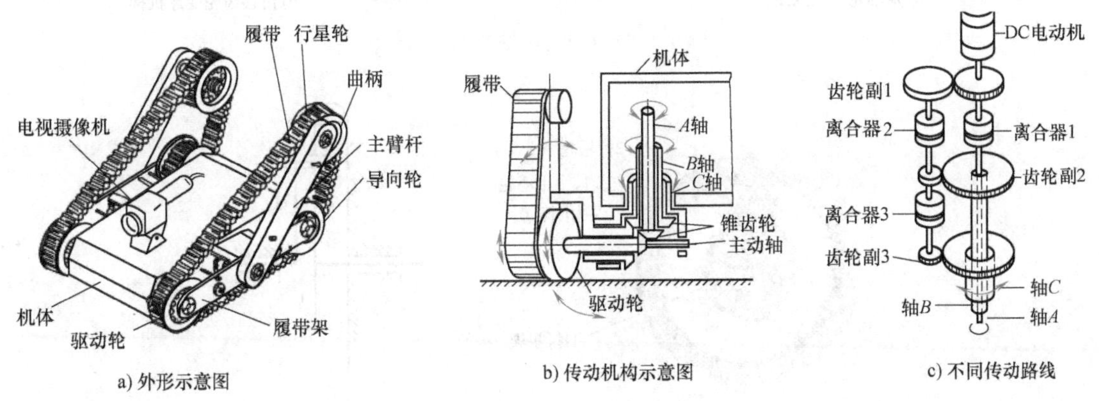

图 10-2　轮系在形状可变履带机器人中的应用

二、轮系的分类

轮系的形式有很多，按照轮系传动时各齿轮的轴线位置是否固定可分为定轴轮系、周转轮系和混合轮系三大类。

1. 定轴轮系

当齿轮运转时，所有齿轮的几何轴线位置相对于机架固定不变，称为定轴轮系，也称为普通轮系。如图 10-3 所示，图 a 为定轴轮系示意图，图 b 为利用定轴轮系的普通铣床滑移齿轮变速结构。定轴轮系是最基本的齿轮系，应用很广，如金属切削机床中使用的一般都是定轴轮系。

2. 周转轮系

轮系运转时，若有一个或一个以上的齿轮除绕自身轴线旋转外，其轴线又绕另一个齿轮的固定轴线转动的轮系称为周转轮系，如图 10-4 所示。周转轮系由中心轮（太阳轮）、行星轮和行星架组成。中心轮（太阳轮）是指位于中心位置且绕轴线回转的内齿轮或外齿轮（齿圈）。行星轮是指同时与中心轮和齿圈啮合，既做自转又做公转的齿轮。行星架是指支承行星轮的构件。

周转轮系又分为行星轮系和差动轮系两大类，如图 10-5 所示。

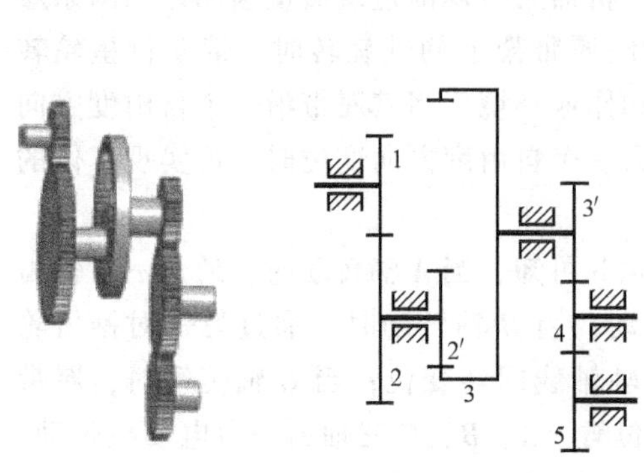

a) 定轴轮系示意图

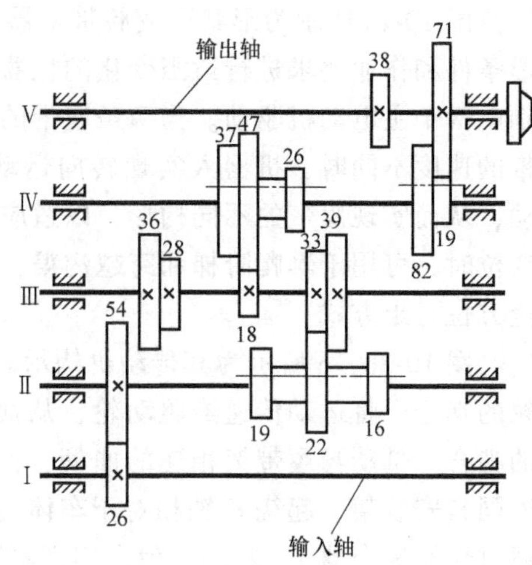

b) 滑移齿轮变速机构

图 10-3　定轴轮系

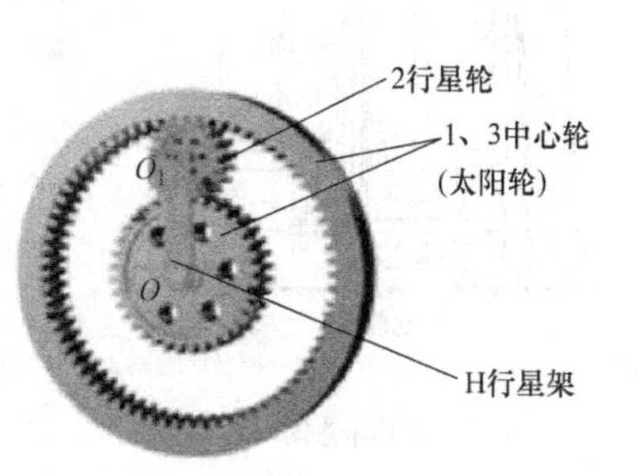

图 10-4　周转轮系

(1) 行星轮系　太阳轮和齿圈当中有一个转速为零（即固定不动）的周转轮系称为行星轮系。如图 10-5a 所示，齿圈 3 固定不动，太阳轮 1 绕自身轴线 O_1 回转；行星架 H 绕自身轴线 O_H 回转；行星轮 2 做行星运动，既绕自身轴线回转（自转），又绕行星架回转轴线 O_H 回转（公转）。

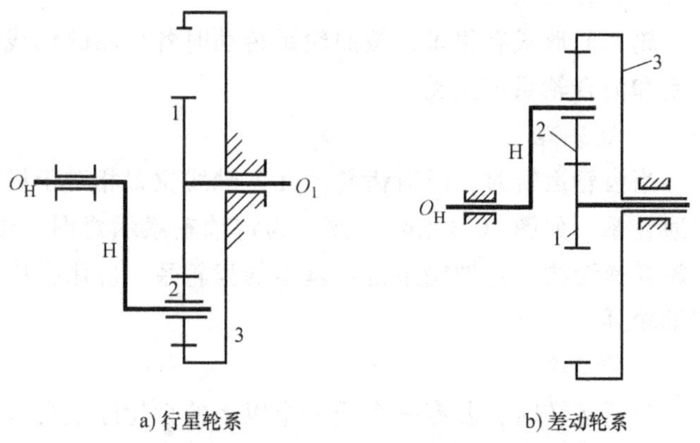

a) 行星轮系　b) 差动轮系

图 10-5　行星轮系和差动轮系

行星轮系是一种先进的齿轮传动机构。由于行星轮系传动机构中具有动轴线行星轮，所以采用合理的均载装置，由数个行星轮共同承担载荷，实行功率分流，并且合理地应用内啮合齿轮传动、输入轴与输出轴共线等特点，使其具有结构紧凑、体积小、质量轻、承载能力大、传递功率范围大、传动比范围大、运行噪声小、效率高及使用寿命长等优点。因此，行星轮系在生产实际中得到了广泛的应用。

(2) 差动轮系　太阳轮和齿圈的转速都不为零的周转轮系称为差动轮系。如图 10-5b 所示，差动轮系中太阳轮 1、齿圈 3、行星架 H 均绕各自的轴线回转，行星轮 2 则做行星运动。

3. 混合轮系

在轮系中，既有定轴轮系又有行星轮系的称为混合轮系，如图 10-6 所示。

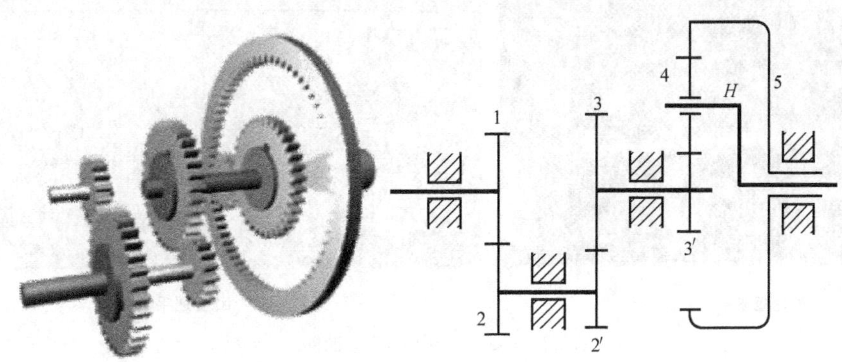

图 10-6　混合轮系

三、轮系的功用

轮系应用极广，其功用主要有以下几个方面：

1. 可做较远距离的传动

如图 10-7 所示，当两轴中心距较大时，如用一对齿轮传动，则两齿轮结构尺寸必然很大，既占用空间很大，又浪费材料，而且制造和安装都不方便。若改用轮系传动，可减小齿轮尺寸，使结构紧凑，节约了材料，给制造和安装带来便利。

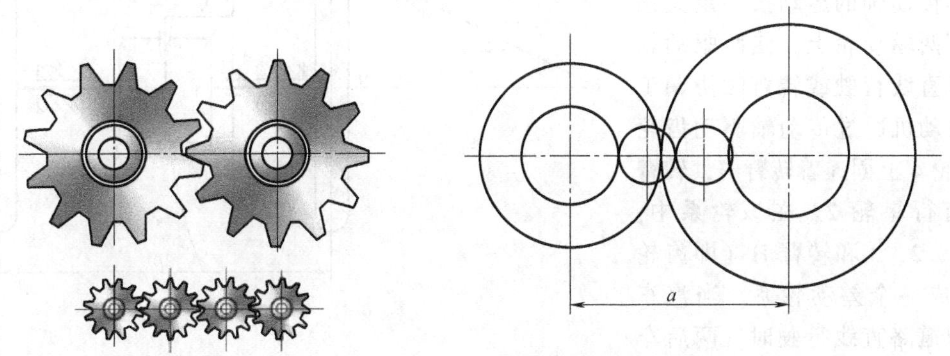

图 10-7　轮系实现远距离传动

2. 可获得大的传动比

当两轴之间的传动比较大时，若仅用一对齿轮传动，则两个齿轮的齿数差一定很大，导致小齿轮磨损加快。又因为大齿轮齿数太多，使得齿轮传动结构尺寸增大。为此，一对齿轮传动的传动比不能过大（一般 $i_{12}=3\sim5$，$i_{max}\leqslant8$），而采用轮系传动可以获得很大的传动比，以满足低速工作的要求，但齿轮和轴的增多会使机构趋于复杂。

3. 方便地实现变速和变向要求

在许多机械中，需要在主动轴的转速、转向不变的情况下，通过轮系使从动轴获得多种转速。汽车、机床、起重机等设备都需要这种变速要求。图 10-8 所示为常见的 CA6140 型普通车床主轴箱。图 a 为其齿轮变速箱，图 b 所示铭牌给出了低速、高速档共 8 种转速。通过转动图 b 所示的变速手柄到相应字母位置，拨动齿轮箱齿轮产生滑移，就可输出不同的主轴转速，从而改变齿轮轮系传动比，满足变速要求。

a) 齿轮变速箱

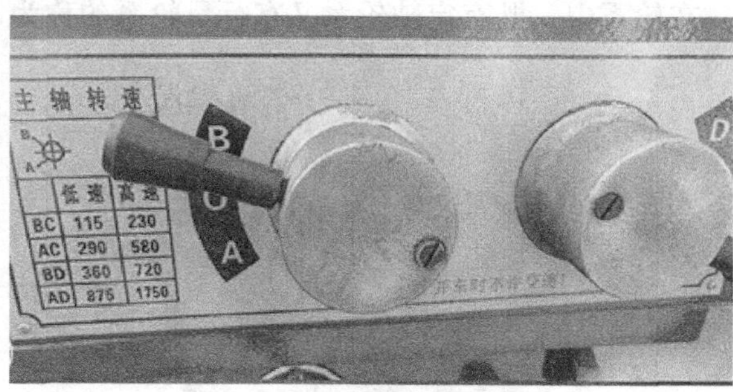

b) 变速手柄

图 10-8　普通车床主轴箱

4. 实现运动的合成与分解

差动轮系可以将两个独立的运动合成为一个运动，或将一个运动分解为两个独立的运动。轮系的合成运动的作用在机床、计算机构和补偿装置中得到了广泛的应用，其分解运动的作用在汽车的动力传动装置中也得到应用。

图 10-9 所示为汽车后桥差速器，这是利用差动轮系分解运动的实例，汽车驱动桥中的差速器将汽车传动轴的运动按一定关系分配到两驱动轮上，使两驱动轮在汽车直线行驶或转弯时协调工作。发动机通过传动轴驱动齿轮 5，齿轮 4 上固连着转臂 H，转臂上装有行星轮 2。在该轮系中，齿轮 1、2、3 和转臂 H（即齿轮 4）组成一个差动轮系。当汽车在平坦道路直线行驶时，两后车轮所滚过的路程相同，故两车轮的转速也相同，即 $n_1=n_3$。这时的运动由齿轮 5 传给齿轮 4，而齿轮 1、2、3 和 4 如同一个固联的整体随齿轮 4 一起转动，行星轮 2 不绕自身轴线回转。当汽车转弯时，为使车轮和路面间不发生滑动，以减轻轮胎的磨损，能根据转弯半径将传动轴输入的一种转速分解为两轮不同的转速。

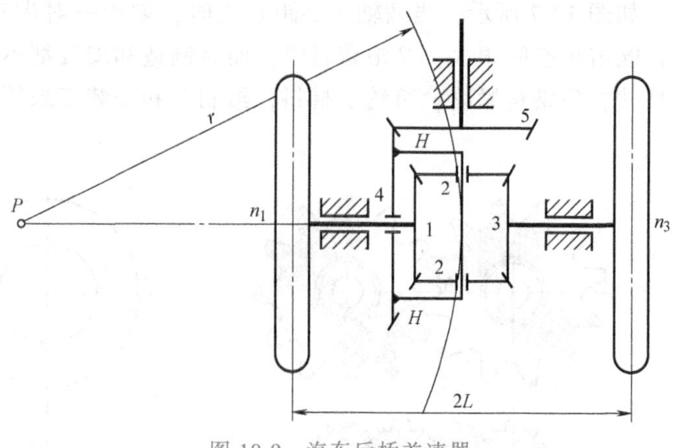

图 10-9　汽车后桥差速器

技能实践

1）拆装钟表，观察其中的齿轮传动系统。

2）到实习车间，在老师的指导下观察普通车床的主轴箱变速系统，分析它是如何实现不同转速的输出？

课题小结

本课题主要介绍了轮系的分类及其应用特点，通过学习掌握轮系的类型及其它们的功用。

课题二　定轴轮系的传动比计算

课题导入

定轴轮系是指传动中所有齿轮的回转轴线都有固定位置的轮系。它可做较远距离的传动，输出较大的传动比，也可改变从动轴的转向，获得多种传动比。如果原动机转速较高，通过定轴轮系可将输出速度降到工作转速；也可通过不同的齿轮啮合组对，实现多种转速输出。图 10-10 所示两种形式的变速箱，分别为平面定轴轮系（旋转轴在同一平面）和空间定轴轮系。

利用定轴轮系变速是定轴轮系在生产实际中的一个重要应用，那么怎样来确定输出轴的转速？通过本课题的学习，将顺利解决这个问题。

a) 平面定轴轮系　　b) 空间定轴轮系

图 10-10　定轴轮系

知识学习

定轴轮系传动比是指轮系中首末两轮的转速比。其计算包括计算轮系传动比的大小和确定末轮的回转方向。最简单的定轴轮系为一对齿轮所组成的一级齿轮传动。

一、一对齿轮的传动比计算

1. 外啮合圆柱齿轮传动

图 10-11 所示为平行轴间的一对外啮合圆柱齿轮的传动。外啮合时，从动轮 2 与主动轮 1 转向相反，规定传动比i_{12}取负号，其传动比为

$$i_{12}=\frac{\omega_1}{\omega_2}=\frac{n_1}{n_2}=-\frac{z_2}{z_1}$$

2. 内啮合圆柱齿轮传动

图 10-12 所示为平行轴间的一对内啮合圆柱齿轮的传动。内啮合时，两轮转向相同。

规定传动比 i_{12} 取正号，其传动比为

$$i_{12}=\frac{\omega_1}{\omega_2}=\frac{n_1}{n_2}=+\frac{z_2}{z_1}$$

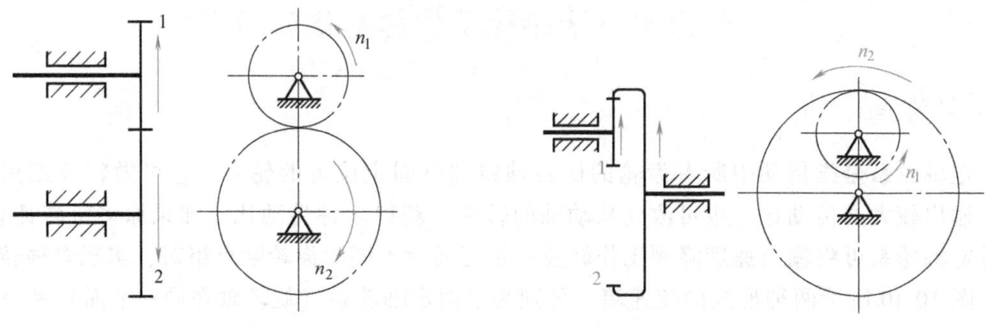

图 10-11　外啮合圆柱齿轮传动　　图 10-12　内啮合圆柱齿轮传动

3. 锥齿轮传动

图 10-13 所示为垂直相交轴间的一对锥齿轮传动。由于主动锥齿轮与被动锥齿轮的回转方向无法用相同或相反来表示，所以只能在图中用“箭头”表示，其传动比大小为

$$i_{12}=\frac{\omega_1}{\omega_2}=\frac{z_2}{z_1}$$

4. 蜗杆传动

图 10-14 所示为垂直相错轴间的蜗杆传动。主动蜗杆 1 的头数用 z_1 表示，从动蜗轮的齿数用 z_2 表示。蜗杆、蜗轮的转动方向也只能在图中用“箭头”表示，其传动比大小为

$$i_{12}=\frac{\omega_1}{\omega_2}=\frac{z_2}{z_1}$$

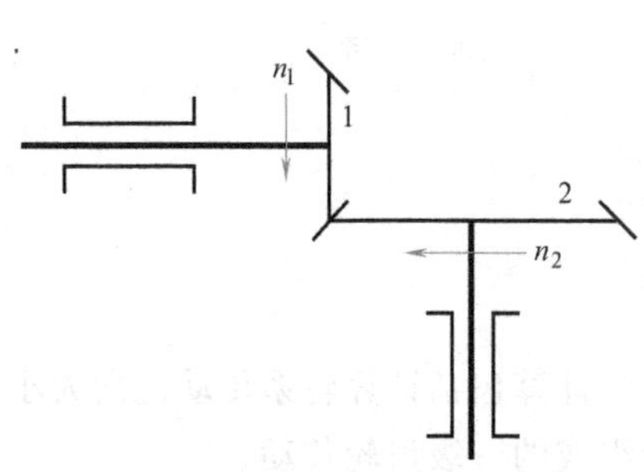

图 10-13　锥齿轮传动

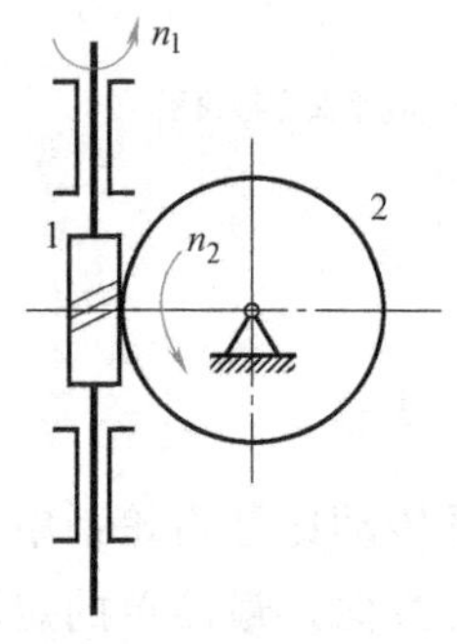

图 10-14　蜗杆传动

二、定轴轮系的传动比计算

在轮系中，第一主动轮 1 的转速 n_1 与最末从动轮 k 的转速 n_k 之比，称为该轮系的传动比，为

$$i_{1k}=\frac{n_1}{n_k}$$

如图 10-15 所示，轴Ⅰ为第一主动轴，轴Ⅳ为最末从动轴，设 z_1、z_2、z_3、z_4 及 z_5 分别为各齿轮的齿数；n_1、n_2、n_3、n_4 及 n_5 分别为各齿轮的转速，则该轮系中各对齿轮的传动比为

$$i_{12}=\frac{n_1}{n_2}=-\frac{z_2}{z_1}$$

$$i_{34}=\frac{n_3}{n_4}=-\frac{z_4}{z_3}$$

$$i_{45}=\frac{n_4}{n_5}=\frac{z_5}{z_4}$$

将以上各式两端分别连乘可得

$$i_{12}i_{34}i_{45}=\frac{n_1 n_3}{n_2 n_4}\cdot\frac{n_4}{n_5}=\left(-\frac{z_2}{z_1}\right)\left(-\frac{z_4}{z_3}\right)\left(\frac{z_5}{z_4}\right)$$

由图 10-15 可知：$n_2=n_3$，所以该轮系的总传动比为

$$i_{15}=\frac{n_1}{n_5}=i_{12}i_{34}i_{45}=(-1)^2\frac{z_2z_5}{z_1z_3}$$

该式说明轮系的传动比等于轮系中所有从动齿轮齿数的连乘积与所有主动齿轮齿数的连乘积之比，传动比的正负号取决于外啮合的次数。

由此得出结论：在平行定轴轮系中，若用 1 表示首轮，用 k 表示末轮，外啮合的次数为 m，则其总传动比为

$$i_{总}=i_{1\mathrm{k}}=\frac{n_1}{n_{\mathrm{k}}}=(-1)^m\frac{\text{各级齿轮副中从动齿轮齿数的连乘积}}{\text{各级齿轮副中主动齿轮齿数的连乘积}}$$

在上式中，当$i_{1\mathrm{k}}$为正值时，表示首轮与末轮转向相同；反之，表示转向相反。但此判断方法，只适用于平行轴圆柱齿轮传动的轮系。

但是，若定轴轮系中包含有锥齿轮或蜗杆、蜗轮等空间齿轮机构，其传动比大小仍按上式计算。由于空间齿轮的轴线不平行，主、从动轮间不存在转动方向相同或相反的问题，必须用画箭头的办法确定各轮的转向。

例 10-1 如图 10-15 所示，轮系中若各轮齿数分别为 $z_1=17$，$z_2=25$，$z_3=20$，$z_4=20$，$z_5=60$，计算轮系的传动比。当主动轴Ⅰ的转速 $n_{\mathrm{I}}=1440\mathrm{r/min}$ 时，从动轴Ⅳ的转速 n_{IV} 为多少？

解：根据公式可得

$$i_{15}=\frac{n_1}{n_5}=(-1)^2\frac{z_2z_4z_5}{z_1z_4z_3}=(-1)^2\frac{z_2z_5}{z_1z_3}$$

$$=+\frac{25\times60}{17\times20}\approx4.41$$

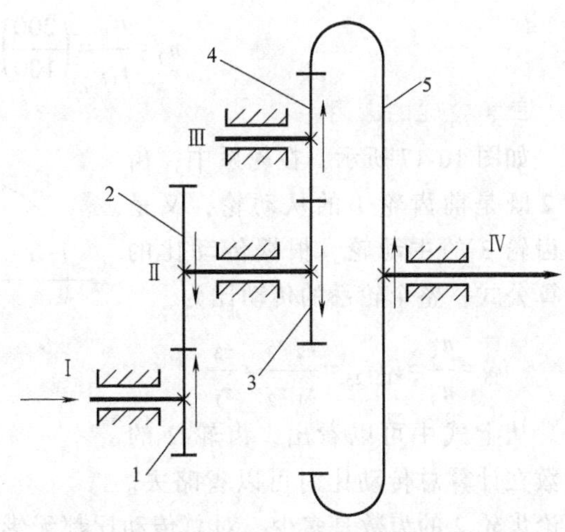

图 10-15 定轴轮系

可见结果为正，说明首、末轮转向相同。

因为 $n_1=n_{\mathrm{I}}$，$n_5=n_{\mathrm{IV}}$，所以

$$i_{15}=\frac{n_1}{n_5}=\frac{n_{\mathrm{I}}}{n_{\mathrm{IV}}}=4.41$$

则
$$n_{\mathrm{IV}}=\frac{n_1}{4.41}=\frac{1440}{4.41}\approx 326.5\mathrm{r/min}$$

例 10-2 如图 10-16 所示，轮系中若各轮齿数分别为 $z_1=15$，$z_2=25$，$z_2'=14$，$z_3=20$，$z_4=14$，$z_4'=20$，$z_5'=30$，$z_5=30$，$z_6=40$，$z_6'=2$（右旋蜗杆），计算：(1) 轮系的传动比 i_{17}；(2) 若 $n_1=200\mathrm{r/min}$ 时，且从 A 向看为顺时针方向转动，求 n_7的大小和转向。

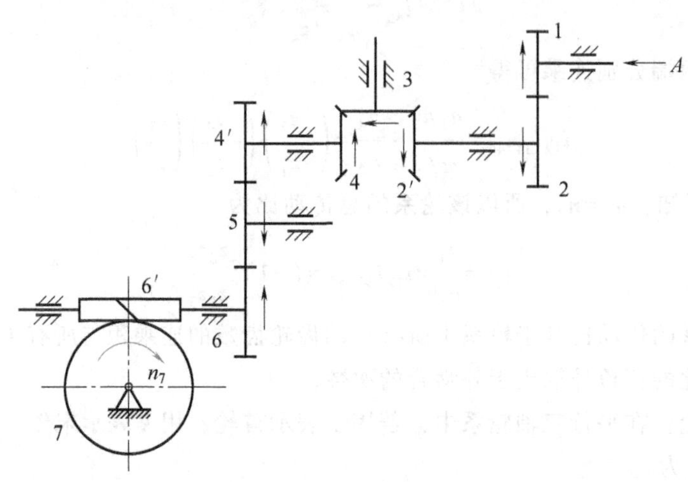

图 10-16 定轴轮系

解：因为轮系中有锥齿轮传动和蜗杆传动，所以只能用画箭头的方法来表示蜗轮 7 的转向。如图 10-16 所示，n_7转向为顺时针方向，其大小根据公式可得

$$i_{17}=\frac{n_1}{n_7}=\frac{z_2z_3z_4z_5z_6z_7}{z_1z_2'z_3z_4'z_5z_6'}$$

$$=\frac{25\times14\times40\times60}{15\times14\times20\times2}=100$$

$$n_7=\frac{n_1}{i_{17}}=\left(\frac{200}{100}\right)\mathrm{r/min}=2\mathrm{r/min}$$

三、惰轮的应用

如图 10-17 所示，在轮系中，齿轮 2 既是前齿轮 1 的从动轮，又是后齿轮 3 的主动轮。根据传动比的计算公式，整个轮系的传动比为

$$i_{13}=\frac{n_1}{n_3}=i_{12}i_{23}=\frac{z_2\ z_3}{z_1\ z_2}=\frac{z_3}{z_1}$$

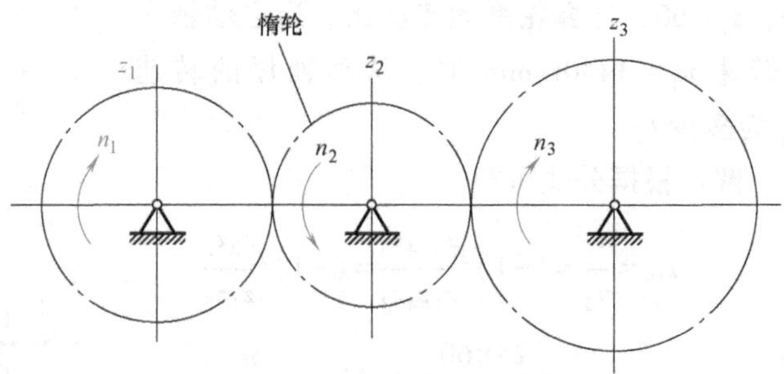

图 10-17 惰轮的应用

从上式中可以看出，齿轮 2 的齿数在计算总传动比时可以省略去。不论齿轮 2 的齿数是多少，对总传动比都无影响，但起到了改变齿轮副中从动轮（输出轮）回转方向的作用，这样的齿轮被称为惰轮。惰轮常用于传动距离稍远和需要改变转向的场合。显然，两齿轮间若有奇数个惰轮时，首、末两轮的转向相同；若有偶数个惰轮时，首、末两轮的转向相反。

如图 10-18 所示为卧式车床走刀系统的三星轮换向机构，它利用惰轮来实现从动轴回转方向的变换。转动手柄使三角形杠杆绕从动齿轮的轴线回转，处于图 a 位置时，右边一个惰轮参与啮合，从动齿轮与主动齿轮的回转方向相同；处于图 b 位置时，两个惰轮参与啮合，从动齿轮与主动齿轮的回转方向相反。

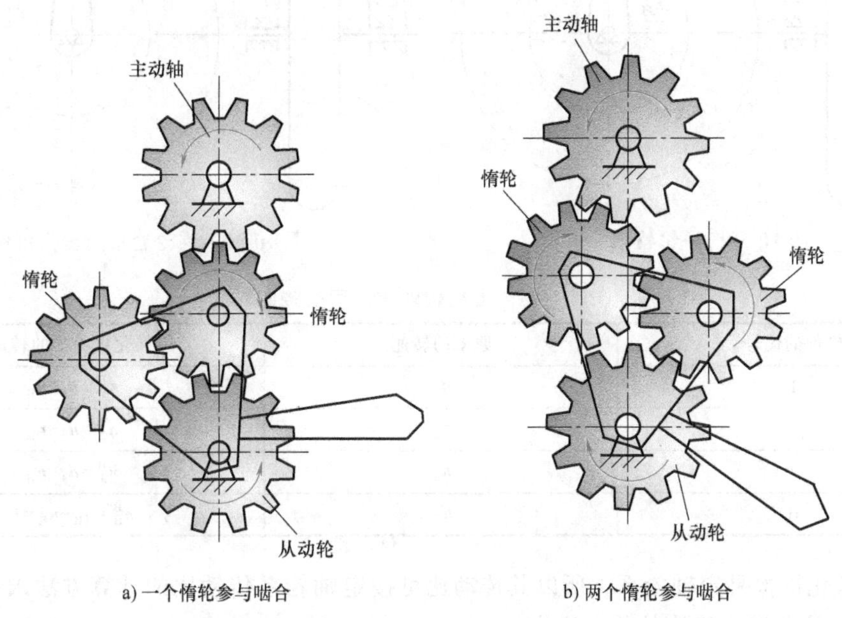

图 10-18　三星轮换向机构

课题小结

本课题主要介绍定轴轮系传动比的计算，这是本单元的重点内容。定轴轮系在实际生产中应用很多，对它的学习将对今后生产岗位的实践与创新影响极大。

课题三　周转轮系的传动比计算

课题导入

周转轮系中行星轮的运动既有绕自身几何轴线的自转，又有随转臂绕中心轮几何轴线的公转，不能直接用定轴轮系的传动比计算方法进行计算。本课题将介绍周转轮系传动比的计算方法。

知识学习

如图 10-19 所示，设转臂 H、中心轮 1、3 和行星轮分别以转速 n_H、n_1、n_3和 n_2做逆时针方向转动。根据相对运动的原理，假想给整个周转轮系加一个（$-n_H$）的公共转速后，各构件间的相对运动关系并不改变，但转臂 H 却静止不动，变成图 10-20 所示的定轴轮系形式。这种转化而来的假想的定轴轮系称为周转轮系的转化机构。各机构转化前后的转速见表 10-1。

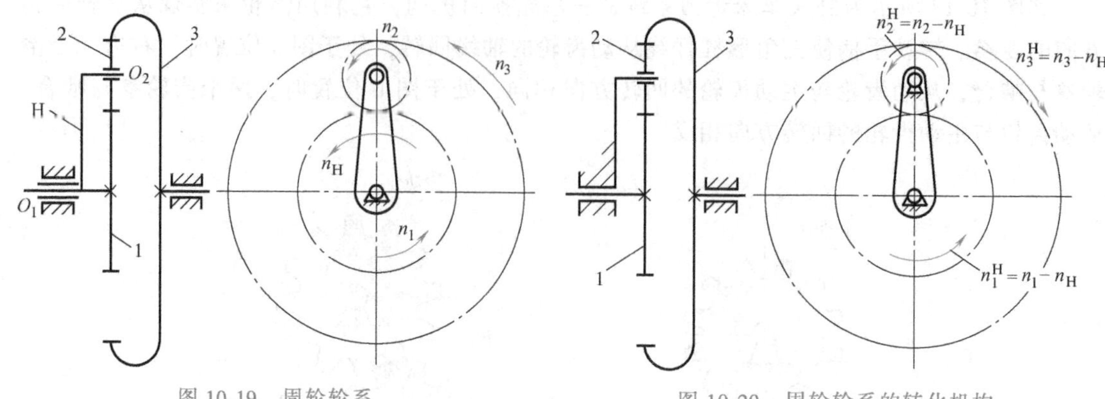

图 10-19 周轮轮系　　图 10-20 周轮轮系的转化机构

表 10-1 各机构转化前后的转速

构件的代号	原来的转速	转化机构中的转速
1	n_1	$n_1^H=n_1-n_H$
2	n_2	$n_2^H=n_2-n_H$
3	n_3	$n_3^H=n_3-n_H$
H	n_H	$n_H^H=n_H-n_H=0$

由于转化机构是定轴轮系，所以其传动比可按定轴轮系传动比的计算方法求得。图 10-20 所示周转轮系转化机构的传动比为

$$i_{13}^H=\frac{n_1^H}{n_3^H}=\frac{n_1-n_H}{n_3-n_H}=-\frac{z_3}{z_1}$$

式中　i_{13}^H——假想行星架相对固定时，齿轮 1 和齿轮 3 的传动比；

n_1^H——齿轮 1 相对于行星架的转速，即$n_1^H=n_1-n_H$；

n_3^H——齿轮 3 相对于行星架的转速，即$n_3^H=n_3-n_H$；

“-”——表示齿轮 2 与齿轮 3 的转向相反。

计算时，先按定轴轮系方式用箭头标注齿轮 1、2 和 3 的转向，判断正负，再进行公式计算。注意正负号不要搞错，否则会影响计算结果。

由于周转轮系的转化机构是定轴轮系，因此可推出周转轮系的转化机构的传动比计算公式。假设周轮轮系中任意两个齿轮的转速分别为 n_G、n_K，它们与转臂 H 的转速之间的关系为

$$i_{GK}^H=\frac{n_G^H}{n_K^H}=\frac{n_G-n_H}{n_K-n_H}=(-1)^m\frac{\text{从 G 到 K 间所有从动轮齿数的连乘积}}{\text{从 G 到 K 间所有主动轮齿数的连乘积}}$$

式中　m——齿轮 G 至 K 间外啮合齿轮的对数。

例 10-3　如图 10-21 所示，周轮轮系中若各轮齿数分别为 $z_1=z_2=20$，$z_3=60$，齿轮 1、3 的转速分别为 $n_1=5\text{r/min}$，$n_3=-5\text{r/min}$。求转臂的转速 n_H及传动比i_{1H}。

解：根据公式可得，转化机构的传动比为

$$i_{13}^H=\frac{n_1-n_H}{n_3-n_H}=(-1)\frac{z_2z_3}{z_1z_2}=-\frac{z_3}{z_1}$$

代入 n_1、n_3、z_1、z_3得

$$i_{13}^{H}=\frac{5-n_H}{-5-n_H}=-\frac{60}{20}=-3$$

解得 $n_H=-2.5\text{r/min}$，其转向与 n_1 相反。

$$i_{1H}=\frac{n_1}{n_H}=\frac{5}{-2.5}=-2$$

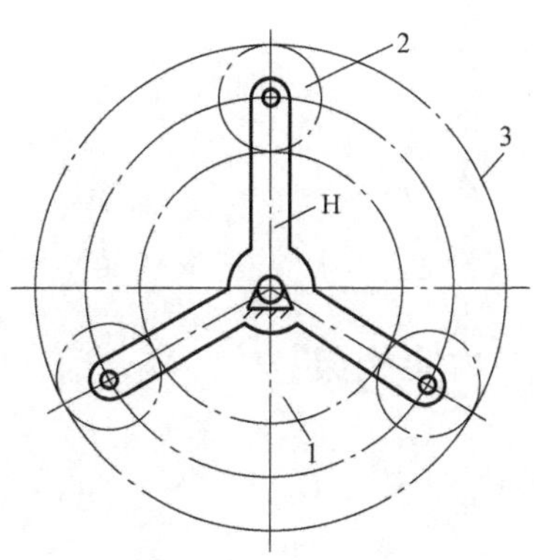

图 10-21 周轮轮系

例 10-4 如图 10-22 所示，周轮轮系中若各轮齿数分别为 $z_1=30$，$z_2=45$，$z_2'=75$，$z_3=120$，已知 $n_1=100\text{r/min}$，求转臂 H 的转速 n_H。

解：由图 10-22 可知，齿轮 1、3 为中心轮，轮 2、2′为行星轮，轮 1、3 的轴线和转臂 H 的轴线重合，所以可用下式进行计算。

$$i_{13}^{H}=\frac{n_1-n_H}{n_3-n_H}=(-1)\frac{z_2z_3}{z_1z_2'}$$

通过画箭头后，可知在转化机构中轮 1、3 转向相反，所以i_{13}^{H}为负号。

设 n_1的转向为正，代入 n_1得

$$\frac{100-n_H}{0-n_H}=-\frac{45\times120}{30\times75}$$

解得

$n_H=29.4\ \text{r/min}$，其转向与 n_1相同。

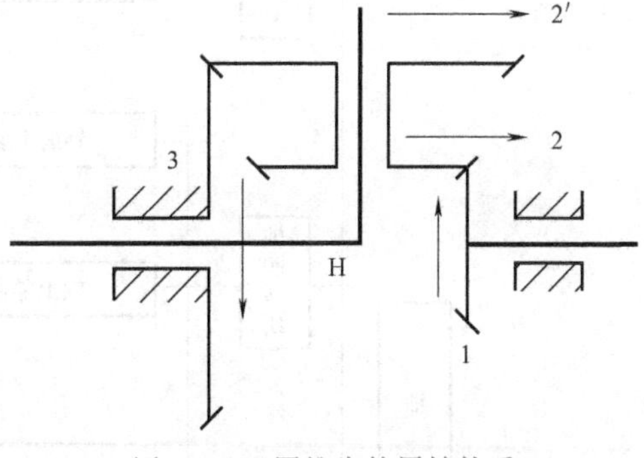

图 10-22 圆锥齿轮周转轮系

技能实践

观察周转轮系的工作过程，分析传动特点，并根据齿数计算传动比。

课题小结

本课题主要介绍了周转轮系的转化机构、周转轮系传动比的计算公式，要求能分析具体的周转轮系的传动关系，学会判断传动方向，正确计算传动比。

单元十一　轴

内容构架

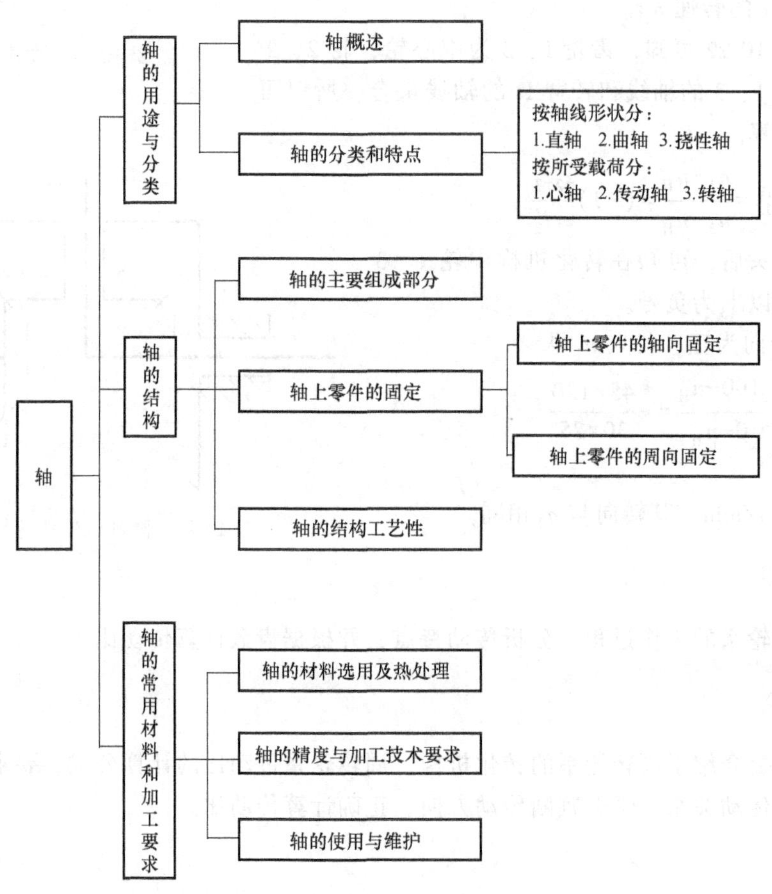

学习引导

轴及轴类零件在生产、生活中几乎随处可见。它们有时被用来传递转矩，如减速器中的变速齿轮轴；有时起支承作用，如自行车前、后轮心轴。通常轴都是刚性的，也有挠性钢丝软轴，用来传递较小转矩。

本单元先对轴的用途与分类做详细讲解；再对轴的结构进行介绍。轴结构的认知是正确识读轴类零件图的基础，也是设计、制造轴类零件必须具备的基本功。实际生产中轴所处的工作环境、所受载荷及传动精度要求等都不尽相同，如何在保证使用性能的前提下，合理经济地加工生产轴是实现经济效益的必然要求。最后还对轴的常用材料、牌号、力学性能及加工技术要求等进行了系统讲解，以便于选择适用、经济的轴或轴的加工方法。

在学习本单元时，除了对知识点要学习、识记，还应培养动手实践能力，对照生活、生产中我们熟悉的轴及轴类零件学习；同时，在老师指导下对轴类零件进行拆装，这对认识轴的结构、理解轴的用途很有帮助。

【目标与要求】

➢ 了解轴的用途。

➢ 认识轴的种类和特点。

➢ 认知轴的各部分名称，了解轴的结构要求。

➢ 熟悉轴上零件的轴向固定和周向固定方式。

➢ 了解轴的结构工艺性。

➢ 了解轴的常用材料。

➢ 了解轴的精度及加工技术要求。

➢ 熟悉轴的日常使用和维护注意事项。

【重点与难点】

重点：

- 轴的分类和应用场合。
- 轴上零件的固定方式。
- 轴的日常使用和维护。

难点：

- 轴上零件固定方式的类别及具体应用。
- 轴的结构工艺性的识记与理解。

课题一　轴的用途与分类

课题导入

轴在生产、生活中的应用随处可见。如图 11-1 所示，减速器转轴、汽车传动轴、自行车心轴以及内燃机曲轴等都利用了轴或轴的传动。

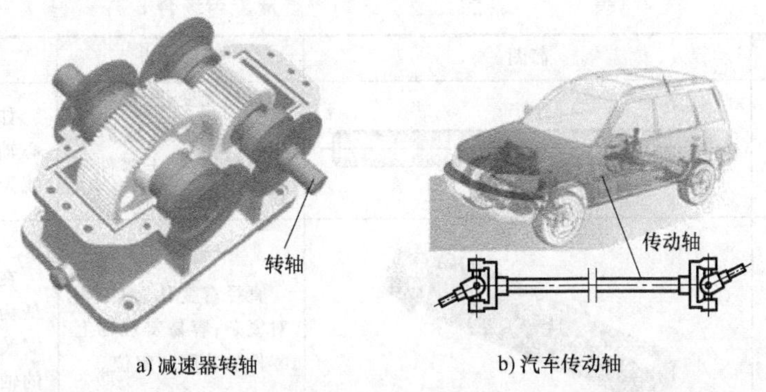

a) 减速器转轴　　b) 汽车传动轴

图 11-1　轴的应用

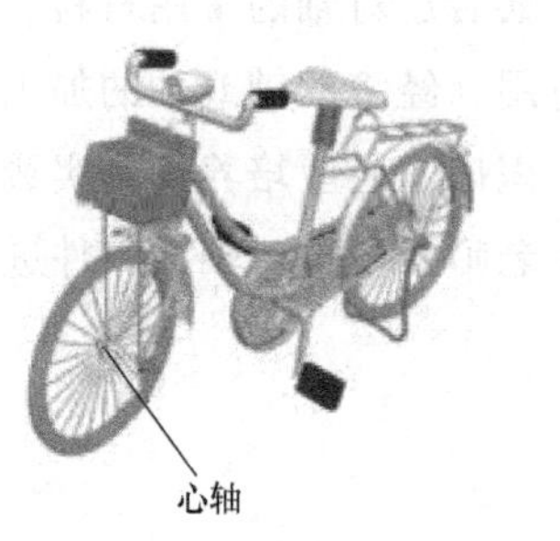

c) 自行车心轴

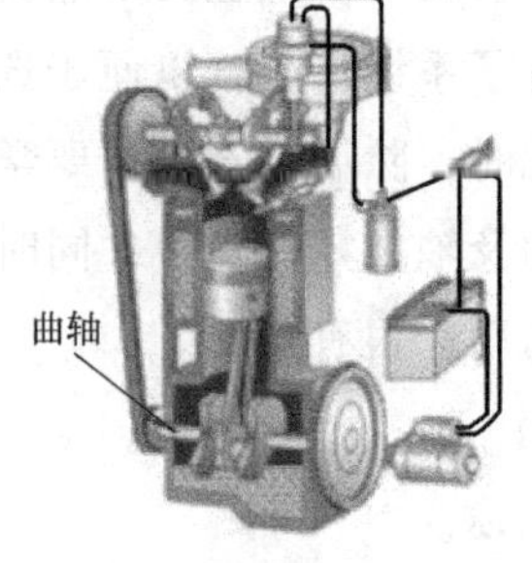

d) 内燃机曲轴

图 11-1　轴的应用（续）

知识学习

一、轴概述

轴是机器中最基本、重要的零件之一，它用于支承轴上做回转运动的零件（如齿轮、带轮等）以及传递运动和动力，同时起定位及保证回转精度的作用。一切做回转运动的传动零件都必须安装在轴上才能实现旋转和传递动力。图 11-2 所示为减速器上应用的典型齿轮轴，齿轮通过键安装在轴上，通过轴的回转带动齿轮旋转。

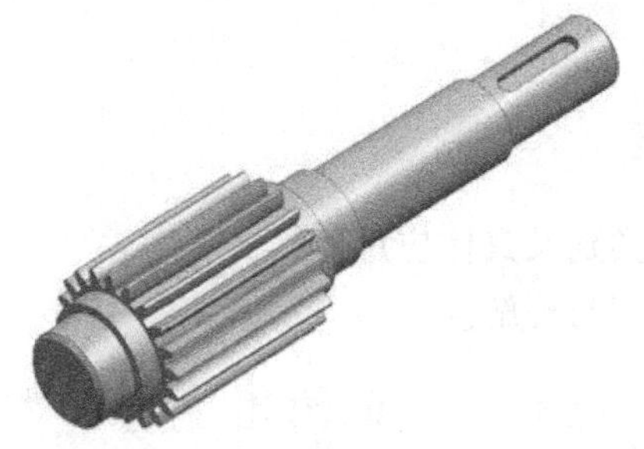

图 11-2　齿轮轴

二、轴的分类和特点

根据轴线形状不同，把轴分为直轴、曲轴和挠性轴三大类。轴的类型、结构特点及应用场合见表 11-1。

表 11-1　轴的类型、结构特点及应用场合

类型		简图	结构特点	应用场合
直轴	光轴		直径无变化，形状简单，加工容易，应力集中源较少；轴上零件不易装配和定位	如车床光杠、自行车心轴等，还应用于航空、航天光学系统
	阶梯轴		直径有变化，加工相对复杂，容易实现轴上零件的装配和定位。	在生产、生活中应用最为广泛，便于轴自身安装，也利用轴上零件的轴向及周向定位

（续）

类型	简图	结构特点	应用场合
曲轴		中心线不在同一直线上，常用于将主动件的回转运动转变为从动件的直线往复运动或将主动件的直线往复运动转变为从动件的回转运动	如内燃机、压力机等
挠性轴 （挠性钢丝软轴）		由几层紧贴在一起的钢丝层构成，可以把回转运动灵活地传递到任何位置，具有缓和冲击的作用	常用于医疗器械和电动手持小型机具（如铰孔机、刮削机等）

根据轴上所受载荷的不同，直轴又分为心轴、转轴和传动轴三类，其应用特点见表11-2。

表 11-2　心轴、转轴和传动轴应用特点

类型		应用举例	应用特点
心轴	转动心轴	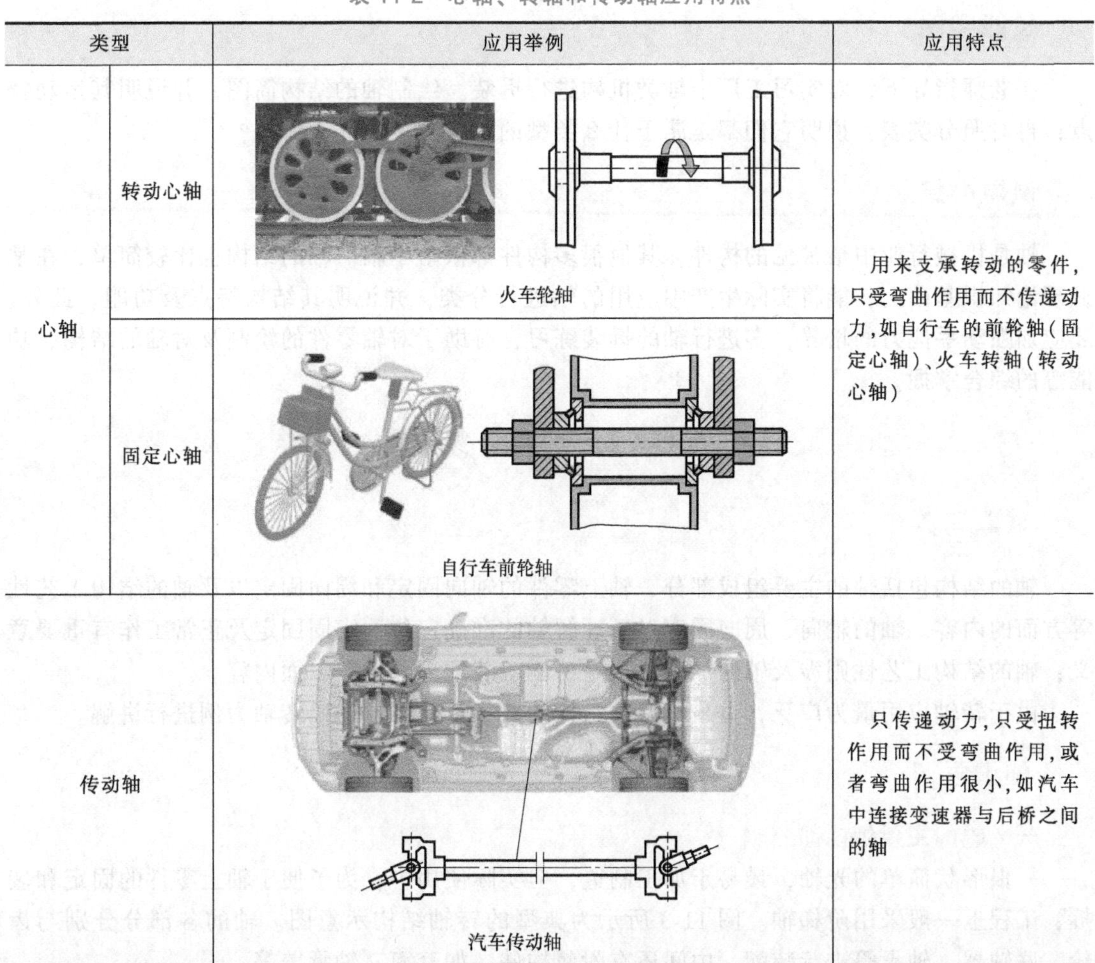 火车轮轴	用来支承转动的零件，只受弯曲作用而不传递动力，如自行车的前轮轴（固定心轴）、火车转轴（转动心轴）
	固定心轴	自行车前轮轴	
传动轴		汽车传动轴	只传递动力，只受扭转作用而不受弯曲作用，或者弯曲作用很小，如汽车中连接变速器与后桥之间的轴

（续）

类型	应用举例	应用特点
转轴	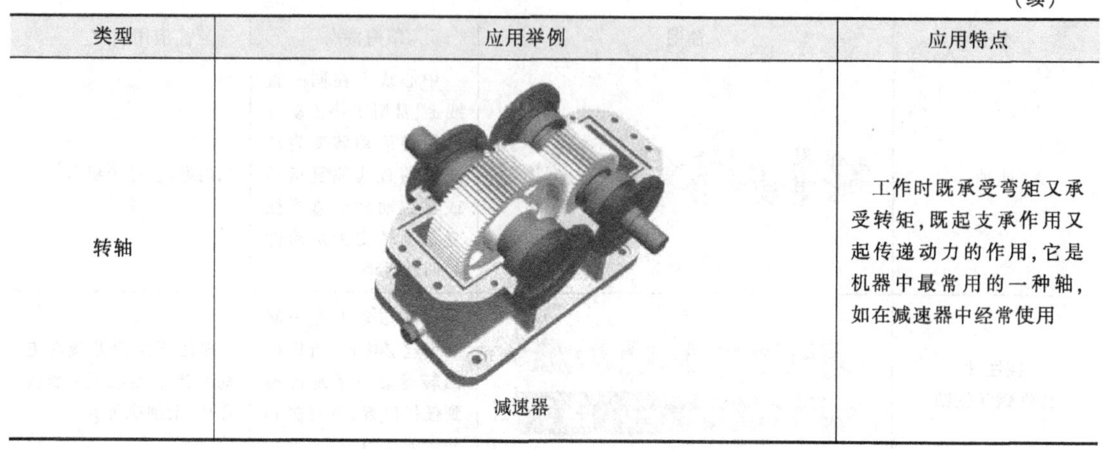 减速器	工作时既承受弯矩又承受转矩，既起支承作用又起传递动力的作用，它是机器中最常用的一种轴，如在减速器中经常使用

【观察与思考】

想一想，在实际生活、生产中，大家见到的轴属于上述分类中的哪一种类型，它在机构中起什么作用？

技能实践

在老师指导下，对实习工厂中轴类机构进行拆装。绘制轴的结构简图，并说明其运动特点；再对照分类表，说明它们都是属于什么类型的轴，其用途又有哪些？

课题小结

轴是机械行业中最常见的构件，其他很多构件都依附于轴。轴的结构也比较简单，在掌握理论知识基础上，能将实际生产中应用的轴进行分类，并说明其结构特点及功能。此外，还应加强动手能力的培养，多进行轴的拆装练习，有助于对轴零件的绘制及对轴的结构、功能等的综合掌握。

课题二　轴的结构

课题导入

轴的结构包括轴的主要组成部分、轴上零件的轴向固定和周向固定以及轴的结构工艺性等方面的内容。轴的轴向、周向固定对于理解轴的准确定位、牢固固定及正常工作有重要意义；轴的结构工艺性则涉及轴的加工制造经济性、装配工艺性等方面内容。

由于转轴应用最为广泛，也最具有轴结构的典型性，本课题以转轴为例进行讲解。

知识学习

一、轴的主要组成部分

一根形状简单的光轴，最易于加工制造，但实际使用中，为了便于轴上零件的固定和装拆，工程上一般采用阶梯轴。图 11-3 所示为典型的转轴结构示意图。轴的各部分分别与齿轮、联轴器、轴承等进行装配，中间还有附属构件，如套筒、轴承盖等。

转轴的各部分名称如下：

(1) 轴颈（支承轴颈） 与轴承配合的轴段。轴颈的直径应符合轴承的内径系列。

(2) 轴头（工作轴颈、配合轴颈） 支承传动零件的轴段。轴头的直径必须与相配合零件（如齿轮）的轮毂内径一致，并符合轴的标准直径系列。

(3) 轴身 连接轴颈和轴头的轴段。

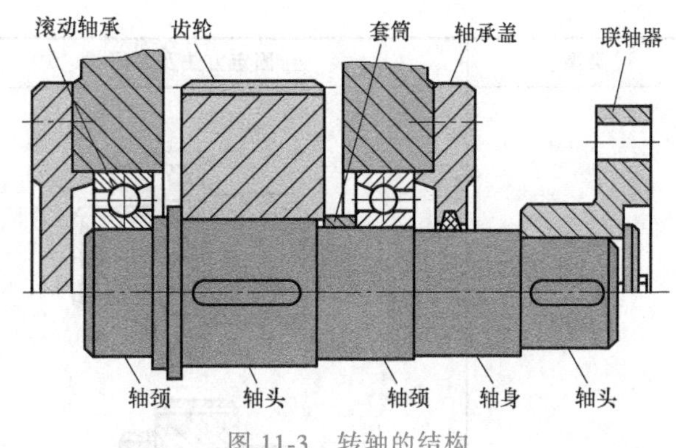

图 11-3 转轴的结构

轴的结构多种多样，为了轴的结构及其各部分都具有合理的形状和尺寸，在考虑轴的结构时应把握三个方面的原则，即：

1）应保证安装在轴上的零件牢固可靠。

2）应便于轴的结构加工和尽量减少或避免应力集中。

3）应便于轴上零件的安装和拆卸。

二、轴上零件的固定

为了保证机械的正常工作，安装在轴上的零件之间应有确定的相对位置，故轴上零件需要定位；工作中应保持原位不变，因此，轴上零件还需要固定。轴上零件的固定形式包括轴向固定与周向固定两种。

1. 轴上零件的轴向固定

轴上零件轴向固定的目的是为了保证零件在轴上有确定的轴向位置，防止零件做轴向移动，并能承受轴向力。轴上零件的轴向固定一般利用轴肩（轴环）、轴套、圆螺母和轴端挡圈（也称压板）、紧定螺钉、弹性挡圈等零件固定。常用的轴向固定方法及应用见表 11-3。

表 11-3 常用的轴上零件的轴向固定方法及应用

类型	固定方法及简图	应用及特点
轴肩与轴环		由定位面和过渡圆角组成，这种结构简单、定位可靠，能承受较大的轴向力，广泛应用于各种轴上零件的定位。为保证零件与定位面靠紧，轴上过渡圆角半径 r 应小于倒角高度 C 或零件圆角半径 R

（续）

类型	固定方法及简图	应用及特点
圆螺母	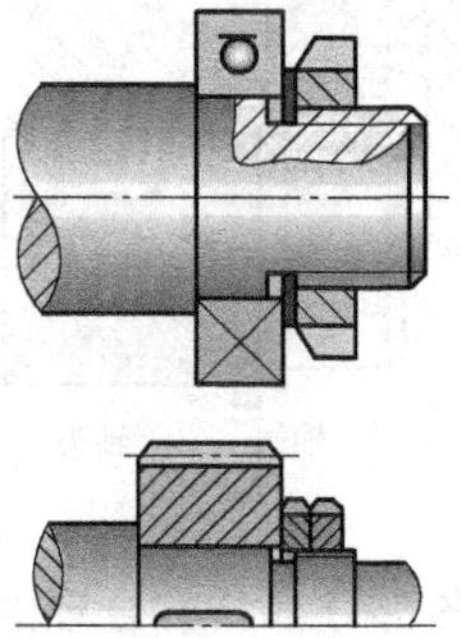	当轴上两零件间的距离较大且允许在轴上切制螺纹时，用圆螺母的端面来定位。这种方法固定可靠、装拆方便，可承受较大的轴向力，能调整轴上零件之间的间隙。为了防止圆螺母的松脱，常采用双螺母或加止退圈来锁紧
弹性挡圈	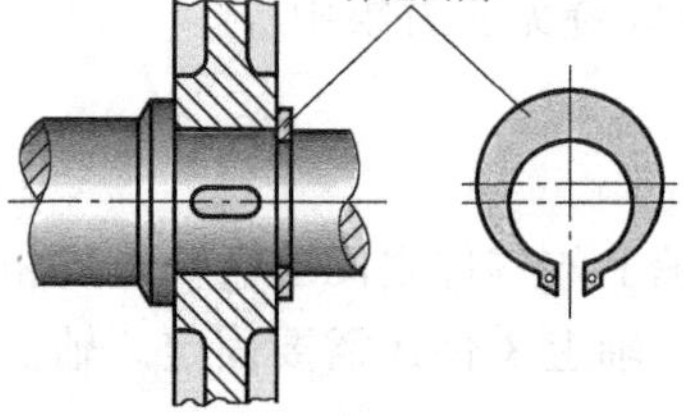 弹性挡圈	在轴上切出环形槽，将弹性挡圈嵌入槽中，利用它的侧面压紧被定位零件的端面。这种结构简单紧凑、装拆方便，只能承受很小的轴向力
定位套筒	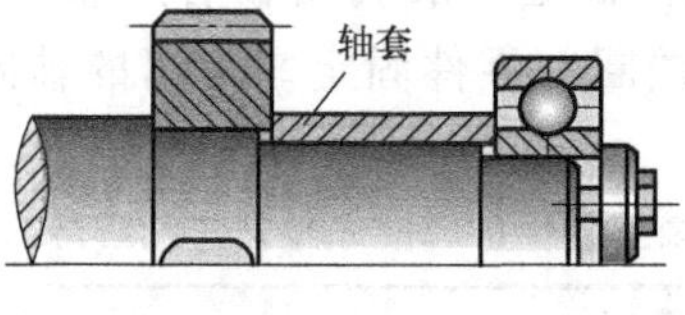 轴套	借助位置已确定的零件来定位，它的两端面为定位面。这种结构简单可靠，能承受较大的轴向力，装拆方便，一般用在轴上两个零件之间间距较小的场合。利用轴套定位，可以减少轴直径的变化，在轴上也无须开槽、钻孔或切制螺纹等，可使轴的结构简化，避免削弱轴的强度。但由于轴和轴套配合较松，所以不宜用于高速轴
轴端挡圈	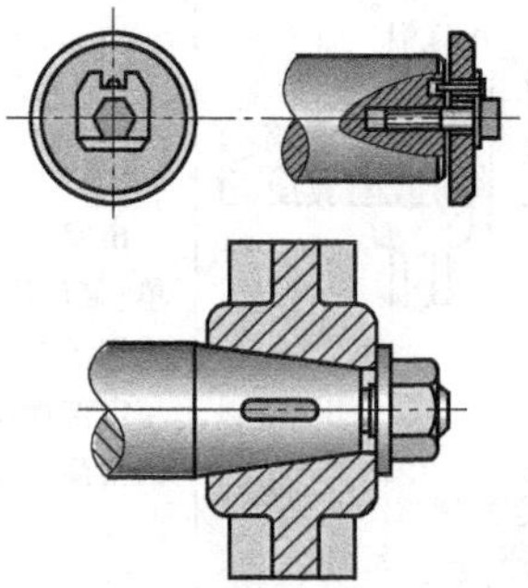	这种结构工作可靠、结构简单，适用于轴端零件的固定，而且是受轴向力不大的部位，它可以承受剧烈振动和冲击载荷。为了防止轴端挡圈和螺钉的松动，应采用带有锁紧装置的固定形式。对于无轴肩的轴，可采用锥形轴端和轴端挡圈联合使用来固定零件

对于受轴向力不大或是为了防止零件发生偶然沿轴向窜动的场合，可用圆锥销固定或紧定螺钉固定等形式，这些内容在销、螺钉部分已详尽讲解，在此不再赘述。

2. 轴上零件的周向固定

轴上零件周向固定的目的是为了保证轴能可靠地传递运动和转矩，防止零件和轴产生相对转动。如图 11-4 所示，常见轴上零件的周向固定方法有平键连接、花键连接、过盈配合、螺钉连接、销连接等。实际使用时大多数是采用键连接或过盈配合等固定形式。

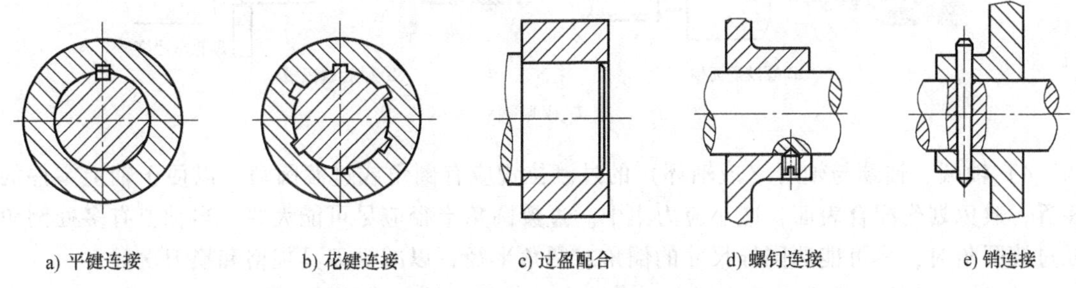

图 11-4　常见轴上零件的周向固定方法

（1）用键做周向固定　采用键连接作为轴上零件的周向固定应用最为广泛，平键、半圆键、楔键和花键连接等都可以应用。

如图 11-4a 所示，用平键做周向固定，制造简单，装拆方便，对中性好，可用于较高精度、较高转速及受冲击或变载荷作用下的固定连接。应用平键连接时，为了加工方便，对于在同一轴上轴径相差不大轴段的键槽，应尽可能采用同一规格的键槽尺寸，并且要安排在同一中心线上，以便于加工。

（2）用过盈配合做周向固定　如图 11-4c 所示，过盈配合会使轴与轮毂之间产生正压力，工作时依靠此压力所产生的摩擦力来传递转矩。这种结构简单，固定可靠，承载力大，定心性好，对轴的削弱小，对中性好，但配合面的加工精度要求较高，装拆不便。过盈配合的装配，若过盈量不大，可使用压入法；当过盈量较大时，常用温差法装配。为了装配方便，轴与孔的接口处的倒角尺寸均有一定要求。

【观察与思考】

想一想，轴上零件为何要做轴向固定和周向固定？

三、轴的结构工艺性

轴的结构工艺性是指轴的结构应便于加工，便于轴上零件的装配和维修，能提高生产率，降低成本。轴的结构越简单，工艺性就越好。在满足使用要求的前提下，轴的结构设计应注意以下几点：

1）轴的结构尽可能形状简单，轴的台阶数尽可能少，相邻轴段直径变化尽可能小，以减少加工工时，提高生产率，降低应力集中。

2）轴上各段的键槽、圆角半径、倒角、中心孔等尺寸应尽量统一。轴上有多处键槽时，一般应使各键槽位于同一中心线上，避免加工时多次装夹，以便于加工，如图 11-5 所示。

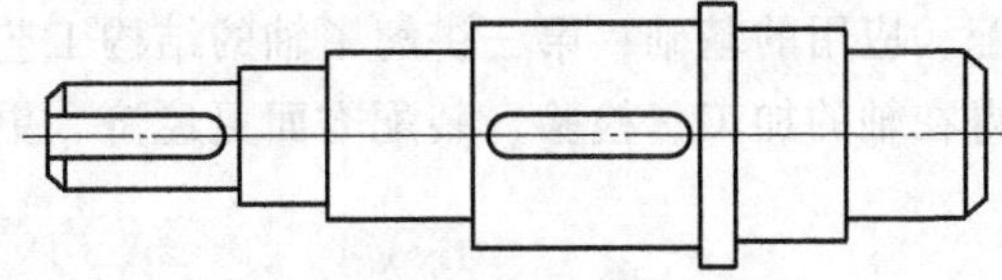

图 11-5　键槽的布置

3）轴上需要切削螺纹，应有螺纹退刀槽；需磨削的轴段应有砂轮越程槽，如图 11-6 所示。

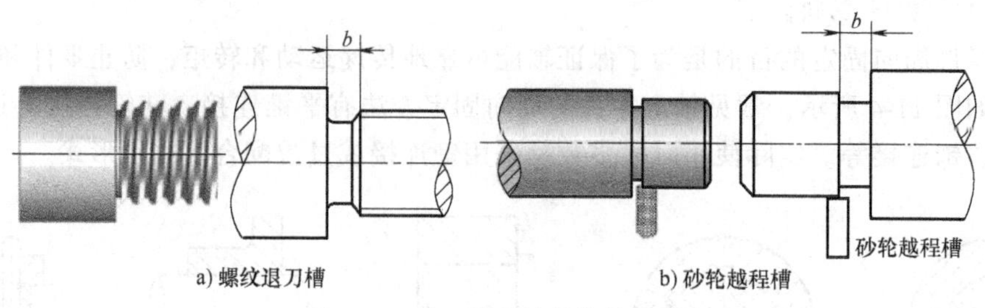

图 11-6　退刀槽和越程槽的布置

4）轴端、轴颈与轴肩（或轴环）的过渡位置应有倒角或过渡圆角，以便于轴上零件的装拆，避免划伤配合表面，减小应力集中。过渡圆角半径应尽可能大些，当轴上有多处倒角或过渡圆角时，尽可能选同样尺寸的倒角或圆角半径，以减少刀具规格和换刀次数。

5）阶梯轴的直径应该是中间大、两端小，以便于轴上零件的装拆，如图 11-7 所示。

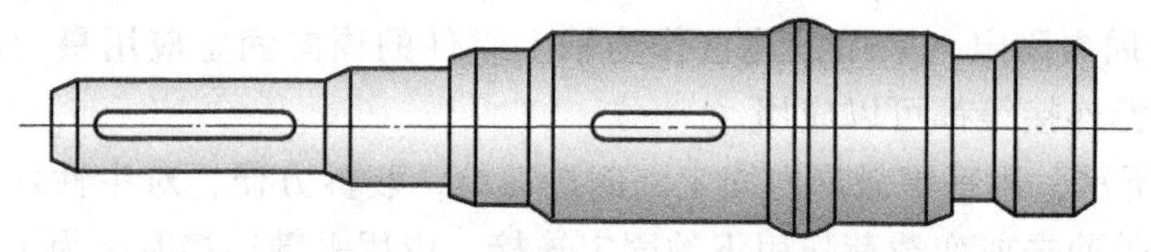
图 11-7　阶梯轴的整体结构

【观察与思考】

想一想，轴的设计与加工、检验和装配之间有什么关系？在设计轴的结构时，有哪些注意事项？

技能实践

拆装轴类零件，观察轴的结构组成，与轴上零件的固定方式。绘制轴的结构简图，分清各部分名称、功能；绘制轴上零件轴向或周向固定方式的结构简图，说明它们是如何定位、固定的；说明轴的结构工艺性设计的注意事项，并结合轴的加工以及装配情况谈谈轴的结构工艺性对这些方面的影响。

课题小结

轴的结构是认识轴的组成、明确轴的功能以及设计和加工轴的基础。本课题从三个方面对轴的结构进行了阐述：一是介绍了轴的结构组成，这是对轴自身结构的认识；二是对轴与轴上零件的定位进行了讲解，包括轴的轴向固定和周向固定方式两个方面，这是对轴的装配、应用的基础；第三讲解了轴的结构工艺性，主要从设计的角度讲解如何设计轴，从而使得在轴的加工、检验、装配方面更经济、更便利。

课题三　轴的常用材料和加工要求

课题导入

轴作为机器构件中最常见、基本的构成单元，选用什么样的加工材料以及采用何种加工方法，对轴的使用性能，进而对整个机器都起着至关重要的作用。

常见的轴的材料中价格便宜的有中碳钢，采用适当热处理后其力学性能和可加工性能都较好；在重载、耐磨、质轻要求的场合，可选用合金钢；对尺寸精度等要求不高时，还可用球墨铸铁代替钢。

轴的加工主要包含轴的尺寸精度、几何精度以及表面质量的要求。根据轴的适用场合和装配需要，选择合理的加工精度并拟定加工技术方案是保证产品质量、降低制造成本的必然要求。

本课题将对轴的材料选用及热处理方法，加工技术要求及精度要求做简单介绍，让学生对如何生产合格轴类零件有基本的认识和了解。同时还将介绍轴的使用与维护。

知识学习

一、轴的材料选用及热处理

轴的材料选用要根据使用条件来选择，应具有足够高的强度、疲劳极限、刚度和耐磨性，对应力集中的敏感性较低。轴的材料种类很多，主要采用中碳钢和合金钢，也可采用铸铁。

1. 碳素钢

常用碳素钢有35、45、50等优质碳素钢，其中以45钢应用最为广泛，因为这类钢材价格便宜，对应力集中的敏感性较低，采用适当的热处理方法（调质、正火、淬火）可以改善和提高材料的力学性能，而且还有良好的可加工性能。

2. 合金钢

例如20Cr、40Cr等，用这类材料制成的轴，具有承受载荷较大，强度较高、重量较轻及耐磨性较好等特点。

3. 铸铁

轴的材料还可以采用球墨铸铁，球墨铸铁的吸振性、耐磨性和可加工性能都很好，对应力集中敏感性较低，强度也能满足要求，可代替钢制造外形复杂的曲轴和凸轮轴，但铸件的品质不易控制，可靠性较差。

轴的常用材料、牌号、力学性能及应用举例见表11-4。

表11-4 轴的常用材料、牌号、力学性能及应用举例

材料	牌号	热处理	毛坯直径/mm	硬度(HBW)	强度极限/MPa	屈服极限/MPa	弯曲疲劳极限/MPa	应用举例
碳素钢	Q235				440	235	200	普通碳素结构钢，用于不重要或载荷不大的轴
优质碳素钢	35	正火	≤100	149~187	520	270	250	有好的塑性和强度，可做一般曲轴和转轴
	45	正火	≤100	170~217	600	300	275	用于较重要的轴，应用最为广泛
	45	调质	≤200	217~255	650	360	300	
合金钢	40Cr	调质	25		1000	800	500	用于载荷较大且无很大冲击的重要轴
			≤100	241~286	750	550	350	
			100~300	241~286	700	550	340	

（续）

材料	牌号	热处理	毛坯直径/mm	硬度（HBW）	强度极限/MPa	屈服极限/MPa	弯曲疲劳极限/MPa	应用举例
合金钢	40MnB	调质	25		1000	800	500	性能接近40Cr,用于重要轴
			≤200	241~286	750	500	335	
	35CrMo	调质	≤100	207~269	750	550	390	用于重载荷的轴
	20Cr	渗碳淬火回火	15	表面50~60HRC	850	550	375	用于强度、韧性及耐磨性均要求较高的轴
			≤60		650	400	280	

二、轴的精度与加工技术要求

根据轴类零件的功用和工作条件，其精度及加工技术要求主要体现在以下方面：

1. 尺寸精度

由于轴的加工相对孔的加工容易，可有效减少相关刃具、量具的规格及数量，故一般采用基孔制，这样有利于刃具、量具的标准化、系列化。但在某些特定情况下，应选用基轴制，如采用冷拉钢材做轴时，若对轴的要求不高，其本身精度已能满足设计要求，可不用加工；又如在同一公称尺寸的轴上需装配具有不同配合的零件时，可选用基轴制。另外，当与标准件相配合时，基准制的选择应依标准件而定，例如与滚动轴承内圈相配的轴应选用基孔制。

轴类零件的主要表面分为两类：一类是与轴承的内圈配合的外圆轴颈，即支承轴颈，用于确定轴的位置并支承轴，尺寸精度要求较高，通常为IT5~IT7；另一类是与各类传动件装配的轴头，其精度稍低，常为IT6~IT9。

2. 几何形状和相互位置精度

几何形状精度主要指轴颈表面、外圆锥面、锥孔等重要表面的圆度、圆柱度。其误差一般应限制在尺寸公差范围内，对于精密轴，需在零件图上另行规定其几何形状精度。

相互位置精度包括内、外表面及重要轴面的同轴度、圆的径向跳动量、重要端面对轴线的垂直度、端面间的平行度等。

3. 表面粗糙度

轴的加工表面都有表面粗糙度要求，一般根据加工的可能性和经济性来确定。支承轴颈表面粗糙度 *Ra* 值常为 0.2~1.6μm，传动件配合轴颈（轴头）表面粗糙度 *Ra* 值为 0.4~3.2μm。对于要求表面粗糙度值一致的锥面或端面，应使用恒线速度切削。

其他热处理、倒角、倒棱及外观修饰等应符合设计要求，便于后续加工。

三、轴的使用与维护

轴若使用不当，没有良好维护，就会影响其正常工作，甚至发生意外损坏，降低轴的使用寿命。因此，轴的正确使用和维护，对保证轴的正常工作及轴的使用寿命有着十分重要的意义。

1. 轴的使用

1）安装时，要严格按照轴上零件的先后顺序进行装配，注意保证安装精度。

2）安装结束后，要严格检查轴在机器中的位置以及轴上零件的位置，并将其调整到最佳工作位置，同时轴承的游隙也要按工作要求进行调整。

3）在工作中，尽量避免使轴承受过量载荷和冲击载荷，并保证润滑充分、到位，从而确保应力不超过轴的疲劳强度。

2. 轴的维护

1）认真检查轴和轴上零件的完好程度，若发现问题应及时维修或更换。轴的维修部位主要是轴颈及轴头等对精度要求较高的轴段，在磨损量较小时，可采用电镀法在其配合表面镀上一层硬质合金层，并磨削至规定尺寸精度。

2）认真检查轴及轴上主要传动零件工作位置的准确性、轴承游隙的变化情况并及时调整。

3）轴上的传动零件（如齿轮、带轮、链轮等）和轴承必须保证良好的润滑。

技能实践

到实习工厂拆装轴及轴类零件，观察这些轴是由何种材料加工而成？是否采用热处理，分别使用在什么场合？

观察实习工厂对轴的日常使用和维护情况，说出注意事项和技术要求。

课题小结

轴的材料及选用、加工技术要求及其使用维护，是确保轴能正常使用的前提。其中，轴的材料、热处理等技术要求，是决定轴使用性能的基础；轴的精度及加工技术要求，主要从可加工性和成本可控性的角度，说明轴在加工时的一些关键点，是实现轴使用性能的保证；而轴的使用维护，主要是从装配、日常维护方面介绍了如何使轴始终处于正常、高效运转状态，是保证轴使用寿命的重要保障。

单元十二　轴　　承

内容构架

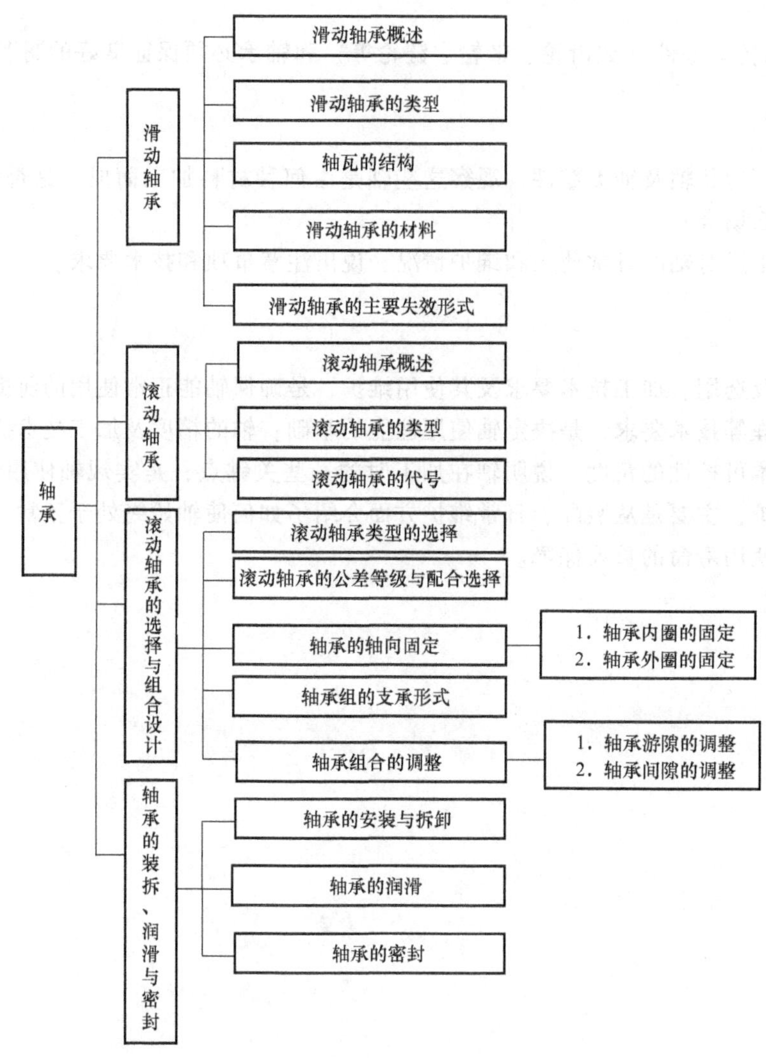

学习引导

轴承是轴的支承部件，是机械设备中常用的零件，在日常生活和装备制造业中都有广泛的应用。如自行车、打印机、数控机床等存在回转运动的设备，都离不开轴承，自行车前后心轴轻快转动，打印机的卷纸轴精密传动，数控机床主轴的高速平稳旋转都离不开轴承助力。

图 12-1 所示为生活、生产中常见的轴承应用场合。不难发现，在机器设备中轴承的功用是支承转动的轴及轴上零件，并保持轴的正常工作位置和旋转精度。因此，轴承性能的好坏直接影响机器设备的使用性能，轴承是机器设备的重要组成部分。

图 12-1　轴承的应用场合

轴承常见的分类是根据摩擦性质的不同来划分的。依据摩擦类型不同，轴承可分为滑动轴承（图 12-2a）和滚动轴承（图 12-2b）两大类。本课题将分别介绍这两大类轴承的结构、功能及应用等相关知识。

a) 滑动轴承

b) 滚动轴承

图 12-2　轴承类别

【目标与要求】

➢ 了解轴承的种类和功用。

➢ 认识滑动轴承的结构、特点。

➢ 了解滑动轴承主要部件材料。

➢ 认识滚动轴承的结构、类型及代号。

➢ 掌握滚动轴承的公差等级与配合选择。

➢ 掌握滚动轴承的类型选择。

➢ 了解轴承的安装、润滑和密封。

【重点与难点】

重点：

- 滑动轴承的应用场合和结构特点。
- 滚动轴承的结构类型、代号及类型选择。

难点：

- 滚动轴承的组合设计。

- 合理选择滚动轴承类型。

课题一　滑动轴承

课题导入

滑动轴承，顾名思义，是在工作时轴和轴承之间是滑动摩擦的轴承。它一般应用在低速重载场合。图 12-3a 所示为单缸内燃机曲柄滑块机构，其中连杆和曲柄之间采用的就是滑动轴承连接，图 12-3b 所示是起重机吊钩，上面的滑轮轴与吊钩体也是通过滑动轴承连接的。那么，这些设备为什么要使用滑动轴承连接？滑动轴承有哪些类型，具有哪些特点？

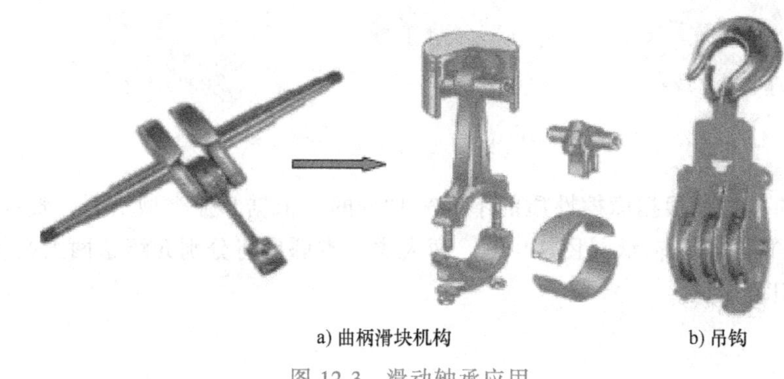

a) 曲柄滑块机构　　b) 吊钩

图 12-3　滑动轴承应用

知识学习

一、滑动轴承概述

滑动轴承主要由滑动轴承座、轴瓦或轴套衬和润滑装置组成。装有轴瓦或轴套的壳体称为滑动轴承座。轴承座的内圈和轴配合，支承轴旋转的称为轴瓦或轴套。图 12-4 所示为生产中典型的滑动轴承实物图。其中，轴承座起固定支承作用；内圈为轴瓦，工作时，轴在轴瓦内旋转。

图 12-4　滑动轴承实物图

滑动轴承结构简单，易于制造，便于安装，适用于高速、重载、高精度或承受较大冲击载荷的机器。

二、滑动轴承的类型

按所受载荷方向的不同，滑动轴承可分为径向滑动轴承和推力滑动轴承两大类。径向滑动轴承负载的方向与轴线垂直；推力滑动轴承负载的方向平行于轴线，其功能除了支承轴做旋转运动外，还能阻止零件沿轴向移动。其具体分类及应用见表 12-1。

三、轴瓦的结构

1. 轴瓦结构

滑动轴承中，轴瓦（轴套）直接与轴配合使用，是最重要的零件。轴瓦的结构一般分为整体式和剖方式两类，如图 12-5 所示。

表 12-1　滑动轴承类型、结构特点及用途

类型		结构与简图	实物	特点及应用
径向滑动轴承	整体式	轴瓦(轴套)上开有油孔和油沟,轴承座用螺栓与机座连接,顶部有装油杯的螺纹孔 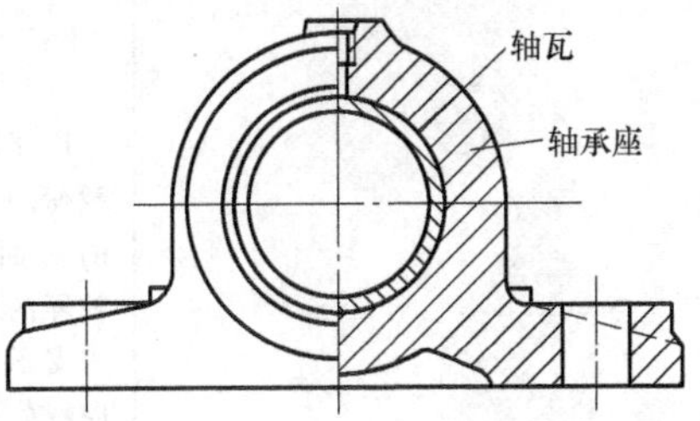		结构简单,价格低廉,但轴的装拆不方便,磨损后轴承的径向间隙无法调整。它适用于轻载、低速或间歇工作、不需要装拆的场合
	剖分式	主要由轴承座、轴承盖、剖分式轴瓦及双头螺柱等组成。轴承盖上有注油孔,可保证轴承的润滑 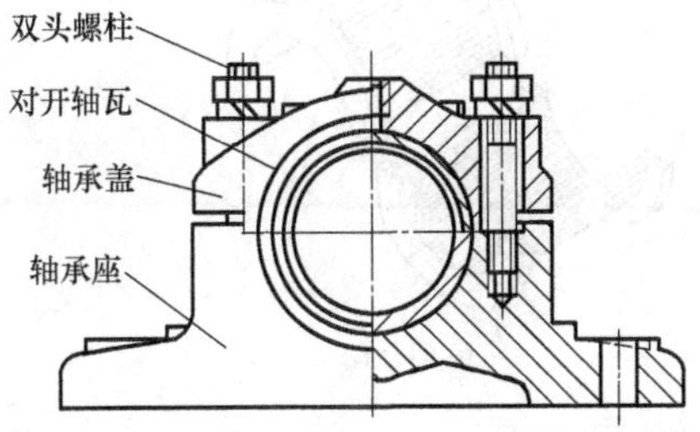		轴承盖和轴承座的接合面做成阶梯形定位止口,便于装配时对中和防止其横向移动。装拆方便,磨损后轴承的径向间隙可以调整,应用较广
	自动调心式	轴瓦与轴承盖、轴承座之间为球面接触,轴瓦可以自动调整,可适应轴受力弯曲时轴线产生的倾斜,避免出现边缘接触 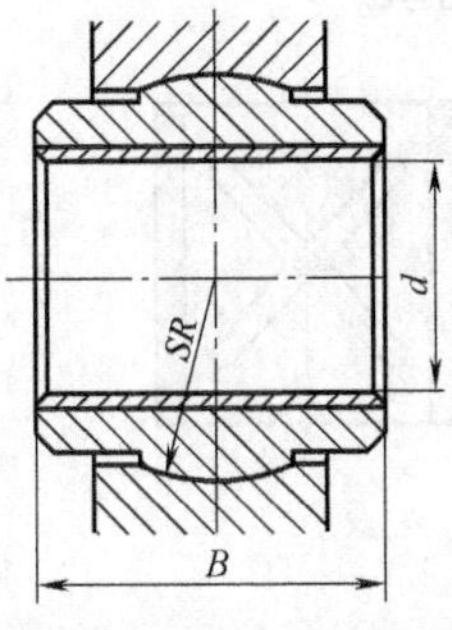	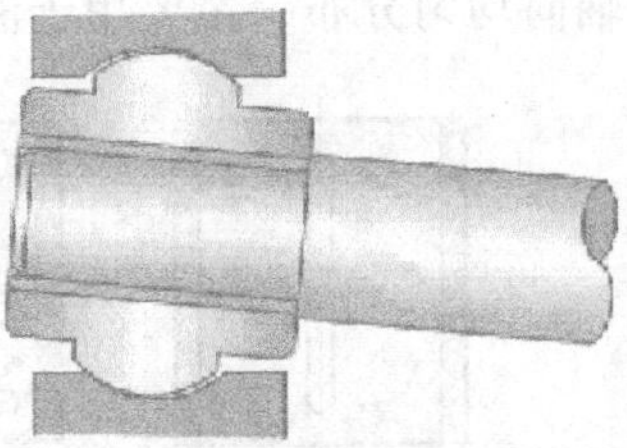	主要用于轴承宽度与直径之比大于 1.5 ~ 1.75 的场合。自动调心式轴承须成对使用

(续)

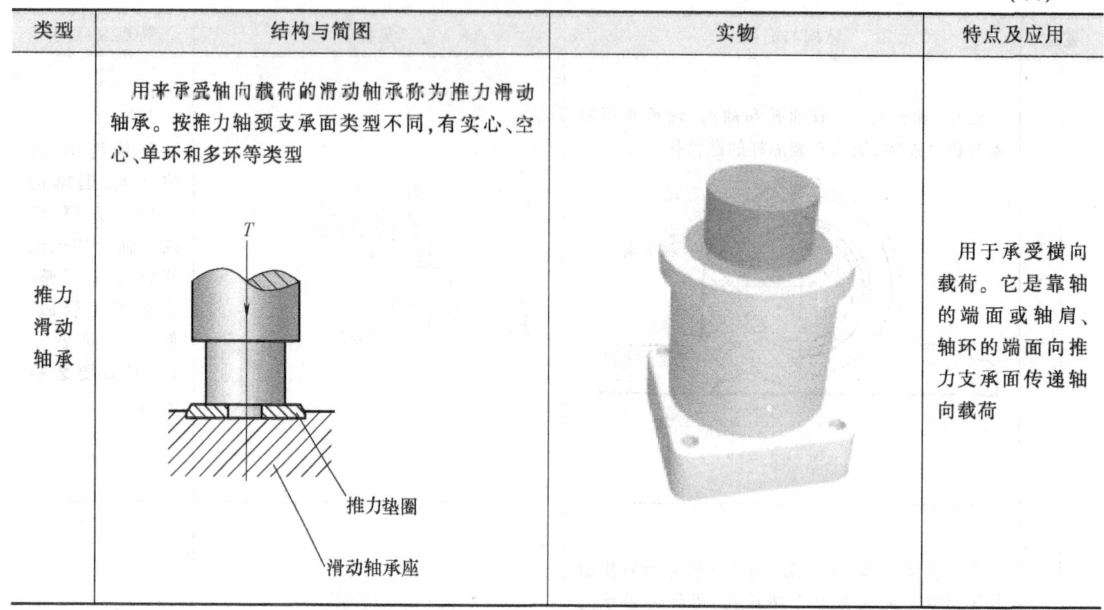

类型	结构与简图	实物	特点及应用
推力滑动轴承	用来承受轴向载荷的滑动轴承称为推力滑动轴承。按推力轴颈支承面类型不同,有实心、空心、单环和多环等类型 T 推力垫圈 滑动轴承座		用于承受横向载荷。它是靠轴的端面或轴肩、轴环的端面向推力支承面传递轴向载荷

a) 整体式

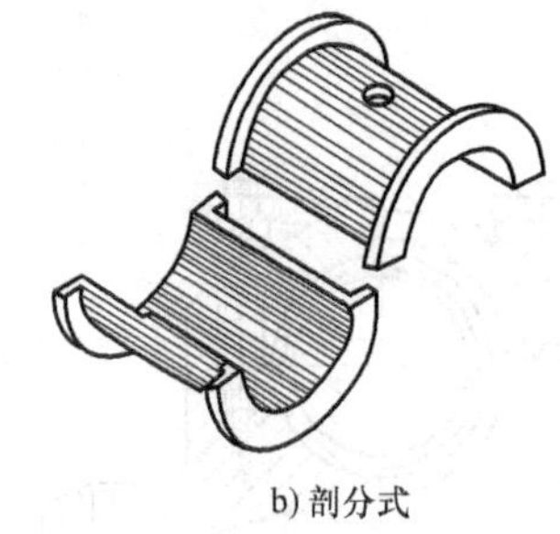

b) 剖分式

图 12-5 轴瓦结构

2. 油孔、油沟与油室

油孔与油沟的作用是使润滑油均匀分布在整个轴颈上。为便于给轴承注入润滑油，在轴瓦上制有油沟。油沟的形式有纵向、环向和斜向等，如图 12-6 所示。油孔和油沟应开在非承载区，以免降低油膜承载能力。为了使润滑油能均匀地分布在整个轴颈上，油沟应有足够的长度，但不能开通，以免润滑油从轴瓦端部大量流失。油室的作用是储存和稳定供应润滑油，使润滑油沿轴向均匀分布，主要用于液体动压滑动轴承。

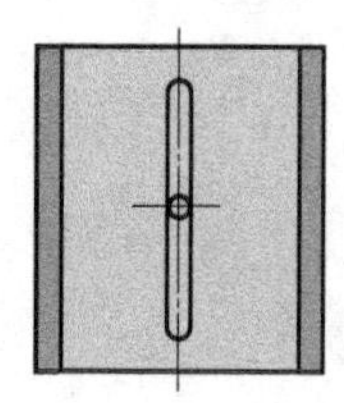

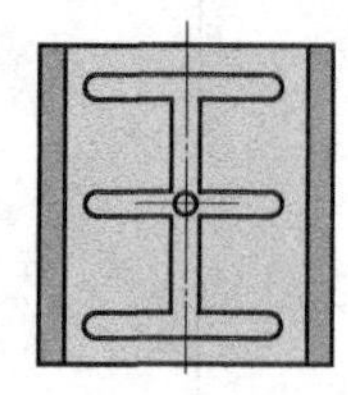

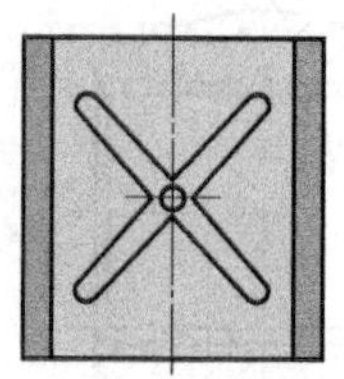

图 12-6 油沟形式

四、滑动轴承的材料

轴承座和轴承盖一般不与轴颈直接接触，常用灰铸铁制造。轴瓦和轴承衬与轴颈直接接触，由于轴承在使用时会产生摩擦、磨损发热等问题，因此，要求其材料具有良好的减摩性、耐磨性和抗胶合性，以及足够高的强度、可跑合、可加工等性能。常用的轴瓦材料有轴承合金、铜合金、粉末冶金及非金属材料等。

轴承合金（巴氏合金、白合金）是由锡、铅、锑、铜等组成的合金。铜合金分为青铜和黄铜两类。粉末冶金材料是指由铜、铁、石墨等粉末经压制、烧结而成的多孔隙轴瓦材料。非金属材料有塑料、硬木、橡胶和石墨等，其中塑料用的最多。

五、滑动轴承的主要失效形式

（1）磨损　轴与轴承相对运动时，由轴上较硬物体或硬质颗粒切削或刮擦作用引起的轴承表面材料的脱落、损伤现象，称为轴承磨损。显然，轴承磨损会破坏接触表面，应以克服。

（2）胶合　工作时，特别是在重载条件下工作的轴承，由于温度和压力都很高，轴颈和轴瓦之间的润滑油膜有可能被挤出，造成金属表面之间直接接触，因摩擦面发热而使温度急骤升高，严重时表面金属局部软化或熔化，导致接触区发生牢固的粘着或焊合。在相对滑动情况下，粘着点被剪断，塑性材料就会转移到另一工作表面上，此后出现粘着——剪断——再粘着的循环过程，而形成胶合。

技能实践

在老师指导下，观察实习工厂中滑动轴承的结构并进行拆装，分清其结构组成。

课题小结

滑动轴承结构比较简单。本课题首先对其结构、分类做了整体介绍；再对其重要部件——轴瓦做了详尽讲解，从结构形式、油沟开设以及材料等方面做了说明。学习时，应注意理论联系实际，多思考各种结构对应的作用是什么，以加深理解。

课题二　滚动轴承

课题导入

滑动轴承有着诸如易磨损、效率低、维修难等难以克服的缺点，一定程度限制了它的使用。近年来，随着机器人以及人工智能设备的飞速发展及广泛应用，高速、低载、精密传动的要求越来越高。滚动轴承成功地克服了滑动轴承的上述缺点，满足了技术发展的需要。

滚动轴承是轴和轴承之间做滚动摩擦的轴承。图 12-7 所示为齿轮减速器机构简图，其传动轴是通过滚动轴承来支承的。实际生产中由于机械设备工作状况的不同，采用的滚动轴承的类型也不尽相同。那么，这些轴承在使用中和结构上有何特点呢？

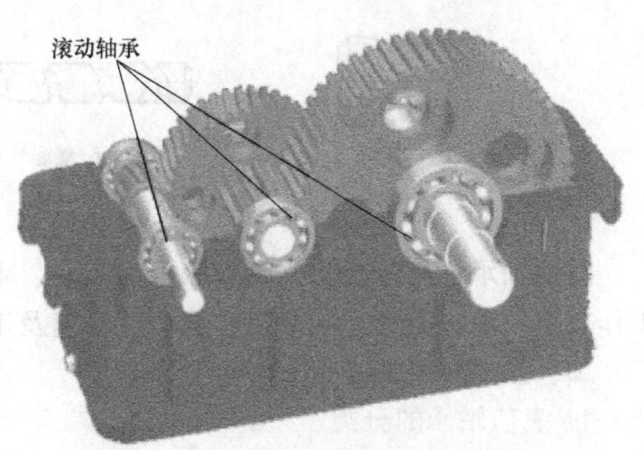

图 12-7　滚动轴承在齿轮减速器上的应用

知识学习

一、滚动轴承概述

图 12-8 所示为常见的滚子轴承和球轴承。其结构都由内圈、外圈、滚动体和保持架组成。不同之处在于两者的滚动体结构有所不同，一个使用圆柱体作为滚子，一个使用钢珠作为滚子。

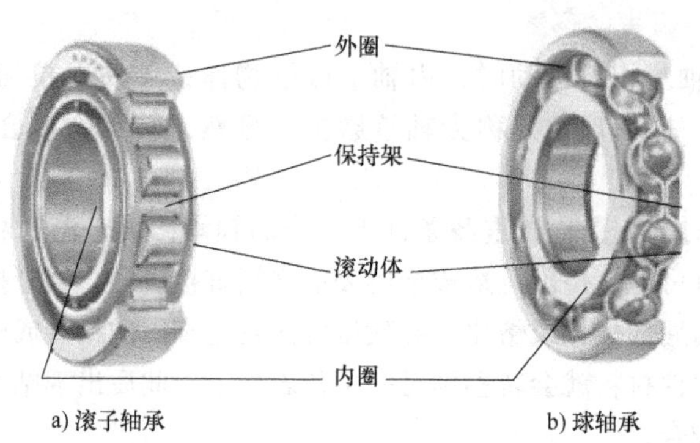

图 12-8　滚动轴承结构

滚动轴承的外圈装在基座的轴承孔内，和机座连为一体，固定不动；内圈装在轴颈上，与轴一起转动；滚动体是固定件与旋转件的媒质。当内、外圈之间相对旋转时，滚动体沿着滚道滚动。常见的滚动体有圆球、圆柱滚子、圆锥滚子、球面滚子、滚针等，如图 12-9 所示，一般由轴承铬钢制造，并经淬硬磨光，现有陶瓷、树脂等材料也被广泛用于轴承上。保持架是将滚动体在滚道上等距隔离的装置，它使滚动体不发生相互接触，减少摩擦和噪声。保持架一般由低碳钢板冲压成形，它与滚动体间有较大的间隙，也有用铜合金、铝合金或塑料经切削加工制成，具有较好的定心作用。

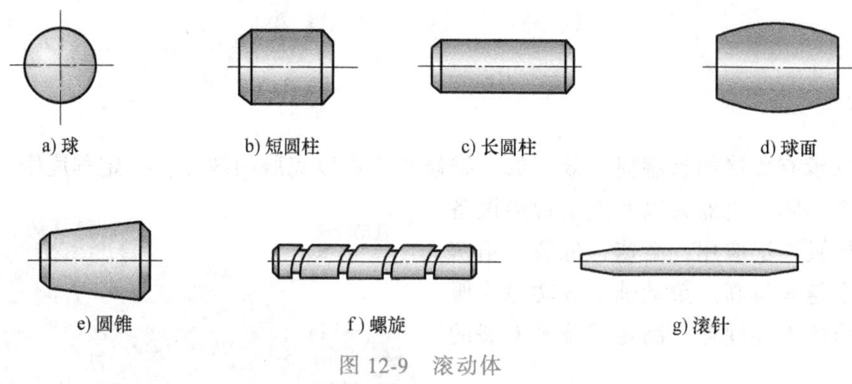

图 12-9　滚动体

滚动轴承已经标准化，具有摩擦力矩小，起动灵敏，轴向尺寸小，易润滑，维修方便，工作效率较高，类型、规格多，载荷、转速及工作温度的适用范围广等优点。

二、滚动轴承的类型

1. 滚动轴承的分类

1）按承载方向分类，可分为以承受径向载荷为主的向心轴承和以承受轴向载荷为主的推力轴承两类。

2）按滚动体的形状不同，可分为球轴承和滚子轴承。球轴承也称为滚珠轴承，球轴承的滚动体与内、外圈滚道为点接触，其承载能力低，耐冲击性差，但摩擦阻力小，极限转速高，价格低。滚子轴承包括圆柱滚子轴承、圆锥滚子轴承、鼓形滚子轴承、螺旋滚子轴承和滚针轴承，滚子轴承的滚动体与内、外圈滚道为线接触，其承载能力高、耐冲击性好，但摩擦阻力大，极限转速低，价格也高。滚动体的列数可以是单列或双列等。

2. 常用滚动轴承的类型及特性

常用滚动轴承的类型及特性见表12-2。

表12-2　常用滚动轴承的类型及特性

类型	实物图	承载方向	结构性能及应用	标准号
角接触球轴承			能同时承受径向载荷与轴向载荷，接触角 α 有15°、25°、40°三种，适用于转速较高，同时承受径向载荷和轴向载荷的场合	GB/T 292—2007
双列角接触球轴承			相当于一对角接触球轴承背对背安装，能同时承受径向载荷和双向轴向载荷	GB/T 296—2015
调心球轴承			主要承受径向载荷，也可同时承受不大的双向轴向载荷。外圈滚道为球面，具有自动调心性能，适用于弯曲刚度小及难于对中的轴	GB/T 281—2013
调心滚子轴承			调心性能好，其承载能力比调心球轴承大，也能承受少量的双向轴向载荷，适用于重载及冲击载荷的场合	GB/T 288—2013
圆锥滚子轴承			能承受较大的径向载荷和轴向载荷。内外圈可分离，故轴承游隙可在安装时调整，通常成对使用、对称安装	GB/T 297—2015
推力球轴承　单向			只能承受单向轴向载荷，适用于轴向载荷大、转速不高的场合	GB/T 301—2015
推力球轴承　双向			可承受双向轴向载荷，常用于轴向载荷大、转速不高的场合	GB/T 301—2015

（续）

类型	实物图	承载方向	结构性能及应用	标准号
深沟球轴承			主要承受径向载荷，也可同时承受少量双向轴向载荷。其摩擦阻力小，极限转速高，结构简单，价格低廉，应用最普遍	GB/T 276—2013
双列深沟球轴承			主要承受径向载荷，也能承受一定的双向轴向载荷。它比深沟球轴承具有更大的承载能力	
推力圆柱滚子轴承			只能承受单向轴向载荷，承载能力比推力球轴承大得多，不允许角偏移，适用于轴向载荷大而不需调心的场合	GB/T 4663—2017
圆柱滚子轴承			只能承受径向载荷，不能承受轴向载荷。其承受载荷能力比同尺寸的球轴承大，适用于重载和冲击载荷，以及要求支承刚性好的场合	GB/T 283—2007
滚针轴承			径向尺寸最小，径向承载能力很大，摩擦系数较大，极限转速较低，适用于径向载荷很大而径向尺寸受限制的场合，如万向联轴器、活塞销等	GB/T 309—2000

【观察与思考】

想一想，在日常生活、生产中，见过的滚动轴承属于哪种类型？

三、滚动轴承的代号

滚动轴承的类型很多，同一类型的轴承又有多种不同的结构、尺寸、公差等级和技术性能等。为了完整地反映滚动轴承的外形尺寸、结构及性能参数等方面要求，国家标准 GB/T 272—2017《滚动轴承 代号方法》规定了滚动轴承代号的表示方法。滚动轴承代号由前置代号、基本代号、后置代号构成，其具体内容见表 12-3。

基本代号是轴承代号的基础和核心。滚动轴承常用基本代号表示，前置代号和后置代号是基本代号的补充，只有在轴承的结构形状、尺寸、公差、技术要求等有所改变时才使用，一般情况下可部分或全部省略，详细内容可查阅相关标准。

表 12-3　滚动轴承代号的构成

<table>
<tr><th rowspan="2">前置代号</th><th colspan="5">基本代号</th><th colspan="9">后置代号</th></tr>
<tr><th>五</th><th>四</th><th>三</th><th>二</th><th>一</th><th>1</th><th>2</th><th>3</th><th>4</th><th>5</th><th>6</th><th>7</th><th>8</th><th>9</th></tr>
<tr><td rowspan="3">轴承分部件（轴承组件）代号</td><td colspan="3">轴承系列</td><td colspan="2" rowspan="3">内径代号</td><td rowspan="3">内部结构代号</td><td rowspan="3">密封、防尘与外部形状代号</td><td rowspan="3">保持架及其材料代号</td><td rowspan="3">轴承零件材料代号</td><td rowspan="3">公差等级代号</td><td rowspan="3">游隙代号</td><td rowspan="3">配置代号</td><td rowspan="3">振动及噪声代号</td><td rowspan="3">其他代号</td></tr>
<tr><td rowspan="2">类型代号</td><td colspan="2">尺寸系列代号</td></tr>
<tr><td>宽(高)度系列代号</td><td>直径系列代号</td></tr>
</table>

滚动轴承的基本代号包含轴承的类型、结构和尺寸信息，它一般由轴承类型代号、尺寸系列代号、内径代号组成。

1. 类型代号

轴承的类型代号由阿拉伯数字或英文字母表示，具体见表 12-4。

表 12-4　轴承的类型代号

<table>
<tr><th>类型代号</th><th>轴承类型</th><th>类型代号</th><th>轴承类型</th></tr>
<tr><td>0</td><td>双列角接触球轴承</td><td rowspan="3">N</td><td>圆柱滚子轴承</td></tr>
<tr><td>1</td><td>调心球轴承</td><td rowspan="2">双列或多列用字母 NN 表示</td></tr>
<tr><td>2</td><td>调心滚子轴承和推力调心滚子轴承</td></tr>
<tr><td>3</td><td>圆锥滚子轴承</td><td>U</td><td>外球面球轴承</td></tr>
<tr><td>4</td><td>双列深沟球轴承</td><td>QJ</td><td>四点接触球轴承</td></tr>
<tr><td>5</td><td>推力球轴承</td><td>C</td><td>长弧面滚子轴承(圆环轴承)</td></tr>
<tr><td>6</td><td>深沟球轴承</td><td></td><td></td></tr>
<tr><td>7</td><td>角接触球轴承</td><td></td><td></td></tr>
<tr><td>8</td><td>推力圆柱滚子轴承</td><td></td><td></td></tr>
</table>

2. 尺寸系列代号

尺寸系列代号由轴承宽（高）度系列代号和直径系列代号组合而成，一般用两位数字表示（有时省略其中一位）。它的主要作用是区别内径（d）相同而宽度和外径不同的轴承。具体代号可查阅相关标准。

3. 内径代号

内径代号表示轴承的公称内径，一般用两位数字表示，具体见表 12-5。

表 12-5　常用内径代号

内径代号(两位数)	00	01	02	03	04~96
轴承内径/mm	10	12	15	17	代号×5

注：轴承公称内径为 0.6~10mm（非整数）、1~9mm（整数）、22mm、28mm、32mm 或者≥500mm 时，内径代号直接用内径毫米数表示，标注时与尺寸系列代号之间要用“/”分开。例如深沟球轴承 62/22，表示其公称内径 d=22mm。

4. 前置、后置代号

前置、后置代号是轴承在结构形状、尺寸、公差、技术要求等有改变时，在其基本代号左右添加的补充代号。

前置代号经常用于表示轴承分部件（轴承组件），用字母表示，如 L 表示可分离轴承的可分离内圈或外圈，WS 表示推力圆柱滚子轴承的轴圈。

后置代号用字母（或加数字）表示，后置代号表示轴承的内部结构、密封与防尘及外部形状、保持架及其材料、轴承零件材料、公差等级、游隙、配置、振动及噪声以及其他 9 组特性。后置代号置于基本代号的右边并与基本代号空半个汉字距（代号中有符号“-”“/”除外）。后置代号及相关内容可查国家标准 GB/T 272—2017《滚动轴承　代号方法》。

5. 滚动轴承的代号示例

例 12-1　请说明下列滚动轴承代号的含义：

（1）6209　（2）62/28　（3）30314　（4）30310/P6x　（5）51103/P6

解：（1）6209　6 为轴承类型代号，表示深沟球轴承；2 为尺寸系列代号（02），其中宽度系列代号 0 省略，直径系列代号为 2；09 为内径代号，$d=9\times5\text{mm}=45\text{mm}$。

（2）62/28　6 为轴承类型代号，表示深沟球轴承；2 为尺寸系列代号（02），其中宽度系列代号 0 省略，直径系列代号为 2；“/”表示隔开，28 为公称内径 $d=28\text{mm}$。

（3）30314　3 为轴承类型代号，表示圆锥滚子轴承；03 为尺寸系列代号，其中宽度系列代号为 0，直径系列代号为 3；14 为内径代号，$d=14\times5\text{mm}=70\text{mm}$。

（4）30310/P6x　3 为轴承类型代号，表示圆锥滚子轴承；03 为尺寸系列代号，其中宽度系列代号为 0，直径系列代号为 3；10 为内径代号，$d=10\times5\text{mm}=50\text{mm}$；公差等级代号为 6x 级。

（5）51103/P6　5 为轴承类型代号，表示推力球轴承；11 为尺寸系列代号，其中宽度系列代号为 1（正常系列），直径系列代号为 1（特轻系列）；03 为内径代号，$d=17\text{mm}$；公差等级为 6 级。

【观察与思考】

查看轴承包装并测量轴承相关尺寸，想一想，它们属于轴承分类中的哪些类型？

技能实践

在老师指导下，拆装滚动轴承，观察轴承的结构组成；利用游标卡尺测量轴的内径、宽度以及外径，对照相关标准，推断轴承属于哪种类型；绘制轴承的结构简图，分析其受力情况，并说明它能适用的工作场合。

课题小结

滚动轴承是生产、生活中应用最为普遍的轴承。本课题首先对滚动轴承的结构组成做了介绍；再通过图表的形式，对滚动轴承常见的类型、结构简图以及应用场合等做了归纳说明；最后介绍了滚动轴承代号国家标准的相关规定。本课题涉及的滚动轴承常用类型较多，相应的轴承代号也较多，首先应对相关知识识记，再通过对照轴承实物，加深对轴承结构、分类、代号、应用等的理解。

课题三　滚动轴承的选择与组合设计

课题导入

轴承在安装和使用时，不可避免地和其他构件相互配合或受到不同类型外力的影响。如何使轴承在安装、运行时保持良好、高效的运行状态，是生产实践中一个极为重要的课题。例如，防止轴承轴向窜动，要将左右两端两个轴承内圈挡住防止其发生轴向位移；由于受热等需要适应轴的热伸长，可将轴承一端固定、一端游动或者两端都能游动，这些都对轴承的组合设计提出了不同的要求。同时，轴承在使用中受到的载荷、轴承的转速、调心性能要求等也不尽相同，选择合适的轴承类型、滚动轴承的公差等级与配合也是在进行轴承组合设计前应考虑的内容。本课题将对这两个方面重点进行讲解。

知识学习

一、滚动轴承类型的选择

滚动轴承是标准件，设计和使用时只需根据工作条件，选用合适的型号即可。但是滚动轴承类型很多，选择时应从以下几个方面进行考虑，尽可能做到经济合理且满足使用要求。

1. 载荷的大小、方向和性质

（1）按载荷大小、性质选择　在外轮廓尺寸相同时，球轴承适用于承受轻载荷，滚子轴承适用于承受重载荷及冲击载荷；滚子轴承适用于载荷较大或有冲击的场合，滚珠轴承适用于载荷较小、振动和冲击较小的场合。

（2）按载荷方向选择　当承受纯径向载荷时，通常选用圆柱滚子轴承或深沟球轴承；当承受纯轴向载荷时，通常选用推力球轴承或推力圆柱滚子轴承；当承受较大径向载荷和一定轴向载荷时，可选用角接触球轴承或圆锥滚子轴承；当承受较大轴向载荷和一定径向载荷时，可选用推力角接触轴承，或者将径向轴承和推力轴承进行组合，分别承受径向和轴向载荷，其效果和经济性都比较好。

2. 轴承的转速

一般情况下，工作转速的高低对轴承类型的选择影响不大，只有在转速较高时，才会有比较显著影响。

1）滚珠轴承与相同尺寸、同精度的滚子轴承相比，具有更高的极限转速和旋转精度，高速转动时优先选择滚珠轴承。

2）为减少离心力，高速时宜选用同一直径系列中外径较小的轴承。外径较大的轴承适用于低速、重载场合。

3）推力轴承的极限转速都较低，当工作转速高、轴线载荷不大时，可用角接触滚珠轴承或深沟球轴承代替推力轴承。

4）保持架的材料和结构对轴承转速影响很大。实体保持架比冲压保持架允许更高的转速。

3. 调心性能要求

当轴的中心线与轴承座中心线不重合而有角度误差时，或因外力作用，轴承内外圈轴线发生偏斜，这时应采用有调心性能的调心轴承。需要指出的是，调心轴承需两端同时使用，否则将失去调心作用。

4. 安装和拆卸

圆锥滚子轴承、滚针轴承等属于内外圈可分离的轴承类型（即分离型轴承），安装拆卸方便。轴承在长轴上安装时，为便于装拆，可选用内圈孔呈 1∶12 锥度的轴承。

5. 经济性

在满足使用要求的情况下，优先选用价格低的轴承。同型号轴承，精度高一级价格将急剧增加。因此，在满足使用功能前提下，尽量选用低精度、价格便宜的轴承。

二、滚动轴承的公差等级与配合选择

1. 滚动轴承的公差等级

国家标准将滚动轴承公差等级分为 PN、P6、P6X、P5、P4、P2、SP、UP 等级别，P2 级最高，PN 级最低。PN 级为普通级，广泛应用于中等载荷和中等转速，以及旋转精度要求不高的传动装置中，PN 级在代号中省略不表示。SP 级尺寸精度相当于 5 级，旋转精度相当于 4 级，UP 级尺寸精度相当于 4 级，旋转精度相当于 4 级。

2. 滚动轴承配合的选择

滚动轴承配合的正确选择对保证滚动轴承正常工作，延长其使用寿命十分重要。滚动轴承是标准件，轴承内圈与轴的配合采用基孔制，轴承外圈与轴承座孔的配合采用基轴制。在设计时，应根据滚动轴承的制造精度及其工作条件、载荷的大小及性质、转速高低、工作温度及内外圈中哪一个套圈跳动等因素决定轴承的配合，应遵循以下原则：

（1）轴承套圈与载荷方向的关系　相对于载荷方向旋转或摆动的套圈，应选择过盈配合或过渡配合；相对于载荷方向静止的套圈，应选择间隙配合。

（2）载荷的大小　滚动轴承与轴颈和外壳孔的配合与载荷大小相关，轻载荷、正常载荷和重载荷三类轴承在选择配合时应逐渐紧密，载荷越大，配合过盈越大。承受变化载荷应比承受平稳载荷轴承配合更紧一些。

（3）轴承游隙　采用过盈配合会导致轴承游隙的减小，因此应检验安装后轴承的游隙是否满足使用要求，以便正确选用轴承的配合及轴承游隙。

（4）轴承尺寸大小　随着轴承尺寸的增大，选择的过盈配合相应增加其过盈量；选择间隙配合相应增加其间隙量。

（5）公差等级协调　与轴承配合的轴或外壳孔的公差等级与轴承精度有关，具体要求可查阅国家标准 GB/T 275—2015《滚动轴承　配合》等资料。

此外，选择轴承配合还应考虑温度、转速、装配等因素的影响。

3. 滚动轴承配合面的几何公差和表面粗糙度

为提高滚动轴承的旋转精度等，除提高轴承自身精度外，与其配合的轴颈、外壳孔表面的几何公差也应有所要求，如轴颈和外壳表面的圆柱度公差、轴肩及外壳孔肩的端面圆跳动误差等可查相关标准。与滚动轴承配合表面的表面粗糙度也可查相关标准。

三、轴承的轴向固定

轴承在工作时，受到轴向外力会导致轴向窜动，仅仅靠过盈配合对轴承圈进行轴向固定是不够的。为保证轴的正常工作，应使轴承在轴或机座上相对固定，防止轴向窜动，同时考虑热胀冷缩，允许轴承有一定的轴向游动，为此应采用适当的支承结构及采用相应的套圈固定形式。

1. 轴承内圈的固定

轴承内圈固定方法较多，常见的主要有以下四种方法，如图 12-10 所示。

(1) 轴肩固定　依靠轴肩和过盈配合实现轴向固定，这种结构简单、外廓尺寸小，适用于承受单向载荷的场合或全固定式支承结构。

(2) 弹性挡圈和轴肩双向固定　该方法结构简单，轴向结构尺寸小，因垫圈只能承受较小的轴向载荷，一般用于游动支承处。

(3) 轴端挡圈和轴肩双向固定　轴端挡圈用螺钉固定在轴端，适用于直径大、轴端不宜切制螺纹的场合。

(4) 圆螺母、止动垫圈和轴肩双向固定　轴承内圈由轴肩和轴端锁紧螺母实现轴向固定，并有止动垫圈防松，安全可靠，固定装拆方便，适于轴向载荷不大的场合。

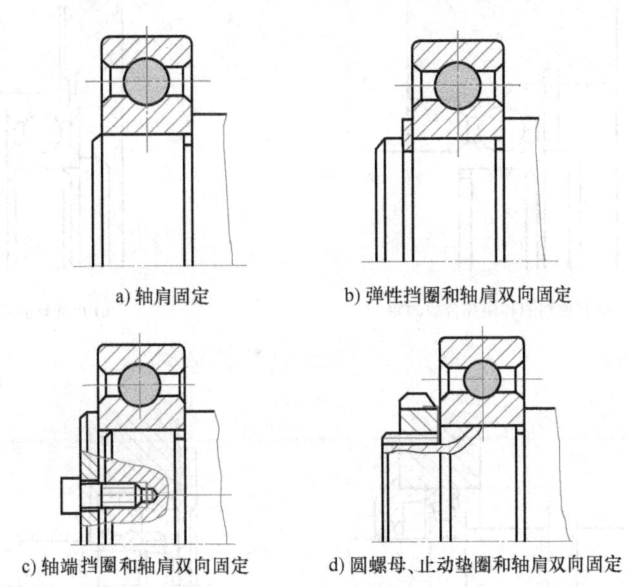

图 12-10　轴承内圈固定方式

2. 轴承外圈的固定

轴承外圈在机座孔中一般用座孔台肩定位，定位端面与轴线也需保持良好的垂直度。轴承外圈的轴向固定可采用轴承盖或孔用弹性挡圈等结构。常用轴承外圈的固定方式主要有下列几种，如图 12-11 所示。

四、轴承组的支承形式

两个配对使用的轴承构成一对轴承组。在生产中根据使用场合和实现功能的需要，轴承组的支承形式通常有两端固定、一端固定、一端游动和两端游动三种形式。

1. 两端固定形式

左右两个轴承两端都加以固定，限制轴及轴承的轴向移动，如图 12-12 所示。为保证轴承定位牢靠、方便修调，在轴承的一端设置有调整垫片。两端固定形式适用于轴承组跨距较小、温度变化不大的场合。

2. 一端固定、一端游动形式

左右两个轴承一端固定，另一端可以在一定范围游动，如图 12-13 所示。一端固定、一端游动形式适用于细长轴或工作温度变化大的场合。

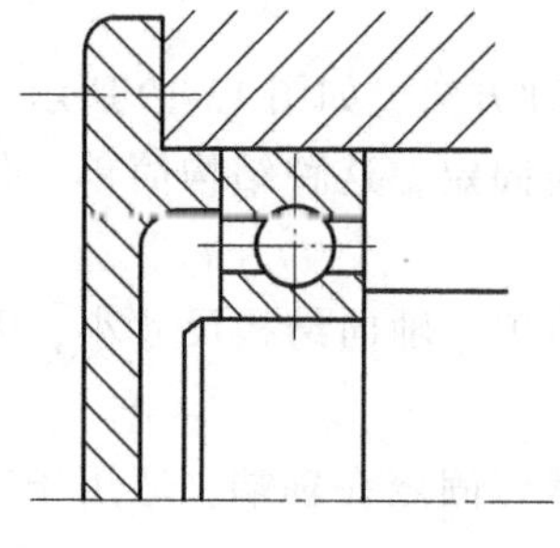

a) 轴承盖固定

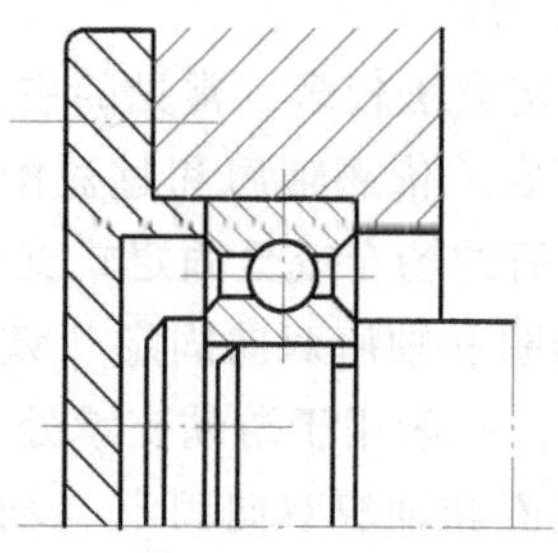

b) 轴承盖和座孔台肩固定

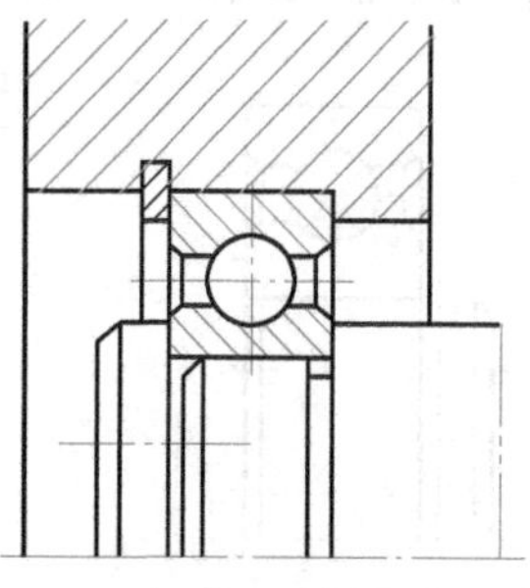

c) 弹性挡圈和座孔台肩固定

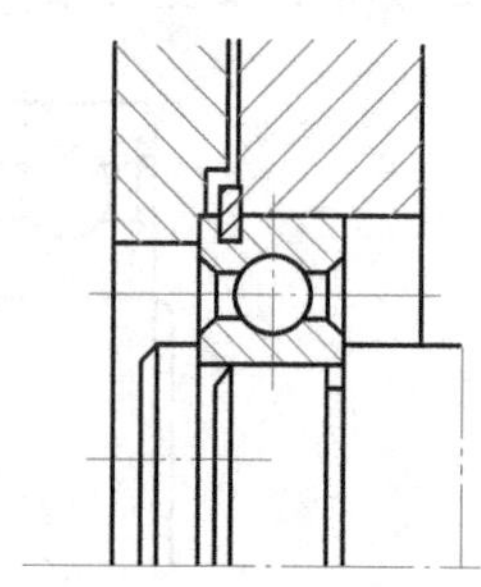

d) 止动环固定

图 12-11　轴承外圈的固定方式

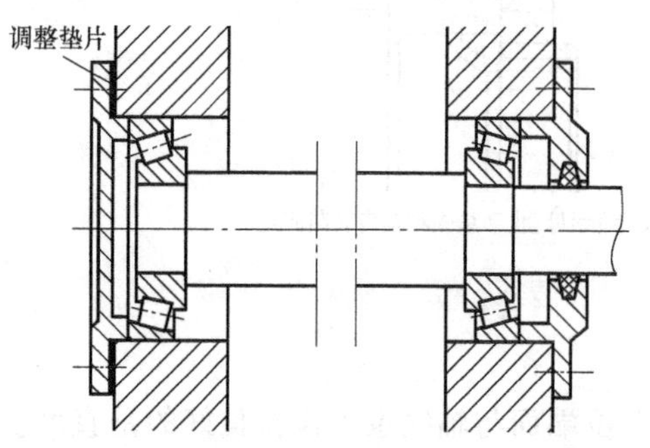

图 12-12　两端固定形式

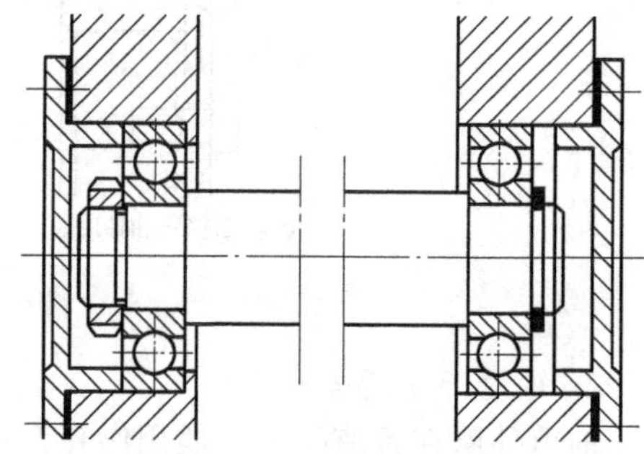

图 12-13　一端固定、一端游动形式

3. 两端游动形式

左右两个轴承两端都可以在一定范围游动。它主要适用于小的人字齿轮轴（双斜齿轮轴）高速旋转的场合，如图 12-14 所示。

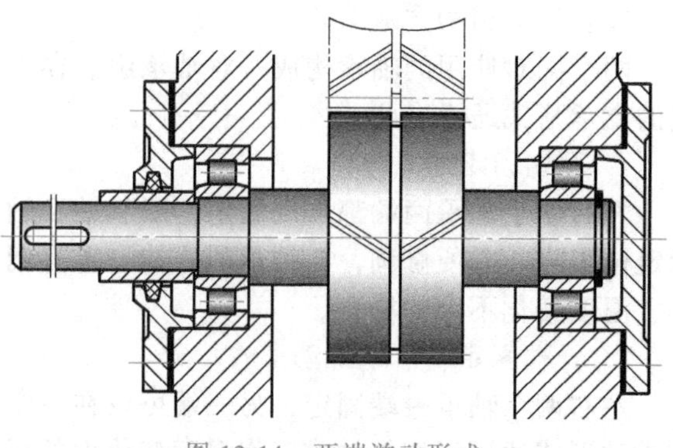

图 12-14　两端游动形式

五、轴承组合的调整

轴承组合的调整分为单个轴承游隙的调整和轴向间隙的调整两个方面。

1. 轴承游隙的调整

滚动轴承游隙的大小对轴承的使用

寿命、摩擦力矩、旋转精度、工作温度及噪声均有很大影响。安装时应仔细调整达到要求，预紧可调整轴承游隙，如采用在轴承的内、外套圈之间加一金属垫片或磨窄某一套圈的宽度，如图 12-15 所示，在受到一定轴向力后，产生预变形而定位预紧；也可利用弹簧的压紧力使轴承产生预变形而实现调整，即定压预紧。

2. 轴承间隙的调整

两端单向固定和一端固定、一端游动形式的轴承在轴承端面和轴承端盖之间应留有一定的间隙，以补偿热胀冷缩带来的轴向尺寸变化。这个间隙是在轴系零件装配调整时形成的，调整轴隙轴向位置的目的是使轴上传动零件具有正确的啮合位置。可以采用调整垫片来实现两个轴承（轴承系）的位移，如图 12-16 所示；还可以采用调节压盖和调整环等不同方式进行轴向间隙的调整。

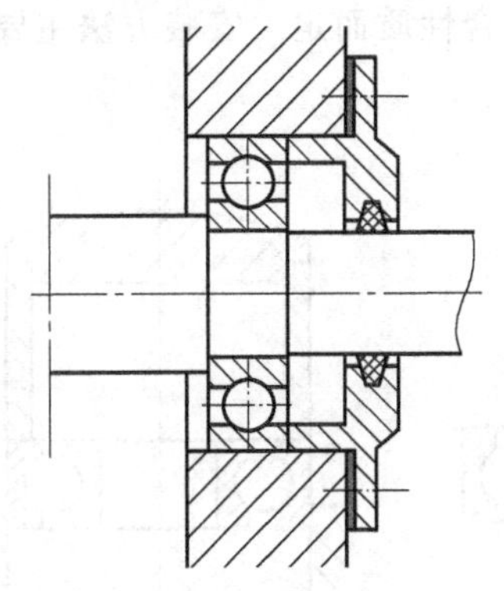

图 12-15 通过垫片调整游隙

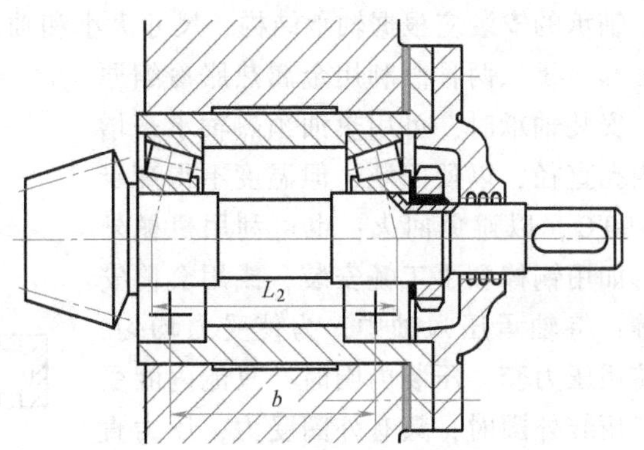

图 12-16 通过垫片调整轴承间隙

技能实践

到实习工厂，打开轴承盖，在老师指导下拆装轴承，观察轴承的组合形式和固定形式，如何实现间隙调整等。绘制轴承结构简图，说明其能实现特定功能的结构特点。

课题小结

轴承的组合形式和类型选择是一个实践性很强的课题。在学习本课题时，应注意理论和实践相结合。在理论学习上，首先应识记、理解轴承组合的含义，轴承固定方式、轴承组支承形式、轴承类型、公差等级与配合选择的要点；实践中应多进行拆装练习，也可利用网络查阅相关图片、视频，以增强直观性。

课题四 轴承的装拆、润滑与密封

课题导入

轴承的安装直接关系到轴承运转的精度和平稳性，也对轴承寿命有重要影响。同时，轴承的润滑和密封也是实践中一个重要课题，选择的润滑剂（脂）和具体的工作环节有紧密联系；轴承的密封是保证轴承润滑介质不外漏以及防止灰尘、水分侵入轴承的重要屏障。

本课题将对上述知识进行系统讲解。

知识学习

一、轴承的安装与拆卸

1. 轴承装配前的注意事项

由于轴承经过防锈处理并加以包装，因此要到安装前才打开包装。轴承上涂抹的防锈油具有良好的润滑性能，对于一般用途的轴承或填充润滑脂的轴承，可不必清洗直接使用。对于仪表用轴承或者用于高速旋转的轴承，应用清洁油将防锈油洗去，清洗后的轴承容易生锈，要尽快安装。安装轴承前，还要仔细检查轴承和外壳有无伤痕，尺寸、形状和加工质量要求是否与图样符合，并在检查合格的轴与外壳的各配合面涂抹机械油。

2. 轴承的安装方法

轴承的安装应根据轴承结构、尺寸大小和轴承部件的配合性质而定。安装方法主要有热套法和冷压法两种。利用金属热胀冷缩原理，安装轴承时，可用热油预热轴承来增大内孔直径，以便安装，但温度不得高于80~90℃，以避免回火；也可利用机械外力，如用铜棒和手工锤安装，或用套筒安装等；将轴承压入轴中，为使受力均匀，可使用压力套，压装内圈时，只能内圈受力，压装外圈时，只有外圈受力，压力直接加在紧配合的套圈端面上，不得通过滚动体传递压力，以免损坏滚动体，如图12-17所示。

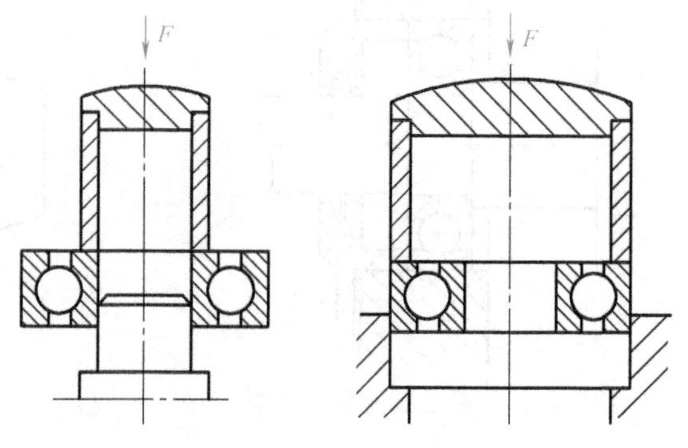

图 12-17　轴承的安装

3. 轴承的预紧

轴承的预紧就是在安装轴承时使其受到一定的轴向力，以消除轴承的游隙并使滚动体和内、外圈接触处产生弹性预变形。预紧的目的在于提高轴承的刚度和旋转精度。

4. 轴承装配后的检验

轴承安装后应进行运转试验，首先检查旋转轴或轴承箱，若无异常，便进行无负荷、低速运转，然后根据运转情况逐步提高旋转速度及负荷，检测噪声、振动及温升情况，若发现异常，应停止运转并检查。运转试验正常后方可交付使用。

5. 轴承的拆卸

滚动轴承的拆卸可利用顶拔器、内拉拔器等专业工具进行。为了便于拆卸，轴肩高度应低于轴承内圈高度的3/4。若轴肩过高，就难以放置拆卸工具的钩头，如图12-18所示。拆卸过程中，要特别注意安全，要工具牢固，操作准确。对于不通孔，可在端部开设专用拆卸螺纹孔。

二、轴承的润滑

1. 滑动轴承的润滑

滑动轴承润滑的目的是为了减少工作表面间的摩擦和磨损，同时起冷却、散热、防锈蚀及减振等作用。合理正确的轴承润滑对保证机器的正常运转、延长使用寿命具有重要意义。润滑剂分为润滑油、润滑脂、固体润滑剂三种。

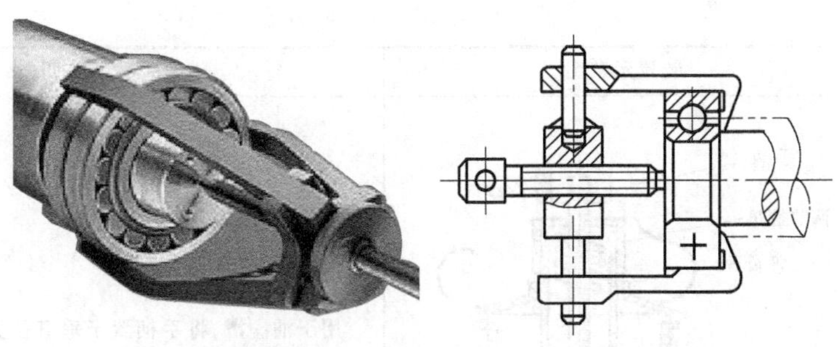

a) 轴承拆卸实物图　　b) 轴承拆卸示意图

图 12-18　滚动轴承的拆卸

（1）润滑油及其选择　工业用的润滑油有矿物油和合成油两类。矿物油应用最广；合成油具有优良的润滑性能，耐高温和低温，但价格高，适用于高速或工作温度较高的特殊场合。选用润滑油主要是确定油品的种类和牌号（粘度）。一般根据机械设备的载荷、速度等工作条件，先确定合适的粘度范围，再选择适当的润滑油品种。润滑油的选择原则如下：

1）转速高、压力小——选用粘度低的润滑油。

2）转速低、压力大——选择粘度高的润滑油。

3）高温（t>60℃）下工作——选用较高粘度的润滑油。

（2）润滑脂及其选择　润滑脂是润滑油与稠化剂、添加剂等的膏状混合物。润滑脂按所用润滑油的不同可分为矿物油润滑脂和合成润滑脂。润滑脂主要适用于要求不高、难以经常供油，或者低速重载以及做摆动运动的轴承中。润滑脂的选择原则如下：

1）当压力高和滑动速度低时，选择针入度小一些的品种；反之，选择针入度大一些的品种。

2）润滑脂的滴点一般应比轴承工作温度高 20～30℃，以免工作时润滑脂过多的流失。

3）在有水淋或潮湿的环境下，应选择防水性能强的钙基或铝基润滑脂。

4）在温度较高时应选用钠基或复合钙基润滑脂。

（3）固体润滑剂　固体润滑剂主要适用于有特殊要求的场合，如环境清洁要求高、真空或高温中。使用时涂敷、粘结或烧结在轴瓦表面，也有制成复合材料，依靠材料自身的润滑性能形成润滑膜。

（4）润滑方式及装置　滑动轴承的润滑方式可分为间歇供油和连续供油两类，常用的润滑方式及装置见表 12-6。

2. 滚动轴承的润滑

滚动轴承润滑的主要目的是减少摩擦和减轻磨损。滚动轴承接触部位如能形成油膜，则有吸收振动、降低工作温度和减少噪声等作用。

滚动轴承的润滑有脂润滑、油润滑和固体润滑三种。一般情况下，滚动轴承采用脂润滑，但在轴承附近已经具有润滑油源时，也可采用油润滑。

（1）脂润滑　润滑脂是一种粘稠的凝胶状材料，强度高，能承受较大的载荷。因润滑脂不易流失，故便于密封和维护，且一次充填润滑脂可运转较长时间。润滑脂适用于轴颈圆周速度不高于 5m/s 的滚动轴承润滑。

表 12-6 常用的滑动轴承润滑方式及装置

润滑方式		装置示意图	说明
间歇润滑	针阀式油杯	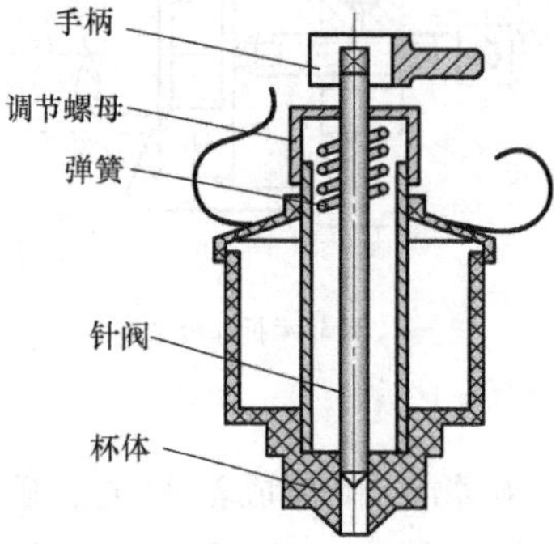	用于油润滑,将手柄置于垂直位置,针阀上升,打开油孔供油;将手柄置于水平位置,针阀降回原位,停止供油。旋动螺母可调节注油量的大小
	旋套式油杯	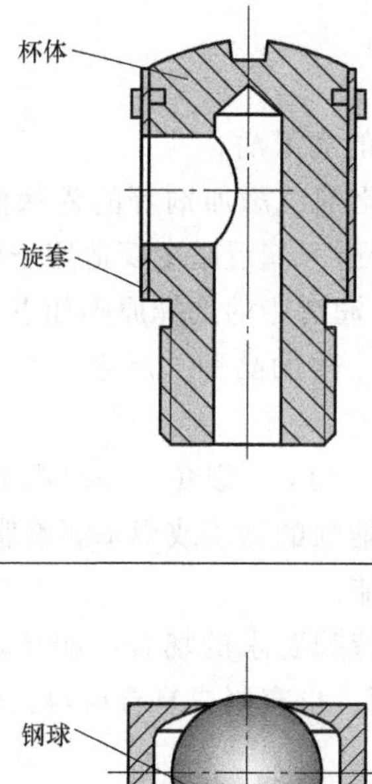	用于油润滑,转动旋套,使旋套孔与杯体注油孔对正时可用油壶或油枪注油;不注油时,旋套壁遮挡杯体注油孔,起密封作用
	压配式油杯	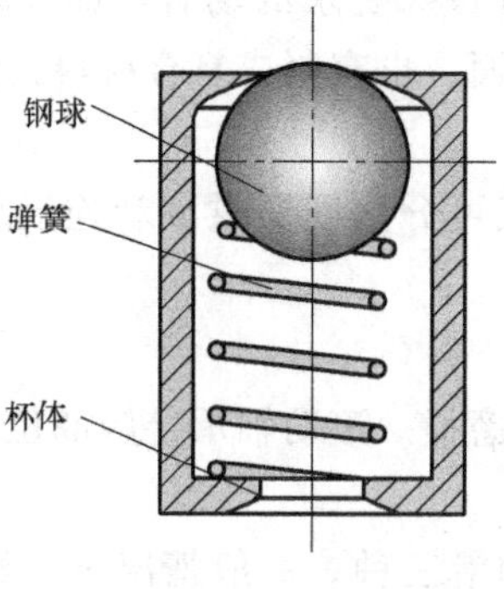	用于油润滑或脂润滑。将钢球压下可注油;不注油时,钢球在弹簧的作用下,使杯体注油孔封闭
	旋盖式油杯		用于脂润滑。杯盖与杯体采用螺纹连接,旋合时在杯体和杯盖中都装满润滑脂,定期旋转杯盖,可将润滑脂挤入轴承内

（续）

润滑方式		装置示意图	说明
连续润滑	芯捻式油杯	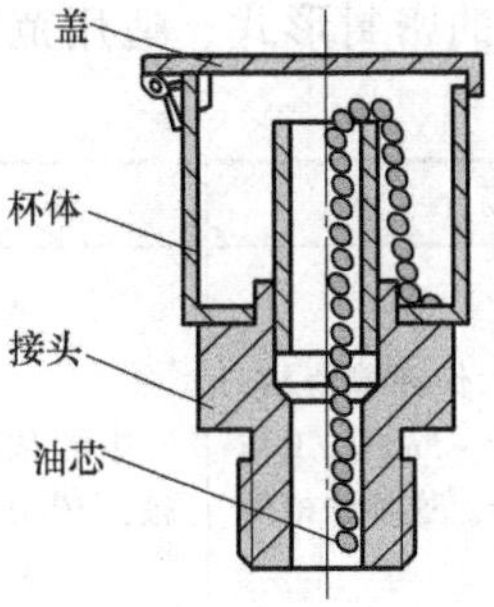	用于油润滑。杯体中储存润滑油，靠芯捻的毛细作用实现连续润滑。这种润滑方式注油量较小，适用于轻载及轴颈转速不高的场合
	油环润滑	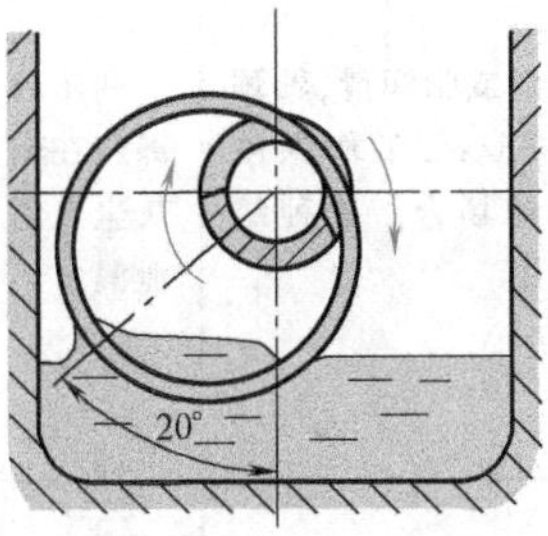	用于油润滑。油环套在轴颈上并垂入油池，轴旋转时，靠摩擦力带动油环转动，将润滑油带至轴颈处进行润滑。这种润滑方式结构简单，由于靠摩擦力带动油环甩油，故轴的转速需适当方能充足供油
	压力润滑	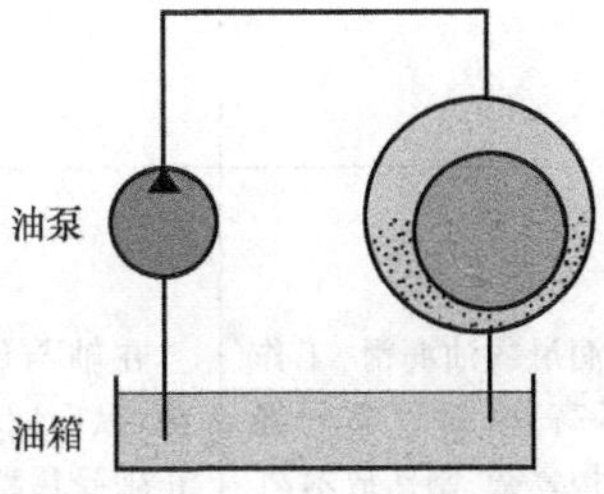	用于油润滑。利用油泵压力将润滑油送入轴承进行润滑。这种润滑方式工作可靠，但结构复杂，对轴承的密封性要求高，且费用较高；适用于大型、重载、高速、精密和自动化机械设备

（2）润滑油　润滑油的优点是比润滑脂摩擦阻力小，并能散热，主要用于高速或工作温度较高的轴承。

（3）固体润滑　固体润滑剂有石墨、二硫化钼等多个品种，一般在重载或高温条件下使用。

三、轴承的密封

轴承密封的目的在于防止轴承部位内部润滑剂的外漏，以及防止外部灰尘、水分、异物等杂质侵入轴承内部，保证轴承在所要求的条件状态下安全而持久的运转。

1. 滑动轴承的密封

滑动轴承多用于重载、中低速旋转的场合，对旋转精度要求相对也较低。一般用密封圈和密封盖加以密封即可。

2. 滚动轴承的密封

滚动轴承多用于高速、高精度旋转的场合，其密封要求比滑动轴承高。滚动轴承常用的密封方法有接触式密封和非接触式密封两类。它们的密封形式、适用范围和性能见表 12-7。

表 12-7 滚动轴承常用的密封形式

类型	图例	适用场合	说明
接触式密封	毛毡圈式密封	适用脂润滑,工作环境清洁,轴颈圆周速度 $v<4\sim5m/s$,工作温度<90℃的场合。这种结构简单,制作成本低	矩形毡圈压在梯形槽内与轴接触,产生压力起到密封作用
	皮碗式密封	适用于油润滑或脂润滑,轴颈圆周速度 $v<7m/s$,工作温度为-40～100℃的场合。这种结构要求成对使用	利用环形螺旋弹簧,将皮碗的唇部压在轴上,图中唇部向外,可防止灰尘入内;唇部向内,可防止润滑油泄漏
非接触式密封	油沟式密封	适用于脂润滑,工作环境清洁、干燥的场合,密封效果较差	在轴与轴承盖之间,留有细小的环形间隙,半径间隙为 0.1～0.3mm
	迷宫式密封	适用于脂润滑或油润滑,工作环境要求不高、密封可靠的场合。这种结构复杂,制作成本高	在轴与轴承盖之间有曲折的间隙,纵向间隙要求 1.5～2mm ,以防止轴受热膨胀
	混合式密封	适用于脂润滑或油润滑	混合密封是将两种密封方式组合使用,其密封效果经济、可靠

【观察与思考】

仔细观察学校实习工厂轴承的密封形式属于哪种类型？选择该密封形式的原因是什么？

技能实践

在老师指导下，用冷压法和热套法进行轴承安装实训，掌握轴承安装要点。

课题小结

轴承的安装、润滑和密封是一个实践性非常强的课题。轴承的安装，除了掌握必要的理论知识外，更关键的是要多操作、多练习，并从中领悟技术要领。安装轴承时切忌使用蛮力，一定要用力均衡。轴承的润滑则和工作温度、散热条件、精度要求以及密封水平等诸多因素都有关，选择时可查询相关资料，找到合适的润滑类型。轴承的密封应用得比较成熟，选用时查相应标准，选择合适类型即可。

单元十三　其他常用零部件

内容构架

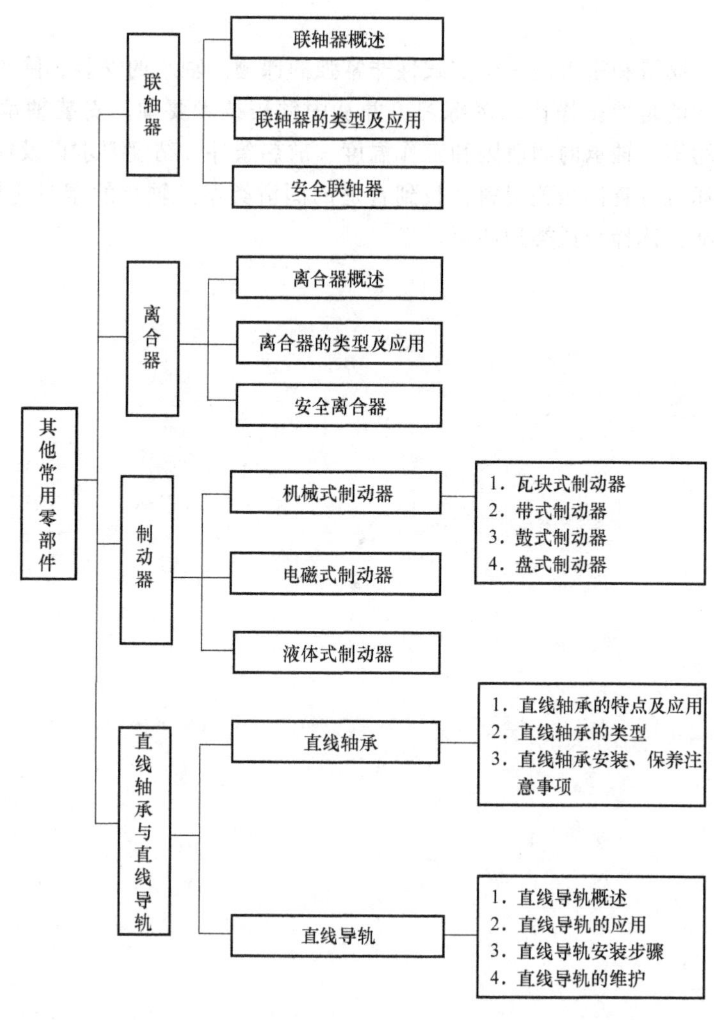

学习引导

轴与轴上零件（如齿轮、带轮等）之间可以通过键连接、销连接等连接形式实现周向固定。那么轴与轴之间通过哪些装置实现连接呢？

在各种机械设备中，轴与轴之间的连接也是常见的连接形式。例如抽水机抽水时，要将电动机的输出轴和水泵的转子进行连接，此时使用的连接装置称为联轴器；汽车变换档位时，要先踩下离合器，离合器能快速、方便地实现主动轴与从动轴的分离或接合。此外，机械设备少不了制动装置，如车床、铣床瞬间停机、汽车制动等，都需要利用制动装置。

图 13-1 所示为卷扬机结构示意图。该设备就利用到了联轴器、离合器和制动器。其中，1为电动机，其动力通过联轴器 2 输出到齿轮变速机构 3，再通过离合器 4 与卷筒 5 构成一个可以分离或接合的动力传动链，根据需要方便控制卷筒是否承受力矩；6 为制动器，即在需要时，实现卷扬机紧急制动或停机。

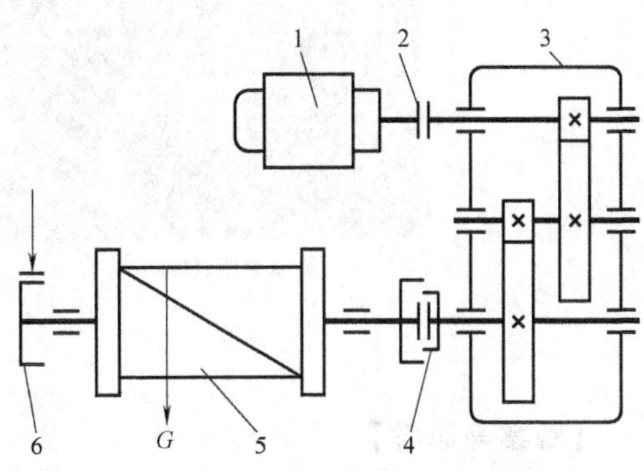

图 13-1 卷扬机结构示意图

1—电动机 2—联轴器 3—齿轮变速机构 4—离合器 5—卷筒 6—制动器

本单元将对联轴器、离合器以及制动器的相关结构、工作原理、类型及常见应用做系统介绍；同时也对使用较多的直线轴承、直线导轨简要介绍。

【目标与要求】

- 认识联轴器的种类和结构。
- 了解联轴器的特点及用途。
- 认识离合器的种类和结构。
- 了解离合器的特点及功用。
- 了解制动器的用途。
- 认识制动器的种类和结构。
- 了解直线轴承的特点、结构及应用。
- 了解直线导轨结构及用途。

【重点与难点】

重点：

- 联轴器、离合器的结构特点及工作原理。
- 不同类型制动器的工作原理。

难点：

- 不同类型联轴器、离合器、制动器结构特点。
- 直线轴承结构特点。
- 直线导轨的应用与维护。

课题一 联 轴 器

课题导入

联轴器是将轴与轴进行连接的一类装置。生产、生活中经常要将动力或转矩由原动轴输出到从动轴，例如水泵要将电动机转子的转矩传递给水泵转轴，从而实现抽水，其中电动机转子和水泵转轴就是通过联轴器连接的，如图 13-2a 所示；工业生产中大量用到的工业机器人，很多时候还要求两轴（机械手臂）之间能有较大的相对角位移，它利用的联轴器如图 13-2b 所示。

a) 水泵用联轴器

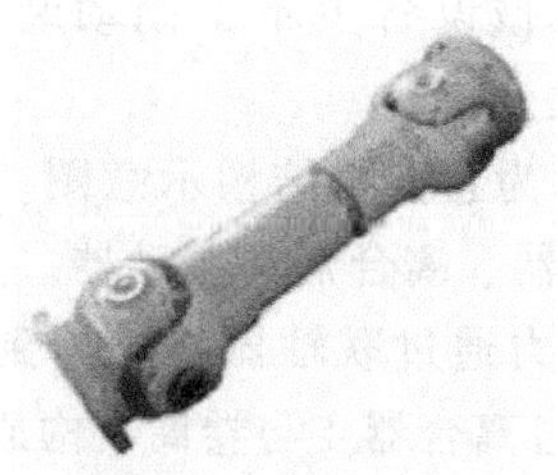
b) 机器人用联轴器

图 13-2 联轴器的应用

【观察与思考】

想一想，在生活、生产实际中，联轴器有哪些类型，它们用在什么场合？

本课题将对联轴器的结构组成、分类、特点以及应用进行系统介绍。

知识学习

一、联轴器概述

一般而言轴的使用以整体制造为原则，在实际使用时也由于下列原因必须将轴分段制造，再利用联轴器连接后使用。

（1）由于材料或加工上的限制　若原动轴太长或过长，且因机械加工或热处理的条件有限而无法整体制成时，则必须分段处理。

（2）传动轴前后两段转速不同　因功能上的需要，轴的前后两段转速需随时变更时，必须配合使用适当的联轴器。

（3）两转轴不在同一中心线上　当两轴的轴线无法对准时，分开的两轴必须分段制造后再使用特殊方法连接使用。

联轴器是用来连接不同机构中的两根轴（主动轴和从动轴）使之共同旋转以传递转矩的机械零件。在有些场合联轴器也可作为一种安全装置，用来防止被连接件承受过大的载荷，起到过载保护作用。机器运转时两轴不能分离，只有机器停机并将连接拆开后，两轴才能分离。在高速重载的动力传动中，有些联轴器还起到缓冲、减振和提高轴系动态性能的作用。联轴器由两个半联轴器组成，分别与主动轴和从动轴连接。一般动力机大都借助于联轴器与工作机相连接。

二、联轴器的类型及应用

轴的连接装置在应用上可分为永久接合的联轴器及间歇配合的离合器两种。按结构特点的不同，联轴器可以分为刚性联轴器和挠性联轴器。刚性联轴器和挠性联轴器再根据结构不同，又可以分别分成若干种不同类型。联轴器的常见类型、特点及应用见表 13-1。

三、安全联轴器

在生产中安全联轴器应用越来越广泛。安全联轴器又称转矩限制器，它能在轴转矩过载时，实现联轴器的主动分离，以保护驱动设备。安全联轴器安装在动力传动的主、被动侧之间，当发生过载故障时（转矩超过设定值），安全联轴器便会分离，从而有效保护了驱动机械（如电动机、减速器、伺服电动机）以及负载，常见形式有摩擦式安全联轴器以及滚珠式安全联轴器。图 13-3 所示为安全联轴器实物图。

表 13-1 联轴器常见的类型、特点及应用

类型		实物图	结构图示	结构特点及应用
刚性联轴器		凸缘联轴器		结构简单,成本低,传递转矩大,使用时轴必须对中,是最常用的一种刚性联轴器,两凸缘半联轴器分别用键和轴连接,再用螺栓对中锁紧,适用于两轴对中性好、工作平稳的一般传动
刚性联轴器		套筒联轴器		结构简单,径向尺寸小,套筒与转轴间可用销或紧定螺钉锁紧固定。通常用于传递转矩较小的场合,被连接轴的直径一般不大于 60~70mm
挠性联轴器	无弹性元件联轴器	滑块联轴器	半联轴器 中间滑块 半联轴器	两轴端各有一半联轴器,其面上各具有径向凹槽,中间有一滑块,滑块的两面各具有互相垂直的径向凸出长方条,分别与两轴端半联轴器的凹槽相互嵌合,适用于低速、轴的刚度较大、无剧烈冲击的场合
挠性联轴器	无弹性元件联轴器	主动轴1 从动轴2 轴3 万向联轴器		由两轴叉分别与中间十字轴以铰链相连,允许两轴有较大的角位移,传递转矩较大,但传动中将产生附加动载荷,使传动不平稳。一般成对使用,广泛应用于汽车、拖拉机及金属切削机床中
挠性联轴器	无弹性元件联轴器	齿轮联轴器	1 3 4 2 5 1、2—半联轴器 3、4—外壳 5—螺栓	两轴端各装有一外齿轮,再与两个相对应的内齿轮啮合后用螺栓与轴连接。结构紧凑,具有良好的补偿性,允许有综合位移。可在高速重载下可靠工作,常用于正反转变化多、起动频繁的场合
挠性联轴器	有弹性元件联轴器	弹性套柱销联轴器		结构与凸缘联轴器相似,只是用带有橡胶弹性套的柱销代替了连接螺栓。制造容易,装拆方便,成本较低,但使用寿命短,适用于载荷平稳,起动频繁,转速高,传递中、小转矩的轴
挠性联轴器	有弹性元件联轴器	弹性柱销联轴器		结构比弹性套柱销联轴器简单,制造容易,维护方便,适用于轴向窜动量较大、正反转起动频繁的传动和轻载的场合

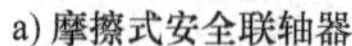

a) 摩擦式安全联轴器

b) 滚珠式安全联轴器

图 13-3　安全联轴器

摩擦式安全联轴器的工作原理是，当负载过大时，分别连接主动轴和从动轴的安全联轴器两部分超过摩擦设定值，使之打滑，从而保护设备。滚珠式安全联轴器的原理和摩擦式安全联轴器的原理类似，当过载时滚珠或滚子离开了凹坑，使主动端部件和从动端之间发生打滑，从而避免因过载引起的损坏。

需要说明的是，安全联轴器的极限载荷值可根据工作需要在一定范围内设定，延伸其使用范围。

技能实践

参观学校实训实习室（实训工厂）或上网搜集资料，分别列举出几个有关联轴器的应用实例，同学们也可拍摄成图片或视频相互之间进行分享与交流。

课题小结

本课题着重介绍了联轴器工作原理，并对常见联轴器的结构、特点以及应用做了系统介绍。学习本课题时，应注意整体把握各种类型联轴器的工作原理；再者，应仔细分析其结构，特别是决定使用功能的结构，分析这些结构如何实现特点及功能；最后应对比起来学习，一是将结构、功能和实际应用对比，二是各种类型联轴器相互对比，这样对于知识的加深理解、融会贯通相当助益。

课题二　离　合　器

课题导入

离合器是能根据需要方便、迅速地实现主动轴和从动轴分离或接合的装置。生活中常说到的离合器主要指汽车离合器。其工作原理是，在需要换档时，踩下离合器踏板，实现从动盘和主动盘分离，再变换档位，调整齿轮啮合组对，即可实现变速。图 13-4a 所示为汽车用离合器实物图。图 13-4b 所示为离合器工作原理图，它是依靠弹簧压紧的摩擦式离合器。

本课题将对离合器的结构组成、分类、特点以及应用场合进行系统讲解。

【观察与思考】

想一想，离合器有哪些类型，它们用在什么场合？

a) 离合器实物图

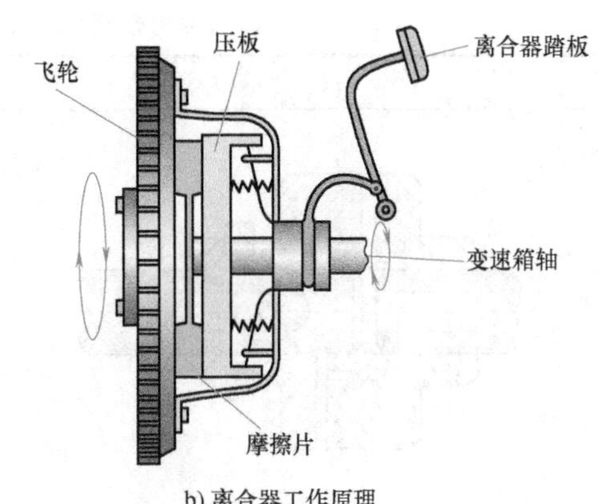

b) 离合器工作原理

图 13-4 汽车用摩擦离合器

知识学习

一、离合器概述

离合器用来连接两轴，使其一起转动并传递转矩，在机器运转过程中可以随时接合或分离。另外，离合器也可用于过载保护等，通常用于机械传动系统的起动、停止、换向及变速等操作。

离合器在工作时需随时分离或接合被连接的两轴，不可避免地存在摩擦、发热、冲击、磨损等情况，因此要求离合器具备工作可靠，接合平稳，分离迅速彻底，动作准确，调节和维修方便，操作方便省力，结构简单，散热好，耐磨损，使用寿命长等特点。

二、离合器的类型及应用

离合器的类型很多，离合器按控制方法的不同可分为操纵离合器和自控离合器。操纵离合器可分为机械离合器、电磁离合器、液压离合器和气压离合器 4 种。自控离合器分为超越离合器、离心离合器和安全离合器 3 种。

一般的机械式离合器有啮合式（图 13-5）和摩擦式（图 13-6）两大类。啮合式离合器结构简单而又有确定动作，是靠颚爪啮合处的剪切力来传递动力，可承受较大的负载；摩擦式离合器是利用两机械零件间的摩擦力来传递动力，传动时所产生的冲击与振动较小，且负载过大时，接触面间会产生滑移而不致损坏机械零件。

图 13-5 啮合式离合器

图 13-6 摩擦式离合器

啮合式离合器和摩擦式离合器根据结构、外形的不同，又有多种类型。常用机械离合器的类型、结构特点及应用见表 13-2。

表 13-2　常用机械离合器的类型、特点及应用

类型		图　示	实物	特点与应用
啮合式离合器	牙嵌离合器			接合时必须处于两轴静止或两轴转速同步的状态下，否则机械零件容易损坏。其结构简单、外廓尺寸小，两轴向无相对滑动，适用于低速或停机时接合
	齿形离合器			用内齿和外齿组成嵌合副的离合器，多用于机床变速箱
摩擦式离合器	单片式离合器	主动圆盘 从动圆盘 杠杆 主动轴 弹簧 从动轴		结构简单，散热性好，但传递转矩不大，适用于经常起动、制动或频繁改变速度大小和方向的机械，如拖拉机、汽车等
	多片式离合器	主动轴 外鼓轮 内套筒 压板 外摩擦片 内摩擦片 调节螺母 滑环 角形杠杆 弹簧片 从动轴 a) 结构图 b) 外摩擦片　c) 内摩擦片		实际是增加了多个摩擦盘，且盘的两侧都有摩擦面，增加了传递的转矩，一般用于汽车的传动系统

三、安全离合器

其工作原理和安全联轴器类似，也是通过设置额定转矩，保护驱动机械安全。不同之处在于，安全离合器属于离合器，它也能主动、快捷地实现主、从动轴的接合或分离。

安全离合器通常有三种形式：嵌合式、摩擦式和破断式。当传递的转矩超过设计值时，它们将分别发生分开连接件、连接件打滑和连接件破断等动作，从而防止机器中重要零件的损坏。

四、超越式离合器

超越离合器只允许主动件在单方向旋转时将动力传至从动件，若主动件反向旋转，则从动件不发生运动，故又称为单向超越离合器，或称为自由轮。它广泛应用于金属切削机床、汽车、摩托车和各种起重设备的传动装置中。

技能实践

参观学校实训实习室（实训工厂）或上网搜集资料，分别列举出几个有关离合器的应用实例，也可拍摄成图片或视频相互之间进行分享与交流。

课题小结

本课题着重介绍了离合器的工作原理，并对常见离合器的结构、特点以及应用做了系统介绍。离合器和连轴器用来连接两轴使其一同回转并传递转矩，有时也可用做安全装置，以防止机器过载。联轴器与离合器的区别在于：联轴器只有在机器停止后才将连接的两根轴分离，离合器则可以在机器运转过程中根据需要使两轴随时接合或分离。学习本课题时，应对比联轴器相关知识学习，分析两者之间的结构异同；并且应仔细分析各种类型离合器的结构及原理，由结构及原理推导其功能及应用场合。

课题三　制　动　器

课题导入

制动器俗称刹车，是利用摩擦阻力矩降低机器运动部件的转速或使其停止回转的装置。其基本原理是利用接触面的摩擦力、流体的粘滞力或电磁的阻尼力，来吸收运动机械零件的动能或势能，达到使机械零件减速或停止运动的目的，其中所吸收的能量以热量的形式散出。制动器一般设置在机构中转速较高的轴上（转矩小），以减小制动器的尺寸。

制动器是各种运转机械中控制零件速度不可缺少的装置，广泛应用于各种车辆、起重机械、工作机械等。例如，车床、铣床利用制动器可瞬间停机，快速更换刀具，节省切割时间；汽车驾驶员利用制动器可轻易地驾驶车辆；当电梯缆绳因保养不当而断裂时，制动器可使电梯缓慢下降而不致造成人员伤害及设备损坏。图 13-7 所示为自行车制动器和汽车制动器。

a) 自行车制动器

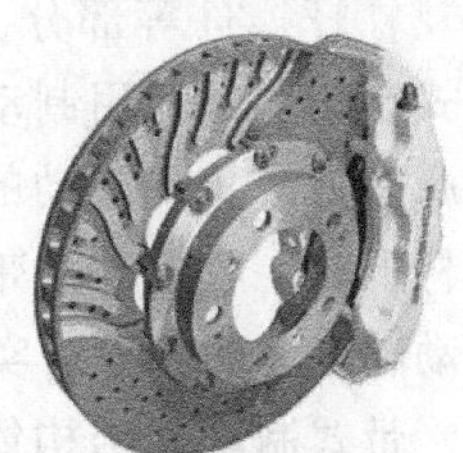

b) 汽车制动器

图 13-7　制动器

知识学习

制动器应满足的基本要求是：能产生足够大的制动力矩，制动平稳、迅速、可靠，操纵灵活、方便，散热好，结构简单，外形紧凑，有较高的耐磨性和耐热性，调整和维修方便等。

制动器（刹车）根据制动方法的不同可分为机械式、电磁式和液体式等形式。

一、机械式制动器

机械式制动器主要是靠两机械零件间的摩擦力产生制动作用，使运动的机械零件减速或完全停止。常用的机械式制动器有下列几种：

1. 瓦块式制动器

瓦块式制动器是利用一个或多个制动块，依靠杠杆作用，加压于制动鼓轮上，由两者之间的摩擦力产生制动作用。图 13-8 所示为起重机中使用的瓦块式制动器，它由位于制动轮两旁的两个制动臂和两个制动轴瓦块组成，通电时，电磁线圈 1 吸住衔铁 2，再通过杠杆机构的作用使制动轴瓦块 5 松开，机器便能自由运转。当需要制动时，断开电路，电磁线圈释放衔铁 2，在弹簧 4 的作用下，依靠弹簧力并通过杠杆使制动轴瓦块 5 抱紧制动轮 6 实现制动。

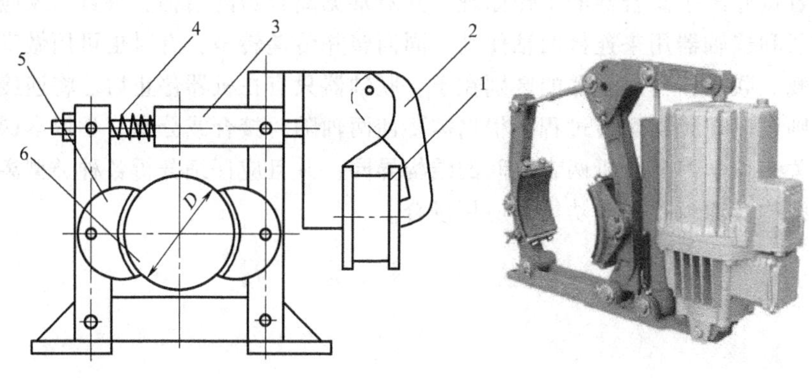

图 13-8　瓦块式制动器

瓦块常用金属（铸铁、钢、铜）或非金属（碳、玻璃）纤维与铁粉、石墨等材料压制而成。瓦块式制动器最大的优点是制动速度快，常用于大型绞车、起重机等设备中。

2. 带式制动器

带式制动器主要包括制动轮、制动带及杠杆连件等部分，如图 13-9 所示。带式制动器是利用制动带与制动轮之间的摩擦力来实现制动的。当施加外力于杠杆上时，收紧制动带，通过制动带与制动轮之间的摩擦力实现对轴的制动。

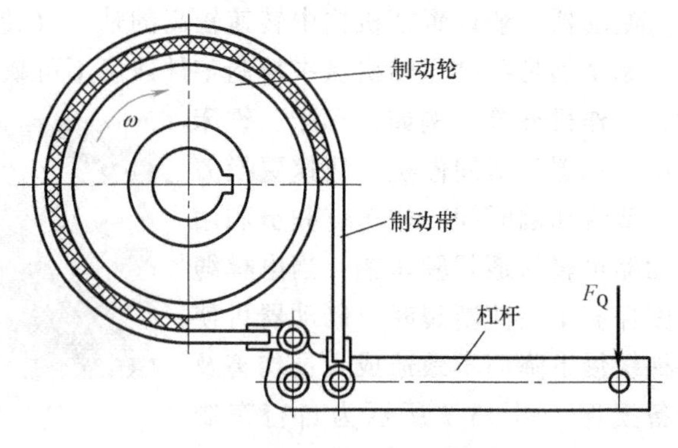

图 13-9　带式制动器

带式制动器结构简单、紧凑、包角大（可超过 2π）、制动力矩大。但制动轮轴受较大的弯曲作用力，制动带的磨损不均匀，散热差。常用于中小型起重、运输机械和人工操纵的场合。

3. 鼓式制动器

鼓式制动器又称内涨蹄式制动器，它是利用内置的制动蹄在径向向外挤压制动轮，产生制动转矩来制动的。鼓式制动器可分为单蹄、双蹄、多蹄等形式。

图 13-10 所示为鼓式制动器，制动器工作时，推动器 4（液压缸或气缸）克服弹簧 5 的作用使左右制动蹄 1 分别与制动轮 3 相互压紧，即产生制动作用。推动器卸压后，弹簧 5 使两制动蹄与制动轮分离松闸。

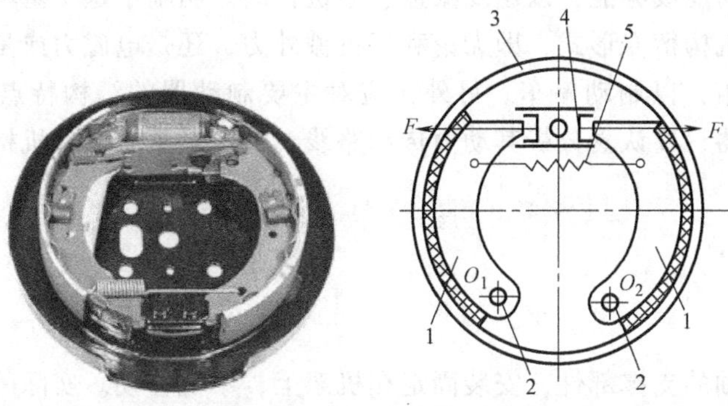

图 13-10 鼓式制动器

1—制动蹄 2—销轴 3—制动轮 4—推动器（泵） 5—弹簧

鼓式制动器结构紧凑，散热性好，密封容易，广泛应用于轮式起重机、各种车辆等结构尺寸受到限制的场合。这种制动器主要用于汽车的制动，因操作力产生方式不同，可分为气压式、液压式和机械式三种形式。气压式制动器利用高压空气为动力，推动制动块移动，产生制动作用，这种制动器常见于大型汽车；液压式制动器利用液压驱动摩擦衬片与制动轮间的摩擦作用，使制动轮减速或停止，它常用于小型汽车制动；机械式制动器使用极为普遍，制动把手连接钢线，牵动拉杆，使凸轮转动而迫使制动块外张，获得制动效果，一般用在制动力要求不大的场合，如自行车、电动车等的制动。

4. 盘式制动器

盘式制动器又称圆盘制动器，其操作力通常由液压控制，主要由制动圆盘、卡钳、制动底板及摩擦衬片等组成，如图 13-11 所示。这种制动器目前是小型汽车使用最多的一种，也广泛应用在其他各种车辆上。

图 13-11 盘式制动器

二、电磁式制动器

电磁式制动器的原理是利用可变电阻控制电流大小，产生电磁阻尼力，使制动器根据需要提供制动、减速或精确的定位滑移的动力。电磁式制动器的制动不靠摩擦力，不易造成机械零件过热以致制动性能衰退或失效，因此适合较长时间的制动。

三、液体式制动器

液体式制动器利用液体的粘滞力取代机械式的摩擦力以达到制动目的，它常用于矿山运送重物或油田钻探。这种制动器只能减缓运动速度，而无法使运动的机械零件完全停止。

技能实践

参观学校实训实习室（实训工厂）或上网搜集资料，分别列举出几个有关制动器的应用实例，同学们也可拍摄成图片或视频相互之间进行分享与交流。

课题小结

制动器是各种动力机械广泛使用的一种机械构件。其原理也比较简单，就是利用摩擦或其他阻滞力，吸收动能或势能，以达到减速、停机目的。明晰了这个基本原理，就能快速地理解制动器的各种机构衍变形式，即无论利用机械外力，还是电磁力或是液体粘滞力，其原理都是增加反向转矩，以制动停车。另外，应对主要制动器的结构特点多了解，特别是气压、液压驱动制动器，要认真分析其动力传动路线，加深对整个制动机构的理解。

课题四　直线轴承与直线导轨

课题导入

传统轴承作为轴的支撑部件，安装固定在机架上，不能移动。实际的生产、生活中，还有一些机器设备，其轴承是在直线轴上快速、灵活运动来实现特点功能的。这样的机构称为直线轴承。图 13-12a 所示为针式打印机实物图。打印针安装在直线轴承上，打印时，直线轴承带着打印针沿直线轴快速来回移动，实现喷墨打印；图 13-12b 所示为模具制造时常用的三坐标测量仪，其立轴的来回灵敏运动也是利用直线轴承来实现的。

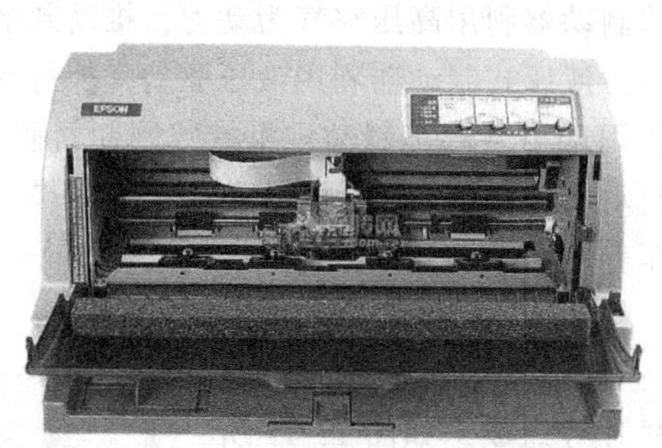

a) 针式打印机

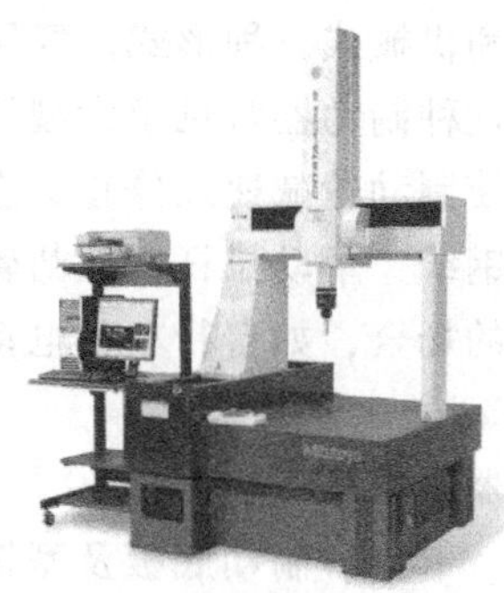

b) 三坐标测量仪

图 13-12　直线轴承应用

知识学习

一、直线轴承

1. 直线轴承的特点及应用

直线轴承是一种直线运动系统，用于无限直线运动。它一般与导向轴配合使用。图 13-13a所示为典型直线轴承运动系统，直线轴承在导向轴上做往复运动。直线轴承由内圈、外圈、保持架、滚动体及密封圈等组成。轴承与导向轴之间通过滚珠点接触，所以它适合高速低载荷运动。又因为轴与轴承之间为滚动摩擦，因此，直线轴承具有摩擦小、运动稳定、灵敏度高、精度高的特点。直线轴承为便于安装其他部件，其外形结构衍生出了多种不同的形状，如图 13-13b 所示。

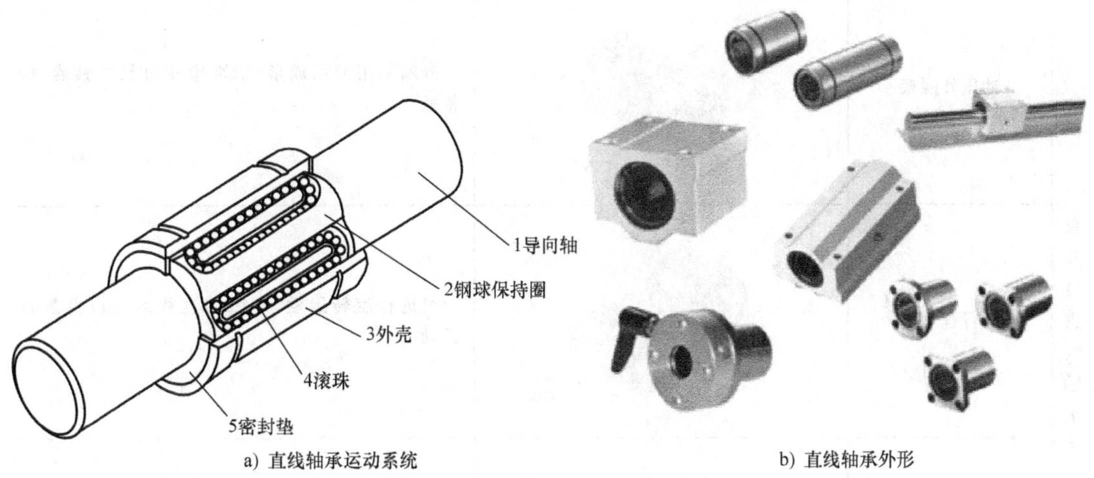

a) 直线轴承运动系统　　b) 直线轴承外形

图 13-13　直线轴承

直线轴承在计算机及其周边机器、各种测量仪器、自动记录仪、三维测量装置等精密设备中应用较为普遍。

2. 直线轴承的类型

根据直线轴承的外形不同，直线轴承分为以下类型，见表 13-3。

表 13-3　直线轴承的类型、特点

类型		实　物	特　点
直柱型直线轴承	普通型、加长型		应用最广泛、普通的一种直线轴承
	开口型		切掉一组环道，使导轨支承可以通过
	间隙调整型		外径带开缝，可以调整间隙

（续）

类型		实　物	特　点
直柱型直线轴承	冲压外圈型		外圈采用冲压成形，标准型相对尺寸紧凑，价格低
	行程型		可进行旋转运动、有限的直线运动以及复合运动
	调心型		具有调心功能，调整导向轴直线度不足
法兰型直线轴承	端部法兰型	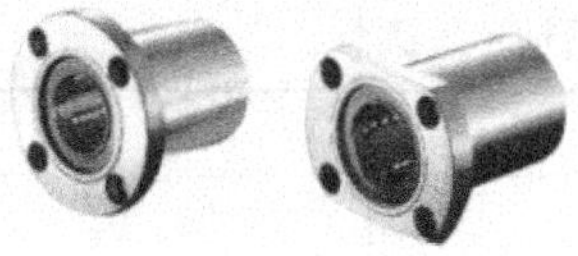	轴承一端设置有法兰
	中间法兰型		轴承中部安装有法兰
	箱式直线轴承	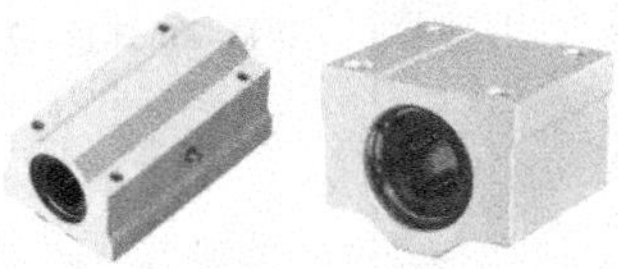	有安装平台，便于安装其他部件
	带夹紧把手直线轴承		可以手动锁紧

3. 直线轴承安装、保养注意事项

1）将导向轴插入直线轴承中时，请对准中心，并慢慢插入，否则会导致滚珠脱落或者保持器变形。

2）将直线轴承压入轴承座时，不要直接撞击外筒侧端挡圈及油封，需用专用工具均匀打入。

3）因结构特性，直线轴承只用于直线运动，不适合用于回转运动，否则会影响直线轴承使用寿命。

4）轴承在出厂时只涂抹防锈油，并不能起到润滑作用，建议使用前先清洗，干燥后涂抹润滑脂再使用。涂抹润滑脂时，在直线轴承内壁滚珠列上涂抹，以后再适时补充。

5）铁屑会极大地降低轴承寿命，粉尘和脏污会阻塞保持器球道，使钢球不能回转引起保持器破损、钢球挤脱。直线轴承可用于一般粉尘工作场所，在木工机械、铸造机等粉尘场所，在轴承两端另加密封，防止粉尘进入并可减少油脂消耗。

二、直线导轨

1. 直线导轨概述

直线导轨又称线轨、滑轨、线性导轨、线性滑轨，用于直线往复运动场合，且可以承担一定的扭矩，可在高负载的情况下实现高精度的直线运动。典型直线导轨如图 13-14 所示。

直线导轨的作用是用来支承和引导运动部件，按给定的方向做往复直线运动。图 13-15 所示直线导轨由导轨、钢球、滑块等组成。直线导轨的移动元件和固定元件之间不用中间介质，而用滚动钢球。因为滚动钢球适应于高速运动，其摩擦系数小、灵敏度高，能满足运动部件的工作要求，如机床的刀架、滑板等。其工作原理可以理解为是一种滚动导引，是由钢珠在滑块跟导轨之间无限滚动循环，从而使负载平台沿着导轨轻便地做高精度线性运动，并将摩擦系数降至传统滑动导引的 1/50，能轻易地达到很高的定位精度。

图 13-14　直线导轨

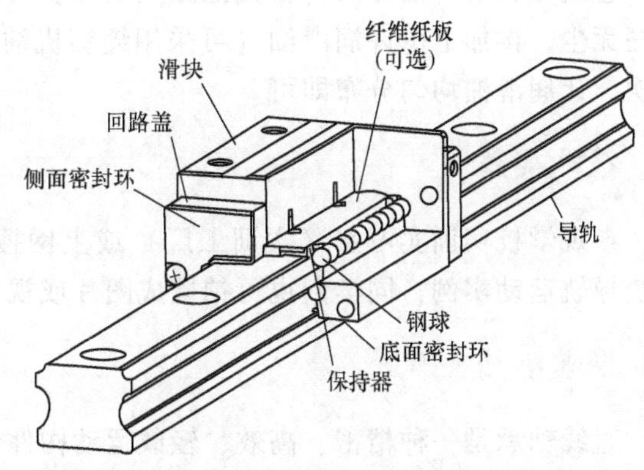

图 13-15　直线导轨的结构

按摩擦性质来分，直线运动导轨可以分为滑动摩擦导轨、滚动摩擦导轨、弹性摩擦导轨和流体摩擦导轨等。

2. 直线导轨的应用

直线导轨主要是用在精度要求比较高的机械结构上，如工业机器人的活动关节、进口机床、激光焊接机等，以及自动化仓库等直线往复运动场合。直线导轨拥有比直线轴承更高的

额定负载，同时可以承担一定的扭矩，可在高负载的情况下实现高精度的直线运动。

3. 直线导轨安装步骤

1）在安装直线导轨前要仔细检查、清理安装机械工作台面上的毛刺和污垢。因直线导轨上涂有防锈油，安装前应将其擦拭干净后再安装。防锈油除掉后的基准面容易生锈，推荐涂抹粘度低的主轴用润滑油。

2）将直线导轨轻轻地放置于底座上后，不完全锁紧装配螺栓使直线导轨与安装面轻轻地靠紧。底座的横向基准面要与直线导轨有标记线的一侧对上。使用干净的装配螺栓来固定直线导轨，同时在将装配螺栓插入直线导轨的安装孔时，要事先确认螺栓孔是否吻合。如果孔不吻合而强行拧入螺栓，会降低精度。

3）按顺序将直线导轨的止动螺钉拧紧，使轨道与横向安装面紧靠。使用转矩扳手，将装配螺栓按规定的转矩拧紧。直线导轨装配螺栓的拧紧顺序是，从中央位置开始向轴端部按顺序拧紧，这样可获得稳定的精度。

4）其余的直线导轨也按同样的方法安装，直到安装全部完成。

5）将孔盖打入装配螺栓孔，直到与直线导轨的顶面为同一平面为止。

直线导轨在使用安装时要认真仔细，不允许强力冲压，不允许用锤子直接敲击导轨，不允许通过滚动体传递压力。

4. 直线导轨的维护

为了保证机器有较高的加工精度，要求其导轨、直线具有较高的导向精度和良好的运动平稳性。设备在运行过程中，由于被加工件在加工中会产生大量的腐蚀性粉尘和烟雾，这些烟雾和粉尘长期大量沉积于导轨、直线轴表面，对设备的加工精度有很大影响，并且会在导轨直线轴表面形成蚀点，缩短设备使用寿命。为了让机器正常稳定工作，确保产品的加工质量，要认真做好导轨、直线轴的日常维护。

直线导轨的清洁方法：首先把激光头移动到最右侧（或左侧），用干棉布擦拭直到导轨光亮无尘，再加上少许润滑油（可采用缝纫机油，切勿使用机油），将激光头左右慢慢推动几次，让润滑油均匀分布即可。

技能实践

参观学校实训实习室（实训工厂）或上网搜集资料，分别列举出几个有关直线轴承和直线导轨运动实例，同学们也可拍摄成图片或视频相互之间进行分享与交流。

课题小结

直线轴承是一种精密、高效、轻载运动构件。本课题从直线轴承的实际应用着手导入课题，通过观察实例和视频，分析直线轴承的结构、应用特点；再列表介绍了直线轴承的类型和特点；最后对相关注意事项和保养维护做了说明。

直线导轨和直线轴承功能近似，都是支承和引导，其主要区别在于安装部位：直线轴承一般是两头固定，中间悬空连接部件包住光轴径向的全部或大部分；直线导轨一般是其一面全部紧贴于设备安装基座，以螺栓固定。

附　　录

附录 A　轴的极限偏差（GB/T 1800.2—2009）

公称尺寸/mm		公差带/μm												
		c	d	f	g	h				k	n	p	s	u
大于	至	11	9	7	6	6	7	9	11	6	6	6	6	6
—	3	-60 -120	-20 -45	-6 -16	-2 -8	0 -6	0 -20	0 -25	0 -60	+6 0	+10 +4	+12 +6	+20 +14	+24 +18
3	6	-70 -145	-30 -60	-10 -22	-4 -22	0 -8	0 -12	0 -30	0 -75	+9 +1	+16 +8	+20 +12	+27 +19	+31 +23
6	10	-80 -170	-40 -76	-13 -28	-5 -14	0 -9	0 -15	0 -36	0 -90	+10 +1	+19 +10	+24 +15	+32 +23	+37 +28
10	14	-95 -205	-50 -93	-16 -34	-6 -17	0 -11	0 -18	0 -43	0 -110	+12 +1	+23 +12	+29 +18	+39 +28	+44 +33
14	18													
18	24	-110 -240	-65 -117	-20 -41	-7 -20	0 -13	0 -21	0 -52	0 -130	+15 +2	+28 +15	+35 +22	+48 +35	+54 +41
24	30													+61 +48
30	40	-120 -280	-80 -142	-25 -50	-9 -25	0 -16	0 -25	0 -62	0 -160	+18 +2	+33 +17	+42 +26	+59 +43	+76 +60
40	50	-130 -290												+86 +70
50	65	-140 -330	-100 -174	-30 -60	-10 -29	0 -19	0 -30	0 -74	0 -190	+21 +2	+39 +20	+51 +32	+72 +53	+106 +87
65	80	-150 -340											+78 +59	+121 +102
80	100	-170 -390	-120 -207	-36 -71	-12 -34	0 -22	0 -35	0 -87	0 -220	+25 +3	+45 +23	+59 +37	+93 +71	+146 +124
100	120	-180 -400											+101 +79	+166 +144
120	140	-200 -450											+117 +92	+195 +170
140	160	-210 -460	-145 -245	-43 -83	-14 -39	0 -25	0 -40	0 -100	0 -250	+28 +3	+52 +27	+68 +43	+125 +100	+215 +190
160	180	-230 -480											+133 +108	+235 +210
180	200	-240 -530											+151 +122	+265 +236
200	225	-260 -550	-170 -285	-50 -96	-15 -44	0 -29	0 -46	0 -115	0 -290	+33 +4	+60 +31	+79 +50	+159 +130	+287 +258
225	250	-280 -570											+169 +140	+313 +284

（续）

公称尺寸/mm		公差带/μm													
		c	d	f	g	h				k	n	p	s	u
大于	至	11	9	7	6	6	7	9	11	6	6	6	6	6
250	280	-300 -620	-190 -320	-56 -108	-17 -49	0 -32	0 -52	0 -130	0 -320	+36 +4	+66 +34	+88 +56	+190 +158	+347 +315
280	315	-330 -650											+202 +170	+382 +350
315	355	-360 -720	-210 -350	-62 -119	-18 -54	0 -36	0 -57	0 -140	0 -360	+40 +4	+73 +37	+98 +62	+226 +190	+426 +390
355	400	-400 -760											+244 +208	+471 +435
400	450	-440 -840	-230 -385	-68 -131	-20 -60	0 -40	0 -63	0 -155	0 -400	+45 +5	+80 +40	+108 +68	+272 +232	+530 +490
450	500	-480 -880											+292 +252	+580 +540

附录 B　孔的极限偏差（GB/T 1800.2—2009）

公称尺寸/mm		公差带/μm												
		C	D	F	G	H				K	N	P	S	U
大于	至	11	9	8	7	7	8	9	11	7	7	7	7	7
—	3	+120 +60	+45 +20	+20 +6	+12 +2	+10 0	+14 0	+25 0	+60 0	0 -10	-4 -14	-6 -16	-14 -24	-18 -28
3	6	+145 +70	+60 +30	+28 +10	+16 +4	+12 0	+18 0	+30 0	+75 0	+3 -9	-4 -16	-8 -20	-15 -27	-19 -31
6	10	+170 +80	+76 +40	+35 +13	+20 +5	+15 0	+22 0	+36 0	+90 0	+5 -10	-4 -19	-9 -24	-17 -32	-22 -37
10	14	+205 +95	+93 +50	+43 +16	+24 +6	+18 0	+27 0	+43 0	+110 0	+6 -12	-5 -23	-11 -29	-21 -39	-26 -44
14	18													
18	24	+240 +110	+117 +65	+53 +20	+28 +7	+21 0	+33 0	+52 0	+130 0	+6 -15	-7 -28	-14 -35	-27 -48	-33 -54
24	30													-40 -61
30	40	+280 +120	+142 +80	+64 +25	+34 +9	+25 0	+39 0	+62 0	+160 0	+7 -18	-8 -33	-17 -42	-34 -59	-51 -76
40	50	+290 +130												-61 -86
50	65	+330 +140	+174 +100	+76 +30	+40 +10	+30 0	+46 0	+74 0	+190 0	+9 -21	-9 -39	-21 -51	-42 -72	-76 -106
65	80	+340 +150											-48 -78	-91 -121
80	100	+390 +170	+207 +120	+90 +36	+47 +12	+35 0	+54 0	+87 0	+220 0	+10 -25	-10 -45	-24 -59	-58 -93	-111 -146
100	120	+400 +180											-66 -101	-131 -166

（续）

公称尺寸/mm		公差带/μm												
		C	D	F	G	H				K	N	P	S	U
大于	至	11	9	8	7	7	8	9	11	7	7	7	7	7
120	140	+450 +200	+245 +145	+106 +43	+54 +14	+40 0	+63 0	+100 0	+250 0	+12 -28	-12 -52	-28 -68	-77 -117	-155 -195
140	160	+460 +210											-85 -125	-175 -215
160	180	+480 +230											-93 -133	-195 -235
180	200	+530 +240	+285 +170	+122 +50	+61 +15	+46 0	+72 0	+115 0	+290 0	+13 -33	-14 -60	-33 -79	-105 -151	-219 -265
200	225	+550 +260											-113 -159	-241 -287
225	250	+570 +280											-123 -169	-267 -313
250	280	+620 +300	+320 +190	+137 +56	+69 +17	+52 0	+81 0	+130 0	+320 0	+16 -36	-14 -99	-36 -88	-138 -190	-295 -347
280	315	+650 +330											-150 -202	-330 -382
315	355	+720 +360	+350 +210	+151 +62	+75 +18	+57 0	+89 0	+140 0	+360 0	+17 -40	-16 -73	-41 -98	-169 -226	-369 -426
355	400	+760 +400											-187 -244	-414 -471
400	450	+840 +440	+385 +230	+165 +68	+83 +20	+63 0	+97 0	+155 0	+400 0	+18 -45	-17 -80	-45 -108	-209 -272	-467 -530
450	500	+880 +480											-229 -292	-517 -580

参考文献

[1] 浦如强. 机械基础 [M]. 北京：机械工业出版社，2002.
[2] 李世维. 机械基础 [M]. 北京：高等教育出版社，2006.
[3] 张秀珍. 机械加工基础 [M]. 北京：中国劳动社会保障出版社，2006.
[4] 游江. 机械零件与传动 [M]. 北京：中国劳动社会保障出版社，2007.
[5] 王继焕. 机械设计基础 [M]. 武汉：华中科技大学出版社，2008.
[6] 郭德顺. 机械基础 [M]. 北京：机械工业出版社，2009.
[7] 张忠蓉. 机械基础 [M]. 北京：机械工业出版社，2009.
[8] 崔国利. 机械基础 [M]. 北京：机械工业出版社，2009.
[9] 王凤平，金长虹. 机械设计基础 [M]. 北京：机械工业出版社，2009.
[10] 崔国利. 机械基础 [M]. 北京：机械工业出版社，2009.
[11] 柴鹏飞. 机械基础 [M]. 北京：机械工业出版社，2009.
[12] 王光勇. 机械基础 [M]. 南京：江苏教育出版社，2009.
[13] 范继宁. 机械基础 [M]. 5版. 北京：中国劳动社会保障出版社，2011.
[14] 赵永刚. 机械设计基础 [M]. 北京：机械工业出版社，2014.
[15] 隋明阳，王凤伶. 机械基础 [M]. 北京：高等教育出版社，2016.
[16] 高永伟. 工业机器人机械装配与调试 [M]. 北京：机械工业出版社，2017.

机械基础习题册

（机电设备安装与维修专业）

机 械 工 业 出 版 社

本习题册是中等职业教育《机械基础（机电设备安装与维修专业）》第2版的配套用书。

本习题册紧扣教学大纲要求，按照主教材章节的先后顺序编排，针对学生特点安排内容，难易适当，题型丰富多样，知识点分布均衡，配套性好，有助于学生复习巩固所学知识。

前　　言

本习题册是《机械基础（机电设备安装与维修专业）》第2版的配套习题集，编者在编写本习题册时参考了大量资料，融入了大量课堂教学实例，进行了精心设计和挑选，反复修改和完善，其主要特点如下：

1. 与主教材两者相得益彰，配套性强。
2. 包括习题、期中考试试卷、期末考试试卷及参考答案。
3. 题量适度、难易适当，题型丰富多样。
4. 采用了现行国家标准。

本习题册在编写中，参考了相关资料，得到了专家和同仁的关心、支持和指教，在此谨向相关作者及有关人员致心衷心、诚恳的感谢！并希望读者提出宝贵意见，以便不断改进和提高。

编　者

目　　录

单元一　机械设计概论

一、填空题

1. 根据用途的不同，机器可分为________、________、________和________。

2. 组成机构的各个相对运动部分称为________。构件是机构中的最小________。构件可以是一个零件，也可以是由一个以上的零件组成。

3. ________是加工制造的最小单元，是机器中不可拆的单元体。

4. 运动副是指两构件直接接触并能产生一定形式运动的连接。运动副中，两构件之间直接接触可分为________、________、________。

5. 根据组成运动副两构件之间的接触特性，运动副可分为________和________两大类。

6. 根据两构件之间的相对运动形式，低副可分为________、________和________。

7. 按接触形式不同，高副通常分为________、________和________。

二、选择题

1. （　　）是用来减轻人的劳动，完成做功或者转换能量的装置。

A. 机器　　B. 机构　　C. 构件

2. 下列装置中的，属于机器的是（　　）。

A. 内燃机　　B. 台虎钳　　C. 自行车

3. 车床上的刀架属于机器的（　　）。

A. 工作部分　　B. 传动部分　　C. 原动部分　　D. 自动控制部分

4. 在内燃机曲柄滑块机构中，连杆是由连杆盖、连杆体、螺栓以及螺母等组成。其中，连杆属于（　　），连杆体、连杆盖属于（　　）。

A. 零件　　B. 机构　　C. 构件

5. 下列机构中的运动副，属于高副的是（　　）。

A. 火车车轮与铁轨之间的运动副　　B. 螺旋千斤顶中螺杆与螺母之间的运动副

C. 车床床鞍与导轨之间的运动副

6. 下列关于构件概念的正确表述是（　　）。

A. 构件是由机器零件组合而成的　　B. 构件是机器的装配单元

C. 构件是机器的制造单元　　D. 构件是机器的运动单元

7. 机器与机构的主要区别是（　　）。

A. 机器的运动较复杂　　B. 机器的结构较复杂

C. 机器能完成有用的机械功或实现能量转换　　D. 机器能变换运动形式

8. 通常用（　　）一词作为机构和机器的总称。

A. 机构　　B. 机器　　C. 机械

9. 电动机属于机器的（　　）部分。

A. 执行　　B. 传动　　C. 动力

10. 机构和机器的本质区别在于（　　）。

A. 是否做功或实现能量转换　　　　B. 是否有许多构件组合而成

C. 各构件间是否产生相对运动

三、判断题（对的打“√”，错的打“×”）

1. 机构中至少有一个运动副是高副的机构称为高副机构。(　　)

2. 机构可以用于做功或转换能量。(　　)

3. 高副能传递较复杂的运动。(　　)

4. 凸轮与从动杆之间的接触属于低副。(　　)

5. 门与门框之间的连接属于低副。(　　)

6. 构件是运动的单元，而零件则是制造的单元。(　　)

7. 高副比低副的承载能力大。(　　)

8. 机构就是具有相对运动构件的组合。(　　)

9. 车床的床鞍与导轨之间组成转动副。(　　)

10. 如果不考虑做功或实现能量转换，只从结构和运动的观点来看，机构和机器之间是没有区别的。(　　)

四、简答题

1. 什么是机器？

2. 简述机器的组成。

3. 简述运动副的定义和分类。

4. 什么是结构运动简图，它有什么作用？

5. 简述零件设计的一般步骤。

单元二　平面连杆机构

一、填空题

1. 平面连杆机构是由若干刚性构件用________和________相互连接而组成的，在同一平面或________的平面内运动的机构。

2. 平面连杆机构中的运动副都是________，故又称________________。

3. 构件间相连的四个运动副均为________的平面连杆机构称为铰链四杆机构。它是四杆机构的基本形式，也是其他多杆机构的基础。

4. 铰链四杆机构由________、________和________三部分组成。

5. 根据连架杆运动形式的不同，铰链四杆机构又可分为________________、________和________三种基本类型。

6. 天平是利用________机构中的两曲柄转向________和长度________的特性，保证两只天平盘始终保持水平状态。

7. 铰链四杆机构中是否存在曲柄，主要取决于机构中各杆件的________和________的选择。

8. 铰链四杆机构的急回特性可以节省________，提高________。

9. 当曲柄摇杆机构中存在死点位置时，其死点位置有________个。在死点位置时，该机构中连杆与________________处于共线状态。

二、选择题

1. 铰链四杆机构中，最短杆件与最长杆件长度之和小于或等于其余两杆件的长度之和时，机构中一定有（　　）。

A. 曲柄　　　　B. 摇杆　　　　C. 连杆

2. 在不等长双曲柄机构中，（　　）长度最短。

A. 曲柄　　　　B. 连杆　　　　C. 机架

3. 在曲柄摇杆机构中，曲柄做等速转动时，摇杆摆动过程中空回行程的平均速度大于工作行程的平均速度，这种性质称为（　　）。

A. 死点位置　　　　B. 机构的运动不确定性

C. 机构的急回特性

4. 行程速比系数 K 与极位夹角 θ 的关系为：$K=$（　　）。

A. $\dfrac{180°+\theta}{180°-\theta}$　　B. $\dfrac{180°-\theta}{180°+\theta}$　　C. $\dfrac{\theta+180°}{\theta-180°}$

5. 在下列铰链四杆机构中，若以 BC 杆件为机架，则能形成双摇杆机构的是（　　）。

（1）$AB=70$mm，$BC=60$mm，$CD=80$mm，$AD=95$mm

（2）$AB=80$mm，$BC=85$mm，$CD=70$mm，$AD=55$mm

（3）$AB=70$mm，$BC=60$mm，$CD=80$mm，$AD=85$mm

（4）$AB=70$mm，$BC=85$mm，$CD=80$mm，$AD=60$mm

A.（1）、（2）、（4）　B.（2）、（3）、（4）　C.（1）、（2）、（3）

6. 在铰链四杆机构中，$BC=30$mm，$CD=40$mm，$AD=20$mm，若以 AD 杆件的长度范围为（　　）时可获得双曲柄机构。

A. $AB<20$mm　　B. $AB>50$mm　　C. $30\text{mm}\leqslant AB\leqslant 50$mm

7. 在曲柄摇杆机构中，若以摇杆为主动件，则在死点位置时，曲柄的瞬时运动方向是（　　）。

A. 原运动方向　　B. 原运动的反方向　　C. 不确定

8. 在曲柄滑块机构中，若机构存在死点位置，则主动件为（　　）。

A. 连杆　　　　B. 机架　　　　C. 滑块

9. （　　）为曲柄滑块机构的应用实例。

A. 自卸汽车卸料装置　　　　B. 手动抽水机

C. 滚轮送料机

10. 压力机采用的是（　　）机构。

A. 移动导杆　　B. 曲柄滑块　　C. 摆动导杆

11. 在曲柄滑块机构应用中，往往用一个偏心轮代替（　　）。

A. 滑块　　　　B. 机架　　　　C. 曲柄

12. 当急回运动行程速比系数（　　）时，曲柄摇杆机构才有急回运动。

A. $K=0$　　　　B. $K=1$　　　　C. $K>1$

13. 当曲柄摇杆机构出现死点位置时，可在从动曲柄上（　　）使其顺利通过死点位置。

A. 加设飞轮　　B. 减少阻力　　C. 加大主动力

14. 对于缝纫机的踏板机构，以下论述不正确的是（　　）。

A. 应用了曲柄摇杆机构，且摇杆为主动件

B. 利用了飞轮帮助其克服死点位置

C. 踏板相当于曲柄摇杆机构中的曲柄

15. 在曲柄滑块机构中，若机构存在死点位置，则主动件为（　　）。

A. 连杆　　　　　　B. 机架　　　　　　C. 滑块

三、判断题（对的打“√”，错的打“×”）

1. 在铰链四杆机构中，最短杆件就是曲柄。(　　)

2. 在铰链四杆机构的三种基本形式中，最长杆件与最短杆件的长度之和必定小于其余两杆件长度之和。(　　)

3. 在曲柄摇杆机构中，极位夹角 θ 越大，机构的行程速比系数 K 值越大。(　　)

4. 在实际生产中，机构的死点位置对工作都是有害无益的。(　　)

5. 行程速比系数 $K=1$ 时，表示该机构具有急回运动特性。(　　)

6. 各种双曲柄机构中都存在死点位置。(　　)

7. 实际生产中常利用急回运动特性来节省非工作时间，提高生产率。(　　)

8. 当最长杆件与最短杆件长度之和小于或等于其余两杆件长度之和，且连架杆与机架之一为最短杆件时，则一定为双摇杆机构。(　　)

9. 牛头刨床中刀具的退刀速度大于其切削速度，就是应用了急回特性。(　　)

10. 曲柄滑块机构常用于内燃机中。(　　)

11. 将曲柄滑块机构中的滑块改为固定件，则原机构将演化为摆动导杆机构。(　　)

12. 曲柄滑块机构是曲柄摇杆机构演化而来的。(　　)

四、简答题

1. 什么是铰链四杆机构，它由哪些构件组成？

2. 简述铰链四杆机构的三种类型。

3. 铰链四杆机构存在曲柄，必须具备何种条件？

4. 什么是急回特性？什么是死点位置？

五、计算题

1. 已知四杆机构 $ABCD$ 中的各杆长度分别为 $AB=20\text{mm}$，$BC=45\text{mm}$，$CD=40\text{mm}$，$AD=45\text{mm}$。问：分别以 AB、BC、CD、AD 杆为机架时，形成的各是什么机构？

2. 分别以曲柄滑块机构的各构件为固定件时，可以衍生成哪些机构？在图中写出各机构的名称。

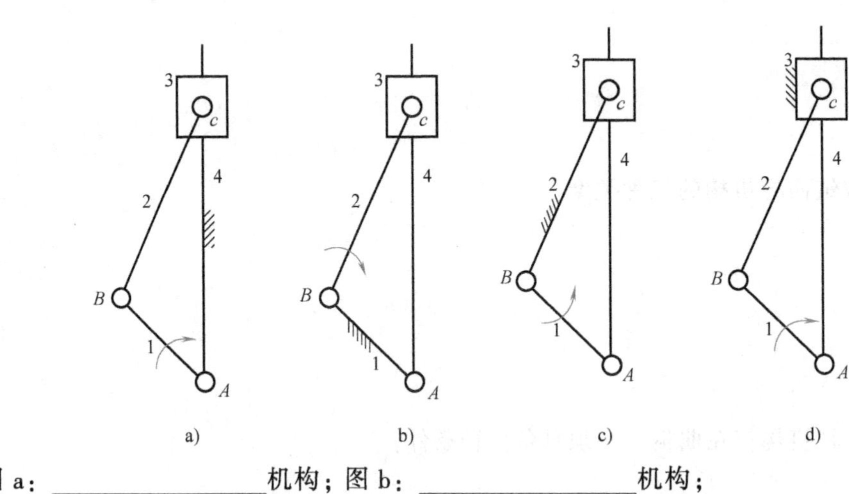

图 a：________________机构；图 b：________________机构；

图 c：________________机构；图 d：________________机构。

单元三 凸轮机构与间歇运动机构

一、填空题

1. 凸轮机构是由________、________以及________三个基本构件组成，是使从动件产生某种特定运动的高副机构。

2. 按凸轮形状分，凸轮机构可以分为________________、________________和________________三类。

3. 按从动件端部形状和运动形式分，凸轮机构可以分为________________、________________和________________。

4. 主动件做连续运动而从动件做________________的机构称为间歇运动机构。

5. 含有棘轮和棘爪的间歇运动机构称为________。棘轮机构按结构分为________机构和________机构。

6. 槽轮机构是常用的间歇机构之一，主要由带圆销的________________、具有径向槽的________以及________组成。

7. 凸轮机构中，从动件的运动规律是多种多样的，生产中常用的有________________和________________________等。

8. 凸轮机构中，从动件做等速运动规律是指从动件在运动过程中速度 v 为________。

9. 从动件的运动规律决定凸轮的________。

10. 凸轮机构中最常用的运动形式为凸轮做________________，从动件做________。

二、选择题

1. 凸轮机构中，主动件通常做（ ）。

A. 等速转动或移动　　B. 变速转动

C. 变速移动

2. 凸轮与从动件接触处的运动副属于（ ）。

A. 高副　　B. 转动副　　C. 移动副

3. 内燃机的配气机构采用了（ ）机构。

A. 凸轮　　B. 铰链四杆　　C. 齿轮

4. 凸轮机构中，从动件构造最简单的是（ ）从动件。

A. 平底　　B. 滚子　　C. 尖顶

5. 从动件的运动规律决定了凸轮的（ ）。

A. 轮廓曲线　　B. 转速　　C. 形状

6. 凸轮机构中，（ ）从动件常用于高速传动。

A. 滚子　　B. 平底　　C. 尖顶

7. 凸轮机构主要（ ）和从动件等组成。

A. 曲柄　　B. 摇杆　　C. 凸轮

8. 有关凸轮机构的论述正确的是（ ）。

A. 不能用于高速启动　　　　　　　　B. 从动件只能做直线运动

C. 凸轮机构是高副机构

9. 从动件做等速运动规律的位移曲线形状是（　　）。

A. 抛物线　　　　B. 斜直线　　　　C. 双曲线

10. 从动件做等加速等减速运动的凸轮机构（　　）。

A. 存在刚性冲击　B. 存在柔性冲击　C. 没有冲击

11. 从动件做等速运动规律的凸轮机构，一般适用于（　　）、轻载的场合。

A. 低速　　　　B. 中速　　　　C. 高速

12. 从动件做等加速等减速运动规律的位移曲线是（　　）。

A. 斜直线　　　　B. 抛物线　　　　C. 双曲线

13. 在双圆柱销外槽轮机构中，曲柄每旋转一周，槽轮运动（　　）次。

A. 一　　　　B. 两　　　　C. 四

14. 电影放映机的卷片装置采用的是（　　）机构。

A. 不完全齿轮　B. 棘轮　　　　C. 槽轮

15. 在棘轮机构中，增大曲柄的长度，棘轮的转角（　　）。

A. 减小　　　　B. 增大　　　　C. 不变

16. 在双圆柱销四槽轮机构中，曲柄旋转一周，槽轮转过（　　）。

A. 90°　　　　B. 180°　　　　C. 45°

三、判断题（对的打“√”，错的打“×”）

1. 在凸轮机构中，凸轮为主动件。（　　）

2. 凸轮机构广泛应用于机械自动控制。（　　）

3. 移动凸轮相对机架做直线往复移动。（　　）

4. 在一些机器中，要求机构实现某种特殊的复杂的运动规律，常采用凸轮机构。（　　）

5. 根据实际需要，凸轮机构可以任意拟定从动件的运动规律。（　　）

6. 凸轮机构中，主动件通常做等速转动或移动。（　　）

7. 凸轮机构中，从动件做等运动规律是指从动件上升时的速度和下降时速度必定相等。（　　）

8. 凸轮机构中，从动件做等速运动规律的原因是凸轮做等速转动。（　　）

9. 凸轮机构中，从动件做等加速等减速运动规律是指从动件上升时做等加速运动，而下降时做等减速运动。（　　）

10. 凸轮机构产生的柔性冲击，不会对机器产生破坏。（　　）

11. 凸轮机构从动件的运动规律可按要求任意拟定。（　　）

12. 在应用棘轮机构时，通常应有止回棘爪。（　　）

13. 槽轮机构中，槽轮是主动件。（　　）

14. 槽轮机构与棘轮机构一样，可方便地调节槽轮转角的大小。（　　）

15. 槽轮机构与棘轮机构相比，其运动平稳性较差。(　　)

四、简答题

1. 简述凸轮机构的主要优缺点。

2. 简述棘轮机构的主要类型及其应用特点。

3. 已知：推程中凸轮转过 150°，从动件以等速运动规律上升 32mm，远停程角为 30°，回程中凸轮转过 120°，从动件以等加速等减速运动规律回到原位，近停程角为 60°。绘制凸轮机构从动件的位移图。

单元四　极限配合与技术测量基础

一、填空题

1. 按互换性的程度不同，可将其分为________和________。

2. 完全互换是指机械零件在装配或更换时不需要________或________，就可以直接使用。

3. 孔是工件的圆柱形内表面，也包括____________，加工过程中孔的尺寸

________。通常孔的参数用________表示。

4. 轴是工件的圆柱形外表面，也包括________________，加工过程中孔的尺寸________。通常孔的参数用________表示。

5. 公称尺寸是标准中规定的________，是满足强度、刚度结构和工艺方面要求所希望得到的________。

6. ________（简称偏差）是指某一尺寸（实际尺寸、极限尺寸等）减其公称尺寸所得的代数差，它分为________和________。

7. 标准公差等级是指同一公差等级对所有公称尺寸的一组公差被认为具有________的精确程度。标准公差等级代号由标准公差符号________和________组成。

8. ________是极限与配合制中，用以确定公差带相对于零线位置的极限偏差，一般为靠近________的偏差。

9. 当孔与轴公差带相对位置不同时，将有三种不同的配合：________、________和________。

10. 在基孔制配合中，孔称为________，基本偏差代号为________，其公差带在零线________，下极限偏差为________。

11. 几何公差的研究对象是零件的________，它是指构成零件几何特征的点、线、面。

12. 几何公差的特征项目分为________、________、________和________四大类项目。

13. ________是表述零件表面峰谷高低程度和间距状况的微观几何形状特性的术语。

二、选择题

1. 以零部件装配或更换时不需要挑选、辅助加工与修配为条件的互换性，属于(　　)。

A. 互换性　　B. 完全互换性　　C. 不完全互换性

2. 国际标准化组织的国际标准代号是（　　）。

A. ISO　　B. ANSI　　C. JIS

3. 下面不属于国家标准的代号是（　　）。

A. GB　　B. GB/T　　C. QB

4. 关于孔和轴的概念，下列说法中错误的是（　　）。

A. 圆柱形的内表面为孔，圆柱形的外表面为轴

B. 由截面呈矩形的四个内表面或外表面形成一个孔或一个轴

C. 从装配关系上看，包容面为孔，被包容面为轴。

5. 公称尺寸是（　　）。

A. 测量时得到的　　B. 转速加工时得到的

C. 设计时给定的

6. 上极限尺寸与公称尺寸的关系是（　　）。

A. 前者大于后者　　B. 前者小于后者

C. 前者等于后者

7. 极限偏差是（　　）。

A. 设计时确定的　　B. 加工后测量得到的

C. 实际尺寸减公称尺寸的代数差

8. 对标准公差的论述，下列说法中错误的是（　　）。

A. 标准公差的大小与公称尺寸和公差等级有关，与该尺寸是表示孔还是轴无关

B. 在任何情况下，公称尺寸越大，标准公差必定越大

C. 公称尺寸相同，公差等级越低，标准公差越大

9. 当孔的上极限尺寸与轴的下极限尺寸的代数差为正值时，此代数差称为（　　）。

A. 最大间隙　　B. 最小间隙　　C. 最大过盈

10. 当孔的下极限偏差大于相配合的轴的上极限偏差时，此配合的性质是（　　）。

A. 间隙配合　　B. 过盈配合　　C. 过渡配合

11. 当孔的上极限偏差大于相配合的轴的上极限偏差时，此配合的性质是（　　）。

A. 间隙配合　　B. 过盈配合　　C. 无法确定

12. 配合代号 ϕ60P7/h6 表示（　　）。

A. 基孔制过渡配合　　B. 基轴制过渡配合

C. 基轴制过盈配合

13. 配合公差的数值可确定孔、轴配合的（　　）。

A. 配合精度　　B. 松紧程度　　C. 配合类别

14. ϕ45G6 与 ϕ45G7 两者的区别在于（　　）。

A. 基本偏差不同　　B. 上极限偏差相同，下极限偏差不同

C. 下极限偏差相同，上极限偏差不同

15. 某配合的最小过盈等于零，则该配合一定是（　　）。

A. 间隙配合　　B. 过盈配合　　C. 过渡配合

16. 用游标卡尺、千分尺对工件进行测量，采用的是（　　）。

A. 直接测量　　B. 间接测量　　C. 相对测量

三、判断题（对的打“√”，错的打“×”）

1. 若零件不经挑选或修配，便能装配到机器上，则该零件具有互换性。（　　）

2. 遵循互换性原则将使设计工作简化，生产率提高，制造成本降低，使用维修方便。（　　）

3. 零件的互换性程度越高越好。（　　）

4. 凡是具有互换性的零件必为合格品。（　　）

5. 标准化是指制订标准和贯彻标准的全过程，不允许修订。（　　）

6. 加工误差只有通过测量才能得到，所以加工误差实际上就是测量误差。（　　）

7. 公称尺寸是设计时确定的尺寸，因而零件的实际尺寸越接近公称尺寸，其加工误差就越小。（　　）

8. 零件的实际尺寸位于所给定的两个极限尺寸之间，则零件的尺寸为合格。（　　）

9. 某一零件的实际尺寸正好等于其公称尺寸，则该尺寸必然合格。（　　）

10. 数值为正的偏差称为上极限偏差，数值为负的偏差称为下极限偏差。（　　）

11. 合格尺寸的实际偏差一定在两极限偏差（即上极限偏差和下极限偏差）之间。（　　）

12. 公差通常为正值，在个别情况下也可以为负值或零。（　　）

13. 不论公差数值是否相等，只要公差等级相同，则精度等级就相同。（　　）

14. 基孔制是先加工孔，后加工轴以获得所需要配合的制度。（　　）

15. 检验零件尺寸时，允许有误废而不允许有误收。(　　)

四、简答题

1. 简述互换性的分类及其含义。

2. 简述公差和偏差的区别。

3. 孔与轴公差带相对位置不同时，有哪些配合形式？简要说明其含义。

4. 表面粗糙度对零件使用性能有哪些影响？

五、计算题

1. 假设公称尺寸为 30mm 的 N7 孔和 m6 轴相配合，计算极限间隙或过盈及配合公差。

2. 假设某配合的孔径为 $\phi15^{+0.027}_{0}$ mm，轴径为 $\phi15^{-0.016}_{-0.034}$ mm，分别计算其极限尺寸、公差、极限间隙（或过盈）、平均间隙（或过盈）和配合公差。

3. 有一孔、轴配合，公称尺寸 $L=60$mm，最大间隙 $X_{max}=+40\mu m$，$T_D=30\mu m$，轴公差 $T_d=20\mu m$，$es=0$。求 ES、EI、T_f、X_{min}（或 Y_{max}），并按标准设定标准孔、轴的尺寸。

单元五　销、键及其他连接

一、填空题

1. 按照形状的不同，销一般可分为________、________和________三类。
2. 键连接主要用于轴与轴上零件的________，以传递动力和转矩。
3. 按用途的不同，平键分为________、________和________三种。
4. 平键工作时依靠键与键槽________的挤压来传递运动和转矩。
5. 当轴上安装的零件需要沿轴向移动时，可采用________或________组成的动连接。
6. 由沿轴和轮毂孔周向均布的多个键齿相互啮合而成的连接，称为________。
7. 花键已标准化，按齿形的不同，花键可分为________和________。

二、选择题

1. (　　) 安装方便，定位精度高，可多次拆装。

A. 开口销　　B. 圆锥销　　C. 槽销

2. 在键连接中，(　　) 的工作面是两个侧面。

A. 普通平键　　B. 切向键　　C. 楔键

3. 采用 (　　) 普通平键时，轴上键槽的切制用指状铣刀加工。

A. A 型　　B. B 型　　C. A 型和 B 型

4. 一个普通平键的标记为：GB/T 1096 键 12×8×80，其中 12×8×80 表示 (　　)。

A. 键高×键宽×键长　　B. 键宽×键高×轴径

C. 键宽×键高×键长

5. (　　) 普通平键多用在轴的端部。

A. C 型　　B. A 型　　C. B 型

6. 根据 (　　) 的不同，平键分为 A 型、B 型、C 型三种。

A. 截面形状　　B. 尺寸大小　　C. 端部形状

7. 在普通平键的三种形式中，(　　) 平键在键槽中不会发生轴向移动，所以应用最广。

A. 圆头　　B. 平头　　C. 单圆头

8. 键连接主要用于传递 (　　) 的场合。

A. 拉力　　B. 横向力　　C. 转矩

9. 在键连接中，对中性好的是 (　　)。

A. 切向键　　B. 楔键　　C. 平键

10. 平键连接主要应用在轴与轮毂之间 (　　) 的场合。

A. 沿轴向固定并传递轴向力　　B. 沿周向固定并传递转矩

C. 安装、拆卸方便

11. (　　) 花键形状简单、加工方便，应用较为广泛。

A. 矩形　　B. 渐开线　　C. 三角形

12. 在键连接中，楔键（　　）轴向力。

A. 只能承受单方向　　B. 能承受双方向

C. 不能承受

13. 导向平键主要采用（　　）键连接。

A. 较松　　B. 较紧　　C. 紧

14. 下列连接中属于不可拆连接的是（　　）。

A. 焊接　　B. 销连接　　C. 螺纹连接

三、判断题（对的打“√”，错的打“×”）

1. 圆柱销和圆锥销都是标准件。(　　)
2. 普通平键、楔键、半圆键都是以其两侧面为工作面。(　　)
3. 键连接具有结构简单、工作可靠、装拆方便和标准化等特点。(　　)
4. 键连接属于不可拆连接。(　　)
5. A 型普通平键不会产生轴向移动，应用最广泛。(　　)
6. 普通平键键长 L 一般比轮毂的长度略长。(　　)
7. C 型普通平键一般用于轴端。(　　)
8. 采用 A 型普通平键时，轴上键槽通常用指状铣刀加工。(　　)
9. 平键连接中，键的上表面与轮毂键槽底面应紧密配合。(　　)
10. 键是标准件。(　　)
11. 花键多齿承载，承载能力高且齿浅，对轴的强度削弱小。(　　)
12. 导向平键常用于轴上零件移动量不大的场合。(　　)
13. 导向平键就是普通平键。(　　)
14. 楔键的两侧面为工作面。(　　)
15. 切向键多用于传递转矩大、对中性要求不高的场合。(　　)

四、简答题

1. 销连接主要起什么作用？举出在生产或生活中销连接三种形式的应用实例。

2. 解释普通平键的标记：GB/T 1096　键 C20×12×125。

3. 简述花键连接的特点。

单元六　螺纹连接及螺旋传动

一、填空题

1. 螺纹就是在圆柱（圆锥）表面上沿________切制出具有规定牙型的连续________和________。

2. 按螺纹的位置分类，螺纹可以分为________和________。

3. 按螺纹旋向分类，螺纹可以分为________和________。

4. 按螺纹的线数分类，螺纹可以分为________和________。

5. 根据螺纹牙型的不同，可分为________、________、________和________。

6. 普通螺纹的完整标注是由________、________________和________________组成。

7. 管螺纹主要用于管路连接，按其密封状态可分为________________和________________。

8. 螺旋传动是由螺杆和螺母组成，主要用来将旋转运动变换为________，同时传递________和________。

9. 双螺旋传动根据两螺旋副的旋向不同，又可分为________________和________________两种形式。

10. 螺旋传动具有________、________、________和________等优点，广泛应用于各种机械和仪器中。

11. 螺旋传动常用的类型有________________、________________和________________。

12. 滚动螺旋传动主要由________、________、________和________________组成。

二、选择题

1. 广泛应用于紧固连接的螺纹是（　　）螺纹，而传动螺纹常用（　　）螺纹。

A. 三角形　　B. 矩形　　C. 梯形

2. 普通螺纹的牙型为（　　）。

A. 三角形　　B. 梯形　　C. 矩形

3. 普通螺纹的公称直径是指螺纹的（　　）。

A. 大径　　B. 中径　　C. 小径

4. 用螺纹密封管螺纹的外螺纹，其特征代号是（　　）。

A. R　　B. Rc　　C. Rp

5. 梯形螺纹广泛用于螺旋（　　）中。

A. 传动　　B. 连接　　C. 微调机构

6. 同一公称直径的普通螺纹可以有多种螺距，其中螺距（　　）的为粗牙螺纹。

A. 最小　　B. 中间　　C. 最多

7. 双线螺纹的导程等于螺距的（　　）倍。

A. 2　　B. 1　　C. 0.5

8. 用（　　）进行连接，不用填料即能保证连接的紧密性。

A. 55°非密封管螺纹　　B. 55°密封管螺纹

C. 55°非密封管螺纹和55°密封管螺纹

9. 台虎钳上的螺杆采用的是（　　）螺纹。

A. 三角形　　B. 锯齿形　　C. 矩形

10. 有一螺杆回转、螺母做直线运动的螺旋传动装置，螺杆为双线螺纹，导程为12mm，当螺杆转两周后，螺母位移量为（　　）mm。

A. 12　　B. 24　　C. 48

11. 普通螺旋传动中，从动件的直线移动方向与（　　）有关。

A. 螺纹的回转方向　　B. 螺纹的旋向

C. 螺纹的回转方向和螺纹的旋向

12. （　　）具有传动效率高、传动精度高、摩擦损失小、使用寿命长的优点。

A. 普通螺旋传动　　B. 滚珠螺旋传动

C. 差动螺旋传动

13. （　　）多用于车辆转向机构及对传动精度要求较高的场合。

A. 滚珠螺旋传动　　B. 差动螺旋传动

C. 普通螺旋传动

14. 车床床鞍的移动采用了（　　）的传动形式。

A. 螺母固定不动，螺杆回转并做直线运动

B. 螺杆固定不动，螺母回转并做直线运动

C. 螺杆回转，螺母移动

15. 观察镜的螺旋调整装置采用的是（　　）。

A. 螺母固定不动，螺杆回转并做直线运动

B. 螺杆回转，螺母做直线运动

C. 螺杆回转，螺母移动

16. 机床进给机构若采用双线螺纹，螺距为4mm，设螺杆转4周，则螺母（刀具）的位移量是（　　）mm。

A. 4　　B. 16　　C. 32

17. 右图所示螺旋传动中，a处螺纹导程为Ph_a，b处螺纹导程为Ph_b，且$Ph_a>Ph_b$，旋向均为右旋，则当件1按图示方向旋转一周时，件2的运动情况是（　　）。

A. 向右移动（Ph_a-Ph_b）

B. 向左右移动（Ph_a-Ph_b）

C. 向左移动（Ph_a+Ph_b）

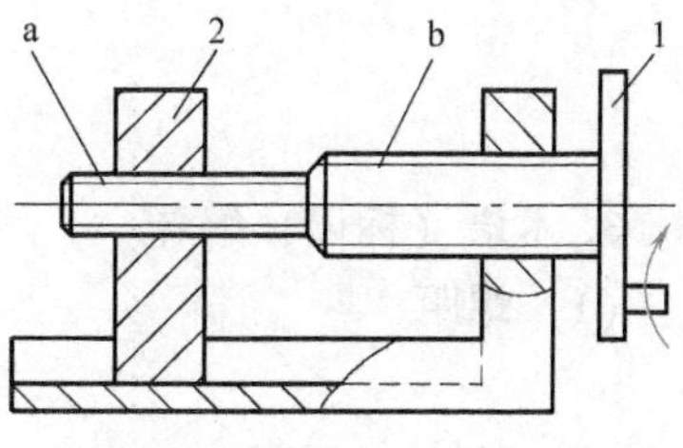

1—手轮　2—活动螺母　a、b—螺杆

三、判断题（对的打“√”，错的打“×”）

1. 按用途不同，螺纹可分为连接螺纹和传动螺纹。（　　）

2. 按螺旋线形成所在的表面不同，螺纹分为内螺纹和外螺纹。（　　）

3. 顺时针方向旋入的螺纹为右旋螺纹。（　　）

4. 普通螺纹的公称直径是指螺纹大径的公称尺寸。(   )

5. 相互旋合的内外螺纹，其旋向相同，公称直径相同。(   )

6. 所有的管螺纹连接都是依靠其螺纹本身来进行密封的。(   )

7. 连接螺纹大多采用多线三角形螺纹。(   )

8. 螺纹导程是指相邻两牙在中径线上对应两点的轴向距离。(   )

9. 锯齿形螺纹广泛应用于单向螺旋传动中。(   )

10. 普通螺纹的公称直径是一个假想圆柱面的直径，该圆柱的母线通过牙型上沟槽和凸起宽度相等的地方。(   )

11. 细牙普通螺纹的每一个公称直径只对应一个螺纹。(   )

12. 滚动螺旋传动把滑动摩擦变成了滚动摩擦，具有传动效率高、传动精度高、使用寿命长的优点，适用于传动精度要求较高的场合。(   )

13. 差动螺旋传动可以产生极小的位移，能方便地实现微量调节。(   )

14. 螺旋传动常将主动件的匀速直线运动转变为从动件的匀速回转运动。(   )

15. 在普通螺旋传动中，从动件的直线移动方向不仅与主动件转向有关，还与螺纹的旋向有关。(   )

四、简答题

1. 什么是螺旋传动？它有什么特点？

2. 简述普通螺旋传动直线移动方向的判断方法。

3. 术语（标记）解释

（1）螺距

（2）M14×1-7H8H

（3）G2A—LH

（4）Tr 24×14（P7）LH-7e

4. 普通螺旋传动机构中，双线螺杆驱动螺母做直线运动，螺距为 6mm。求：（1）螺杆转两周时，螺母的移动距离为多少？（2）螺杆转速为 25r/min 时，螺母的移动速度为多少？

5. 如下图所示双螺旋传动中，螺旋副 a：$Ph_a = 2$mm，左旋；螺旋副 b：$Ph_b = 2.5$mm，左旋。求：（1）当螺杆按下图所示的转向转动 0.5 周时，活动螺母 2 相对导轨移动多少距离？其方向如何？（2）若螺旋副 b 改为右旋，当螺杆按下图所示的转向转动 0.5 周时，活动螺母 2 相对导轨移动多少距离？其方向如何？

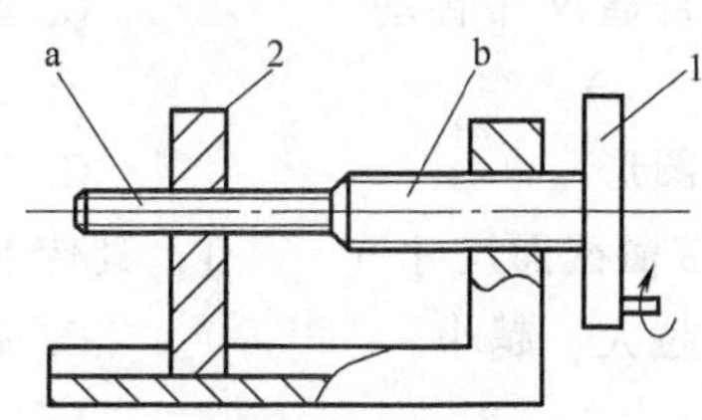

单元七　带传动和链传动

一、填空题

1. 带传动一般是由________、________、紧套在两轮上的________及机架组成，常用于减速传动。

2. 根据传动原理的不同，带传动有______________和______________。

3. 摩擦型带传动的工作原理：当主动轮回转时，依靠带与带轮接触面间产生的________带动从动轮转动，从而来传递________。

4. V 带传动过载时，传动带会在带轮上打滑，可以防止薄弱零件的损坏，起________

作用。

5. V 带是一种无接头的环形带，其工作面是与轮槽相接触的________，带与轮槽底面不接触。

6. 普通 V 带已经标准化，其横截面尺寸由小到大分为________、________、________、________、________、________、________七种型号。

7. V 带传动常见的张紧方法有________________和________________。

8. 啮合型带传动一般也称为________。它是由一根内周表面设有________的环行带及具有相应吻合的轮所组成。

9. 同步带传动是一种啮合传动，依靠带内周的等距横向齿槽间的啮合传递运动和动力，兼有________和________的特点。

10. 同步带的型式按齿分布情况分为：________同步带和________同步带两种。

11. 链传动由________、________和绕在链轮上的________及机架组成。

12. 按不同的用途和功能，链条可分为________、________、________。

二、选择题

1. 在一般机械传动中，应用最广的带传动是（　　）。

A. 平带传动　　B. 普通 V 带传动　　C. 同步带传动

2. 普通 V 带的横截面为（　　）。

A. 矩形　　B. 圆形　　C. 等腰梯形

3. 在相同条件下，普通 V 带横截面尺寸（　　），其传递的功率也（　　）。

A. 越小　越大　　B. 越大　越小　　C. 越大　越大

4. 普通 V 带的楔角 α 为（　　）。

A. 36°　　B. 38°　　C. 40°

5. 在 V 带传动中，张紧轮应置于（　　）内侧且靠近（　　）处。

A. 松边　小带轮　　B. 紧边　大带轮　　C. 松边　大带轮

6. V 带安装好后，要检查带的松紧程度是否合适，一般以大拇指按下带（　　）mm 左右为宜。

A. 5　　B. 15　　C. 20

7. （　　）是带传动的特点之一。

A. 传动比准确　　B. 在过载时会产生打滑现象

C. 应用在传动准确的场合

8. （　　）传动具有传动比准确的特点。

A. 普通 V 带　　B. 窄 V 带　　C. 同步带

9. （　）主要用于传递力，起牵引、悬挂物品的作用。

A. 传动链　　B. 输送链　　C. 起重链

10. 要求传动平稳性好、传动速度快、噪声较小时，宜选用（　　）。

A. 套筒滚子链　　B. 齿形链　　C. 多排链

11. 要求两轴中心距较大，且在低速、重载和高温等不良环境下工作，宜选用（　　）。

A. 带传动　　B. 链传动　　C. 齿轮传动

12. 链的长度用链节数表示，链节数最好取（　）。

A. 偶数　　B. 奇数　　C. 任意数

13. 套筒与内链板之间采用的是（　　）。

A. 间隙配合　　B. 过渡配合　　C. 过盈配合

三、判断题（对的打“√”，错的打“×”）

1. V 带传动常用于机械传动的高速端。（　　）
2. 在使用过程中，需要更换 V 带时，不同新旧的 V 带可以同组使用。（　　）
3. 在安装 V 带时，张紧程度越紧越好。（　　）
4. 在 V 带传动中，带速 v 过大或过小都不利于带的传动。（　　）
5. V 带传动中，带的三个表面应与带轮三个面接触而产生摩擦力。（　　）
6. V 带传动装置应有防护罩。（　　）
7. 因为 V 带弯曲时横截面会变形，所以 V 带带轮的轮槽角要小于 V 带楔角。（　　）
8. V 带的根数影响带的传动能力，根数越多，传动功率越小。（　　）
9. 窄 V 带型号与普通 V 带型号相同。（　　）
10. 同步带传动不是依靠摩擦力而是依靠啮合来传递运动和动力的。（　　）
11. 在计算机、数控机床等设备中，通常采用同步带传动。（　　）
12. 同步带规格已标准化。（　　）
13. 当传递功率较大时，可采用多排链的链传动。（　　）
14. 欲使链条连接时内链板和外链板正好相接，链节数应取偶数。（　　）
15. 链传动的承载能力与链排数成反比。（　　）
16. 齿形链的内、外链板呈左右交错排列。（　　）

四、简答题

1. 简述带传动的主要特点。

2. 简述普通 V 带传动的特点。

3. 简述同步带传动的特点。

4. 简述链传动的特点。

5. 术语（标记）解释

（1）机构传动比

（2）V 带中性层

（3）V 带基准长度 L_d

（4）同步带传动

（5）链传动的传动比

（6）滚子链 08A-2-90 GB/T 1243—2006

单元八　齿轮传动

一、填空题

1. 齿轮是轮缘上有________能连续啮合传递运动和动力的机械元件。齿轮传动是利用________来传递运动、动力的一种机械传动。

2. 齿轮传动是由________、________和________组成，通过主、从动齿轮直接啮合，传递任意两轴之间的________。

3. 齿轮传动的类型很多，按照两齿轮轴线的相对位置，可将齿轮传动分为：两轴平行的齿轮传动________________和两轴不平行的齿轮传动________________两大类。

4. 齿轮传动获得广泛应用的原因是能保证________________，________________，________________等。

5. 按照齿轮的工作条件，可以分为________齿轮传动、________齿轮传动和________齿轮传动。

6. 按轮齿的方向分类，齿轮可分为________圆柱齿轮传动、________圆柱齿轮传动和________圆柱齿轮传动。

7. 按照轮齿齿廓曲线的形状，分为________齿轮传动、________齿轮传动、________齿轮传动等。

8. 当一直线在半径为 r_b 的圆周上做纯滚动时，直线上任意一点 K 的轨迹称为该圆的________，这个圆称为渐开线的________。以同一个基圆上产生的两条反向渐开线为齿廓的齿轮就是________。

9. 渐开线上任一点的法线与该点速度方向所夹的锐角称为该点的________。同一渐开线齿廓上各点的压力角是________。通常所说的压力角是指________上的压力角，国家标准规定的标准压力角为________。

10. 一对渐开线齿轮正确啮合的条件是：两齿轮的________和________必须分别相等。

11. 齿轮齿条传动的主要目的是将齿轮的回转运动转变为齿条的________运动。

12. 齿轮常用的两种切削加工方法为________和________。

13. 齿轮传动过程中，常见的失效形式有________、________、________、________和________等。

二、选择题

1. 能保证瞬时传动比恒定、工作可靠性高、传递运动准确的是（　　）。

A. 带传动　　　　B. 链传动　　　　C. 齿轮传动

2. 渐开线齿轮是以（　　）作为齿廓的齿轮。

A. 同一基圆上产生的两条反向渐开线

B. 任意两条反向渐开线

C. 必须是两个基圆半径不同所产生的两条反向渐开线

3. 一对渐开线齿轮制造好后，实际中心距与标准中心距稍有变化时，仍能够保证恒定的传动比，这个性质称为（　　）。

A. 传动的连续性　　B. 传动的可分离性

C. 传动的平稳性

4. 标准中心距条件下啮合的一对标准齿轮，其节圆直径等于（　　）。

A. 基圆直径　　B. 分度圆直径

C. 齿顶圆直径

5. 齿轮副是（　　）接触的高副。

A. 线　　B. 点　　C. 面

6. 一对标准直齿圆柱齿轮，实际中心距比标准中心距略小时，不变化的是（　　）。

A. 节圆直径　　B. 啮合角　　C. 瞬时传动比

7. 标准直齿圆柱齿轮的分度齿厚（　　）齿槽宽。

A. 等于　　B. 大于　　C. 小于

8. 齿轮端面上，相邻两齿同侧齿廓之间在分度圆上的弧长称为（　　）。

A. 齿距　　B. 齿厚　　C. 齿槽宽

9. 标准齿轮分度圆上的压力角（　　）20°。

A. >　　B. <　　C. =

10. 内齿轮的齿顶圆（　　）分度圆，齿根圆（　　）分度圆。

A. 大于　　B. 小于　　C. 等于

11. 为保证渐开线齿轮中的轮齿能够依次啮合，不发生卡死或者冲击现象，两啮合齿轮的（　　）必须相等。

A. 基圆齿距　　B. 分度圆直径　　C. 齿顶圆直径

12. 渐开线齿轮的模数 m 和齿距 p 的关系为（　　）。

A. $pm=\pi$　　B. $m=p\pi$　　C. $p=\pi m$

13.（　　）具有承载能力大、传动平稳、使用寿命长等特点。

A. 斜齿圆柱齿轮　　B. 直齿圆柱齿轮　　C. 锥齿轮

14. 国家标准规定，斜齿圆柱齿轮的（　　）模数和压力角为标准值。

A. 法向　　B. 端面　　C. 法向和端面

15. 直齿锥齿轮应用于两轴（　　）的传动。

A. 平行　　B. 相交　　C. 相错

16. 国家标准规定，直齿锥齿轮（　　）处的参数为标准参数。

A. 小端　　B. 大端　　C. 中间平面

17. 齿条的齿廓是（　　）。

A. 圆弧　　B. 渐开线　　C. 直线

18. 斜齿轮传动时，其轮齿啮合线先（　　），再（　　）。

A. 由短变长　　B. 由长变短　　C. 不变

19. 以下各齿轮传动中，不会产生轴向力的是（　　）。

A. 直齿圆柱齿轮　　B. 斜齿圆柱齿轮　　C. 直齿锥齿轮

20. 齿轮传动时，由于接触表面裂纹扩展，使表层上小块金属脱落，形成麻点和斑坑，这种现象称为（　　）；较软齿轮的表面金属被熔焊在另一轮齿的齿面上，形成沟痕，这种现象称为（　　）。

A. 齿面点蚀　　B. 齿面磨损　　C. 齿面胶合

21. 在（　　）齿轮传动中，容易发生齿面磨损。

A. 开式　　B. 闭式　　C. 开式和闭式

22. 防止（　　）的措施之一是选择适当的模数和齿宽。

A. 齿面点蚀　　B. 齿面磨损　　C. 轮齿折断

三、判断题（对的打“√”，错的打“×”）

1. 齿轮传动是利用主、从动齿轮轮齿之间的摩擦力来传递运动和动力的。（　　）

2. 齿轮传动的传动比是指主动齿轮转速与从动齿轮转速之比，它与其齿数成正比。（　　）

3. 齿轮传动的瞬时传动比恒定、工作可靠性高，所以应用广泛。（　　）

4. 基圆半径越小，渐开线越弯曲。（　　）

5. 渐开线齿廓上各点的压力角都相等。（　　）

6. 因渐开线齿轮能够保证传动比恒定，所以齿轮传动常用于传动比要求准确的场合。（　　）

7. 同一渐开线上各点的曲率半径不相等。（　　）

8. 离基圆越远，渐开线越趋于平直。（　　）

9. 对齿轮传动最基本的要求之一是瞬时传动比恒定。（　　）

10. 模数等于齿距除以圆周率的商，是一个没有单位的量。（　　）

11. 当模数一定时，齿轮的几何尺寸与齿数无关。（　　）

12. 模数反映了齿轮轮齿的大小，齿数相等的齿轮，模数越大，齿轮承载能力越强。（　　）

13. 斜齿圆柱齿轮螺旋角 β 一般取 $8°\sim30°$，常用的为 $8°\sim15°$。（　　）

14. 一对外啮合斜齿圆柱齿轮传动时，两齿轮螺旋角大小相等、旋向相同。（　　）

15. 斜齿圆柱齿轮的螺旋角越大，传动平稳性就越差。（　　）

16. 齿条齿廓上各点的压力角均相等，都等于标准值 20°。（　　）

17. 斜齿圆柱齿轮传动适用于高速重载的场合。（　　）

18. 齿轮传动的失效，主要是轮齿的失效。（　　）

19. 点蚀多发生在靠近节线的齿根上。（　　）

20. 开式传动和软齿面闭式传动的主要失效形式之一是轮齿折断。（　　）

21. 齿面点蚀是开式齿轮传动的主要失效形式。（　　）

22. 适当提高齿面硬度，可以有效地防止或减缓齿面点蚀、齿面磨损、齿面胶合和轮齿折断所导致的失效。（　　）

23. 轮齿发生点蚀后，会造成齿轮传动的不平稳并产生噪声。（　　）

24. 为防止点蚀，可以采用选择合适的材料以及提高齿面硬度、降低表面粗糙度值等方法。（　　）

25. 有效防止齿面磨损的措施之一是尽量避免频繁启动和过载。（　　）

四、简答题

1. 简述齿轮机构的特点。

2. 简述斜齿圆柱齿轮传动的特点。

3. 简述斜齿圆柱齿轮的正确啮合条件。

4. 什么是齿轮传动失效？常见的失效形式有哪些？

五、应用题

1. 机床因超负荷运转，将一对啮合的标准直齿圆柱齿轮打坏，现仅测量其中一个齿轮的齿顶圆直径为96mm，齿根圆直径为82.5mm，两齿轮中心距为135mm。求两齿轮的齿数和模数。

2. 某工人进行技术革新，找到两个标准直齿圆柱齿轮，测得小齿轮齿顶圆直径为115mm，因大齿轮太太，只测出其齿顶高为11.25mm，两齿轮的齿数分别为21和98。判断两齿轮是否可以准确啮合。

3. 如图所示，Ⅰ、Ⅲ两轴同轴线。齿数分别为 21、59 的两齿轮模数为 5 mm，n_1 = 1440r/min，n_2 = 480r/min. 求：齿数 z_2、模数、齿距、分度圆、齿顶圆直径和齿根圆直径。

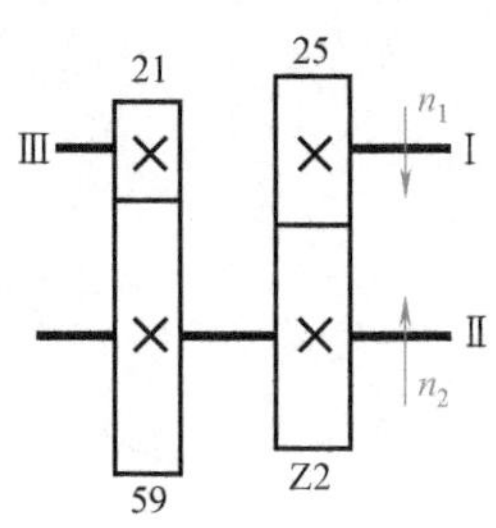

4. 一对外啮合标准圆柱齿轮，主动轮转速 n_1 = 1500r/min，从动轮转速 n_2 = 500r/min，两轮齿数之和（z_1+z_2）为 120，模数 m = 4mm。求：z_2、z_1 和中心距 a。

单元九　蜗 杆 传 动

一、填空题

1. 蜗杆传动主要由________、________和机架组成，用于传递空间两交错轴之间的回转运动和动力，通常两轴交错角为 90°，一般________是主动件。

2. 由蜗杆及其配对蜗轮组成的交错轴齿轮副，称为________。

3. 按蜗杆形状不同可分为________传动、________传动和________传动三种类型。

4. 圆柱蜗杆传动又有________蜗杆传动和________蜗杆传动。普通圆柱蜗杆传动按加工方法的不同，可分为________蜗杆、________蜗杆和________蜗杆等。

5. 蜗杆传动中，国家标准规定蜗杆以________参数为标准参数，蜗轮以________参数为标准参数。

二、选择题

1. 在蜗杆传动中，(　　) 由于加工和测量方便，所以应用广泛。

A. 阿基米德蜗杆　　　B. 渐开线蜗杆　　　　C. 法向直廓蜗杆

2. 蜗杆传动中，蜗杆与蜗轮轴线在空间一般交错成（　　）。

A. 30° B. 60° C. 90°

三、判断题（对的打“√”，错的打“×”）

1. 蜗杆和蜗轮都是一种特殊的斜齿轮。（　　）

2. 蜗杆传动中，蜗杆与蜗轮轴线在空间交错成60°。（　　）

3. 蜗杆传动中，一般蜗轮为主动件，蜗杆为从动件。（　　）

4. 在实际应用中，右旋蜗杆便于制造，使用较多。（　　）

5. 蜗杆通常与轴做成一体。（　　）

6. 互相啮合的蜗杆与蜗轮，与螺旋方向相反。（　　）

四、简答题

1. 简述蜗杆传动的特点和应用。

2. 简述蜗杆传动的正确啮合条件。

五、计算题

已知蜗杆传动中，蜗杆头数 $z_1=3$，转速 $n_1=1380\text{r/min}$。求：（1）若蜗轮齿数 $z_2=69$，求蜗轮转速。（2）若蜗轮转速 $n_2=45\text{r/min}$，求蜗轮齿数 z_2。

单元十　轮　　系

一、填空题

1. 在机械传动中，为了满足不同的工作需要，获得不同的传动比或转速以及改变转向，而采用一系列相互啮合的齿轮所组成的传动系统称为________。

2. 轮系的形式有很多，按照轮系传动时各齿轮的轴线位置是否固定可分为________、________和________三大类。

3. 当齿轮运转时，所有齿轮的几何轴线位置相对于机架固定不变，称为________________，也称为________________。

4. 轮系运转时，若有一个或一个以上的齿轮除绕自身轴线自转外，其轴线又绕另一个齿轮的固定轴线转动的轮系称为________________。

5. 周转轮系由________________________、________和________组成。

6. ________________________是指位于中心位置且绕轴线回转的内齿轮或外齿轮（齿圈）。行星轮是指同时与中心轮和齿圈啮合，既做________又做________的齿轮。________是指支承行星轮的构件。

7. 周转轮系又分为________________和________________两大类。

8. 太阳轮和齿圈当中有一个转速为零（即固定不动）的周转轮系称为________________。

9. 太阳轮和齿圈的转速都不为零的周转轮系称为________________。

10. 在轮系中，既有定轴轮系又有行星轮系的称为________________。

11. 定轴轮系传动比是指轮系中________________的转速比。其计算包括计算轮系________________和确定________________________。

12. 定轴轮系的传动比等于轮系中所有________________的连乘积与所有________________的连乘积之比，传动比的正负号取决于________的次数。

13. 常采用行星轮系，可以将两个独立的运动合成为________________，或将一个运动分解为________________的运动。

14. 若轮系中含有锥齿轮、蜗轮蜗杆和齿轮齿条，则其各轮转向只能用________的方法表示。

15. 在各齿轮轴线相互平行的轮系中，若齿轮的外啮合对数是偶数，则首轮与末轮的转向________；若为奇数，则首轮与末轮的转向________。

16. 在轮系中，惰轮常用于传动距离________和需要改变________的场合。

二、选择题

1. 当两轴相距较远，且要求瞬时传动比准确时，应采用（　　）传动。

A. 带　　B. 链　　C. 轮系

2. 若齿轮与轴之间（　　），则齿轮与轴各自转动，互不影响。

A. 空套　　B. 固定　　C. 滑动

3. 齿轮与轴之间滑移，是指齿轮与轴周向固定，齿轮可沿（　　）滑移。

A. 周向　　　　B. 轴向　　　　C. 周向与轴向

4. 在轮系中，（　　）对总传动比没有影响，起改变输出轴旋转方向的作用。

A. 惰轮　　　　B. 蜗轮蜗杆　　　　C. 锥齿轮

5. 定轴轮系传动比大小与轮系中惰轮的齿数（　　）。

A. 无关　　　　B. 有关，成正比　　　　C. 有关，成反比

6. 在轮系中，两齿轮间若增加（　　）个惰轮时，首、末两轮的转向相同。

A. 奇数　　　　B. 偶数　　　　C. 任意数

三、判断题（对的打“√”，错的打“×”）

1. 轮系既可以传递相距较远的两轴之间的运动，又可以获得很大的传动比。(　　)

2. 轮系可以方便地实现变速要求，但不能实现变向要求。(　　)

3. 采用轮系传动，可使结构紧凑，缩小传动装置的空间，节约材料。(　　)

4. 轮系中，若各齿轮轴线相互平行，则各齿轮的转向可用画箭头的方法确定，也可以用外啮合的齿轮对数确定。(　　)

5. 轮系中的惰轮既可以改变从动轴的转速，也可以改变从动轴的转向。(　　)

6. 在轮系中，首末两轮的转速仅与各自的齿数成反比。(　　)

7. 在轮系中，惰轮既可以是前级的从动轮，也可以是后级的主动轮。(　　)

8. 轮系中可以方便地实现变速和变向。(　　)

四、简答题

1. 简述轮系的功用。

2. 术语解释

(1) 定轴轮系

(2) 行星轮系

(3) 定轴轮系传动比

(4) 惰轮

五、应用题

1、如图所示定轴轮系中，已知各齿轮的齿数分别为：$z_1=30$、$z_2=45$、$z_3=20$、$z_4=48$。求轮系传动比 i_{12}，并用箭头在图上标出各齿轮的回转方向。

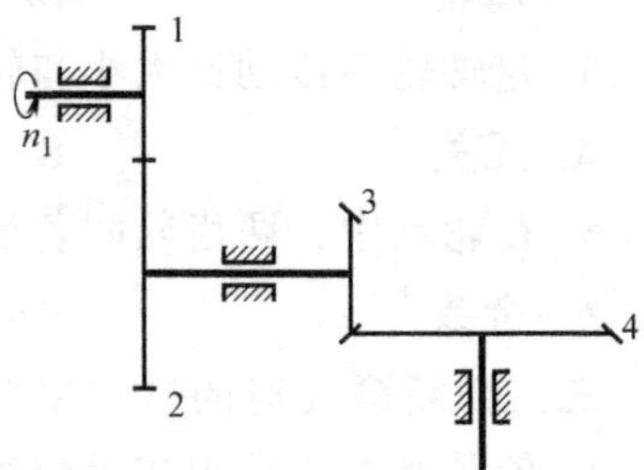

2. 如图所示定轴轮系中，已知 $n_1=1440\text{r/min}$，各齿轮的齿数分别为 $z_1=z_3=z_6=18$、$z_2=27$、$z_4=z_5=24$、$z_7=81$。求：(1) 轮系中哪一个齿轮是惰轮？(2) 末轮转速 n_7 是多少？(3) 用箭头在图中标出各齿轮的回转方向。

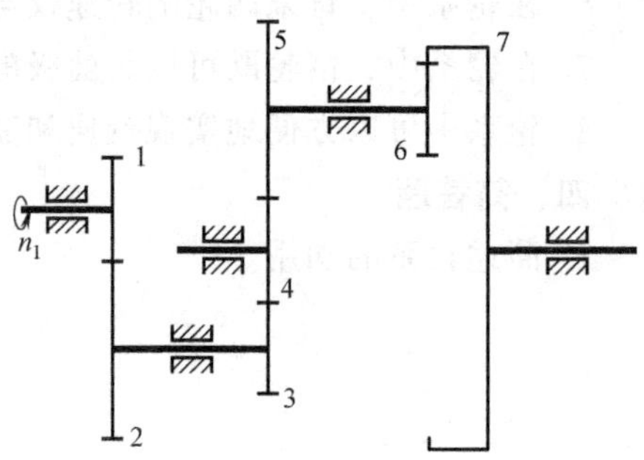

3. 如图所示定轴轮系中，已知 $n_1=720\text{r/min}$，各齿轮的齿数分别为 $z_1=20$、$z_2=30$、$z_3=15$、$z_4=45$、$z_5=15$、$z_6=30$，蜗杆 $z_7=2$，蜗轮 $z_8=50$。求：(1) 该轮系的传动比 i_{18}。(2) 蜗轮转速 n_8。(3) 用箭头在图中标出各齿轮的回转方向。

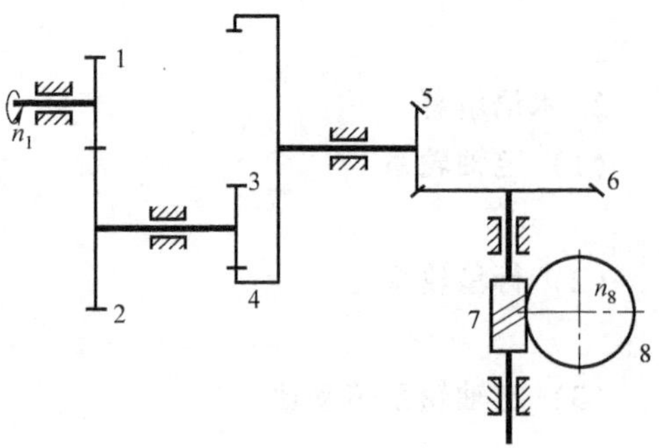

4. 定轴轮系中，已知各轮齿数和n_1转向，如图所示。求：（1）在图中用箭头标出各齿轮的转向和螺母的移动方向。（2）当$n_1=1$时，螺母的移动距离为多少？

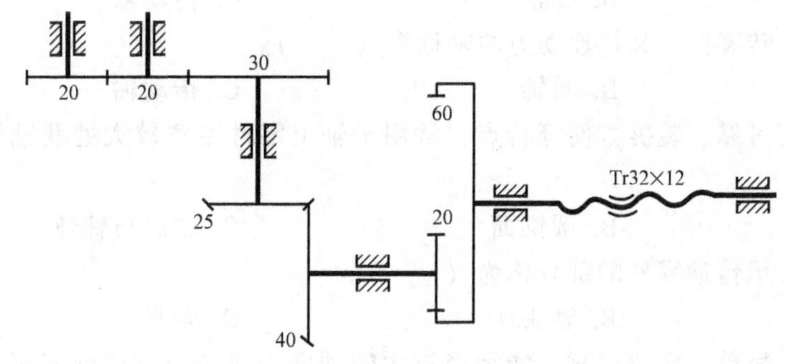

单元十一　轴

一、填空题

1. 根据轴线形状的不同，可以把轴分为________、________和________三大类。
2. 根据轴上所受载荷的不同，直轴又分为________、________和________三类。
3. 转轴最具有轴结构的典型性，它主要由________、________和________三部分构成。
4. 轴上零件的固定形式包括________与________两种。
5. 轴上零件轴向固定的目的是为了保证零件在轴上有确定的________，防止零件做________，并能承受________。
6. 轴上零件周向固定的目的是为了保证轴能可靠传递________，防止零件和轴产生相对________。
7. 轴的材料的选用要根据使用条件来选择，应具有足够的________、________、________和________，对应力集中的________。轴的材料品种很多，主要采用________和________，也可采用________。

二、选择题

1. 自行车前轴是（　　）。

A. 固定心轴　　B. 转动心轴　　C. 转轴

2. 在机床设备中，最常用的轴是（　　）。

A. 传动轴　　B. 转轴　　C. 曲轴

3. 车床的主轴是（　　）。

A. 传动轴　　B. 心轴　　C. 转轴

4. 传动齿轮轴是（　）。

A. 转轴　　B. 心轴　　C. 传动轴

5. 既支承回转零件，又传递动力的轴称为（　）。

A. 心轴　　B. 转轴　　C. 传动轴

6. 具有固定可靠、装拆方便等特点，常用于轴上零件距离较大处及轴端零件的轴向固定是（　）。

A. 圆螺母　　B. 圆锥面　　C. 轴肩与轴环

7. 在轴上支承传动零件的部分称为（　）。

A. 轴颈　　B. 轴头　　C. 轴身

8. 具有结构简单、定位可靠、能承受较大的轴向力等特点，广泛应用于各种轴上零件的轴向固定是（　）。

A. 紧定螺钉　　B. 轴肩与轴环　　C. 紧定螺钉与挡圈

9. 接触面积大、承载能力强、对中性和导向性都好的周向固定是（　）。

A. 紧定螺钉　　B. 花键连接　　C. 平键连接

10. 加工容易、装拆方便，应用最广泛的周向固定是（　）。

A. 平键连接　　B. 过盈配合　　C. 花键连接

11. 同时具有周向和轴向固定作用，但不宜用于重载和经常拆装场合的固定方法是(　)。

A. 过盈配合　　B. 花键连接　　C. 销连接

12. 对轴上零件起周向固定作用的是（　）。

A. 轴肩与轴环　　B. 平键连接　　C. 套筒和圆螺母

13. 为便于加工，在车削螺纹的轴段上应有（　），在需要磨削的轴段上应留出（　）。

A. 砂轮越程槽　　B. 键槽　　C. 螺纹退刀槽

14. 轴上零件最常用的轴向固定方法是（　）。

A. 套筒　　B. 轴肩与轴环　　C. 平键连接

15. 轴的端面倒角一般为（　）。

A. 40°　　B. 50°　　C. 45°

16. 在阶梯轴中部装有一个齿轮，工作中承受较大的双向轴向力，对该齿轮应当采用（　）方法进行轴向固定。

A. 紧定螺钉　　B. 轴肩与套筒　　C. 轴肩与与圆螺母

三、判断题（对的打“√”，错的打“×”）

1. 工作时只起支承作用的轴称为传动轴。(　)

2. 转轴是在工作中既承受弯矩又传递转矩的轴。(　)

3. 按轴的轴线形状不同，轴可分为曲轴和直轴。(　)

4. 轴头是轴的两端头部的简称。(　)

5. 轴端挡板主要适用于轴上零件的轴向固定。(　)

6. 不能承受较大载荷、主要起辅助连接的周向固定是紧定螺钉。(　)

7. 在满足使用要求的前提下，轴的结构应可能简化。(　　)
8. 阶梯轴上各截面变化处都应留有越程槽。(　　)
9. 轴端面倒角的主要作用是便于轴上零件的安装与拆卸。(　　)
10. 实际工作中，直轴一般采用阶梯轴，以便于轴上零件的定位和装拆。(　　)
11. 过盈配合的周向定位对中性好，可经常拆卸。(　　)
12. 轴的材料一般多用中碳钢和灰铸铁。(　　)

四、简答题

1. 转轴由哪几部分组成？各部分都起什么作用？

2. 在考虑轴的结构时，应遵循哪些原则？

3. 什么是轴的结构工艺性？在设计轴的结构时有哪些注意事项？

4. 轴在使用时有哪些注意事项？

5. 轴的维护有哪些注意事项？

单元十二　轴　　承

一、填空题

1. 轴承最常见的分类是根据摩擦性质的不同来划分。依据摩擦类型不同，轴承可分为________和________两大类。

2. 滑动轴承主要由滑动________、________和________组成。

3. 按所受载荷方向的不同，滑动轴承可分为________________和________两大类。

4. 滑动轴承的组成中，________________直接与轴配合使用，是最重要的零件。其结构一般分为________和________两类。

5. 油沟应开在________，为了使润滑油能均匀地分布在整个轴颈上，油沟应有足够的长度，但不能________，以免润滑油从轴瓦端部大量流失，一般取轴瓦长度的80%。

6. 滚动轴承结构都由________、________、________和________组成。

7. 按承载方向不同，滚动轴承分为以承受径向载荷为主的________和以承受轴向载荷为主的________两类。

8. 按滚动体的形状不同，滚动轴承可分为________和________。

9. 国家标准 GB/T 272—2017《滚动轴承 代号方法》规定了滚动轴承代号的表示方法。滚动轴承代号由________、________和________构成。

10. 滚动轴承的基本代号包含了轴承的________、________和________信息，它一般由轴承________、________________和________组成。

11. 滚动轴承尺寸系列代号由________________系列代号和________代号组合而成，一般用两位数字表示（有时省略其中一位）。它的主要作用是区别内径（d）相同而宽度和外径不同的轴承。

12. 滚动轴承内径代号表示轴承的________，一般用两位数字表示。

13. 两个配对使用的轴承构成一对轴承组。在生产中根据使用场合和实现功能的需要，轴承组的支承形式通常有________、________________和________三种形式。

14. 滚动轴承的安装应根据轴承结构、尺寸和轴承部件的配合性质而定，压力直接加在紧配合的________上，不得通过________传递压力。安装主要方法有________和________两种。

15. 滑动轴承润滑的目的是为了减少工作表面间的________，同时起________、________、________及________等作用。常用润滑剂分为________、________和________三种。

16. 滚动轴承常用的密封方法有________和____________等。

二、选择题

1. 与滚动轴承相比，滑动轴承的承载能力（　　）。

A. 大　　B. 小　　C. 相同

2. 径向滑动轴承中，（　　）滑动轴承装拆方便、应用广泛。

A. 整体式　　B. 剖分式　　C. 调心式

3. 内圈通常装在轴颈上，与轴（　　）转动。

A. 一起　　B. 相对　　C. 反向

4. 可同时承受径向载荷和轴向中载荷，一般成对使用的滚动轴承是（　　）。

A. 深沟球轴承　　B. 圆锥滚子轴承　　C. 推力球轴承

5. 主要承受径向载荷，外圈内滚道为球面，能自动调心的滚动轴承是（　　）。

A. 角接触球轴承　　B. 调心球轴承　　C. 深沟球轴承

6. 主要承受径向载荷，也可同时承受少量双向轴向载荷，应用最广泛的滚动轴承是（　　）。

A. 推力球轴承　　B. 圆柱滚子轴承　　C. 深沟球轴承

7. 能同时承受较大的径向载荷和轴向载荷且内外圈可以分离，通常成对使用的滚动轴承是（　　）。

A. 圆锥滚子轴承　　B. 推力球轴承　　C. 圆柱滚子轴承

8. 圆柱滚子轴承与深沟球轴承相比，其承载能力（　　）。

A. 大　　B. 小　　C. 相同

9. 深沟球轴承的滚动轴承类型代号是（　　）。

A. 4　　B. 5　　C. 6

10. 滚动轴承类型代号是 QJ，表示（　　）。

A. 调心球轴承　　B. 四点接触球轴承

C. 外球面球轴承

11. 实际工作中，若轴的弯曲变形大，或两轴承座孔的同心度误差较大时，应选用（　）。

A. 调心球轴承　　B. 推力球轴承　　C. 深沟球轴承

12. 工作中若滚动轴承只承受轴向载荷时，应选用（　　）。

A. 圆锥滚子轴承　　B. 圆柱滚子轴承　　C. 推力球轴承

13. （　　）是滚动轴承代号的基础。

A. 前置代号　　B. 基本代号　　C. 后置代号

14. 圆锥滚子轴承的（　　）与内圈可以分离，故其便于安装和拆卸。

A. 外圈　　B. 滚动体　　C. 保持架

15. 斜齿轮传动中，轴的支承一般选用（　　）。

A. 推力球轴承　　B. 圆锥滚子轴承　　C. 深沟球轴承

三、判断题（对的打“√”，错的打“×”）

1. 滑动轴承的抗冲击能力比滚动轴承的抗冲击能力强。(　　)
2. 滑动轴承能获得很高的旋转精度。(　　)
3. 滑动轴承轴瓦上的油沟应开在承载区。(　　)
4. 轴瓦上的油沟不能开通，是为了避免润滑油从轴瓦端部大量流失。(　　)
5. 滑动轴承工作时的噪声和振动均小于滚动轴承。(　　)
6. 轴承性能的好坏对机器的性能没有影响。(　　)
7. 调心球轴承不允许成对使用。(　　)
8. 双列深沟球轴承比深沟球轴承承载能力大。(　　)
9. 双向推力球轴承能同时承受径向载荷和轴向载荷。(　　)
10. 角接触球轴承的公称接触角越大，其承受轴向载荷的能力越小。(　　)
11. 滚动轴承代号通常都压印在轴承内圈的端面上。(　　)
12. 圆锥滚子轴承的滚动轴承类型代号是 N。(　　)
13. 滚动轴承代号的直径系列表示同一内径轴承的各种不同宽度。(　　)
14. 在满足使用要求的前提下，应尽量选用精度低、价格便宜的滚动轴承。(　　)
15. 载荷小且平稳时，应选用球轴承；载荷大且有冲击时，宜选用滚子轴承。(　　)
16. 球轴承的极限转速比滚子轴承低。(　　)
17. 同型号的滚动轴承精度等级越高，其价格越贵。(　　)
18. 在轴的一端安装一只调心球轴承，在轴的另一端安装一只深沟球轴承，则可起调心作用。(　　)
19. 滚动轴承的前置代号、后置代号是轴承基本代号的补充代号，不能省略。(　　)

四、简答题

1. 滑动轴承的主要失效形式有哪些？

2. 简述轴承内圈固定的常用形式。

3. 轴承组的支承形式有哪些，分别使用在什么场合？

4. 滚动轴承代号解释

（1）232/28：

（2）52308：

（3）36207：

（4）6211/P6：

单元十三　其他常用零部件

一、填空题

1. ＿＿＿＿＿＿是用来连接不同机构中的两根轴（主动轴和从动轴）使之共同旋转以传递转矩的机械零件。

2. 在有些场合联轴器也可作为一种安全装置，用来防止被连接件承受过大的载荷，起到＿＿＿＿＿＿作用。

3. 轴的连接装置在应用上可分为＿＿＿＿＿＿的联轴器及＿＿＿＿＿＿的离合器两种。按结构特点的不同，联轴器可以分为＿＿＿＿联轴器和＿＿＿＿联轴器。

4. 安全联轴器，又称＿＿＿＿＿＿，它能在轴＿＿＿＿＿＿时，实现联轴器的主动分离，以保护驱动设备。

5. 离合器是能根据需要方便迅速地实现主动轴和从动轴＿＿＿＿或＿＿＿＿的装置。

6. 离合器的类型很多，一般的机械式离合器有＿＿＿＿和＿＿＿＿两大类。

7. 制动器俗称刹车，是利用__________降低机器运动部件的转速或使其停止回转的装置。

8. 制动器（刹车）根据制动的方法不同可分为______、______和______等形式。

9. 直线轴承是一种__________系统，用于无限直线运动。它一般与__________配合使用。

10. 直线轴承由______、______、______、______及密封圈等组成。轴承与导向轴之间通过滚珠点接触，所以它适合__________运动。

11. 直线导轨的作用是用来______和______运动部件，按给定的方向做往复直线运动。

二、选择题

1.（　　）联轴器允许两轴间有较大的角位移，且传递转矩较大。

A. 套筒　　B. 万向　　C. 凸缘

2.（　　）联轴器具有良好的补偿性，允许有综合位移。

A. 滑块　　B. 套筒　　C. 齿轮

3.（　　）联轴器适用于两轴的对中性好、冲击较小及不经常拆卸的场合。

A. 凸缘　　B. 滑块　　C. 万向

4.（　　）联轴器一般适用于低速，轴的刚度较大、无剧烈冲击的场合。

A. 凸缘　　B. 滑块　　C. 万向

5.（　　）离合器广泛用于金属切削机床、汽车、摩托车和其他设备的传动装置中。

A. 牙嵌　　B. 齿形　　C. 超越式

6. 右图所示为（　　）离合器。

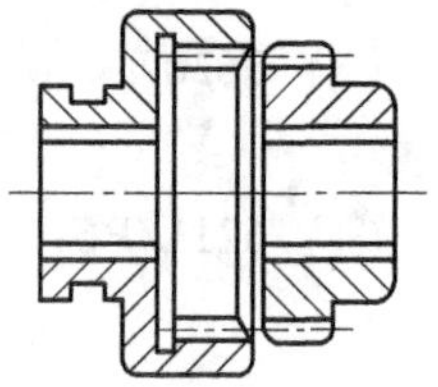

A. 牙嵌　　B. 齿形　　C. 摩擦式

7.（　　）离合器常用于经常起动、制动或频繁改变速度大小和方向的机械中。

A. 摩擦式　　B. 齿形　　C. 牙嵌

8.（　　）离合器具有过载保护作用。

A. 齿形　　B. 超越式　　C. 摩擦式

9. 为了降低某些运动部件的转速或使其停止，就是利用（　　）。

A. 制动器　　B. 联动器　　C. 离合器

10.（　　）制动器广泛应用于各种车辆以及结构尺寸受限制的机械中。

A. 外抱块式　　B. 内涨式　　C. 闸带式

11. 在机床的主轴变速箱中，制动器应装在（　　）轴上。

A. 高速　　B. 低速　　C. 任意

12. 若将电动机的转轴与减速器输入轴连接在一起，应当采用（　　）。

A. 联轴器　　B. 离合器　　C. 制动器

三、判断题（对的打“√”，错的打“×”）

1. 联轴器具有安全保护作用。（　　）

2. 万向联轴器主要用于两轴相交的传动。为了消除不利于传动的附加动载荷，一般将万向联轴器成对使用。（　　）

3. 汽车从起动到正常行驶过程中，离合器能方便地接合或断开动力的传递。（　　）

4. 离合器能根据工作需要使主、从动轴随时接合或分离。 ( )

5. 就连接、传动而言，联接器和离合器是相同的。 ( )

四、简答题

1. 什么情况下需要使用联轴器？

2. 什么是离合器，主要起什么作用？

3. 简述制动器的定义及其功用。

期中考试试卷

注意事项：

1. 本试卷为闭卷，满分 100 分，考试时间为 90 分钟；
2. 将班级、考号、姓名填在密封线内。

题号	一	二	三	四	五	总分
得分						

一、填空题（本大题共有 8 小题，每空 1 分，共 20 分）

1. 组成机构的各个相对运动部分称为______。构件是机构中的最小__________。构件可以是一个零件，也可以是由一个以上的零件组成。

2. 运动副是指两构件直接接触并能产生相对运动的连接。运动副中，两构件之间直接接触可分为__________、__________、__________。

3. 根据连架杆运动形式的不同，铰链四杆机构又可分为____________、____________和____________三种基本类型。

4. 按从动件端部形状和运动形式分，凸轮机构可以分为________________、________________和________________。

5. __________是指某一尺寸（实际尺寸、极限尺寸等）减其公称尺寸所得的代数差，它分为__________和__________。

6. __________是极限与配合制中，用以确定公差带相对于零线位置的极限偏差，一般为靠近______的偏差。

7. 当孔与轴公差带相对位置不同时，将有三种不同的配合：__________、__________和__________。

8. 键连接主要用于轴与轴上零件的__________，以传递动力和转矩。

二、选择题（本大题共有 10 小题，每题 2 分，共 20 分。在每小题所给出的三个选项中，只有一项是符合题目要求的）

1. 机器与机构的主要区别是（　　）。

A. 机器的运动较复杂　　B. 机器的结构较复杂

C. 机器能完成有用的机械功或实现能量转换

2. 在曲柄摇杆机构中，若以摇杆为主动件，则在死点位置时，曲柄的瞬时运动方向是（　　）。

A. 原运动方向　　B. 原运动的反方向　　C. 不确定的

3. 曲柄滑块机构中，若机构存在死点位置，则主动件为（　　）。

A. 连杆　　B. 滑块　　C. 机架

4. 凸轮机构中，从动件构造最简单的是（　　）从动件。

A. 平底　　B. 滚子　　C. 尖顶

5. 凸轮机构中，(　　) 从动件常用于高速传动。

A. 平底　　B. 滚子　　C. 尖顶

6. 当孔的上极限尺寸与轴的下极限尺寸的代数差为正值时，此代数差称为（　　）。

A. 最大间隙　　B. 最小间隙　　C. 最大过盈

7. 当孔的下极限偏差大于相配合的轴的上极限偏差时，此配合的性质是（　　）。

A. 过盈配合　　B. 间隙配合　　C. 过渡配合

8. 一个普通平键的标记为：GB/T 1096 键 12×8×80，其中 12×8×80 表示（　　）。

A. 键高×键宽×键长　　B. 键宽×键高×轴径　　C. 键宽×键高×键长

9. （　　）普通平键多用在轴的端部。

A. C 型　　B. A 型　　C. B 型

10. 根据（　　）的不同，平键可以分为 A 型、B 型、C 型三种。

A. 截面形状　　B. 尺寸大小　　C. 端部形状

三、判断题（本大题共有 10 小题，每题 1 分，共 10 分。对的打“√”，错的打“×”）

1. 当最长杆件与最短杆件长度之和小于或等于其余两杆件长度之和，且连架杆与机架之一为最短杆件时，则一定为双摇杆机构。（　　）

2. 牛头刨床中刀具的退刀速度大于其切削速度，就是应用了急回特性。（　　）

3. 曲柄滑块机构常用于内燃机中。（　　）

4. 凸轮机构中，从动件做等速运动规律的原因是凸轮做等速转动。（　　）

5. 凸轮机构中，从动件做等加速等减速运动规律是指从动件上升时做等加速运动，而下降时做等减速运动。（　　）

6. 零件的实际尺寸位于所给定的两个极限尺寸之间，则零件的尺寸为合格。（　　）

7. 某一零件的实际尺寸正好等于其公称尺寸，则该尺寸必然合格。（　　）

8. 数值为正的偏差称为上极限偏差，数值为负的偏差称为下极限偏差。（　　）

9. 键连接属于不可拆连接。（　　）

10. A 型键不会产生轴向移动，应用最为广泛。（　　）

四、简答题（本大题共有 5 小题，每题 6 分，共 30 分）

1. 铰链四杆机构存在曲柄，必须具备何种条件？

2. 简述凸轮机构的主要优缺点。

3. 销连接主要起什么作用？举出在生产或生活中销连接三种形式的应用实例。

4. 解释普通平键的标记：GB/T 1096　键 C20×12×125。

5. 术语（标记）解释

（1）螺距

（2）M14×1-7H8H

（3）G2A—LH

（4）Tr 24×14（P7）LH -7e

五、计算题（本大题共有 2 小题，每题 10 分，共 20 分）

1. 有一孔、轴配合，公称尺寸 $L=60$mm，最大间隙 $X_{max}=+40\mu m$，$T_D=30\mu m$，轴公差 $T_d=20\mu m$，es=0。求 Es、EI、T_f、X_{min}（或 Y_{max}），并按标准规定标准孔、轴的尺寸。

2. 如下图所示双螺旋传动中，螺旋副 a：$Ph_a=2$mm，左旋；螺旋副 b：$Ph_b=2.5$mm，左旋。求：

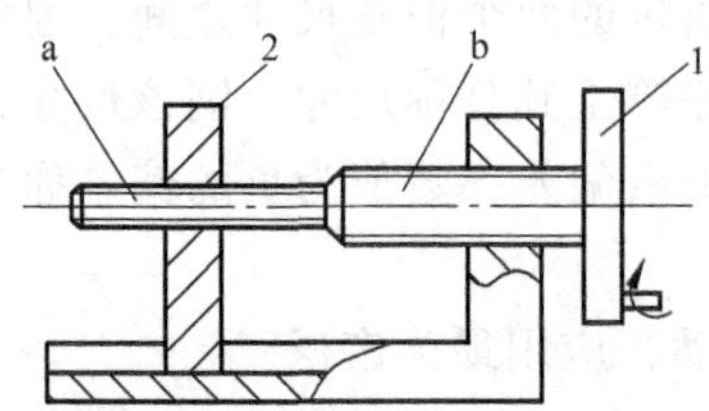

（1）当螺杆按上图所示的转向转动 0.5 周时，活动螺母 2 相对导轨移动多少距离？其方向如何？（2）若螺旋副 b 改为右旋，当螺杆按上图所示的转向转动 0.5 周时，活动螺母 2 相对导轨移动多少距离？其方向如何？

期末考试试卷

注意事项：

1. 本试卷为闭卷，满分 100 分，考试时间为 90 分钟；
2. 将班级、考号、姓名填在密封线内。

题号	一	二	三	四	五	总分
得分						

一、填空题（本大题共有 8 小题，每空 1 分，共 20 分）

1. 按照工作类型的不同，机器可以分为__________、__________和__________三类。

2. 组成机械的各个相对运动的实体称为__________。机械不可拆的制造单元称为__________。

3. 两构件直接接触并能产生一定形式相对运动的连接称为__________。它按接触特性又可分为__________和__________。

4. 键连接主要用作轴上零件的__________并传递转矩，有的兼作轴上零件的轴向固定，还有的在轴上零件移动时起__________。

5. 按照有无补偿轴线偏移功能，可将联轴器分为__________和__________两大类。

6. 根据工作原理的不同，带传动可分为__________和__________两大类。

7. 在齿轮传动中，按照齿向划分，齿轮传动可以分为__________、__________和__________。

8. 在铰链四杆机构中，根据两连架杆的运动规律，铰链四杆机构可分为__________、__________和__________三种基本形式。

二、选择题（本大题共有 10 小题，每题 2 分，共 20 分。在每小题所给出的三个选项中，只有一项是符合题目要求的）

1. 在 V 带传动中，张紧轮应置于（　　）内侧且靠近（　　）处。

A. 松边、小带轮　　B. 紧边、大带轮　　C. 松边、大带轮

2. 台虎钳上的螺杆常采用的是（　　）螺纹。

A. 矩形　　B. 锯齿形　　C. 三角形

3. 有一螺旋传动机构，其螺杆为双线螺纹，导程为 12mm，当螺杆转两周后，螺母位移量为（　　）mm。

A. 12　　B. 24　　C. 48

4. （　　　）具有传动效率高、传动精度高、磨损小、使用寿命长的优点。

A. 普通螺旋传动　　B. 差动螺旋传动　　C. 滚珠螺旋传动

5. 渐开线上任意一点的法线必（　　）基圆。

A. 相交于　　B. 切于　　C. 垂直于

6. 齿轮副是（　　）接触的高副。

A. 线　　B. 点　　C. 面

7. 在（　　）齿轮传动中，容易发生齿面磨损。

A. 闭式　　B. 开式　　C. 开式或闭式

8. 在圆柱蜗杆中，（　　）由于便于加工和测量，所以应用广泛。

A. 阿基米德蜗杆　　B. 渐开线蜗杆　　C. 法向直廓蜗杆

9. （　　）主要用于传递力，起牵引、悬挂物品的作用。

A. 传动链　　B. 输送链　　C. 起重链

10. 径向滑动轴承中，（　　）滑动轴承装拆方便、应用广泛。

A. 整体式　　B. 剖分式　　C. 调心式

三、判断题（本大题共有10小题，每题1分，共10分。对的打“√”，错的打“×”）

1. 牛头刨床中刀具的退刀速度大于其切削速度，就是应用了急回特性。（　　）

2. 凸轮机构中，从动件等加速等减速运动规律是指从动件上升时做等加速运动，而下降时做等减速运动。（　　）

3. A型键不会产生轴向移动，应用最为广泛。（　　）

4. 差动螺旋传动可以产生极小的位移，能方便地实现微量调节。（　　）

5. 同步带传动不是依靠摩擦力而是依靠啮合来传递运动和动力的。（　　）

6. 欲使链条连接时内链板和外链板正好相接，链节数应取偶数。（　　）

7. 模数等于齿距除以圆周率的商，是一个没有单位的量。（　　）

8. 当模数一定时，齿轮的几何尺寸与齿数无关。（　　）

9. 滚动轴承代号的直径系列表示同一内径轴承的各种不同宽度。（　　）

10. 载荷小且平稳时，应选用球轴承；载荷大且有冲击时，宜选用滚子轴承。（　　）

四、简答题（本大题共有6小题，每题5分，共30分）

1. 简述花键连接的优缺点。

2. 简述带传动概念及其特点。

3. 简述齿轮传动概念及其特点。

4. 什么叫模数？

5. 简述铰链四杆机构基本形式及其运动特性。

6. 滚动轴承代号解释

（1）232/28：

（2）52308：

（3）36207：

（4）6211/P6：

五、计算题（本大题共有 2 小题，每题 10 分，共 20 分）

1. 某工人技术革新，找到两个标准直齿圆柱齿轮，测得小齿轮齿顶圆直径 115mm，大齿轮齿高 11.25mm，两齿轮齿数分别为 21 和 98。求两齿轮尺寸参数，判断两齿轮能否正确啮合。

2. 如图所示定轴轮系中，已知 $n_1=720\text{r/min}$，各齿轮的齿数分别为 $z_1=20$、$z_2=30$、$z_3=15$、$z_4=45$、$z_5=15$、$z_6=30$，蜗杆 $z_7=2$，蜗轮 $z_8=50$。求：（1）该轮系的传动比 i_{18}。（2）蜗轮转速 n_8。（3）用箭头在图中标出各齿轮的回转方向。

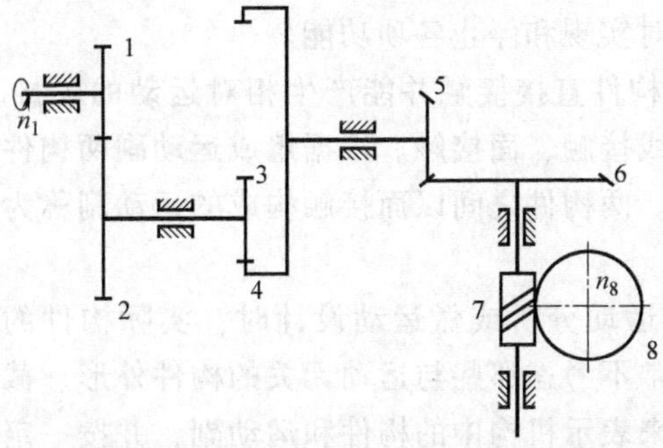

答　案

单元一　机械设计概论

一、填空题

1. 动力机器　加工机器　运输机器　信息机器
2. 构件　运动单元
3. 零件
4. 点接触　线接触　面接触
5. 低副　高副
6. 移动副（棱柱副）回转副　螺旋副
7. 齿轮副　凸轮副　滚动副

二、选择题

1. A　2. A　3. B　4. C A　5. A　6. D　7. C　8. C　9. C　10. A

三、判断题（对的打“√”，错的打“×”）

1. √　2. ×　3. √　4. ×　5. √　6. √　7. ×　8. √　9. ×　10. √

四、简答题

1. 答：机器是人们根据使用要求而设计的一种执行机械运动的装置，用来变换或传递能量、物料与信息，从而代替或减轻人类的体力劳动和脑力劳动。

2. 答：一个完整的机器主要有以下几部分组成：

(1) 动力部分，它是机械的动力来源，其作用是把其他形式的能量转换为机械能，以驱动机器各部分运动并做功。

(2) 传动部分，它是将动力部分的运动和动力传递给执行部分的中间环节，它可以改变运动速度、转换运动形式，以满足工作部分的各种要求。

(3) 执行部分，它是直接完成机械预定功能的部分，处于整个传动装置的终端，其结构形式取决于机器的用途。

(4) 控制部分，它是用来控制机器正常运行和工作的部分，显示和反映机器的运行状态和位置，使操作者能随时实现和停止各项功能。

3. 答：运动副是指两构件直接接触并能产生相对运动的联接。运动副中，两构件之间直接接触可分为点接触、线接触、面接触。根据组成运动副两构件之间的接触特性，运动副可分为低副和高副两大类。两构件之间以面接触构成的运动副称为低副。两构件以点或线接触的运动副称为为高副。

4. 答：在对机构进行运动分析或做运动设计时，实际构件的外形和结构往往很复杂，为简化问题，在工程中通常不考虑那些与运动无关的构件外形、截面尺寸和运动副和具体构造，用简单的线条和符号来表示机构中的构件和运动副，并按一定的比例画出各运动副的相对位置及它们的相对运动关系，这种用来说明机构各构件间相对运动关系的简单图形，称为机构运动简图。

机构运动简图保持了其实际机构的运动特征，它简明地表达了实际机构的运动情况。利用机构运动简图可以表达一部复杂机器的传动原理，可以进行机构的运动和动力分析。

5. 答：设计零件的一般步骤如下：

1）根据零件在机械中的地位和作用，选择零件的类型和结构。

2）根据零件的工作条件及对零件的特殊要求，选择合适的材料和热处理方法。

3）根据零件的工作情况，分析零件的载荷性质，拟定零件的计算简图，计算作用在零件上的载荷。

4）根据零件可能出现的失效形式，确定其计算准则，并计算和确定出零件的公称尺寸。

5）根据工艺和标准化等要求进行零件的结构设计。

6）绘制零件工作图，制订公差等技术要求，编写计算说明书及相关技术文件。

单元二　平面连杆机构

一、填空题

1. 移动副（棱柱副）回转副　相互平行

2. 低副　平面低副机构

3. 回转副

4. 机架　连杆　连架杆

5. 曲柄摇杆机构　双曲柄机构　双摇杆机构

6. 平行双曲柄　相同　相等

7. 相对长度　机架

8. 非工作时间　生产率

9. 两　从动件（曲柄）

二、选择题

1. C　2. C　3. C　4. A　5. A　6. C　7. C　8. C　9. C　10. B　11. C　12. C　13. A　14. C　15. C

三、判断题（对的打“√”，错的打“×”）

1. ×　2. ×　3. √　4. ×　5. ×　6. ×　7. √　8. ×　9. √　10. √　11. ×　12. √

四、简答题

1. 答：构件间相连的四个运动副均为回转副的平面连杆机构称为铰链四杆机构。铰链四杆机构由机架、连杆和连架杆三部分组成。

机架：固定不动的构件，又称静件。

连杆：不与机架直接相连的构件。

连架杆：与机架直接相连的构件。

2. 答：根据连架杆运动形式的不同，铰链四杆机构又可分为曲柄摇杆机构、双曲柄机构和双摇杆机构三种基本类型。（1）两连架杆中，一个为曲柄，另一个为摇杆的铰链四杆机构，称为曲柄摇杆机构；（2）两连架杆均为曲柄的铰链四杆机构称为双曲柄机构；（3）在铰链四杆机构中，若两连架杆均为摇杆，则此四杆机构称为双摇杆机构。

3. 答：铰链四杆机构中是否存在曲柄，主要取决于机构中各杆相对长度和机架的选择。铰链四杆机构存在曲柄，必须同时满足以下两个条件：(1) 最短杆与最长杆的长度之和小于或等于其他两杆长度之和；(2) 连架杆和机架中必有一杆是最短杆。

4. 答：在铰链四杆机构中，当主动件做等速运动时，从动件空回行程时的平均速度大于工作行程的平均速度的性质称为急回特性。

当主动件处于两极限位置时，连杆与从动件处于两次共线位置，机构的这个位置称为死点位置。此时，驱动力通过从动件铰链的中心，对从动件的回转力矩为零，因而无法推动从动件转动。

五、计算题

1. 解：当以 *AB* 杆为机架时，为双曲柄机构；
当以 *BC* 杆为机架时，为曲柄摇杆机构；
当以 *CD* 杆为机架时，为双摇杆机构；
当以 *AD* 杆为机架时，为曲柄摇杆机构。

2. 图 a：曲柄滑块机构；
图 b：摆动导杆机构；
图 c：曲柄摇块机构；
图 d：移动导杆机构。

单元三　凸轮机构与间歇运动机构

一、填空题

1. 凸轮　从动轮　机架
2. 盘形凸轮机构　移动凸轮机构　圆柱凸轮机构
3. 尖顶从动件凸轮机构　滚子从动件凸轮机构　平底从动件凸轮机构
4. 周期性停歇运动
5. 棘轮机构　齿式棘轮　摩擦式棘轮
6. 曲柄（拨盘）槽轮　机架
7. 等速运动规律　等加速等减速运动规律
8. 恒值
9. 轮廓曲线
10. 等速回转运动　往复移动

二、选择题

1. A　2. A　3. A　4. C　5. A　6. A　7. C　8. C　9. B　10. B　11. A　12. B　13. B　14. C　15. C　16. B

三、判断题（对的打“√”，错的打“×”）

1. √　2. √　3. ×　4. √　5. ×　6. √　7. ×　8. ×　9. ×　10. ×　11. ×　12. √　13. ×　14. ×　15. ×

四、简答题

1. 答：凸轮机构的优点：设计方便，只需改变凸轮的轮廓形状，就可改变从动件的运动规律，容易实现复杂运动；结构简单、紧凑；可高速起动，动作准确可靠；缺点：凸轮轮廓与从动件是点接触或线接触，不便于润滑，易磨损，所以通常用于传力不大的场合，如自动机械、仪表、控制机构和调节机构中。

2. 答：棘轮机构按结构分为齿式棘轮机构和摩擦式棘轮机构。

齿式棘轮机构是靠棘爪和棘轮轮齿之间的啮合来传递运动的。齿式棘轮机构的结构简单、制造方便、转角准确、运动可靠，但棘轮转角只能有级调节，且棘爪在齿背上滑行易引起噪声、冲击和磨损，所以不宜用于高速场合。

摩擦棘轮机构的特点是转角大小的变化不受轮齿的限制，而齿式棘轮机构的转角变化是以棘轮的轮齿为单位。因此，摩擦式棘轮机构要在一定范围内可任意调节转角，传动平稳，噪声小，可起过载保护作用，一般适用于低速轻载的场合。

3. 略。

单元四　极限配合与技术测量基础

一、填空题

1. 完全互换　不完全互换

2. 挑选　修配

3. 非圆柱形内表面　由小变大　大写字母

4. 非圆柱形外表面　由大变小　小写字母

5. 名义尺寸　理想尺寸

6. 尺寸偏差　极限偏差　实际偏差

7. 同等　IT 等级数字

8. 基本偏差　零线

9. 间隙配合　过渡配合　过盈配合

10. 基准孔　H　上方　为零

11. 几何要素

12. 形状公差　方向公差　位置公差　跳动公差

13. 表面粗糙度

二、选择题

1. B　2. A　3. C　4. B　5. C　6. A　7. A　8. B　9. A　10. A　11. C　12. C　13. A　14. C　15. B　16. A

三、判断题（对的打“√”，错的打“×”）

1. √　2. √　3. ×　4. ×　5. ×　6. ×　7. ×　8. √　9. ×　10. ×　11. √　12. ×　13. √　14. ×　15. √

四、简答题

1. 答：按互换性的程度不同，可将其分为完全互换和不完全互换。

完全互换是指机械零件在装配或更换时不需要挑选或修配，就可以直接使用，适用于成批大量生产的标准零部件，如螺纹连接件、紧固件、滚动轴承等。

不完全互换是指机械零件在装配时允许有附加的选择或调整，可采用分组装配法、调整法等工艺措施来实现。

完全互换和不完全互换在生产中都有广泛应用。完全互换的优点是快捷、方便，尤其适合批量大，且总体精度不是特别高的零件；不完全互换的优点则是在保证装配、配合精度要求的前提下，适当放宽制造要求，以便于加工，降低制造成本，其缺点是降低了互换性范围，不利于零部件维修。

2. 答：公差与偏差是两个不同的概念，应注意区。公差不能为负和零，而偏差却可以为正、负、零；公差值的大小反映零件精度的高低和加工的难易程度，而偏差仅表示偏离公称尺寸的多少；仅用公差不能判断尺寸是否合格，但可用以限制尺寸误差，而两个极限偏差是判断孔和轴尺寸合格与否的依据。

3. 答：当孔与轴公差带相对位置不同时，将有三种不同的配合：间隙配合、过渡配合和过盈配合。

间隙配合是指具有间隙（包括最小间隙等于零）的配合。此时，孔的公差带完全位于轴的公差带之上。

过盈配合是指具有过盈（包括最小过盈等于零）的配合。此时，孔的公差带完全位于轴的公差带之下。

过渡配合是指可能具有间隙或过盈的配合。此时，孔的公差带与轴的公差带相互交叠。

4. 答：（1）影响零件的耐磨性　由于表面粗糙度的存在，当两个表面做相对运动时，实际上部分接触，一般情况下表面越粗糙，其摩擦系数、摩擦阻力越大，磨损也越快。但值得注意的是，表面粗糙度值越小，摩擦、磨损未必就越小。如果零件表面粗糙度值小于合理值，则由于摩擦面之间润滑油被挤出而形成干摩擦，反而会使磨损加快。实验表面，当表面粗糙度 Ra 值为 0.3～1.2μm，磨损最慢。

（2）影响配合的性质　表面粗糙度会影响配合表面的稳定性。对于有相对运动的间隙配合，粗糙表面会因峰尖的磨损而使间隙逐渐增大。对过盈配合，粗糙表面的峰顶被挤平，使实际过盈减小，影响连接强度。所以，对有配合要求的表面，也应标注对应的表面粗糙度。

（3）影响零件的疲劳强度　零件表面越粗糙，微观不平的凹痕就越深，对应力集中更敏感，在交变应力的作用下易产生应力集中，使表面出现疲劳裂纹，从而降低零件的疲劳强度。

（4）影响零件的接触刚度　表面越粗糙，表面间的实际接触面积就越小，单位面积受力就越大，使峰顶处的局部塑形变形增大，接触刚度降低，从而影响机器的工作精度和抗振性能。

此外，表面粗糙度还影响零件表面的耐蚀性及结合表面的密封性和润滑性能等。

五、计算题

1. 解：
$$Y_{min}=Es-ei=[(-0.007)-(+0.008)]mm=-0.015mm$$
$$Y_{max}=EI-es=[(-0.028)-(+0.021)]mm=-0.049mm$$
$$T_f=Y_{min}-Y_{max}=[(-0.015)-(-0.049)]=0.034mm$$

2. 解：$D_{max}=D+ES=[15+(+0.027)]mm=15.027mm$

$D_{min}=(15+0)mm=15mm$

$d_{max}=[(15+(-0.016)]mm=14.984mm$

$d_{min}=[15+(-0.034)]mm=14.966mm$

$T_D = D_{max} - D_{min} = |15.027\text{mm} - 15\text{mm}| = 0.027\text{mm}$

$T_d = d_{max} - d_{min} = |14.984\text{mm} - 14.966\text{mm}| = 0.018\text{mm}$

$X_{max} = ES - ei = [(+0.027) - (-0.034)]\text{mm} = +0.061\text{mm}$

$X_{min} = EI - es = [0 - (-0.016)]\text{mm} = +0.016\text{mm}$

$X_{av} = (X_{max} + X_{min})/2 = [(+0.061\text{mm}) + (+0.016\text{mm})]/2 = +0.0385\text{mm}$

$T_f = |X_{max} - X_{min}| = T_D + T_d = 0.027\text{mm} + 0.018\text{mm} = 0.045\text{mm}$

3. 解：$T_f = T_D + T_d = 0.050\text{mm}$

$Y_{max} = X_{max} - T_f = -0.010\text{mm}$

$EI = es + X_{max} = -0.010\text{mm}$

$ES = EI + T_D = +0.020\text{mm}$

孔的尺寸为 $\phi 60^{+0.020}_{-0.010}$mm，轴为 $\phi 60^{\ 0}_{-0.020}$mm。

单元五　销、键及其他连接

一、填空题

1. 圆柱销　圆锥销　异形销
2. 周向固定
3. 普通平键　导向平键　滑键
4. 侧面
5. 导向平键　滑键
6. 连接
7. 矩形花键　渐开线花键

二、选择题

1. B　2. A　3. A　4. C　5. A　6. C　7. A　8. C　9. C　10. B　11. A　12. A　13. A　14. A

三、判断题（对的打“√”，错的打“×”）

1. √　2. ×　3. √　4. ×　5. √　6. √　7. √　8. √　9. ×　10. √　11. √12. √　13. ×　14. ×　15. √

四、简答题

1. 答：销连接通常用于定位，即固定零件之间的相对位置（定位销）；也用于轴与轮毂间或其他零件间的连接（连接销）；还可以作为安全装置中的过载剪断零件（安全销）。

2. 答：含义为：C 型普通平键；尺寸规格为：宽度 20mm，高度 12 mm，长度 125 mm。

3. 答：花键连接的特点：

1）由于多个键齿同时参加工作，受挤压的面积大，所以承载能力高。

2）轴上零件与轴的对中性好，沿轴向移动时导向性好。

3）键槽浅，对轴的强度削弱较小。

4）花键加工复杂，需要专用设备，成本较高。

花键连接传动时可使转轴与轮毂做旋转运动，由于其可认为是多个普通键连接，故其强度大，可传递很大的转矩，广泛用于载荷较大、定心精度较高的各种机械设备中，如汽车、飞机、拖拉机、机床等。

单元六　螺纹连接及螺旋传动

一、填空题

1. 螺旋线　凸起　沟槽

2. 外螺纹　内螺纹

3. 右旋螺纹　左旋螺纹

4. 单线螺纹　多线螺纹

5. 三角形　矩形　梯形　锯齿形

6. 螺纹代号　螺纹公差带代号　螺纹旋合长度代号

7. 55°非密封管螺纹　55°密封管螺纹

8. 直线运动　运动　动力

9. 差动螺旋传动　复式螺旋传动

10. 结构简单　工作连续　承载能力大　传动精度高

11. 普通螺旋传动　差动螺旋传动　滚珠螺旋传动

12. 滚珠　螺杆　螺母　滚珠循环装置

二、选择题

1. AC　2. A　3. A　4. A　5. A　6. C　7. A　8. B　9. B　10. B　11. C　12. B　13. A　14. C　15. B　16. C　17. A

三、判断题（对的打“√”，错的打“×”）

1. √　2. √　3. √　4. √　5. √　6. ×　7. ×　8. ×　9. √　10. ×　11. ×　12. √　13. √　14. ×　15. √

四、简答题

1. 答：螺旋传动是通过螺杆和螺母的旋合来传递运动和动力的。螺旋传动主要是把主动件的旋转运动转变为从动件的直线往复运动，以较小的转矩得到很大的推力，或者用以调整零件的相互位置。

螺旋传动具有结构简单、传动连续、平稳、承载能力大、传动精度高等优点，因此广泛应用于各种机械和仪器中。其缺点是在传动中磨损较大且效率低。但滚珠螺旋传动的应用已使螺旋传动摩擦大、易磨损和效率低的缺点得到了很大程度的改善。

2. 答：普通螺旋传动直线移动方向的判断：

普通螺旋传动时，从动件做直线运动，方向不仅与螺纹的转动方向有关，还与螺纹的旋向有关。正确判断螺杆或螺母的移动方向至关重要。判断方法为：左旋螺纹用左手，右旋螺纹用右手；手握空拳，四指指向螺杆或螺母的转动方向，大拇指竖直。

（1）若螺杆和螺母其中一个固定不动，另一个做回转运动且移动，则大拇指指向即为螺杆或螺母的移动方向。

（2）若螺杆和螺母其中一个做原位回转运动，另一个做直线移动，则大拇指的相反方向即为螺杆或螺母的移动方向。

3. 术语（标记）解释

（1）螺距——相邻两牙在中径上对应两点间的轴向距离。

（2）M14×1-7H8H——细牙普通内螺纹，公称直径为12mm，螺距为1mm，中径公差带代号 7H，顶径公差带代号 8H。

（3）G2A—LH——非螺纹密封的管螺纹，尺寸代号为 2，外螺纹公差等级代号 A，左旋螺纹。

（4）Tr 24×14（P7）LH -7e——梯形外螺纹，公称直径为 24mm，导程为 14mm，螺距为 7mm，左旋螺纹，中径和顶径公差带代号为 7e。

4. 解：（1）$L=NPh=2\times6\times2=24\text{mm}$

（2）$V=nPh=25\times12=300\text{mm/min}$

5. 解：（1）$L=N(Ph_a-Ph_b)=0.5\times(2.5-2)=0.25\text{mm}$　活动螺母向右移动

（2）$L=N(Ph_a+Ph_b)=0.5\times(2.5+2)=2.25\text{mm}$　活动螺母向左移动

单元七　带传动和链传动

一、填空题

1. 主动轮　从动轮　传动带
2. 摩擦型带传动　啮合型带传动
3. 摩擦力　运动和动力
4. 安全保护
5. 两侧面
6. Y　Z　A　B　C　D　E
7. 调整中心距　安装张紧轮
8. 同步带传动　等间距齿形
9. 带传动　齿轮
10. 单面齿　双面齿
11. 主动链轮　从动链轮　链条
12. 传动链　起重链　输送链

二、选择题

1. B　2. C　3. C　4. C　5. C　6. B　7. B　8. C　9. C　10. B　11. B　12. A　13. C

三、判断题（对的打“√”，错的打“×”）

1. √　2. ×　3. ×　4. √　5. ×　6. √　7. √　8. ×　9. ×　10. √　11. √　12. √　13. √　14. √　15. ×　16. √

四、简答题

1. 答：（1）优点：

1）结构简单，制造、安装精度要求不高；使用维护方便，成本低廉。

2）可增加带长以适应大中心距的需要，适用于两轴中心距较大的传动。

3）带具有良好的挠性，可缓和冲击、吸收振动，传动平稳，噪声小。

4）当过载时，带与带轮之间会出现打滑，虽使传动失效，但可以避免其他零件被损坏，起安全保护作用，一般适用于高速端。

（2）缺点：

1）传动效率较低。

2）需要张紧装置。

3）带的使用寿命较短。

4）传动外廓尺寸大，结构不紧凑。

5）不宜在高温、易燃及有油、水的场合使用。

6）在摩擦型传动中，由于带的滑动，传动比不恒定，不能保证准确的传动比。

2. 答：(1) 优点：

1）带是弹性体，能缓和载荷冲击，运行平稳、无噪声。

2）过载时将引起带在带轮上打滑，因而可起到保护整机的作用。

3）制造和安装精度不像啮合传动那样严格，维护方便，无须润滑。

4）可通过增加带的长度以适应中心距较大的工作条件。

(2) 缺点：

1）带与带轮的弹性滑动使传动比不准确，效率较低，寿命较短。

2）传递同样大的圆周力时，外廓尺寸和轴上的压力都比啮合传动大。

3）不宜用于高温和易燃等场合。

3. 答：同步带传动是兼有齿轮传动、链传动和带传动各自优点的新型带传动，与摩擦型带传动比较，同步带传动的带轮和传动带之间没有相对滑动，能够保证严格的传动比。

1）能实现较远中心距的传动，传动比准确，工作时无滑动，传动精度较高，可做到同步传动，适用于需要精密传动的机器。

2）同步带不需特别张紧，故作用在轴和轴承上的载荷较小，传动效率高，可达 98%。它与 V 带传动相比，有明显的节能效果。

3）传动平稳，具有缓冲、减振能力，噪声低。

4）同步带薄且轻，抗拉强度高，最高线速度可达 80m/s，传动比可达 10，传递功率可达 200kW。

5）带轮直径比 V 带小，且无须特别张紧，带轮轴和轴承的尺寸都可减小，因此其结构比 V 带传动紧凑。

6）不需要润滑，能在高温、腐蚀等恶劣环境下工作，维护保养方便。

7）安装精度要求高，对中心距及其尺寸稳定性要求较高。

8）制造工艺复杂，制造成本高，成本受批量影响大。

4. 答：(1) 优点：

1）没有滑动和打滑，能保持准确的平均传动比。

2）传递功率大，张紧力小，作用在轴和轴承上的力小。

3）传动效率高，一般可达到 0.95~0.98。

4）能在低速、重载和高温条件下，以及尘土飞扬、淋水、淋油等不良环境中工作。

(2) 缺点：

1）由于链节的多边形运动，瞬时传动比是变化的，瞬时链速度不是常数，传动中会产生动载荷和冲击，不宜用于精密传动的机械。

2）对安装和维护要求较高。

3）链条的铰链磨损后，传动中链条容易脱落。

4）无过载保护作用。

5. 术语（标记）解释

（1）机构传动比——机构中输入角速度与输出角速度的比值。

（2）V 带中性层——当 V 带绕带轮弯曲时，其长度和宽度均保持不变的层面称为中性层。

（3）V 带基准长度 L_d——在规定的张紧力下，沿 V 带中性层量得的周长，称为 V 带基准长度。

（4）同步带传动——依靠同步带齿与同步带轮齿之间的啮合传递运动和动力，两者无相对滑动，因而使圆周速度同步的一种啮合传动，称为同步带传动。

（5）链传动的传动比——主动链轮的转速 n_1 与从动链轮的转速 n_2 之比。

（6）滚子链 08A-2-90 GB/T 1243—2006——链号为 08A，双排，链节数为 90，标准编号为 GB/T 1243—2006。

单元八　齿轮传动

一、填空题

1. 齿　齿轮副
2. 主动齿轮　从动齿轮　机架　运动和动力
3. 平行　不平行
4. 瞬时传动比恒定，工作可靠性高，传递运动准确
5. 开式　半开式　闭式
6. 直齿　斜齿　人字齿
7. 渐开线　圆弧　摆线
8. 渐开线　基圆　渐开线齿轮
9. 压力角　不同的　分度圆　20°
10. 模数　压力角
11. 往复直线
12. 成形法　范成法
13. 齿面点蚀　齿面磨损　轮齿折断　齿面胶合　齿面塑变

二、选择题

1. C　2. A　3. B　4. B　5. A　6. C　7. A　8. A　9. C　10. A　11. A　12. C　13. A　14. A　15. B　16. B　17. C　18. AB　19. A　20. AC　21. A　22. C

三、判断题（对的打“√”，错的打“×”）

1. ×　2. ×　3. √　4. √　5. ×　6. √　7. √　8. √　9. √　10×　11. ×　12. √　13. √　14. ×　15. ×　16. √　17. √　18. √　19. √　20. ×　21. ×　22. √　23. √　24. √　25. ×

四、简答题

1. 答：

齿轮机构是机械中应用最广泛的一种传动形式，可用来传递空间任意两轴间的运动和动力，改变运动的速度和形式。齿轮传动和其他传动形式相比，具有以下优点：

1）瞬时传动比恒定，传动平稳、可靠，传递运动精确，这是齿轮被广泛应用的最主要原因之一。

2）圆周速度和传递功率范围较宽，适应性广。其传递功率范围从 0.1W 到数万千瓦，圆周速度从很低到每秒几百米。

3）传动效率高，一般在 95%以上。

4）结构紧凑，维护简单，使用寿命长。

缺点：

1）制造和安装精度要求较高，需用专门的机床和刀具，故成本相对较高。

2）不适用于中心距较大的传动。

3）运转过程中有振动、冲击和噪声。

4）不能实现无级变速。

2. 答：（1）优点：

1）重合度大，啮合性能好；传动平稳，冲击噪声小。

2）承载能力高，使用寿命长。

3）不发生根切的最少齿数比直齿轮的少。

4）对制造误差的敏感性小。

5）可以凑配中心距。

（2）缺点：

1）传动时产生轴向力，需要安装能承受轴向力的轴承。

2）斜齿圆柱齿轮不能用做变速滑移齿轮。

3. 答：

一对外啮合斜齿圆柱齿轮用于平行轴传动时的正确啮合条件为：

1）两齿轮法向模数（法向齿距 p_n 除以圆周率所得的商）相等，即 $m_{n1}=m_{n2}=m$。

2）两齿轮法向压力角（法平面内端面齿廓与分度圆交点处的压力角）相等，即 $\alpha_{n1}=\alpha_{n2}=\alpha$。

3）两齿轮螺旋角大小相等，方向相反，即 $\beta_1=-\beta_2$。

4. 答：轮齿是齿轮传动的关键部分，齿轮的失效通常是指轮齿的失效，轮齿的失效与传动类型、工作状况（速度、载荷、润滑等）、材料性质、齿轮结构、加工精度有关，常见的失效形式有五种：轮齿折断、齿面点蚀、齿面磨损、齿面胶合及轮齿塑性变形。

五、应用题

1. 解：$\because d_{a1}=m(z_1+2) \quad d_{f1}=m(z_1-2.5)$

$\therefore m(z_1+2)=96 \quad m(z_1-2.5)=82.5$

$z_1=30 \qquad m=3\text{mm}$

又$\because a=m(z_1+z_2)/2$

$\therefore m(z_1+z_2)/2=135$

$z_2=60$

2. 解：$\because h_2=2.25m_2$

$\therefore m_2=11.25/2.25\text{mm}=5\text{mm}$

$\because d_{a1}=m(z_1+2)$

$\therefore m_1=d_{a1}/(z_1+2)=115/(21+2)=5(z_1+2)$

$\because m_1=m_2=5$mm　且两齿轮均为标准齿轮　即 $\alpha_1=\alpha_2=\alpha$

$\therefore$ 两齿轮能正确啮合

3. 解：$\because i_{12}=n_1/n_2=z_2/z_1$

$\therefore z_2=n_1z_1/n_2=1440\times25/480=75$

$\because$ Ⅰ、Ⅲ两轴同轴线

$\therefore$ 两对齿轮的中心距相等

即 $a_1=a_2$

$m_1(z_1+z_2)/2=5\times(21+59)/2$

$m=4$mm

$p_2=\pi m=4\times3.14$mm$=12.56$mm

$d_2=mz_2=4\times75$mm$=300$mm

$d_{a2}=m(z_2+2)=4\times(75+2)mm=308$mm

$d_{f2}=m(z_2-2.5)=4\times(75-2.5)mm=290$mm

4. 解：$a=m(z_1+z_2)/2=4\times120mm/2=240$mm

$\because i_{12}=n_1/n_2=z_2/z_1$

$\therefore z_2=n_1z_1/n_2=z_1 1500/500=3z_1$

又$\because z_1+z_2=120$

$z_2=3z_1$

$\therefore z_1=30\quad z_2=90$

单元九　蜗 杆 传 动

一、填空题

1. 蜗杆　蜗轮　蜗杆
2. 蜗杆副
3. 圆柱蜗杆　环面蜗杆　锥蜗杆
4. 普通圆柱　圆弧圆柱　阿基米德　渐开线　法向直廓
5. 轴面（x）　端面（t）

二、选择题

1. A　2. C

三、判断题（对的打“√”，错的打“×”）

1. √　2. ×　3. ×　4. ×　5. √　6. ×

四、简答题

1. 答：

蜗杆传动是利用蜗杆副传递运动和动力的一种机械传动，具有螺旋机构的某些特点。

1）结构紧凑、传动比大。其传动比一般为 $i=10\sim100$。

2）传动平稳、无噪声。因蜗杆齿为连续不断的螺旋形，使其有螺旋机构的特点，蜗杆与蜗轮的啮合过程是连续的，而且同时啮合的次数较多，故传动很平稳，无噪声，冲击和振动小。

3）具有自锁性。当蜗杆的导程角小于一定值时，只能以蜗杆为主动件带动蜗轮，而不能由蜗轮带动蜗杆转动，从而实现自锁。

4）传动效率低，易磨损、发热。蜗杆与蜗轮齿面间的滑动速度大，摩擦剧烈，发热量大。效率一般为0.7~0.8。当传动有自锁时，传动效率一般低于0.5。由于蜗杆传动效率低，摩擦产生的热量较大，所以要求有良好的润滑和冷却。为了减轻齿面的磨损和胶合，蜗轮一般采用减磨性好的青铜制造，所以成本高。

5）传递功率较小，一般不超过50kW。

故蜗杆传动常用于两轴交错、传动比较大、传递功率不太大或间歇工作的机构以及有自锁要求的机械中。

2. 答：

要组成一对正确啮合的蜗杆与蜗轮，应满足一定的条件。蜗杆传动的正确啮合条件为：

1）在中间平面内，蜗杆的轴向模数 m_x 与蜗轮的端面模数 m_t 相等，且符合标准模数系列。

2）在中间平面内，蜗杆的轴向压力角 α_x 与蜗轮的端面压力角 α_t 相等，且为标准值20°。

3）蜗杆导程角 γ 与蜗轮螺旋角 β 相等，且旋向相同。

五、简答题

解：（1）$n_2=n_1z_1/z_2=1380\times3/69=60\text{r/min}$

（2）$z_2=n_1z_1/n_2=1380\times3/45=92$

单元十　轮　　系

一、填空题

1. 轮系
2. 定轴轮系　周转轮系　混合轮系
3. 定轴轮系　普通轮系
4. 周转轮系
5. 中心轮（太阳轮）、行星轮　行星架
6. 中心轮（太阳轮）自转　公转　行星架
7. 行星轮系　差动轮系
8. 行星轮系
9. 差动轮系
10. 混合轮系
11. 首末两轮　传动比的大小　末轮的回转方向
12. 从动齿轮齿数　主动齿轮齿数　外啮合
13. 一个运动　两个独立
14. 画箭头
15. 相反　相同
16. 稍远　转向

二、选择题

1. C　2. A　3. B　4. A　5. A　6. A

三、判断题（对的打"√"，错的打"×"　）

1. √　2. ×　3. √　4. √　5. ×　6. ×　7. √　8. √

四、简答题

1. 答：轮系应用极广，其功用主要有以下几个方面：

（1）可做较远距离的传动　当两轴中心距较大时，如用一对齿轮传动，则两齿轮结构尺寸必然很大，既占空间很大，又浪费材料，而且制造和安装都不方便。若改用轮系传动，可减小齿轮尺寸，使结构紧凑，节约材料，给制造和安装带来便利。

（2）可获得大的传动比　当两轴之间的传动比较大时，若仅用一对齿轮传动，则两个齿轮的齿数差一定很大，导致小齿轮磨损加快。又因为大齿轮齿数太多，使得齿轮传动结构尺寸增大。为此，一对齿轮传动的传动比不能过大（一般 $i_{12}=3\sim5$，$i_{max}\leqslant8$），而采用轮系传动，可以获得很大的传动比，以满足低速工作的要求，但齿轮和轴的增多会使机构趋于复杂。

（3）可以方便地实现变速和变向要求　在许多机械中，需要在主动轴的转速、转向不变的情况下，通过轮系使从动轴获得多种转速。

（4）可以实现运动的合成与分解　差动轮系可以将两个独立的运动合成为一个运动，或将一个运动分解为两个独立的运动。

2. 术语解释

（1）定轴轮系——当轮系运转时，所有齿轮的几何轴线的位置相对于机架固定不变，则称为定轴轮系或普通轮系。

（2）行星轮系——轮系运转时，至少有一个齿轮的几何轴线相对于机架的位置是不固定的，而是绕另一个齿轮的几何轴线转动，这种轮系称为行星轮系。

（3）定轴轮系传动比——在轮系中，首轮转速与末轮转速之比称为定轴轮系传动比。

（4）惰轮——在轮系中，只改变从动轮的回转方向，而不影响总传动比的齿轮称为惰轮。

五、应用题

1. 解：（1）传动比 $i_{14}=n_1/n_2=z_2z_4/z_1z_3=45\times48/30\times20=3.6$

（2）各轮转向 1↓　2↑　3↑　4→

2. 解：（1）齿轮 4 是惰轮

（2）$\because i_{17}=n_1/n_7=z_2z_5z_7/z_1z_3z_6$

$\therefore n_7=n_1z_1z_3z_6/z_2z_5z_7$

$=1440\times18\times18\times18/27\times24\times81=160\text{r/min}$

（3）各轮转向　1↓　2↑　3↑　4↓　5↑　6↑　7↑

3. 解：（1）$i_{18}=n_1/n_8=z_2z_4z_6z_8/z_1z_3z_5z_7=30\times45\times30\times50/20\times15\times15\times2=225$

（2）$n_8=n_1/i_{18}=1440/225=3.2\text{r/min}$

（3）各轮转向：2↑　3↑　4↑　5↑　6→　7→　8　逆时针方向

4. 解：（1）各轮转向：→　←　→　→　↑　↑　↑　→　螺母移动方向

（2）$L=20\times20\times25\times20\times12/20\times30\times40\times60=1.67\text{mm}$

单元十一　轴

一、填空题

1. 直轴　曲轴　挠性轴

2. 心轴　转轴　传动轴

3. 轴颈　轴头　轴身

4. 轴向固定　周向固定

5. 轴向位置　轴向移动　轴向力

6. 运动和转矩　转动

7. 强度　疲劳强度　刚度　耐磨性　敏感性较低　中碳钢　合金钢　铸铁

二、选择题

1. A　2. B　3. C　4. A　5. B　6. A　7. B　8. B　9. B　10. A　11. A　12. B　13. CA　14. B　15. C　16. C

三、判断题（对的打“√”，错的打“×”）

1. ×　2. ×　3. ×　4. ×　5. √　6. √　7. √　8. ×　9. √　10. √　11. ×　12. ×

四、简答题

1. 答：转轴由轴颈、轴头和轴身三部分组成：主要作用如下：

（1）轴颈（支承轴颈）　与轴承配合的轴段。轴颈的直径应符合轴承的内径系列。

（2）轴头（工作轴颈、配合轴颈）　支承传动零件的轴段。轴头的直径必须与相配合零件（如齿轮）的轮毂内径一致，并符合轴的标准直径系列。

（3）轴身　连接轴颈和轴头的轴段。

2. 答：多种多样，没有标准的形式。为了轴的结构及其各其各部分都具有合理的形状和尺寸，在考虑轴的结构时，应把握三个方面的原则，即：

1）应保证安装在轴上的零件牢固而可靠。

2）应便于轴的结构加工，尽量减少或避免应力集中。

3）应便于轴上零件的安装和拆卸。

3. 答：轴的结构工艺性是指轴的结构形式应便于加工、便于轴上零件的装配和维修，并且能提高生产率，降低成本。轴的结构越简单，工艺性就越好。在满足使用要求的前提下，轴的结构设计应注意以下几点：

1）设计尽可能形状简单，轴的台阶数尽可能少，相邻轴段直径变化尽可能小，以减少加工工时，提高生产率，降低应力集中。

2）轴上各段的键槽、圆角半径、倒角、中心孔等尺寸应尽量统一。轴上有多处键槽时，一般应使各键槽位于同一中心线上，避免加工时多次装夹，以便于加工。

3）轴上需要切削螺纹，应有螺纹退刀槽；需磨削的轴段应有砂轮越程槽。

4）轴端、轴颈与轴肩（或轴环）的过渡位应有倒角或过渡圆角，以便于轴上零件的装拆，避免划伤配合表面，减小应力集中。

5）阶梯轴的直径应该是中间大、两端小，以便于轴上零件的装拆。

4. 答：轴的使用，应注意以下几点：

1）安装时，要严格按照轴上零件的先后顺序进行，注意保证安装精度。

2）安装结束后，要严格检查轴在机器中的位置以及轴上零件的位置，并将其调整到最佳工作位置，同时轴承的游隙也要按工作要求进行调整。

3）在工作中，尽量使轴避免承受过量载荷和冲击载荷，并保证润滑充分、到位，从而确保应力不超过轴的疲劳强度。

5. 答：轴的维护应注意：

1）认真检查轴和轴上零件的完好程度，若发现问题应及时维修或更换。轴的维修部位主要是轴颈及轴头等对精度要求较高的轴段，在磨损量较小时，可采用电镀法在其配合表面镀上一层硬质合金层，并磨削至规定尺寸精度。

2）认真检查轴及轴上主要传动零件工作位置的准确性、轴承游隙变化并及时调整。

3）轴上的传动零件（如齿轮、带轮、链轮等）和轴承必须保证良好的润滑。

单元十二　轴　承

一、填空题

1. 滑动轴承　滚动轴承
2. 轴承座　轴瓦或轴套　润滑装置
3. 径向滑动轴承　推力滑动轴承
4. 轴瓦（轴套）整体式　剖方式
5. 非承载区　开通
6. 内圈　外圈　滚动体　保持架
7. 向心轴承　推力轴承
8. 球轴承　滚子轴承
9. 前置代号　基本代号　后置代号
10. 类型　结构　尺寸　类型代号　尺寸系列代号　内径代号
11. 轴承宽（高）度　直径系列
12. 公称内径
13. 两端固定　一端固定一端游动　两端游动
14. 套圈端面　滚动体　冷压法　热套法
15. 摩擦和磨损　冷却　散热　防锈蚀　减振　润滑油　润滑脂　固体润滑剂
16. 接触式密封　非接触式密封

二、选择题

1. A　2. B　3. A　4. B　5. B　6. C　7. A　8. A　9. C　10. B　11. A　12. C　13. B　14. A　15. B

三、判断题（对的打“√”，错的打“×”）

1. √　2. ×　3. ×　4. √　5. ×　6. ×　7. ×　8. √　9. ×　10. ×　11. ×　12. ×　13. ×　14. √　15. √　16. ×　17. √　18. ×　19. ×

四、简答题

1. 答：滑动轴承的主要失效形式如下：

(1) 磨损　轴与轴承相对运动时，由轴上较硬物体或硬质颗粒切削或刮擦作用引起的轴承表面材料的脱落、损伤现象，称为轴承磨损。显然，轴承磨损会破坏接触表面，应以克服。

（2）胶合　滑动轴承工作时，特别是在重载条件下工作的轴承，由于温度和压力都很高，轴颈和轴瓦之间的润滑油膜有可能被挤出，造成金属表面之间的直接接触，因摩擦面发热而使温度急骤升高，严重时表面金属局部软化或熔化，导致接触区发生牢固的粘着或焊合。在相对滑动情况下，粘着点被剪断，塑性材料就会转移到另一工作表面上，此后出现粘着——剪断——再粘着的循环过程，而形成胶合。

2. 答：轴承内圈固定方法较多，常见的主要有以下四种方法：

（1）轴肩固定　依靠轴肩和过盈实现轴向固定，结构简单、外廓尺寸小，适用于承受单向载荷的场合或全固定式支承结构。

（2）弹性挡圈和轴肩双向固定　该方法结构简单，轴向结构尺寸小，因垫圈只能承受较小的轴向载荷，一般用于游动支承处。

（3）轴端挡圈和轴肩双向固定　轴端挡圈用螺钉固定在轴端，适用于直径大、轴端不宜切制螺纹的场合。

（4）圆螺母、止动垫圈和轴肩双向固定　轴承内圈由轴肩和轴端锁紧螺母实现轴向固定，并有止动垫圈防松，安全可靠，固定装拆方便，适于轴向载荷不大的场合。

3. 答：两个配对使用的轴承构成一对轴承组。在生产中根据使用场合和实现功能的需要，轴承组的支承形式通常有两端固定、一端固定一端游动和两端游动三种形式。

（1）两端固定形式　左右两个轴承两端都加以固定，限制轴及轴承的轴向移动。两端固定适用于跨距较小、温度变化不大的场合。

（2）一端固定一端游动形式　左右两个轴承一端固定，另一端可以一定范围游动。一端固定一端游动适用于细长轴或工作温度变化大的场合。

（3）两端游动形式　左右两个轴承两端都可以在一定范围游动。它主要适用于小的人字齿轮轴（双斜齿轮轴）高速旋转的场合。

4. 滚动轴承代号解释

（1）232/28：2—调心滚子轴承；32—尺寸系列代号；28—内径代号，内径 28mm（非标准）。

（2）52308：5—推力球轴承；2—双向；3—直径系列代号；08—内径代号。

（3）36207：3—圆锥滚子轴承；6—宽度系列代号；2—直径系列代号；07—内径代号。

（4）6211/P6：6—深沟球轴承；2—轴承宽窄系数；11—内径代号；P6—轴承精密等级。

单元十三　其他常用零部件

一、填空题

1. 联轴器

2. 过载保护

3. 永久接合　间歇配合　刚性　挠性

4. 转矩限制器　转矩过载

5. 分离　接合

6. 啮合式　摩擦式

7. 摩擦阻力矩

8. 机械式　电磁式　液体式

9. 直线运动　导向轴

10. 内圈　外圈　保持架　滚动体　高速低载荷

11. 支撑　引导

二、选择题

1. B　2. C　3. A　4. B　5. A　6. B　7. C　8. C　9. A　10. B　11. A　12. A

三、判断题（对的打“√”，错的打“×”）

1. √　2. √　3. √　4. √　5. ×

四、简答题

1. 答：一般而言，轴的使用以整体制造为原则，然而在实际使用时也常因下列原因必须将轴分段制造，再利用联轴器连接后使用。

（1）由于材料或加工上的限制：若原动轴太长或过长，且因机械加工或热处理的条件有限而无法整体制成时，则必须分段处理。

（2）传动轴前后两段转速不同：因功能上的需要，轴的前后两段转速需随时变更时，必须配合使用适当的联轴器。

（3）两转轴不在同一中心线上：当两轴的轴心无法对准时，分开的两轴必需分段制造后再使用特殊方法连接使用。

2. 答：离合器用来连接两轴，使其一起转动并传递转矩，在机器运转过程中可以随时进行接合或分离。另外，离合器也可用于过载保护等，通常用于机械传动系统的起动、停止、换向及变速等操作。

3. 答：制动器俗称刹车，是利用摩擦阻力矩降低机器运动部件的转速或使其停止回转的装置。其基本原理是利用接触面的摩擦力、流体的粘滞力或电磁的阻尼力，来吸收运动机械零件的动能或势能，达到使机械零件减速或停止运动的目的，其中所吸收的能量以热量的形式散出。制动器一般设置在机构中转速较高的轴上（转矩小），以减小制动器的尺寸。

期中考试试卷

一、填空题（本大题共有 8 小题，每空 1 分，共 20 分）

1. 构件、运动单元

2. 点接触、线接触、面接触

3. 曲柄摇杆机构、双曲柄机构、双摇杆机构

4. 尖顶从动件凸轮机构、滚子从动件凸轮机构、平底从动件凸轮机构

5. 尺寸偏差、极限偏差、实际偏差

6. 基本偏差、零线

7. 间隙配合、过渡配合、过盈配合

8. 周向固定

二、选择题（本大题共有 10 小题，每题 2 分，共 20 分。在每小题所给出的三个选项中，只有一项是符合题目要求的）

1. C　2. C　3. B　4. A　5. B

6. A　7. B　8. C　9. A　10. C

三、判断题（本大题共有 10 小题，每题 1 分，共 10 分。对的打“√”，错的打“×”）

1. ×　2. √　3. √　4. ×　5. ×　6. √　7. ×　8. ×　9. ×　10. √

四、简答题（本大题共有 5 小题，每题 6 分，共 30 分）

1. 答：链四杆机构中是否存在曲柄，主要取决于机构中各杆相对长度和机架的选择。铰链四杆机构存在曲柄，必须同时满足以下两个条件：

（1）最短杆与最长杆的长度之和小于或等于其他两杆长度之和。

（2）连架杆和机架中必有一杆是最短杆。

2. 答：凸轮机构的优点：设计方便，只需改变凸轮的轮廓形状，就可改变从动件的运动规律，容易实现复杂运动；结构简单、紧凑；可高速启动，动作准确可靠；缺点：凸轮轮廓与从动件是点接触或线接触，不便于润滑，易磨损，所以通常用于传力不大的场合，如自动机械、仪表、控制机构和调节机构中。

3. 答：销连接通常用于定位，即固定零件之间的相对位置（定位销）；也用于轴与轮毂间或其他零件间的连接（连接销）；还可以作为安全装置中的过载剪断零件（安全销）。

4. 答：含义为：C 型普通平键；尺寸规格为：宽度 20mm，高度 12 mm，长度 125 mm。

5. 术语（标记）解释

（1）螺距——相邻两牙在中径上对应两点间的轴向距离。

（2）M14×1-7H8H——细牙普通内螺纹，公称直径为 12mm，螺距为 1mm，中径公差带代号 7H，顶径公差带代号 8H。

（3）G2A—LH——非螺纹密封的管螺纹，尺寸代号为 2，外螺纹公差等级代号 A，左旋螺纹。

（4）Tr 24×14（P7）LH-7e——梯形外螺纹，公称直径为 24mm，导程为 14mm，螺距为 7mm，左旋螺纹，中径和顶径公差带代号为 7e 。

五、计算题（本大题共有 2 小题，每题 10 分，共 20 分）

1. 解：$T_f=T_D+T_d=0.050\text{mm}$

$$Y_{max}=X_{max}-T_f=-0.010\text{mm}$$

$$EI=es+T_{max}=-0.010\text{mm}$$

$$ES=EI+T_D=+0.020\text{mm}$$

孔的尺寸为 $\phi60^{+0.020}_{-0.010}$mm，轴为 $\phi60^{0}_{-0.020}$mm。

2. 解：（1）$L=N(Ph_a-Ph_b)=0.5\times(2.5-2)=0.25$mm，活动螺母向右移动。

（2）$L=N(Ph_a+Ph_b)=0.5\times(2.5+2)=2.25$mm，活动螺母向左移动。

期末考试试卷

一、填空题（本大题共有 8 小题，每空 1 分，共 20 分）

1. 动力机器、工作机器、信息机器

2. 构件、零件

3. 运动副、低副、高副

4. 周向固定、导向作用

5. 刚性联轴器、挠性联轴器

6. 摩擦类带传动、啮合类带传动

7. 直齿、斜齿、人字齿

8. 曲柄摇杆机构、双曲柄机构、双摇杆机构

二、选择题（本大题共有 10 小题，每题 2 分，共 20 分。在每小题所给出的三个选项中，只有一项是符合题目要求的）

1. C　2. A　3. B　4.　C　5. B

6. A　7. B　8. A　9.　C　10. B

三、判断题（本大题共有 10 小题，每题 1 分，共 10 分。对的打“√”，错的打“×”）

1. √　2. ×　3. √　4. √　5. √

6. √　7. ×　8. ×　9. ×　10. √

四、简答题（本大题共有 6 小题，每题 5 分，共 30 分）

1. 答：花键连接的优点是：键齿数多、承载能力强；键槽较浅，应力集中小，对轴和毂的强度削弱也小；键齿均布，受力均匀；轴上零件与轴的对中性好；导向性好。花键连接的缺点是成本较高。因此，花键连接用于定心精度要求较高和载荷较大的场合。

2. 答：带传动主要由主动带轮、从动带轮和传动带等组成，常用作减速传动。根据原理不同，带传动分为摩擦型和啮合型两大类。摩擦型带传动能缓冲吸振，传动平稳，无噪声；过载时，通过打滑实现过载保护；结构简单，安装方便；但不宜在高温、易燃及有油、水的场合使用。同步带传动比恒定，传动效率高；缺点是成本高，对制造、安装要求也更严格。

3. 答：齿轮传动依靠主动齿轮与从动齿轮的啮合，传递动力和运动。齿轮传动具有传动比恒定、结构紧凑、工作可靠、寿命长、效率高、可传递空间位置任意两轴间的运动以及功率和速度的适用范围广等优点，但齿轮传动的制造和安装精度要求高，成本较高。

4. 答：模数是渐开线齿轮的一个基本参数，决定了轮齿大小。它是人为抽象出来用以度量轮齿规格的数。模数用字母 m 表示。其值为：$m=p/\pi$（p 为齿距）。

5. 答：根据两连架杆的运动规律，铰链四杆机构分为三种形式：

1）曲柄摇杆机构。两连架杆分别为曲柄和摇杆。可将主动曲柄的连续转动转换为从动摇杆的往复摆动；也可将主动摇杆的往复摆动，转换为从动曲柄的连续转动。

2）双曲柄机构。两连架杆均为曲柄。

3）双摇杆机构。两连架杆均为摇杆。

6. 滚动轴承代号解释

（1）232/28：2—调心滚子轴承；32—尺寸系列代号；28—内径代号，内径 28mm（非标准）。

（2）52308：5—推力球轴承；2—双向；3—直径系列代号；08—内径代号。

（3）36207：3—圆锥滚子轴承；6—宽度系列代号；2—直径系列代号；07—内径代号。

（4）6211/P6：6—深沟球轴承；2—轴承宽窄需要系数；11—内径代号；P6—轴承精密等级。

五、**计算题**（本大题共有 2 小题，每题 10 分，共 20 分）

1. 解：两齿轮都是标准直齿圆柱齿轮，压力角相等。判断能否正确啮合，只需判断模数是否相等：

小齿轮模数 $m_1 = d_a/(z+2) = 115/(21+2) = 5$（mm）

大齿轮模数 $m_2 = h/(1+1.25) = 11.25/2.25 = 5$（mm）

所以，$m_1 = m_2$，又 $\alpha_1 = \alpha_2$，故可判断两齿轮能正确啮合。

2. 解：（1）$i_{18} = n_1/n_8 = z_2 z_4 z_6 z_8 / z_1 z_3 z_5 z_7$

$= 30\times45\times30\times50/20\times15\times15\times2 = 225$

（2）$n_8 = n_1/i_{18} = 1440/225 = 3.2\text{r/min}$

（3）各轮转向：2↑　3↑　4↑　5↑　6→　7→　8 逆时针